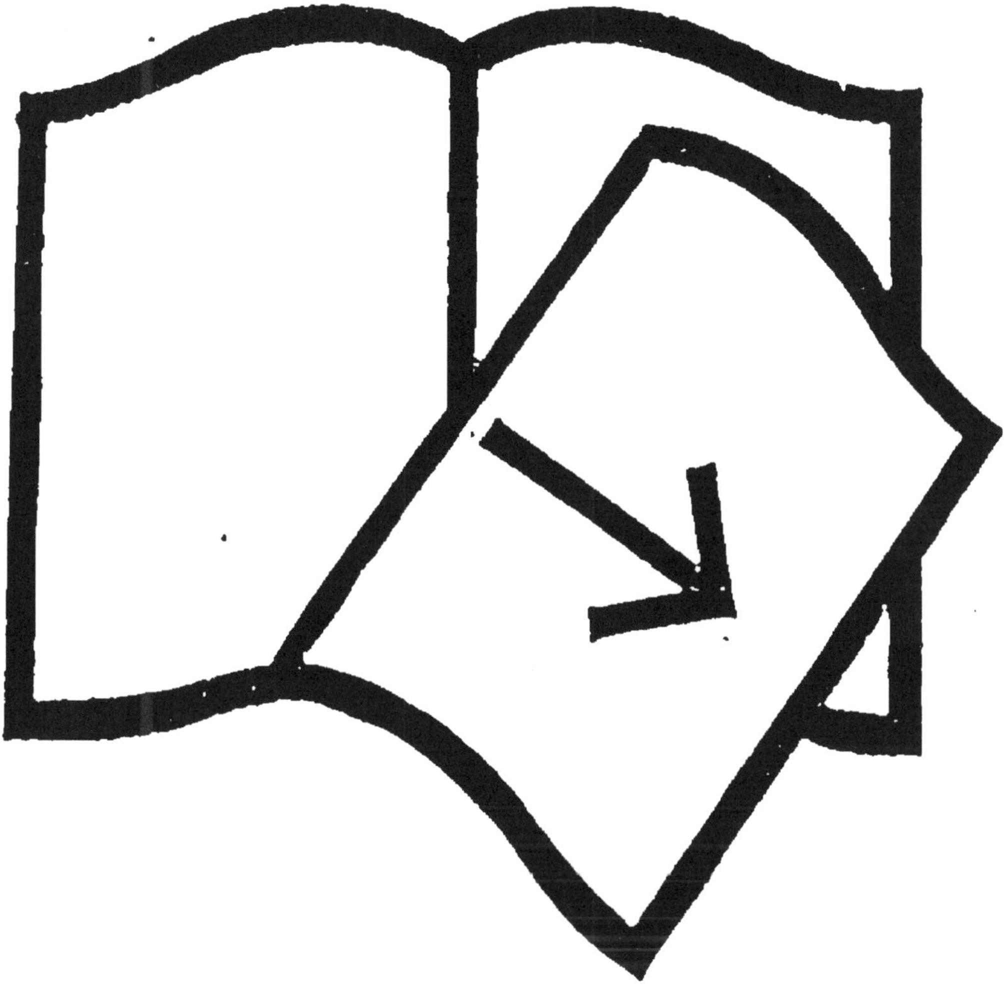

Documents manquants (pages, cahiers...)

NF Z 43-120-13

CLASSE DE QUATRIÈME

PHYSIQUE ET CHIMIE

8° R
18134

ENSEIGNEMENT SECONDAIRE

COURS D'ÉTUDES DE SCIENCES PHYSIQUES
D'APRÈS LES PROGRAMMES DE 1902

PHYSIQUE ET CHIMIE

BIBL. R.F. IMPRIMÉS

A L'USAGE

Des Élèves de la Classe de quatrième

PAR

C. HARAUCOURT
AGRÉGÉ DE L'UNIVERSITÉ
PROFESSEUR AU LYCÉE ET A L'ÉCOLE DES SCIENCES DE ROUEN

782
1902

PARIS
LIBRAIRIE CLASSIQUE DE F.-E. ANDRÉ-GUÉDON
E. ANDRÉ FILS, SUCCESSEUR
6, rue Casimir-Delavigne (près l'Odéon)

1902

CLASSE DE QUATRIÈME

PHYSIQUE ET CHIMIE (*2 heures*)

R.F. IMPRIMÉS

Programme du 7 Juin 1902

PHYSIQUE

Pesanteur. — Premières notions de la force : direction, point d'application, intensité.

Verticale. — Fil à plomb; niveau des maçons; plan horizontal; angle des verticales de deux points éloignés.

Centre de gravité. — Notion expérimentale; conditions d'équilibre d'un corps suspendu ou appuyé.

Poids. — Pesée avec les instruments usuels : peson, balance. — Double pesée.

Mesure du volume d'un solide ou d'un liquide (emploi des vases gradués). — Poids spécifiques, densités relatives.

Equilibre des liquides et des gaz. — Efforts exercés par des solides pesants sur leurs appuis : exemples familiers; notion de la pression. — Liquides. — La surface libre d'un liquide est plane et horizontale, ainsi que la surface de séparation de deux liquides non miscibles. — Pressions. — Enoncé de la règle donnant la pression sur 1 centimètre carré de la paroi; exemples numériques. — Applications : vases communicants, niveau d'eau; distribution d'eau dans les villes; presse hydraulique; ascenseurs; essai des chaudières.

Principe d'Archimède, démonstration expérimentale; corps flottants, bateaux sous-marins.

Pesanteur des gaz. — Pression atmosphérique. — Baromètre : idée de son application à la mesure des hauteurs. — Manomètres usuels.

Enoncé de la loi de Mariotte. — Exercices numériques.

Principe des pompes.

Chaleur. — Température. — Thermomètres usuels, échelle centigrade.

Notions sur la dilatation des corps; exercices numériques et applications usuelles.

Quantité de chaleur. — Mesures calorimétriques par la méthode des mélanges. — Notions sur les chaleurs spécifiques; valeur exceptionnelle de la chaleur spécifique de l'eau; conséquences pratiques.

Fusion. — Point de fusion. — Chaleur de fusion; solidification, cristallisation.

Vaporisation. — Chauffage de l'eau en vase clos : chaudières à vapeur. — Variation de la pression avec la température dans les limites d'emploi des chaudières (pression en kilogrammes par centimètre carré). — Principe des machines à vapeur.

Chauffage de l'eau à l'air. — Ebullition, variation de la température d'ébullition avec la pression. — Distillation.

Vapeur d'eau dans l'atmosphère.

Notions sommaires sur la transmission de la chaleur et sur la protection contre le chaud et le froid.

Conseils généraux. — L'enseignement de la physique et de la chimie dans le premier cycle devra rester très élémentaire et d'un caractère pratique. Il sera toujours fondé sur des expériences. Le professeur évitera, autant que possible, dans ses démonstrations, l'emploi d'appareils compliqués; il s'attachera, au contraire, à réaliser les expériences avec des objets usuels. Il emploiera fréquemment les représentations graphiques; par des applications numériques, toujours empruntées à la réalité, il exercera les élèves à se rendre compte de l'ordre de grandeur des phénomènes.

CHIMIE

Divers états de la matière, exemples familiers, un même corps peut prendre ces divers états.

Air. — Expérience de Lavoisier.

Oxygène. — Azote.

Eau pure; analyse, synthèse. — Eaux potables.

Hydrogène.

Acide chlorhydrique; chlorures. — Chlore, chlorures décolorants.

Electrolyse du chlorure de sodium; sodium; soude caustique.

Sel ammoniac. — Ammoniaque.
Corps simples : métalloïdes, métaux. — Corps composés.
Lois des proportions définies, loi des volumes.
Symboles, notation atomique, formules.
Nomenclature; acides, bases, sels.
Soufre, acide sulfurique, hydrogène sulfuré.
Salpêtre, acide azotique.
Phosphate de chaux, phosphore.
Carbone. — Combustibles naturels et artificiels.
Anhydride carbonique. — Oxyde de carbone.
Silice. — Acide borique.

Conseils généraux. — Ce programme étant détaillé, le professeur devra se limiter strictement à l'étude des corps qui y sont indiqués, en se bornant pour chaque corps à l'exposé des propriétés essentielles. Il suffira, pour la préparation des produits usuels, de donner une idée des procédés industriels modernes, sans insister sur le détail des appareils.

Les élèves devront se servir du tableau des poids atomiques, sans se préoccuper des conventions sur lesquelles repose l'établissement de ce tableau. Le professeur, en insistant sur ce que les symboles représentent des poids et des volumes, familiarisera les élèves avec l'emploi de ces symboles et des formules.

PHYSIQUE

LIVRE PREMIER

PESANTEUR

BIBLIOTHÈQUE NATIONALE R.F. IMPRIMÉS

CHAPITRE PREMIER

LES DIVERS ÉTATS DE LA MATIÈRE
PREMIÈRE NOTION DE LA FORCE

1. Corps et matière. — Nous savons tous, sans aucune étude préalable, qu'il existe autour de nous un grand nombre d'objets différents les uns des autres par leur forme, par leurs dimensions, par l'impression qu'ils font sur nos sens. Nous reconnaissons au toucher et à la vue une pierre, un morceau de fer, une flaque d'eau, et, si nous ne voyons pas l'air qui nous entoure, nous constatons cependant sa présence par les mouvements qu'il imprime aux arbres et par la difficulté de marcher contre le vent. Tous ces objets tangibles, dont chacun occupe une portion de l'espace à l'exclusion de tout autre, nous les appelons des **corps**, et nous donnons le nom général de **matière** à la substance dont ils sont formés.

2. Les corps se présentent sous trois états. — Tous les corps n'opposent pas la même résistance au toucher : la main ne peut pas entamer une pierre, tandis qu'elle se meut facilement dans l'eau et bien plus librement encore dans l'air. Ces différences ont fait partager les corps en trois grands groupes, que l'on appelle les **trois états de la matière,** et dont la pierre, l'eau et l'air nous offrent les types.

Les uns, ce sont les **corps solides** (ou plus simplement les **solides**), opposent une résistance plus ou moins grande à la rupture, il faut un certain effort pour les diviser ; ils ont une forme qu'ils gardent quand on les a façonnés ; les différentes parties dont ils sont composés adhèrent fortement les unes aux autres, puisqu'il suffit de fixer un point du corps pour que tout le corps le soit ; ainsi sont les pierres, les métaux, le bois, etc... Les autres, les **corps liquides,** n'ont pas de forme propre ; ils prennent celle du vase solide dans lequel on les renferme ; on les divise sans difficulté ; les parties qui les forment sont très mobiles et glissent facilement les unes sur les autres : telles sont l'eau, l'alcool, l'éther, etc. Enfin, le troisième groupe comprend les **corps gazeux** ou les **gaz,** qui ressemblent à l'air, qui n'ont ni forme, ni volume, et qui remplissent toujours tout l'espace qui leur est offert.

Tous les corps se présentent sous l'un de ces trois états ; et, selon les circonstances, le même corps peut posséder tantôt l'un, tantôt l'autre.

3. Les solides. — Les solides ont tous pour propriété commune d'avoir une forme déterminée et un volume qui reste à peu près le même. Mais ils sont bien différents les uns des autres, et chacun d'eux affecte des propriétés particulières. Ainsi les uns se brisent facilement à la main ou par un léger coup de marteau, comme la craie et le marbre ; d'autres résistent davantage, comme le grès, les silex ; d'autres enfin ne peuvent être pulvérisés que difficilement, comme l'agate, le cristal de roche. Certains métaux peuvent être étalés en lames par l'action d'un corps lourd, d'autres allongés en fils très fins, d'autres réduits en limaille ;

dans tous les cas, ils ont changé de forme sous la pression qu'ils ont subie; mais, s'ils n'ont pas toujours gardé exactement le même volume, ils ont peu varié.

4. Les liquides. — Les liquides n'ont pas de forme propre, mais ils conservent toujours leur volume : qu'on les mette dans un grand ou un petit vase, qu'on les presse d'un poids énorme, qu'on leur fasse subir n'importe quelle action mécanique, ils ont un volume invariable : on dit qu'ils sont *incompressibles*. Ils sont peu variés d'aspect : l'eau et le pétrole sont les liquides naturels les plus répandus; presque tous les autres, le vin, la bière, l'alcool, procèdent de l'eau et lui ressemblent plus ou moins.

5. Les gaz. — Le caractère saillant des gaz, c'est de n'avoir ni forme, ni volume, d'occuper tantôt un petit espace, tantôt un grand, en un mot de remplir toujours tout le volume qui leur est offert.

Mais, si tout le monde sait ce que sont les solides et les liquides, il n'en est pas de même pour les gaz.

Voici d'abord une preuve que la même quantité de gaz qui remplit un petit espace peut également remplir entièrement un espace beaucoup plus grand. On prend deux ballons très inégaux; on met dans chacun d'eux une égale parcelle d'iode et on les chauffe (*fig.* 1). Le corps solide, légèrement chauffé, produit une belle vapeur violette; il y en a une égale quantité dans chaque ballon; et la vapeur occupe tout le grand ballon, comme elle remplit le petit.

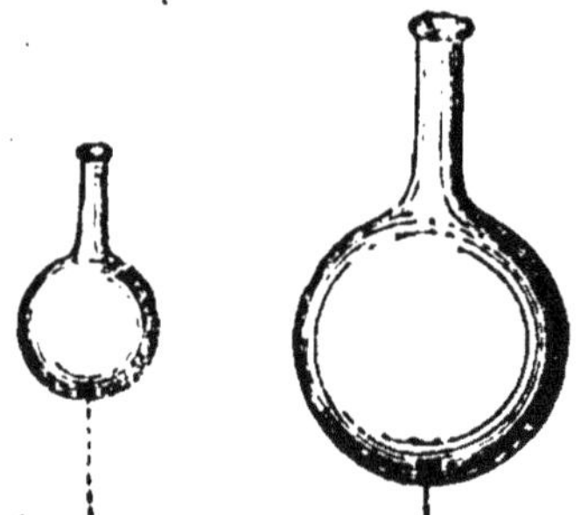

FIG. 1. — Deux parcelles égales d'iode chauffées se transforment en gaz, et le gaz remplit le grand ballon comme le petit.

Si tous les gaz étaient colorés comme cette vapeur d'iode, on constaterait leur présence aussi facilement que celle des solides ou des liquides : ainsi on reconnaît le chlore à sa couleur verte, et le gaz que produit l'eau-forte jetée sur le cuivre, à sa coloration rouge brun.

Mais la plupart des gaz sont incolores, et par suite invisibles. Quand ils ont une odeur, elle suffit à les révéler; c'est ainsi qu'en entrant dans une chambre on sent si un flacon d'éther ou d'alcali y est resté débouché, ou s'il s'est produit une fuite de gaz d'éclairage. Il faut d'autres moyens pour constater l'existence des gaz qui sont, comme l'air, incolores et inodores. En voici quelques-uns :

Fig. 2. — Le gaz qui remplit la cloche s'oppose à l'ascension du liquide.

On pose un bouchon sur l'eau d'une terrine ou d'une cuve, et on descend verticalement au-dessus du bouchon une cloche que l'on tient par le bouton ou un grand verre renversé que l'on tient par son pied (*fig.* 2); on voit le bouchon descendre comme poussé par le contenu invisible de la cloche. Incline-t-on celle-ci,

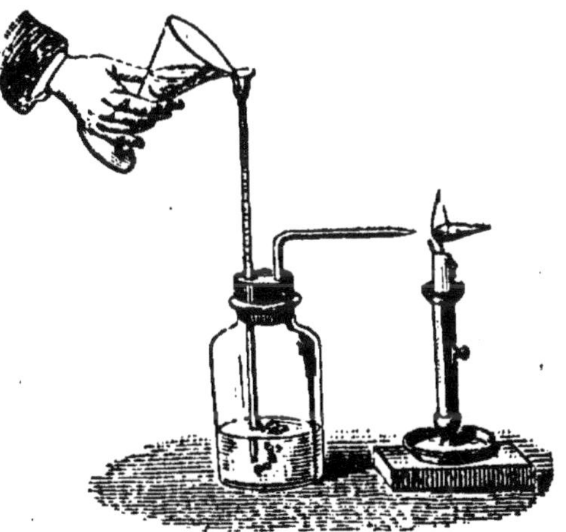

Fig. 3. — Le gaz sort du flacon et fait incliner la flamme de la bougie.

des bulles de gaz s'élèvent en bouillonnant dans l'eau.

On monte un flacon à deux tubulures avec un tube à entonnoir plongeant jusqu'au fond, dans l'une, et un tube recourbé et effilé, dans l'autre (*fig.* 3). On place une bougie allumée près de l'extrémité du tube effilé; puis on verse de l'eau dans le flacon par le tube à entonnoir; on voit la flamme de la bougie s'incliner sous l'action du jet de gaz que l'eau fait sortir en prenant sa place dans le flacon.

Les gaz sont éminemment **compressibles**; leur volume peut être de beaucoup réduit. On le montre à l'aide du *briquet à air* (*fig.* 4). C'est un tube de verre épais bouché à une de ses extrémités, et dans lequel peut se mouvoir un piston qui ferme exactement. On enlève le piston et on le remet dans le tube; on enferme ainsi au-dessous de lui un certain volume d'air; il suffit de presser sur la tige du piston pour rendre ce volume de plus en plus petit.

Fig. 4. — Briquet à air.

Cette même expérience peut aussi prouver que les gaz sont **élastiques**, qu'ils tendent à reprendre leur premier volume lorsqu'ils ont été comprimés. Si, en effet, on lâche le piston après l'avoir enfoncé dans le tube, il est vivement repoussé par le gaz.

Enfin, si, dans une petite encoche de l'extrémité du piston, on place un morceau d'amadou et qu'on enfonce très brusquement le piston, l'amadou prend feu, d'où le nom de *briquet* donné à l'appareil.

6. Première notion de la force. — La première idée de la force est pour ainsi dire innée, puisqu'elle se confond avec l'effort musculaire, les effets qu'il peut produire, les résistances qu'il peut rencontrer.

En physique, on appelle *force toute cause capable de produire le mouvement d'un corps ou de l'arrêter ou d'en modifier la nature.*

Les forces diffèrent entre elles par leur origine, bien qu'elles soient identiques quant à l'effet mécanique qu'elles produisent et qui est toujours en fin de compte un mouvement ou une modification de mouvement : elles peuvent provenir de l'action musculaire de l'homme ou des animaux, de l'action d'un corps déjà en mouvement qui en rencontre un autre, de la résistance que les corps solides opposent à la fusion ou aux déformations de toute espèce, de l'attraction d'un corps sur un autre.

Quelle que soit leur origine, les forces sont des grandeurs mesurables qu'il importe d'évaluer numériquement. On conçoit, en effet, que deux forces sont égales en intensité quand elles produisent le même effet sur un corps, par exemple lorsqu'elles font subir la même flexion à un ressort d'acier auquel on les applique successivement. On peut donc mesurer une force en la comparant à une autre force facile à évaluer. On a choisi, comme **unité de force,** la *pression ou la traction exercée par le poids d'un kilogramme*, et on évalue l'intensité des forces à l'aide d'appareils simples appelés **dynamomètres.**

7. Mesure des forces. — Dynamomètre. — Le dynamomètre le plus simple est le **peson** du commerce. C'est une lame d'acier AOB courbée en forme de V (*fig.* 5) ; à l'extrémité de la branche supérieure OB est fixé un arc métallique qui traverse la branche OA et se termine inférieurement par un crochet ; à l'extrémité de la branche OA est fixé un second arc métallique portant une graduation, qui passe dans la branche OB et se termine par un anneau à l'aide duquel on peut suspendre l'appareil à un support fixe. Pour graduer l'instrument, on suspend successivement au crochet des poids de 1, 2, 3 kilogrammes, etc. ; la lame OB fléchit et l'on marque les chiffres 1, 2, 3, etc., aux points de l'arc de cercle vis-à-vis desquels s'arrête chaque fois la lame OB. Si alors on fait agir sur le crochet une force quelconque qui fasse fléchir l'instrument jusqu'à la division 3 par exemple, on dit que l'intensité de la force essayée est de 3 kilogrammes : elle produit en effet sur la lame élastique la même flexion qu'un poids de 3 kilogrammes.

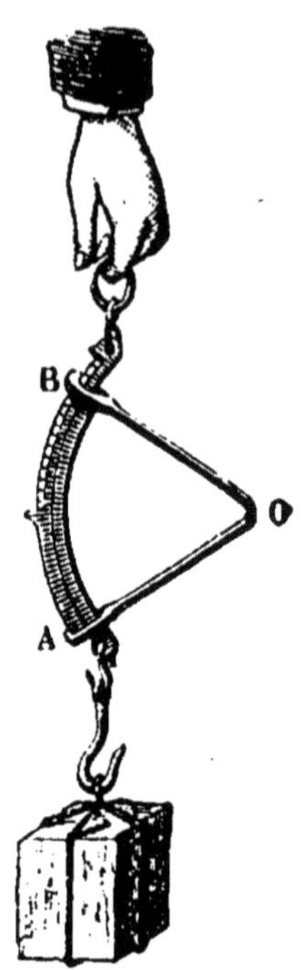

Fig. 5.
Dynamomètre.

8. Qualités d'une force. — Une force n'est pas complètement déterminée quand on a indiqué son intensité en kilogrammes; il faut encore connaître le point où elle est appliquée et la direction dans laquelle elle agit et dans laquelle elle conduirait le corps si elle pouvait le faire mouvoir.

Une force a donc trois qualités : le *point d'application*, la *direction* et l'*intensité*.

Les deux derniers éléments permettent de la représenter géométriquement : du point où la force est appliquée, on mène une ligne dans la direction même où la force agit, et on prend sur cette ligne, à partir du point d'application, une longueur proportionnelle à l'intensité de la force : ainsi une force de 5 kilogrammes sera représentée par une ligne droite tracée dans la direction de la force et égale au quintuple de la longueur que l'on a prise comme unité.

CHAPITRE II

DIRECTION DE LA PESANTEUR. — VERTICALE CENTRE DE GRAVITÉ

9. **Tous les corps tombent.** — En quelque lieu que l'on soit, si l'on tient à la main une pierre, un morceau de bois, un corps quelconque, aussitôt que l'on cesse de le soutenir, il se dirige vers la terre. Tous les corps abandonnés à eux-mêmes tombent vers la terre. C'est un fait connu de tout le monde pour les corps solides et les corps liquides; il existe aussi pour les gaz; et si la fumée, les nuages, un ballon, s'élèvent au lieu de descendre et semblent ainsi faire exception à la loi générale, leur ascension momentanée dans l'air ressemble à celle du bouchon de liège qui, placé au fond d'un vase d'eau, remonte à la surface, tandis qu'il tombe comme un corps quelconque dans un vase vide.

10. **La pesanteur.** — Aucun corps ne peut se mettre de lui-même en mouvement; il faut donc une cause qui dirige vers la terre les corps non soutenus; cette cause est appelée la **pesanteur.**

La pesanteur est une force; on doit donc pouvoir lui trouver les trois qualités que l'on reconnaît aux forces : la direction, le point d'application et l'intensité.

Fig. 6. — Fil à plomb.

11. **Direction de la pesanteur.** — La direction de la pesanteur est celle d'un corps qui tombe librement; elle est donnée par un corps lourd

suspendu à un fil flexible qui est fixé par son autre extrémité, autrement dit par le **fil à plomb** (*fig*. 6). On peut vérifier facilement qu'il en est ainsi. On tient un corps comme une petite bille près de l'extrémité supérieure d'un fil à plomb et on le laisse tomber; il suit la direction du fil et il vient frapper sur le corps lourd que le fil suspend.

La direction du fil à plomb porte le nom de **verticale;** l'expérience prouve qu'elle est perpendiculaire à la surface d'une nappe d'eau ou du mercure d'un vase; cette dernière surface est dite **horizontale.**

FIG. 7. — Le fil à plomb sert à vérifier la verticalité d'un mur.

Ces deux directions, la verticale et l'horizontale, se rencontrent dans toutes nos constructions; les arêtes des murs sont verticales; les planchers ont leur surface horizontale; dès lors le fil à plomb est indispensable aux constructeurs pour établir la verticalité d'un mur (*fig*. 7); il peut même servir, comme dans le **niveau de maçon,** pour trouver si un plan est horizontal (*fig*. 8).

Nous savons que la terre est sensiblement sphérique, et que la surface des eaux qui la couvrent en partie, sphérique dans son ensemble, peut être regardée comme plane sur une petite étendue, parce qu'elle se confond avec le plan tangent mené en ce point. Nous en concluons que la direction suivant laquelle les corps tombent est, en chaque point de notre globe, perpendiculaire au plan tangent en ce point. *La verti-*

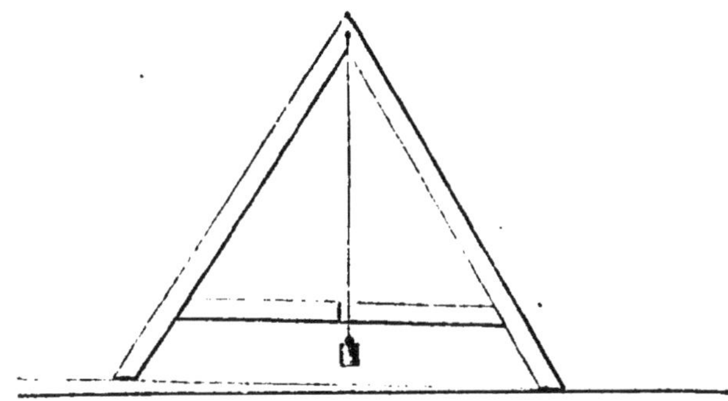

FIG. 8. — Le plan AB est horizontal quand le fil à plomb couvre le trait noir du niveau.

cale d'un lieu va donc passer par le centre de la terre, et les corps tombent comme s'ils étaient attirés vers le centre de la terre.

12. Angle de deux verticales. — Il résulte de cette remarque que, dans des lieux voisins, deux fils à plomb doivent être considérés comme parallèles, à cause du grand éloignement du centre de la terre (*fig.* 9); mais deux verticales assez éloignées l'une de l'autre font un angle; si elles sont diamétralement opposées, elles déterminent les antipodes.

13. Point d'application de la pesanteur. — Centre de gravité. — Si l'on prend un corps solide et qu'on le réduise en morceaux, chacun des fragments tombera comme le corps entier s'il est abandonné à lui-même. La pesanteur agit donc sur les différentes parties d'un corps, aussi bien quand elles sont séparées que lorsqu'elles sont réunies pour former un tout. Il faut donc se représenter l'action de la pesanteur sur un corps comme un ensemble de forces appliquées à chacune des parcelles du corps et parallèles entre elles, comme le sont des verticales voisines. L'ensemble de ces forces a une résultante, appliquée en un point particulier ; cette résultante de toutes les actions de la pesanteur se nomme le **poids** du corps, et son point d'application prend le nom de **centre de gravité.**

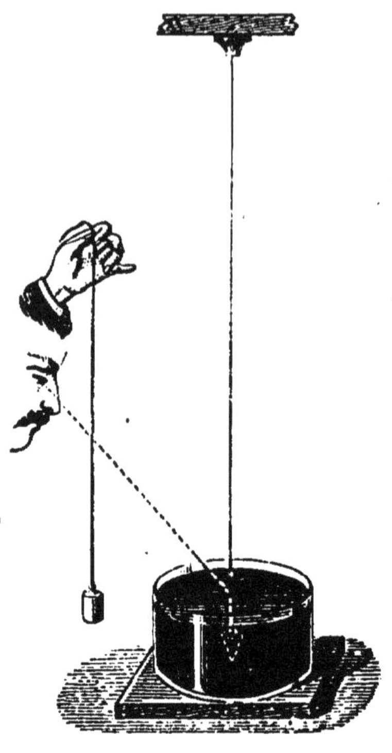

Fig. 9. — Deux fils à plomb voisins sont parallèles.

Ainsi, quand un corps tombe, le mouvement lui est imprimé par l'action de la pesanteur sur chacun de ses éléments, ou par une force qui est le poids du corps appliquée au centre de gravité. Dès lors, pour empêcher la chute, il faut contre-balancer cette résultante par une force de bas en haut ; c'est pourquoi l'on peut dire que le poids d'un corps, c'est l'effort qu'il faut lui opposer pour l'empêcher de tomber.

14. Action de la pesanteur sur les corps en repos. — Équilibre. — Quand les corps sont soutenus de manière à ne pas tomber, la pesanteur n'agit pas moins sur eux, comme sur ceux qui tombent : elle exerce une *tension*, comme dans le cas d'une balle de plomb suspendue à un fil ; une *flexion*, comme dans le cas des fruits faisant ployer la branche qui les porte ; une *pression*, quand le corps repose sur un obstacle fixe.

Si le corps est en repos, c'est que la pesanteur est contre-balancée ; on dit qu'il y a **équilibre** ; et il y a lieu d'étudier séparément l'équilibre des corps suspendus et celui des corps reposant sur un plan.

15. Équilibre des corps suspendus. — Quand un corps est suspendu par un point ou par un axe, il faut, pour que la pesanteur soit contre-balancée, ou bien que le centre de gravité du corps soit directement soutenu, ou bien que le corps soit soutenu par un point situé sur la verticale passant par le centre de gravité. Trois cas peuvent se présenter : le corps peut en effet être fixé par un point situé soit au-dessous, soit au-dessus du centre de gravité, et soit au centre de gravité même.

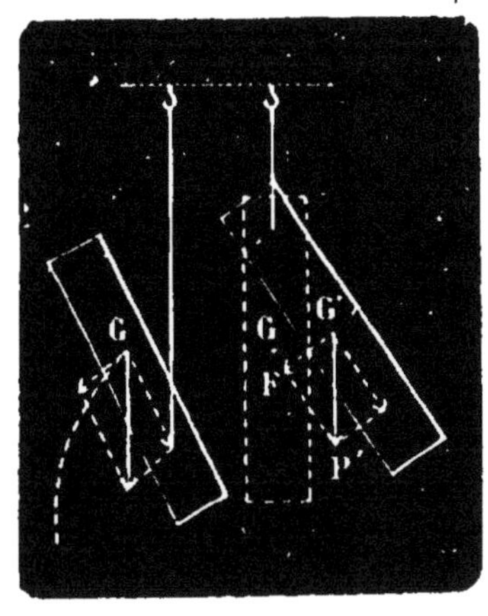

FIG. 10. — Modes de suspension d'un corps.

Dans le premier cas, lorsque le corps est suspendu par un point situé au-dessous du centre de gravité, si on dérange tant soit peu le corps, il tourne jusqu'à ce que le centre de gravité, qui tend toujours à descendre, soit venu en dessous du point de suspension ; on dit que l'équilibre est **instable.**

Dans le second cas, l'équilibre est **stable** ; si on écarte le corps de sa position pour amener G en G', la pesanteur tend à ramener le corps dans la verticale ; il y revient en effet, après quelques oscillations (*fig.* 10).

Enfin, si le centre de gravité se trouve au point de suspension, la pesanteur est constamment détruite par la réaction du support, le corps est en équilibre dans toutes les positions : l'équilibre est **indifférent.**

On démontre ces propriétés avec différents appareils, comme un bouchon dans lequel on a planté obliquement deux fourchettes, ou un cône dans lequel on a planté deux tiges terminées par des boules que l'on peut relever plus ou moins, ou encore avec l'équilibriste des cabinets de physique (*fig*. 11).

Fig. 11. — Équilibriste en position stable.

16. Équilibre des corps reposant sur un plan. — Lorsqu'un corps repose sur un plan par un seul point, l'équilibre est stable si le centre de gravité est sur la verticale de ce point et le plus bas possible; ainsi un œuf est en équilibre quand il repose sur le côté, tandis qu'on ne peut pas le faire tenir sur un des bouts, parce que le centre de gravité est alors plus loin de la base et qu'il tend toujours à descendre.

Lorsque le corps repose sur un plan par plusieurs points, il est en équilibre si la verticale du centre de gravité tombe dans le polygone formé en réunissant les points d'appui. On conçoit, en effet, que la pesanteur presse le corps contre ses points d'appui, et il faut que la résultante passe dans le polygone formé par ces points.

Fig. 12. — Guéridon que l'on incline en soulevant un de ses pieds jusqu'à ce qu'il tombe.

Mais l'équilibre n'existe plus si la verticale du centre de gravité tombe en dehors du polygone de base; le corps bascule alors autour d'un des côtés de ce polygone. Ce cas se présente avec un guéridon à trois pieds (*fig*. 12), que l'on incline jusqu'à ce qu'un fil à plomb, suspendu en son milieu, sorte du triangle formé par les points d'appui, ou encore avec une table dont les pieds sont près du centre et très peu écartés ; la table bascule quand on la charge d'un poids.

La stabilité d'un corps est donc, en général, d'autant plus grande que son centre de gravité est plus bas.

17. Détermination expérimentale du centre de gravité. — Les conditions d'équilibre d'un corps suspendu donnent un moyen pratique pour trouver par l'expérience le centre de gravité d'un corps. On suspend le corps à un fil par un de ses points, et, quand le corps est en équilibre, le centre de gravité se trouve dans le prolongement du fil ; on a ainsi une première ligne droite qui contient le centre de gravité.

On suspend alors le corps par un autre de ses points et on marque la nouvelle direction du fil de suspension : le centre de gravité se trouve à la rencontre des deux lignes ainsi tracées.

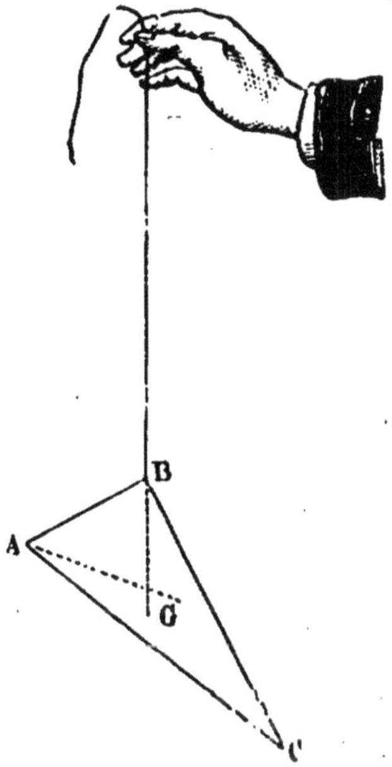

Cette expérience est très facile à réaliser sur un corps très mince comme une équerre à dessin (*fig.* 13) ; elle serait moins facile pour un corps d'un volume un peu considérable.

Fig. 13. — Détermination du centre de gravité d'une équerre.

Quand le corps est homogène, la position du centre de gravité ne dépend que de la forme du corps. Si le corps est symétrique autour d'un point, comme une sphère, le centre de gravité est en ce point. Si le corps est symétrique autour d'un axe, le centre de gravité est sur cet axe ; ainsi le centre de gravité d'un cylindre droit est au milieu de la ligne qui joint les centres de ses deux bases.

Pour les corps hétérogènes formés de parties qui ont des poids différents quand on y découpe des volumes égaux, le centre de gravité ne peut plus être déterminé uniquement par la forme du corps. On en donne un exemple frappant en terminant un cylindre de bois par un cylindre de plomb de même diamètre; le centre de gravité n'est plus au milieu du cylindre total ; il est plus rapproché de l'extrémité occupée par le plomb.

8. Tous les corps tombent également vite dans le vide. — L'observation ordinaire ferait croire que la pesanteur n'agit pas de la même manière sur tous les corps, qu'elle imprime un mouvement plus rapide aux uns qu'aux autres. Ainsi une balle de plomb arrive à terre avant une plume abandonnée en même temps qu'elle, un disque de métal tombe plus vite qu'un égal disque de papier, la feuille de papier roulée en boule avant la même feuille étalée.

L'observation attentive montre que c'est la résistance de l'air qui ralentit le mouvement de certains corps plus que le mouvement des autres. Si donc on supprime la résistance de l'air, deux corps très différents tomberont également vite. C'est ce que l'on peut constater si l'on prend un disque métallique, comme une pièce de cinq francs, et un disque de papier d'un égal diamètre ; si l'on tient le premier horizontalement, qu'on pose sur lui le second, et qu'on les abandonne, ils arriveront à terre au même instant ; le disque de métal aura supprimé la résistance que l'air opposait au disque de papier.

Si c'est bien l'air qui ralentit les corps dans leur chute, *tous les corps doivent tomber également vite dans le vide.* C'est ce que l'expérience vérifie. On a dans un long tube (*fig.* 14) des corps très différents : balle de plomb, morceaux de liège, fragments de papier, barbes de plumes, etc. ; on retourne brusquement le tube de manière à le mettre vertical, et l'on voit les différents corps qu'il contient s'échelonner dans leur chute. Si l'on enlève l'air du tube et qu'on recommence l'expérience, tous les corps arrivent en même temps ; et, si on laisse rentrer l'air, le premier phénomène se renouvelle.

Ainsi, dans le vide, l'action de la pesanteur est la même sur chaque corps ; la pesanteur doit donc être une force constante en grandeur, dans un même lieu, comme elle est constante dans sa direction.

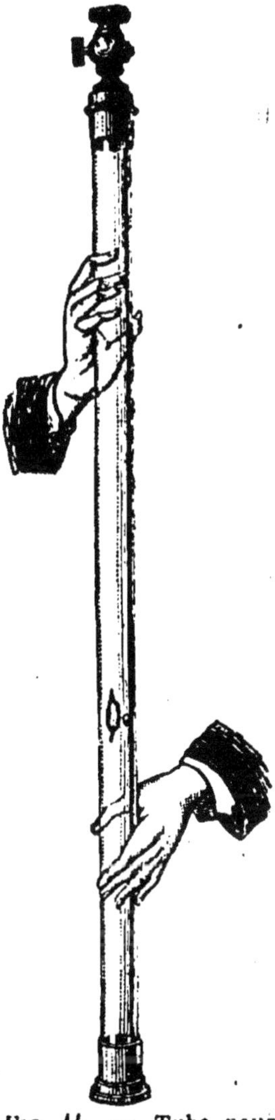

19. Lois de la chute des corps. — Au lieu d'étudier la chute des corps dans le vide sur un corps quelconque, on l'étudie dans l'air en prenant un corps lourd de petit volume, sur lequel la résistance de l'air est très faible. L'expérience montre qu'un corps, en tombant, parcourt $4^m,90$ dans la première seconde de sa chute,

4 fois $4^m,90$ dans 2 secondes,
9 fois $4^m,90$ dans 3 secondes,
16 fois $4^m,90$ dans 4 secondes,

et qu'en général le chemin parcouru est le produit de $4^m,90$ par le *carré* du nombre des secondes qu'a duré la chute. C'est ce que l'on exprime en disant que *les espaces parcourus par un corps qui tombe sont proportionnels aux carrés des temps employés à les parcourir.*

Fig. 14. — Tube pour montrer la chute des corps dans le vide.

L'observation de la chute directe d'un corps qui tombe est difficile à faire exactement pendant plusieurs secondes, à cause de la grandeur des espaces parcourus; un corps parcourt en effet près de 5 mètres pendant la première seconde, près de 20 mètres en deux secondes. Il faut donc user d'artifices si l'on veut pouvoir étudier commodément l'action de la pesanteur; il faut retarder la chute des corps pesants sans changer la nature du mouvement qui leur est imprimé. C'est ce qu'a fait Galilée : il laissait tomber un corps le long d'un plan incliné; l'espace parcouru sur un tel plan dans un temps donné est d'autant plus petit que le plan est plus près d'être horizontal, et il conserve un rapport constant avec la hauteur dont tomberait le corps dans le même temps en chute libre.

Voici les deux lois constatées : l'une concerne l'espace parcouru, l'autre la vitesse :

1° *Les espaces parcourus par un corps qui tombe sont proportionnels aux carrés des temps;*

2° *La vitesse est proportionnelle au temps.*

D'après la première loi, un corps parcourt en tombant pendant

2"	$2^2 \times 4,90$	ou	$4 \times 4,90$	$=$	$19^m,60$
3"	$3^2 \times 4,90$	ou	$9 \times 4,90$	$=$	$44^m,10$
4"	$4^2 \times 4,90$	ou	$16 \times 4,90$	$=$	$78^m,40$
t"	$t^2 \times 4,90$				

On peut ainsi calculer l'espace parcouru par un corps qui tombe quand on connaît le temps de sa chute.

Dans le mouvement accéléré que la pesanteur imprime aux corps, la vitesse ne peut être définie qu'à un instant donné.

La vitesse après une seconde, c'est l'espace que le corps pourrait parcourir dans la deuxième seconde, d'un mouvement uniforme, si la pesanteur cessait d'agir sur lui. L'expérience prouve que cette vitesse est de $9^m,81$ ou 981 centimètres. La seconde loi de la chute des corps indique que la vitesse acquise après 2, 3, ..., t secondes est égale à 2, 3, ..., t fois $9^m,81$.

Ce nombre $9^m,81$, qui représente l'accroissement de la vitesse à chaque seconde, s'appelle l'*accélération* due à la pesanteur.

Un corps qui tombe pendant 6 secondes acquiert une vitesse de

$$6 \times 9,81 = 58^m,86;$$

il est capable de parcourir, dans la septième seconde, $58^m,86$ si la pesanteur cesse d'agir sur lui.

Exercice. — *Un corps tombe d'une hauteur de* $176^m,40$, *combien de temps met-il pour arriver à terre et quelle est sa vitesse?*

Si l'on connaissait le nombre de secondes de la chute, on en ferait le carré, et, en multipliant celui-ci par $4^m,90$, on aurait l'espace.

On peut donc écrire :

L'espace parcouru $= 4^m,90 \times$ nombre de secondes au carré,

Le carré du nombre de secondes est :

$$\frac{176,4}{4,9} = 36,$$

la durée de la chute est :

$$\sqrt{36} \text{ ou } 6 \text{ secondes},$$

la vitesse est :

$$6 \times 9,80 = 58^m,80.$$

20. Intensité de la pesanteur. — On n'exprime pas l'intensité de la pesanteur en kilogrammes, comme celle des forces ordinaires. On l'exprime par une longueur, et on dit qu'elle est de 981 centimètres. Voici pourquoi :

La pesanteur est une force constante dans un même lieu. Or une force constante imprime à un corps sur lequel elle agit un mouvement qui s'accélère régulièrement et dont la vitesse s'accroît de la même quantité dans chaque unité de temps. Deux forces constantes sont dites égales quand elles produisent sur un corps un égal accroissement de la vitesse. Cet accroissement peut donc servir à les caractériser, à les comparer, autrement dit à les mesurer.

Dire que l'intensité de la pesanteur à Paris est de 981 centimètres, c'est dire que la pesanteur imprime à un corps qui tombe un accroissement de vitesse de 981 centimètres par seconde.

Une force qui imprimerait à un corps une accélération de 1 centimètre par seconde vaudrait la 981e partie de la force pesanteur. C'est l'unité de force dans le système actuel des mesures.

CHAPITRE III

POIDS ET PESÉES

21. Le poids. — Si l'on supporte successivement avec la main un certain nombre de corps différents, on juge que l'effort à développer est plus grand pour les uns que pour les autres ; on dit que les uns sont plus lourds ou pèsent plus que les autres, et on est conduit à chercher pour chacun d'eux l'effort à faire pour les soutenir ; cet effort, c'est le **poids**, autrement dit la force avec laquelle un corps presse l'obstacle qui l'empêche de tomber.

22. Unité de poids. — On a adopté, comme unité de poids, le **gramme**, qui est le poids d'un centimètre cube d'eau distillée dans le vide et à 4° de température. On lui donne pour l'usage la forme d'un cylindre de laiton ou d'une petite feuille de platine, et on lui a fait des multiples en laiton ou en fonte et des sous-multiples en platine.

23. Principe de la balance. — La balance est un instrument destiné à comparer le poids d'un corps quelconque à celui des poids gradués qui produisent le même effet. Elle se compose essentiellement d'une tige rectiligne, rigide, appelée le **fléau** (*fig.* 15), portant en son milieu un axe C qui repose sur un plan fixe. Si les trois points ACB sont en ligne droite, que le centre de gravité du fléau soit un peu en dessous de l'axe, l'équilibre de l'appareil sera stable et, si les deux *bras de levier* AC et CB sont égaux, l'appareil prendra de lui-même la position horizontale. Si alors on suspend deux poids égaux, l'un en A, l'autre en B, le fléau restera horizontal.

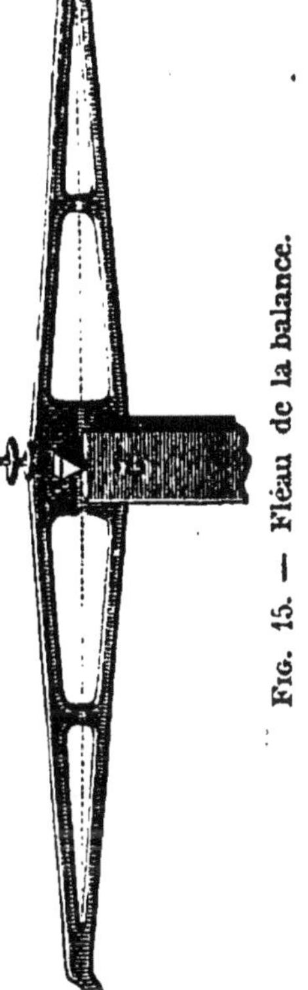

Fig. 15. — Fléau de la balance.

L'axe qui repose sur le plan fixe est un prisme d'acier présentant inférieurement son arête, c'est le **couteau**; le plan d'appui est en acier ou en agate.

Aux deux extrémités des bras égaux du fléau sont suspendus deux plateaux; si ces plateaux sont de même poids, le fléau prend la position horizontale, et, pour juger de cette dernière position, une aiguille verticale, portée par le fléau, présente son extrémité libre devant un petit cadran fixe divisé.

On montre facilement, à l'aide de l'appareil très simple représenté par la figure 16, que le fléau n'est en équilibre stable que quand son centre de gravité est au-dessous de l'axe de suspension. Le fléau est figuré par un bouchon de liège traversé dans sa longueur par une aiguille à tricoter AB, et perpendiculairement à cette première direction par une seconde aiguille DE. L'axe de suspension est formé de deux bouts d'aiguille C et C', reposant sur deux verres ou deux petits billots P, P'. Si l'on enfonce l'aiguille DE de manière que la branche E soit la plus longue, l'appareil oscille, mais il reprend vite une position d'équilibre où AB est horizontale ; le centre de gravité est alors au-dessous de CC'. On remonte peu à peu l'aiguille DE, de manière à relever le centre de gravité et à le rapprocher de l'axe CC' et, quand on l'a placé au-dessus de CC', le fléau AB bascule et tourne autour de son axe.

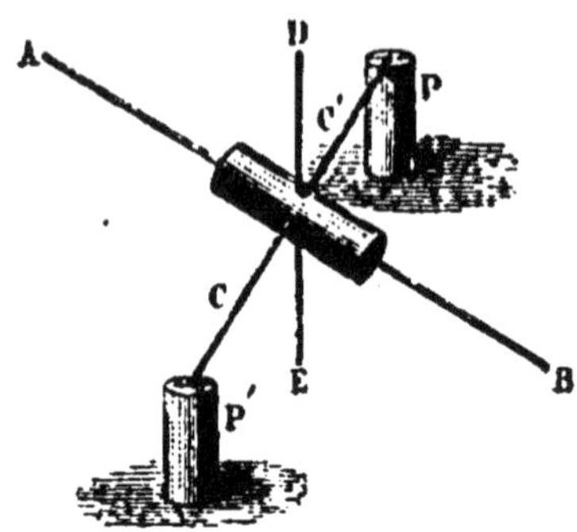

FIG. 14. — Appareil simple pour montrer que le fléau d'une balance est en équilibre stable quand le centre de gravité est au-dessous de l'axe de suspension.

24. Qualités d'une balance. — Une bonne balance doit avoir deux qualités : elle doit être *juste* et *sensible*.

Une balance est *juste* quand elle donne exactement le poids des corps. Elle est *sensible* quand le fléau s'incline d'une manière appréciable lorsqu'il y a une légère différence de poids entre les charges des deux plateaux.

La justesse absolue serait réalisée, si les deux moitiés du fléau, à droite et à gauche du point d'appui, étaient rigoureusement de même longueur et de même poids.

Dans les usages ordinaires, une balance a une justesse suffisante si elle a son fléau horizontal quand il n'y a rien dans les deux plateaux, de même quand on met deux poids égaux dans chacun des deux plateaux; c'est cette dernière épreuve surtout que font les vérificateurs.

Une balance est d'autant plus **sensible** que le fléau est plus léger, les bras de levier plus longs et le centre de gravité plus près du point d'appui.

On trouve approximativement la limite de sensibilité en cherchant quel est le plus petit poids qui fait incliner visiblement la balance, quand celle-ci est également chargée des deux côtés.

Les balances d'épiciers n'ont pas besoin d'être sensibles à moins d'un gramme; celles des pharmaciens doivent l'être au milligramme.

25. Balances ordinaires. — Les balances ordinaires sont de diverses formes, ou bien à plateaux suspendus, comme dans la balance des cabinets de physique qui sert aux expériences d'hydrostatique, ou bien à plateaux supportés, comme dans la balance Roberval (*fig.* 17), qui est d'un emploi courant dans

Fig. 17. — Balance Roberval.

les laboratoires pour les pesées ordinaires et dans le commerce où l'on n'a pas besoin d'une bien grande approximation.

26. Méthode de la double pesée. — On s'exposerait à commettre des erreurs dans le poids des corps si l'on se contentait de la pesée simple, qui consiste à mettre le corps à peser dans l'un des plateaux et des poids dans l'autre, jusqu'à ce qu'on ait obtenu l'horizontalité du fléau.

Lorsqu'on veut avoir exactement le poids d'un corps avec une balance quelconque suffisamment sensible, on emploie la méthode de Borda.

On met le corps dans l'un des plateaux et on lui fait équilibre en mettant dans l'autre plateau des corps quelconques, comme des grains de plomb, qui constituent la *tare*. Puis, sans toucher à la tare, on enlève le corps et on le remplace par des poids marqués jusqu'à ce que l'équilibre soit rétabli. Les poids marqués mis ainsi à la place du corps représentent exactement le poids du corps à l'approximation que peut donner la balance. Il a fallu réellement deux opérations pour obtenir le poids; aussi cette méthode est-elle appelée **méthode des doubles pesées.**

Il peut arriver que l'on ait fréquemment à peser des corps dont les poids sont très peu différents, par exemple 4 grammes, 6 grammes, 8 grammes de différentes substances. Si l'on appliquait à chaque corps la méthode précédente, il faudrait deux opérations pour chacun d'eux. Mais on peut abréger les diverses pesées en faisant une fois pour toutes, pour différents poids, des tares qui restent près de la balance, et qui permettent d'obtenir en une seule opération avec exactitude le poids d'un corps donné.

Les tares sont de petites fioles de verre contenant des grains de plomb, bouchées et marquées du poids auquel elles font équilibre. On a, je suppose, une tare de 10 grammes, et on veut peser un corps de moins de 10 grammes, soit de 5 à 6 grammes, par exemple. On met la tare dans le plateau où elle a été faite, puis dans l'autre le corps, et à côté de celui-ci des poids marqués, jusqu'à ce que l'équilibre soit obtenu. Il faudra 10 grammes pour équilibrer la tare ; si l'on n'en a mis que 4, c'est que le corps pèse 6 grammes.

Veut-on avoir 6gr,5 d'une substance ? On met sur un plateau la tare de 10 grammes ; sur l'autre, d'abord 3gr,5, puis, peu à peu, ce qu'il faut de la substance pour amener l'équilibre ; et l'on a ainsi, exactement, les 6gr,5 que l'on a voulu peser.

Ces deux exemples suffisent pour montrer l'utilité des tares et pour indiquer comment on fait rapidement des pesées exactes.

On pèse les corps avec des poids en laiton qui ont le plus souvent la forme cylindrique et que l'on prend commodément par le petit bouton qui les surmonte. Les subdivisions du gramme sont taillées dans des lames minces de platine, avec un coin relevé pour les prendre à l'aide d'une pince.

Les poids sont divisés en séries répondant aux diverses unités métriques : kilogramme, hectogramme... jusqu'au milligramme. Dans chaque série on trouve quatre poids : deux d'une unité, un de deux unités et un de cinq unités. Ainsi, dans la série du décagramme, il y a deux poids de 1 décagramme, un poids de 2 décagrammes et un poids de 5 décagrammes, et ainsi pour toutes les séries.

27. Romaine et bascule. — La romaine et le peson sont des leviers du premier genre, mais dont un des bras varie de longueur. C'est une tige supportée en un point O par un anneau (*fig.* 18). Près d'une des extrémités, en un point A, est fixé un crochet ou un plateau D, destiné à recevoir les corps à peser. Il n'y a qu'un seul poids *p*, appelé **curseur** et que l'on porte plus ou moins loin sur la tige BE.

Quand le plateau est vide et que le curseur est en B (au zéro de la graduation), la tige est horizontale ; deux aiguilles fixées l'une à la tige, l'autre à son axe fixe O, permettent de juger de cette horizontalité. Quand le plateau est chargé d'un poids de 5 kilogrammes, il faut mettre le curseur au chiffre 5 de la graduation.

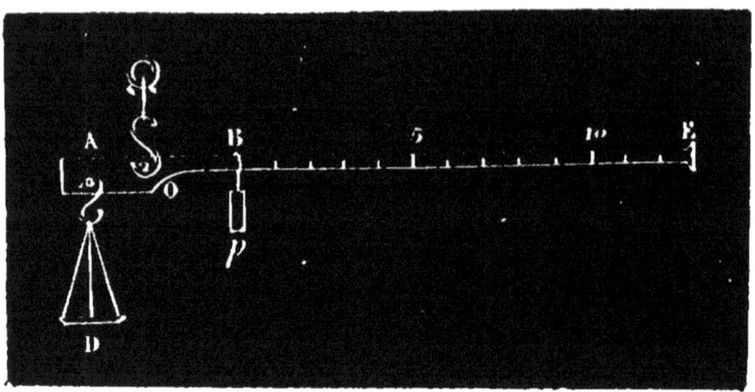

Fig. 18. — Romaine.

L'appareil est simple et commode ; mais il n'est pas très sensible, et l'on ne peut l'employer pour des pesées très exactes.

La **balance-basoule** est disposée de manière qu'un poids P de 1 kilogramme placé sur le plateau suspendu en B fasse équilibre à un corps du poids de 10 kilogrammes mis en T sur l'appareil. L'équilibre est indiqué par la coïncidence de deux petites pointes, dont l'une est fixe et dont l'autre est mobile avec le plateau où l'on met les poids marqués.

La figure 19 représente les leviers dont est formé l'appareil. Le levier principal est CAOB, dont le point d'appui est en O. La longueur AO égale $\frac{1}{10}$ de OB ; si donc un effort est exercé en A, il faudra, pour lui faire équilibre, mettre en B un poids dix fois moindre. La longueur OC égale $\frac{1}{2}$ de OB ; il en résulte qu'un effort exercé en C exigera un poids deux fois plus faible placé en P pour l'équilibre. La tablette de l'appareil, sur laquelle on met le corps, repose en H sur un levier qui a son point d'appui en F, de manière que FH égale $\frac{1}{5}$ de FD. Cette même tablette appuie en G et transmet une partie de son effort en A.

Le poids du corps T se répartit en G et en H ; la portion agissant en G, et par suite en A, exige dans le plateau suspendu en B un poids de $\frac{1}{10}$ de l'effort exercé ; l'autre portion presse en H et se transmet en D et

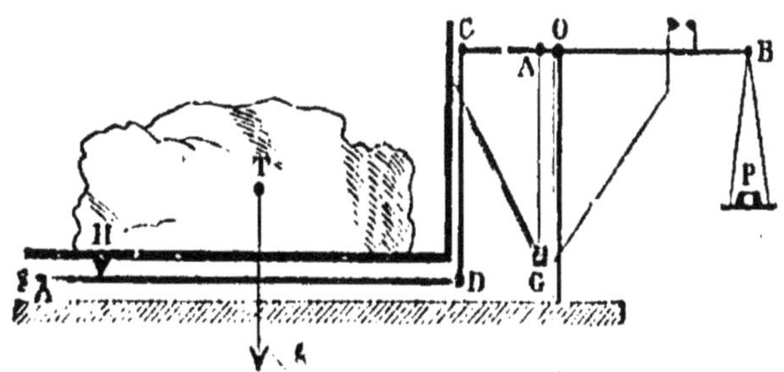

FIG. 10. — Balance-Bascule.

en C. Mais un poids de 10 kilogrammes appuyant en H est équilibré par un poids cinq fois moindre en D ou en C ; il fait donc sur le point C l'effet d'un poids de 2 kilogrammes. Et, comme $CO = \frac{1}{2}$ OB, il suffit en définitive de mettre en B un poids de 1 kilogramme pour équilibrer un poids T de 10 kilogrammes.

Dans les pesées, on multiplie donc par dix les poids placés dans le plateau pour avoir le poids du corps placé sur la table de la bascule.

Les bascules en usage dans les chemins de fer sont un peu différentes ; il n'y a pas de plateau placé en B ; mais le levier est prolongé, et, sur sa tige graduée, on porte plus ou moins loin un poids curseur, comme dans la romaine, qui indique par sa place le poids du corps à peser.

CHAPITRE IV

MESURE DU VOLUME D'UN SOLIDE OU D'UN LIQUIDE

28. Volume d'un solide. — Le volume d'un solide de forme géométrique, comme un petit barreau, une règle, s'obtient en faisant le produit de ses trois dimensions exprimées à la même unité.

Si la longueur est $20^{cm},5$, la largeur $4^{cm},2$, la hauteur ou l'épaisseur $1^{cm},25$, le volume sera :

$$20,5 \times 4,2 \times 1,25 = 107^{cmc},625.$$

Toutes les mesures effectuées sont donc des mesures de longueur, et on les obtient à l'aide des règles divisées, comme le sont les mètres et les doubles décimètres.

Le degré d'exactitude du volume calculé dépend évidemment de celui de chacune des mesures.

Sur une règle divisée en millimètres, l'œil estime assez bien le demi-millimètre. Pour aller plus loin dans l'approximation, on a recours au *Vernier*.

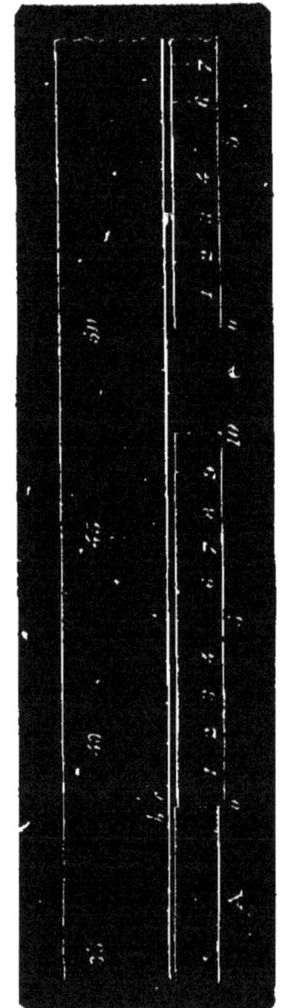

Fig. 20. — Vernier.

Le **vernier** (*fig.* 20), au dixième de millimètre, par exemple, est une petite règle de 9 millimètres de long divisée en 10 parties égales et numérotées de 0 à 10. Il glisse contre la règle principale.

Si son zéro correspond à une division de la règle, soit le 50, la 1re division du vernier est de $\frac{1}{10}$ en avant de la 1re division de la règle; la 2e division du vernier est de $\frac{2}{10}$ en avant de la 2e division de la règle, et ainsi de suite, comme le montre la partie à droite de la figure.

Si, dans une mesure de longueur d'une tige A, l'extrémité de celle-ci s'arrête entre deux divisions de la règle, on y amène le vernier (partie gauche de la figure 20), on cherche quelle division du vernier coïncide le mieux avec une division de la règle, soit la 6e. La longueur *bc* est alors de $\frac{6}{10}$ de millimètre, et la longueur de la barre en particulier, de 38mm,6. On a pu lire la longueur à $\frac{1}{10}$ de millimètre près.

29. Le corps est de forme quelconque. — Dans le cas où le corps est de forme quelconque, on ne peut plus trouver son volume par des mesures linéaires effectuées sur lui. Il faut alors avoir recours à la mesure d'un volume liquide dont le corps solide peut tenir la place.

Il est de toute évidence qu'il faut employer un liquide dans lequel le corps solide ne se dissout pas.

Un des moyens les plus simples consiste à employer une éprouvette graduée. On y met une certaine quantité de liquide, par exemple 100 centimètres cubes. On y plonge le corps; on lit le nouveau volume du liquide, soit 145 centimètres cubes. On conclut que le volume du corps plongé est de 145 — 100 ou 45 centimètres cubes.

L'exactitude de cette mesure dépend certainement d

celle de la mesure d'un liquide dans un vase gradué. Elle peut d'ailleurs être faussée par des bulles d'air, qui restent adhérentes au solide quand on le plonge dans le liquide.

30. Mesure des liquides. — Vases gradués. — Il est commode de pouvoir mesurer rapidement une certaine quantité de liquide. Les laboratoires sont pourvus pour cet objet de vases gradués.

Ce sont d'abord les ballons à col étroit, d'un demi-litre et d'un litre, où un trait gravé sur le col indique jusqu'à quel point il faut mettre du liquide pour avoir la contenance marquée. Il y a bien un peu d'incertitude pour arrêter exactement le liquide au trait marqué, parce que la surface du niveau présente l'aspect d'une petite bande sombre d'un peu d'épaisseur. Mais, si le col où est le trait gravé n'est pas trop large, on ne fait pas trop d'erreurs dans les mesures.

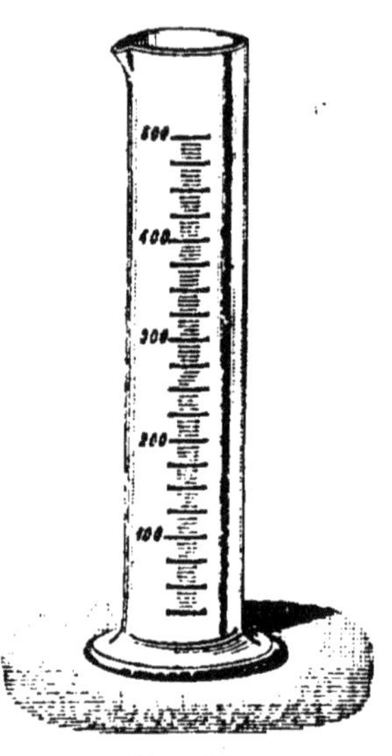

FIG. 21.
Éprouvette graduée.

Il est entendu qu'il faut rejeter comme inexacts les verres gradués coniques et larges; les volumes que l'on y mesure manquent de précision.

Les éprouvettes graduées, comme celle de la figure 21, rendent beaucoup de services pour mesurer n'importe quel volume compris dans leur graduation.

Les pipettes, comme celle de la figure 22 et de la figure 23, permettent de prendre un volume donné assez exact, à cause de la finesse du tube qui porte le ou les traits de la graduation.

La burette (*fig.* 24) est commode pour laisser couler goutte à goutte un liquide et estimer ensuite le volume qui en a coulé.

Avec ces différents vases, on peut bien mesurer un liquide à une fraction de centimètre cube; c'est une

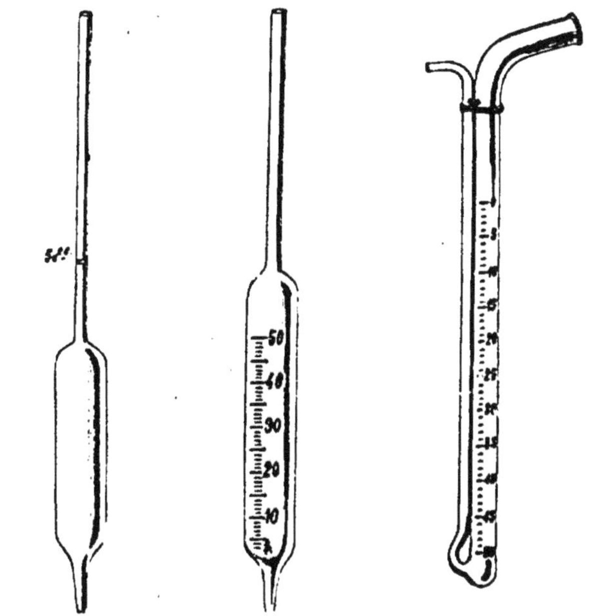

Fig. 22. — Pipette. Fig. 23. Fig. 24. — Burette.

approximation suffisante dans bien des cas de la pratique courante.

On n'a réellement toute l'exactitude désirable que par des pesées.

CHAPITRE V

POIDS SPÉCIFIQUES

31. Les corps pris sous le même volume n'ont pas le même poids. — On entend dire souvent, dans le langage courant, que le plomb est plus lourd que le fer, le fer plus lourd que le bois, le mercure plus lourd que l'eau, l'eau plus lourde que l'huile. On sait bien, quand on parle ainsi, que tel bloc de bois d'assez grande dimension pèse beaucoup plus qu'un petit morceau de fer ou de plomb ; mais on veut entendre par là que, si l'on prend un morceau de plomb et qu'on lui compare un morceau de fer ou de bois de même grosseur, on trouvera le premier plus lourd que le second et celui-ci plus lourd que le troisième. On veut donc comparer les uns aux autres des échantillons de *même volume.*

Cette comparaison peut être rendue très saisissante par des exemples. On prend quatre fioles égales : on remplit l'une de mercure, la seconde d'acide sulfurique, la troisième d'eau, la dernière d'alcool ; il suffit de les soulever successivement pour constater très nettement leur différence de poids. Veut-on connaître exactement le poids de chacune, on les met l'une après l'autre sur la balance, on leur fait successivement équilibre avec des poids marqués, et on note le poids de chacune d'elles.

La même démonstration peut aussi être faite facilement pour les corps solides. On taille des cubes égaux de diverses substances, plomb, cuivre, bois, cire, paraffine, liège ; on les met successivement sur la balance, et on leur trouve des poids très différents.

Ces différences qui existent entre les poids des corps pris sous le même volume peuvent servir à distinguer les corps entre eux. Ainsi, bien que l'aspect du platine soit très semblable à celui de l'étain, on ne peut confondre au toucher ces deux métaux, parce que le premier pèse beaucoup plus que l'autre à volume égal. On distinguerait de même un morceau d'or d'un morceau égal de cuivre doré, une pierre précieuse d'une imitation qui en a toutes les apparences. On conçoit donc bien que les physiciens aient cherché depuis longtemps à déterminer les rapports qui existent entre les poids des différentes substances prises sous le même volume.

32. Comparaison des corps par le poids de l'unité de volume. — Pour comparer les corps les uns aux autres sous le rapport des poids, nous pourrions prendre un volume quelconque du premier corps, puis le même volume de chacun des autres corps, chercher le poids de chacun, puis dresser une table de ces poids ; dans cette table apparaîtraient les rapports qui lient les uns aux autres les poids des corps pris sous un même volume.

Ainsi, en prenant 10 litres de différents liquides, on trouverait les nombres suivants :

Acide sulfurique...	18k,400	Eau distillée..........	10k
Eau de mer.......	10 ,260	Alcool................	8

Et pour 10 litres de différents gaz :

Acide carbonique.	0k,0198	Hydrogène........	0k,0009
Air...............	0 ,0103		

Et pour 10 décimètres cubes de différents solides :

Fer...............	77k,0	Or...............	103k,5
Argent...........	104 ,5	Platine...........	220 ,0

Mais, au lieu de prendre un volume quelconque, il est beaucoup plus commode et plus simple de prendre l'unité de volume. On aura ainsi pour chaque corps le *poids de l'unité de volume;* c'est cette quantité que les physiciens appellent le **poids spécifique.** La table des poids spécifiques, tout en accusant les mêmes rapports que la précédente, aura un avantage de plus : elle permettra de calculer très facilement le poids d'un volume donné d'un corps et réciproquement le volume occupé par un poids connu du corps.

Ainsi, en adoptant pour unité de volume le centimètre cube, nous aurons pour les poids spécifiques des substances suivantes :

Eau	1gr,0	Fer	7gr,7
Mercure	13 ,6	Cuivre	8 ,8
Acide sulfurique	1 ,8	Argent	10 ,4

Et si nous voulons connaître à l'aide de cette table le poids de 40, 80, V centimètres cubes de fer ou d'argent, nous écrirons :

$$P = 40 \times 7{,}7;\quad 80 \times 7{,}7;\quad V \times 7{,}7$$
$$40 \times 10{,}4;\quad 80 \times 10{,}4;\quad V \times 10{,}4$$

Et si nous appelons V le volume en centimètres cubes, p le poids spécifique, P le poids en grammes, nous pourrons écrire :

$$P = V \times p,$$

d'où nous tirons :

$$p = \frac{P}{V}.$$

Ce qui nous permet de définir le poids spécifique : le *quotient du poids en grammes d'un corps par son volume en centimètres cubes.*

33. Le poids spécifique est le rapport du poids d'un corps au poids du même volume d'eau. — Le poids spécifique entendu comme nous venons de le présenter dépend de l'unité de volume adoptée, c'est le poids en grammes du centimètre cube ou le poids en kilogrammes du décimètre cube du corps. Mais, si nous convenons de comparer tous les corps à l'eau, 1 centimètre cube d'eau pesant 1 gramme, 1 décimètre cube pesant 1 kilogramme, le nombre qui exprime le poids spécifique d'un corps exprime aussi le nombre de fois que le centimètre cube du corps pèse plus que le centimètre cube d'eau, que le décimètre cube du corps pèse plus que le décimètre cube d'eau, en général le nombre de fois que le corps pèse plus que l'eau sous le même volume : c'est *le rapport du poids d'un corps au poids du même volume d'eau.*

Dans le langage ordinaire, quand on compare deux substances différentes, mais de mêmes dimensions, par exemple une boule de liège et une autre de fer, on constate que l'une est beaucoup plus légère que l'autre. On admet que la matière est plus concentrée, plus condensée dans la seconde, dans le fer que dans le liège ; c'est ce qu'on exprime en disant que le fer est plus **dense** que le liège ou qu'il a une **densité** plus considérable.

Dans le langage scientifique, la densité n'a pas la même définition que le poids spécifique, et cependant l'usage emploie ces deux mots l'un pour l'autre, et l'on dit couramment « table des densités », comme on dirait table des poids spécifiques.

34. Utilité de la connaissance des poids spécifiques ou densités. — Les exemples abondent pour montrer l'utilité qu'il y a de connaître la densité des corps. Citons-en un seul, la possibilité de trouver le poids d'un corps dont on peut facilement connaître le volume. Un grand bloc de marbre mesure 2 mètres de long, $0^{m},80$ de large, $0^{m},60$ d'épaisseur. Son volume est :

$$2 \times 0{,}80 \times 0{,}60 = 0^{mc},960 \text{ décimètres cubes.}$$

La densité du marbre est 2,7. C'est dire que le décimètre cube pèse $2^{kg},7$.

Le poids du bloc est :

$$960 \times 2{,}7 = 2592 \text{ kilogrammes.}$$

C'est ici le lieu de faire remarquer que, dans le calcul du poids à l'aide du volume, si le volume est exprimé en centimètres cubes, on obtient le poids en grammes pour les solides et les liquides, et si le volume est exprimé en décimètres cubes, le poids est indiqué en kilogrammes, etc.

35. Détermination des poids spécifiques ou densités. — *Principe de la méthode.* — Nous avons donné deux définitions simples du poids spécifique : *c'est le quotient du poids d'un corps par son volume*, ou bien *c'est le rapport du poids d'un corps au poids du même volume d'eau.*

D'après la première, pour trouver le poids spécifique, il faut connaître le poids du corps, puis son volume, et diviser l'un par l'autre les deux nombres.

D'après la seconde, c'est encore le poids du corps qu'il faudra chercher, puis le poids d'un égal volume d'eau, et diviser le poids du corps par le poids de l'eau.

Dans tous les cas, la base de la recherche sera la connaissance exacte du poids du corps.

36. Poids spécifique des solides. — CAS PARTICULIER : LE CORPS A UNE FORME GÉOMÉTRIQUE. — Prenons comme premier cas celui d'un corps dont on peut avoir le volume par la mesure de ses dimensions.

Soit une petite règle de fer. Nous cherchons son poids par la méthode des doubles pesées, et nous trouvons :

$$P = 616 \text{ grammes.}$$

Nous mesurons ses trois dimensions, qui sont 20, 2 et 2 centimètres.

Le volume calculé est :

$$V = 20 \times 2 \times 2 = 80 \text{ centimètres cubes.}$$

La densité :

$$D = \frac{P}{V} = \frac{616}{80} = 7,7.$$

Telle est la densité du fer.

Cas général : le corps a une forme quelconque. — On aura toujours le poids par une double pesée. Reste à trouver, soit le volume du corps, soit le poids d'un égal volume d'eau. Chercher l'une de ces deux dernières quantités revient à chercher l'autre, puisque le poids et le volume de l'eau sont exprimés tous deux par le même nombre.

Voici d'abord des méthodes qui ne sont peut-être pas très rigoureuses, mais qui ont l'avantage d'être partout d'une application facile :

1° *On dispose d'une éprouvette graduée en centimètres cubes.* — Prenons un fragment de marbre, faisons sur la balance sa tare d'abord, sa pesée ensuite, nous aurons exactement son poids.

Soit :

$$P = 67^{gr},5$$

Mettons de l'eau dans l'éprouvette graduée jusqu'à la division 50 et plongeons-y le fragment de marbre; le niveau de l'eau s'élève à la division 75.

Le volume du morceau de marbre est :

$$V = 25 \text{ centimètres cubes.}$$

La densité :

$$D = \frac{P}{V} = \frac{67,5}{25} = 2,7.$$

2° *On dispose d'un verre ordinaire, peu large et à bords bien dressés.* — On pose sur le verre un carton plan portant une épingle noircie qui plonge dans le verre, et on met de l'eau dans le verre jusqu'à ce que le niveau du liquide affleure la pointe de l'épingle (*fig.* 25), c'est-à-dire jusqu'à ce que l'image de la pointe vue dans le liquide touche à cette pointe. On dispose, de plus, d'une pipette graduée en fractions de centimètres cubes.

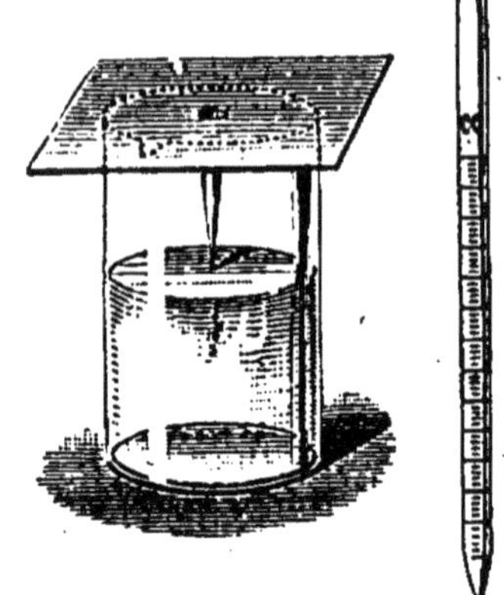

Fig. 25. — Appareil simple pour la recherche du volume d'un solide.

On a pesé convenablement le corps. Soit le même fragment de marbre que dans l'expérience précédente.

Le poids :

$$P = 67^{gr},5.$$

On met le marbre dans le verre, le niveau du liquide s'élève. Avec la pipette, on enlève du liquide de manière à découvrir la pointe, puis on laisse le liquide retomber goutte à goutte jusqu'à ce que le niveau affleure la pointe. La pipette contient alors un volume d'eau égal au volume du corps.

On lit sur la pipette :

25 centimètres cubes.

La densité est :

$$\frac{67,5}{25} = 2,7.$$

Ces deux méthodes ont l'inconvénient de mesurer des volumes d'eau ; on opère avec plus d'exactitude en pesant le volume d'eau égal au volume du corps ; c'est ce qu'on fait dans la méthode suivante.

37. Méthode du flacon. — Le flacon dont on se sert est fait de manière à ce qu'il soit possible d'y mettre, dans deux expériences successives, une égale quantité de liquide (*fig.* 26). Le col, usé à l'émeri, peut être fermé par un bouchon de verre creux surmonté d'un tube de très petit diamètre et d'un entonnoir; ce bouchon est lui-même extérieurement usé à l'émeri pour qu'il ferme exactement le goulot et qu'il y enfonce toujours de la même quantité.

FIG. 26. — Flacon à densité.

La première opération, c'est le remplissage du flacon. On le remplit d'eau distillée, puis on met le bouchon; l'eau dont le bouchon prend la place monte dans le tube qui le surmonte. On essuie le flacon et on le laisse quelques instants sur la table pour qu'il prenne la température du milieu ou, mieux encore, on le met dans la glace fondante, puis avec du papier buvard on enlève l'eau qui est dans l'entonnoir du bouchon, même une partie de celle du tube fin, de manière à amener le niveau à un point marqué sur ce tube. Le flacon est alors prêt à servir.

Plateau A	Plateau B
Flacon + corps......	tare
Flacon + poids ...... P	tare
Flacon + corps Plongé + P'.........	tare

Soit à chercher la densité d'un morceau de laiton. Nous le prenons assez petit pour qu'il puisse entrer dans le flacon.

Nous plaçons sur le plateau de la balance le flacon et, à côté, le morceau de laiton; nous faisons la tare. Nous enlevons le laiton, nous lui substituons des poids marqués; nous avons ainsi le poids par double pesée; soit $P = 44$ grammes.

Nous prenons le flacon sur la balance, nous l'ouvrons pour y introduire le morceau de laiton, puis nous remettons le bouchon et, avec les mêmes précautions que la première fois, nous amenons le niveau du liquide dans le flacon au même point où il était primitivement. Nous replaçons le flacon sur la balance: il est moins lourd; il faut lui ajouter des poids; ces poids représentent le volume d'eau disparue, chassée par le corps, ou le poids du même volume d'eau que le corps. Il nous a fallu ajouter 5 grammes. La densité du laiton est :

$$\frac{44}{5} = 8,8.$$

38. Densité des liquides. — Pour les liquides, le procédé du flacon est presque le seul à employer; en tout cas, il est le plus exact. Théoriquement, il est très simple : peser un vase plein du liquide dont on cherche la densité, puis le même vase plein d'eau, enfin le vase vide; en déduire le poids du volume considéré de liquide et le poids du même volume d'eau.

Il semble au premier abord que ce soit très facile; mais, quand on veut beaucoup d'exactitude, c'est une opération minutieuse. On emploie un flacon formé d'un tube fermé en bas, terminé en haut par un tube étroit que surmonte un entonnoir (*fig.* 27); un bouchon sert à fermer l'appareil quand le liquide sur lequel on opère est volatil.

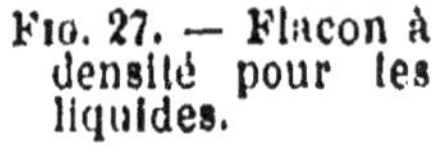

Fig. 27. — Flacon à densité pour les liquides.

On commence par tarer sur la balance, pour opérer par double pesée, le flacon vide et sec, en mettant à côté de lui un poids plus fort que le poids du liquide qui remplira le flacon, soit un poids de 50 grammes.

On remplit le flacon du liquide, soit de l'alcool. Celui-ci est versé dans l'entonnoir; on le fait descendre dans le gros tube en chauffant, ou en animant le tube d'un mouvement de fronde, ou bien encore en introduisant dans le tube capillaire et le réservoir un tube fin qui laisse remonter l'air quand le liquide descend.

On laisse le tube sur un petit support pour qu'il prenne la température du milieu, ou mieux encore on le plonge dans de la glace fondante et on règle le niveau du liquide à un point marqué sur le tube.

On reporte le tube sur la balance ; pour que l'équilibre subsiste, il faut retirer une partie du poids ; il ne reste plus sur la balance que 31 gr.

L'alcool remplissant le flacon a donc pour poids :

$$50 - 31 = 19 \text{ grammes.}$$

Plateau A	Plateau B
Flacon + 50 gr.	tare
Flacon + liquide + P	tare
Flacon + eau + P'	tare

On vide le flacon, on le nettoie plusieurs fois de suite à l'eau distillée et finalement on le remplit d'eau distillée jusqu'au même niveau et avec les mêmes précautions que précédemment. On le porte sur la balance à côté du poids de 50 grammes ; il faut retirer des poids pour amener l'équilibre. On ne laisse plus sur la balance que 26gr,25.

Le poids d'eau remplissant le flacon est donc :

$$50 - P' \text{ ou } 50 - 26{,}25 = 23{,}75$$

Et la densité de l'alcool est :

$$\frac{\text{poids P du liquide}}{\text{poids P' d'un égal volume d'eau}} = \frac{19}{23{,}75} = 0{,}8$$

39. Exercice. — *Un corps pèse dans l'air 77 grammes, dans l'eau 67 grammes, dans l'alcool 69 grammes ; trouver le poids spécifique du corps et celui de l'alcool.*

La perte de poids dans l'eau est

$$77 - 67 = 10 \text{ grammes.}$$

Le volume du corps est donc 10 centimètres cubes, ou bien le poids du même volume d'eau est 10 grammes.

Le poids spécifique du corps est donc :

$$\frac{77}{10} = 7,7.$$

Le poids de l'alcool qui a même volume que le corps est :

77 — 69 ou 8 grammes.

On a donc d'une part le poids d'un volume d'alcool, 8 grammes, d'autre part le poids d'un égal volume d'eau, 10 grammes.

Le poids spécifique de l'alcool est $\frac{8}{10}$ ou 0,8.

Exercices à résoudre. — 1. Quel est le poids d'un bloc de pierre qui mesure 1^{m},10 de long, 0^{m},80 de large et 0^{m},70 de haut ? Le poids spécifique de la pierre est 2,5.

2. Un cube de cuivre jaune mesure 27 millimètres d'arête et pèse 169^{gr},27. Quel est le poids spécifique?

3. Un corps pèse dans l'air 114 grammes, dans l'eau 104 grammes, dans l'alcool 106 grammes. Quel est son poids spécifique et celui de l'alcool ?

4. Un corps pèse 72 grammes dans l'eau, 80 grammes dans l'alcool : trouver son volume. Le poids du centimètre cube d'alcool est 0,8.

LIVRE II

ÉQUILIBRE DES LIQUIDES ET DES GAZ

CHAPITRE VI

PRESSIONS DES LIQUIDES

40. Propriétés des liquides. — Les liquides, dont l'eau offre le type le plus commun, sont des corps dont les parties présentent entre elles si peu d'adhérence qu'elles roulent facilement les unes sur les autres et que le moindre effort suffit pour les diviser. En petite masse, sur un corps solide qu'ils ne mouillent pas, ils prennent la forme sphérique : c'est ce que l'on remarque pour le mercure versé sur le verre, la porcelaine ou le bois, et aussi pour l'eau répandue sur une surface graissée ou couverte de poussière. En quantité un peu considérable, les liquides se moulent dans le vase qui les contient et ils en prennent la forme.

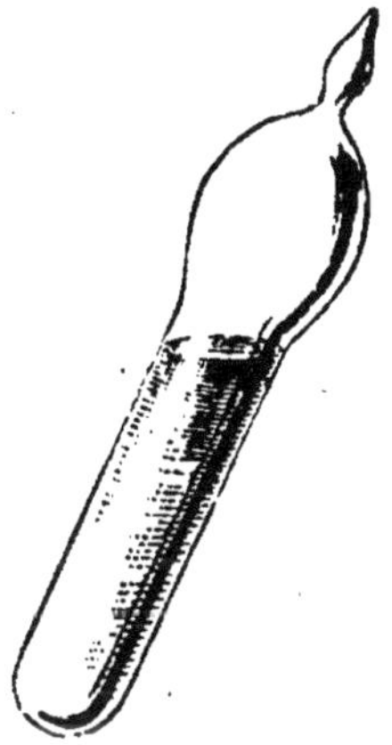

Fig. 28. — Marteau d'eau. Le liquide tombe d'une seule masse avec choc quand on retourne le tube.

Les liquides tombent ou coulent quand ils ne sont pas soutenus. Dans la chute à l'air, ils se divisent en particules plus ou moins fines, quelquefois même en une sorte de poussière, comme dans les cascades. Dans le vide, ils tombent en une seule masse et produisent un choc comme les solides, témoin ce qui se passe quand on retourne vivement le *marteau d'eau* (*fig.* 28).

Les liquides présentent bien des différences d'aspect, de couleur, de consistance et de poids, depuis l'alcool jusqu'au mercure, depuis l'éther jusqu'aux sirops. Mais ils ont deux propriétés communes, la mobilité de leurs molécules et leur presque complète incompressibilité; on ne peut pas, en effet, diminuer sensiblement le volume d'un liquide en soumettant sa surface à une très forte pression.

L'étude des liquides et de leurs conditions d'équilibre constitue l'*hydrostatique*. Nous en étudierons les principaux principes en nous aidant des résultats de l'expérience.

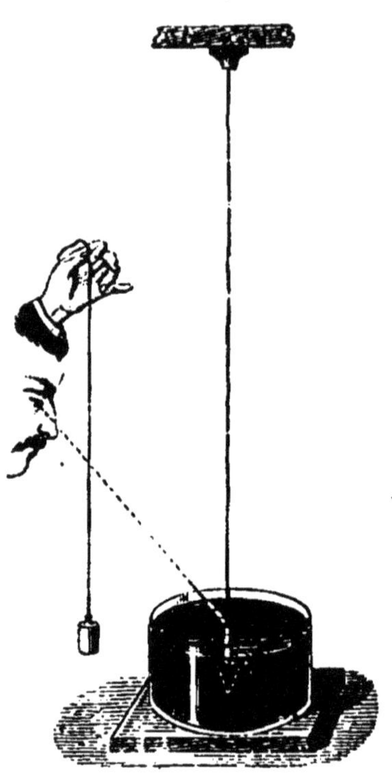

Fig. 29. — On voit l'image du fil à plomb dans le prolongement du fil. La surface du liquide est un miroir perpendiculaire au fil à plomb.

41. Surface libre d'un liquide au repos. — L'expérience démontre qu'un liquide contenu dans un vase et l'eau d'un étang ou d'un lac offrent une surface horizontale, autrement dit une surface perpendiculaire au fil à plomb. Le fait est facile à vérifier; il suffit de suspendre un fil à plomb au-dessus d'un vase contenant de l'eau noircie qui réfléchit la lumière (*fig.* 29); en quelque position que l'on se place, l'image du fil apparaît exactement dans le prolongement du fil lui-même; or ce résultat ne peut être obtenu que si la surface de l'eau, qui fait miroir, est perpendiculaire au fil.

Incline-t-on un vase qui contient un liquide, la surface du liquide reste horizontale (*fig.* 30) ; c'est pour cela que, si l'on penche un vase incomplètement rempli d'eau, le niveau de l'eau finit par arriver au bord du vase, et, pour une inclinaison plus grande, l'eau s'écoule et tombe.

Fig. 30. — Le liquide coule d'un vase incliné sans que sa surface cesse d'être horizontale.

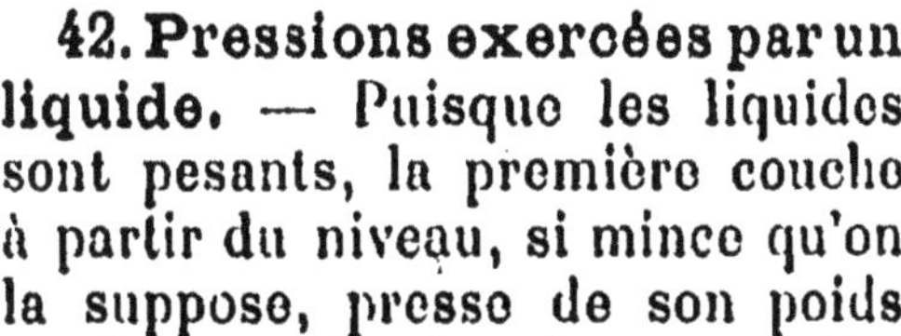

42. Pressions exercées par un liquide. — Puisque les liquides sont pesants, la première couche à partir du niveau, si mince qu'on la suppose, presse de son poids sur la seconde ; les deux premières, sur la troisième, et ainsi de suite. Une couche quelconque prise dans le liquide doit donc supporter de haut en bas une pression mesurable ; et comme elle est en équilibre, il faut qu'une pression contraire et égale agisse aussi sur elle.

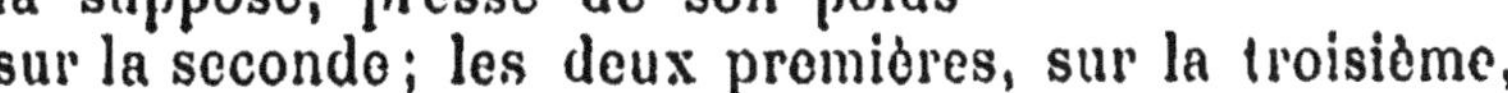

Pour mettre ces pressions en évidence, on prend un cylindre de verre, ouvert à ses deux bouts et dont le bord inférieur est bien rodé, de manière qu'un plan de verre puisse s'y appliquer et le fermer exactement (*fig.* 31). On tient, à l'aide d'une ficelle, cet **obturateur** de verre contre le tube, puis on descend l'appareil dans l'eau :

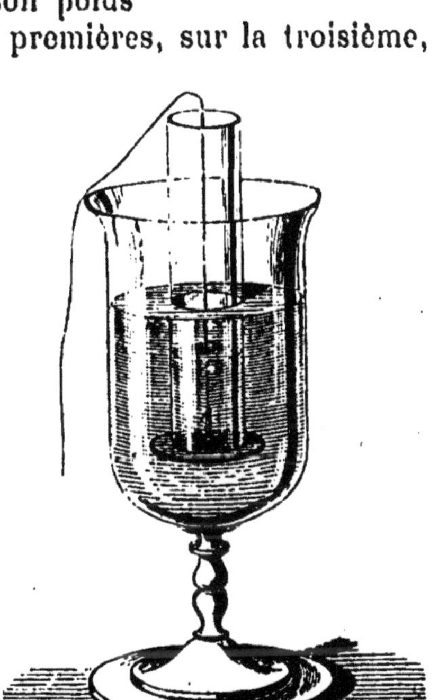

Fig. 31. — L'obturateur est pressé contre le tube par le liquide.

on constate alors qu'on peut lâcher la ficelle sans que l'obturateur se détache. L'obturateur est donc pressé contre le bord du vase par le liquide.

Si l'on veut estimer cette pression, il faut chercher l'effort à exercer sur l'obturateur pour qu'il se détache. On verse alors dans le tube de l'eau colorée, et, quand le niveau de cette eau est arrivé à être le même que le niveau de l'eau dans le tube, l'obturateur tombe.

Au moment où l'obturateur se détache du tube, il reçoit de haut en bas *une pression égale au poids d'une colonne de liquide qui a pour base la surface du disque et pour hauteur la distance du disque au niveau supérieur;* telle est donc aussi la valeur de la pression de bas en haut qui maintenait le disque contre le tube.

Si l'on répète l'expérience en déplaçant latéralement le cylindre de façon que l'obturateur reste sur le même plan horizontal, on constate qu'il faut, pour le détacher, verser au-dessus de lui la même colonne de liquide que dans la première expérience.

On en conclut que *deux surfaces égales prises dans un liquide, sur le même plan horizontal, supportent des pressions égales;* et, si les surfaces égales sont toutes deux très petites, on peut dire que **tous les éléments d'un même plan horizontal, dans un liquide, supportent une égale pression.**

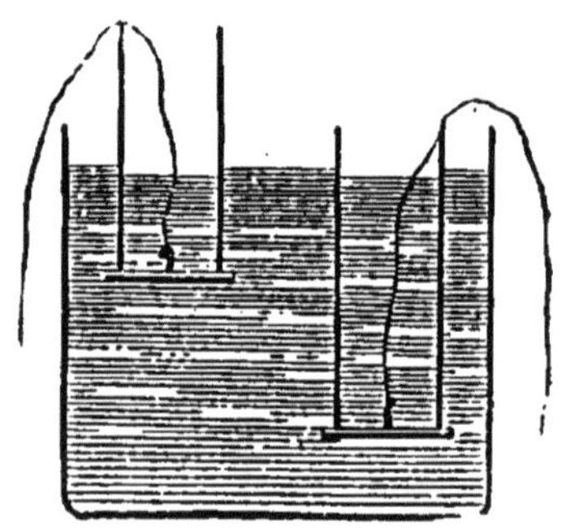

FIG. 32. — Différence de pression sur deux éléments qui sont à des distances inégales du niveau.

Si l'on recommence l'expérience précédente, en enfonçant plus ou moins le tube à obturateur, on constate que, pour chaque position, l'obturateur se détache, quand la colonne du tube a le même niveau que le liquide du vase; on peut, par suite, estimer la différence des pressions exercées sur deux éléments égaux pris en des plans horizontaux différents (*fig.* 32); si l'obturateur a 10 centimètres carrés de surface, quand il est plongé dans l'eau à 20 centimètres du niveau, sa pression est de 200 grammes (poids de 200^{cc} d'eau); à 12 centimètres du niveau, la pression est de 120 grammes (poids de 120^{cc} d'eau); la différence en faveur de la première position est de 80 grammes, c'est-à-dire le poids de la colonne d'eau qui sépare verticalement les deux surfaces considérées.

43. Pression sur le fond des vases. — Les liquides exercent, sur le fond des vases qui les contiennent, des pressions que les expériences précédentes permettent d'évaluer.

La pression exercée sur le fond d'un vase par un liquide est le poids d'une colonne de ce liquide, ayant pour base la surface du fond et pour hauteur la distance verticale du fond au niveau supérieur du liquide.

Supposons que dans l'expérience précédente l'obturateur ait une surface d'un centimètre carré, et qu'il soit placé à 24 centimètres du niveau supérieur et à 1 centimètre du fond, il supportera une pression de haut en bas, équivalente au poids de 24 centimètres cubes d'eau ou à 24 grammes; un élément égal du fond, qui est plus bas, de 1 centimètre, supportera une pression plus grande de 1 gramme, autrement dit 25 grammes; il en sera de même pour chaque centimètre carré de la surface du fond. La pression sur le fond sera donc autant de fois 25 grammes qu'il y a de centimètres carrés; cette pression totale sera donc bien le poids de la colonne liquide ayant même surface que le fond et une hauteur égale à la distance verticale du fond au niveau du liquide.

Ainsi, dans un vase dont le fond a 4 décimètres carrés de surface, si l'on met une hauteur d'eau de 1 décimètre, la pression sur le fond sera le poids d'une colonne d'eau de 4 décimètres cubes, autrement dit 4 kilogrammes.

Et si l'on appelle S la surface en centimètres carrés, H la hauteur en centimètres, D la densité du liquide, la pression aura pour expression SHD.

Cet énoncé fait prévoir que *la pression sur le fond est indépendante de la forme du vase;* on le prouve en effet expérimentalement avec l'appareil de Masson et avec celui de Haldat.

L'*appareil de Masson* se compose d'un trépied portant un anneau M formant un écrou et dans lequel on peut visser successivement trois vases A, B, C de formes différentes. Ces vases ont le bout rodé et peuvent être fermés par un obturateur en verre. On pose le vase cylindrique A sur le trépied; on passe dedans la ficelle

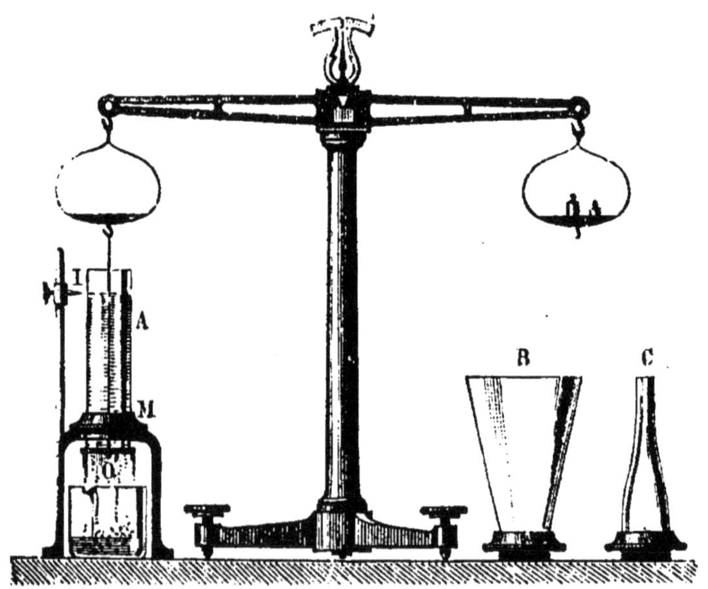

Fig. 33. — Appareil de Masson. La pression produite par une égale hauteur d'eau est la même dans trois vases qui ont même fond.

de l'obturateur et on l'attache à l'un des plateaux d'une balance dont l'autre plateau porte un poids notablement supérieur à celui de l'obturateur. On verse peu à peu de l'eau dans le vase cylindrique, et on marque par une pointe le niveau où est arrivé le liquide quand l'obturateur se détache (*fig.* 33). On recommence l'expérience successivement avec chacun des vases B et C, sans toucher à la pointe I ni au poids du plateau, et on remarque que l'obturateur se détache encore au moment où le niveau du liquide arrive à la pointe. La pression sur le fond est donc bien la même dans les trois cas, malgré que les quantités de liquide contenues dans les vases soient différentes.

L'appareil de Haldat, employé pour la même vérification, se compose d'un tube de fer deux fois recourbé à angle droit (*fig.* 34) ; l'une des branches est en verre,

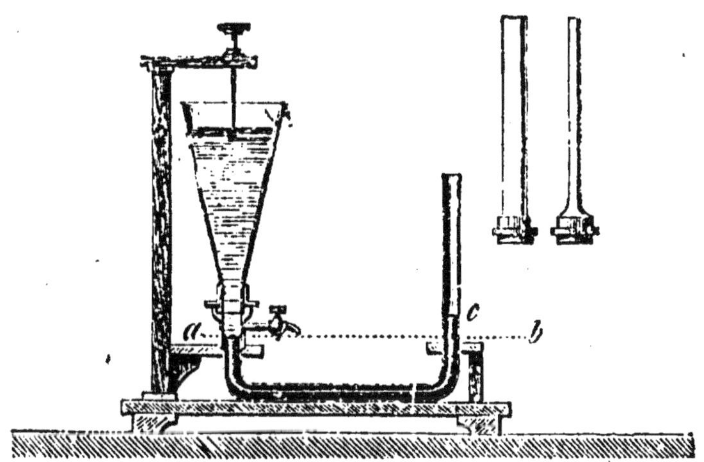

Fig. 34. — Appareil de Haldat.

l'autre porte une garniture de cuivre où l'on peut visser successivement trois vases différents ayant même fond. On met du mercure dans le tube coudé, et on marque son niveau sur la branche de droite. A gauche, on a vissé le premier vase ; on y met de l'eau jusqu'à un niveau marqué par une pointe. Le mercure monte dans la branche de droite jusqu'à un point que l'on marque.

On vide l'eau du vase par un robinet que porte l'appareil, puis on remplace le premier vase par le second et on y met de l'eau jusqu'à la pointe ; on constate alors que le mercure est monté de l'autre côté comme la première fois. Il en est encore de même avec le troisième vase. On peut donc dire que le fond du vase et la hauteur du liquide ne changeant pas, la pression sur le fond est la même pour les vases élargis ou rétrécis que pour le vase cylindrique.

44. Pressions sur une paroi. — Les liquides pressent aussi bien sur les parois que sur le fond du vase. La preuve la plus simple, c'est l'écoulement du liquide par une ouverture latérale : plus cette ouverture est loin du niveau supérieur du liquide, plus le jet va tomber loin du vase.

On met encore en évidence la pression latérale avec l'*éprouvette à réaction.* C'est une éprouvette pleine d'eau placée sur un flotteur; elle est munie vers le bas d'un orifice à robinet. Tant que le robinet est fermé, l'appareil reste immobile ; aussitôt qu'on l'ouvre et que l'eau s'échappe, l'éprouvette se meut en sens inverse de l'écoulement (*fig.* 35). Quand le robinet est fermé, la pression exercée sur la portion de paroi qui le porte est contre-balancée par une pression égale s'exerçant sur la paroi opposée; aussitôt que le liquide s'écoule, la première pression sert à l'écoulement, et la seconde fait avancer le vase en sens inverse du jet.

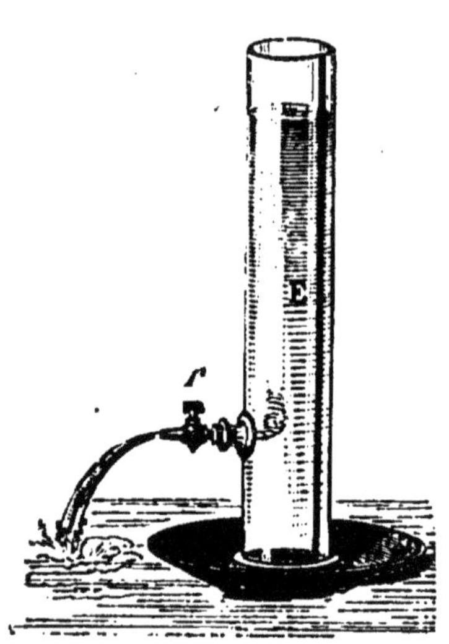

Fig. 35. — Éprouvette à réaction. Le vase rendu mobile marche en sens inverse du jet liquide.

Le **tourniquet hydraulique** sert à une expérience analogue. C'est un vase rempli d'eau, mobile autour d'un axe vertical et portant à sa partie inférieure un tube dont les deux extrémités sont recourbées (*fig.* 36).

Fig. 36. — Tourniquet hydraulique.

Dès qu'on débouche ces extrémités, l'appareil se met à tourner en sens inverse des jets liquides, par un effet de réaction analogue à celui qui se produit dans l'expérience précédente. Certains appareils d'arrosage des jardins publics sont fondés sur le principe du tourniquet hydraulique.

45. Valeur des pressions latérales. — La pression latérale peut être connue sur une petite surface donnée; elle est, en effet, la même que sur un autre élément égal pris sur le même plan horizontal ; elle a donc pour mesure le poids d'une colonne de liquide ayant pour surface la très petite surface considérée et pour hauteur la distance verticale de cette surface au niveau du liquide. Ainsi, pour 1 centimètre carré d'une paroi plongée, la pression est autant de grammes que l'indique la hauteur verticale du niveau au-dessus de la partie de paroi considérée.

Pour une paroi plane d'une certaine étendue, la somme des pressions supportées par les éléments de la surface est *le poids d'une colonne liquide qui a pour base la portion immergée et pour hauteur la moyenne des distances au niveau supérieur de tous les points, autrement dit la distance au niveau du centre de la partie immergée*. Le calcul en est laborieux pour une paroi de forme quelconque. Il est très simple dans le cas d'une paroi plongée de forme géométrique.

La pression va en croissant avec la hauteur du liquide au-dessus de la partie considérée ; aussi elle peut devenir très grande sans que la quantité de liquide qui la produit soit considérable. C'est ce que Pascal a montré le premier par l'expérience du crève-tonneau. Un tonneau placé sur une de ses bases est rempli d'eau ; on le surmonte d'un long tube vertical fixé à sa paroi supérieure. On verse de l'eau dans ce tube, et, quand la colonne atteint 3 à 4 mètres de hauteur, la pression latérale devient assez forte pour faire disjoindre les douves du tonneau

46. Exemples numériques. — On se fait une idée de la grandeur des pressions exercées par les liquides par quelques exemples numériques faciles à résoudre.

Ainsi *soit à chercher la pression exercée par une hauteur de mercure de* 8 *centimètres sur le fond d'un vase rectangulaire qui a* 5 *centimètres d'un côté et* 8 *de l'autre.*

La surface du fond est :

$$5 \times 8 = 40 \text{ centimètres carrés.}$$

Le volume du liquide qui presse sur le fond :

$$40 \times 8 = 320 \text{ centimètres cubes.}$$

Le poids de ce liquide :

$$320 \times 13,6 = 4.352 \text{ grammes}$$

Le fond supporte donc une pression de $4^{kg},352$.

Autre exemple. — *Soit à chercher l'effort exercé par l'eau contre une porte d'écluse qui a* $1^m,20$ *de largeur,* 2 *mètres de hauteur et qui plonge dans l'eau verticalement de* $1^m,80$.

La surface plongée est de :

$$1,20 \times 1,80 = 2^{mq},16.$$

La hauteur plongée est 1,80.

La distance depuis le milieu de la partie immergée jusqu'au niveau est de $\frac{1,80}{2} = 0,90$.

Le volume de l'eau qui presse est

$$2,16 \times 0,90 = 1^{mc},9440.$$

La pression sur la vanne est de 1944 kilogrammes.

CHAPITRE VII

CORPS PLONGÉS. — PRINCIPE D'ARCHIMÈDE

47. Les liquides exercent des pressions sur les corps plongés. — Si un corps solide est plongé dans un liquide, il éprouve, sur toute sa surface, des pressions de la part du liquide environnant, qui agit sur lui comme il agit sur les parois du vase. On s'en assure facilement en descendant dans l'eau, l'ouverture en haut, une boîte de bois assez mal jointe pour n'être pas étanche ; on sent, à l'effort qu'il faut faire, la force que le liquide oppose, et on voit l'eau se précipiter par toutes les fissures et pénétrer dans la boîte. Si on répète l'expérience avec une boîte de fer-blanc étanche, il faut la charger de poids si l'on veut la faire tenir sur le liquide et l'y faire plonger jusqu'à son bord.

48. Poussée exercée par le liquide. — Toutes ces pressions exercées par l'eau sur toute la surface d'un corps plongé ont un effet total, on peut les supposer remplacées par une force unique, dirigée verticalement de bas en haut, en sens inverse de la pesanteur; cette résultante prend le nom de *poussée verticale* du liquide. Il en faut chercher la valeur.

49. Principe d'Archimède. — Archimède est le premier qui ait formulé la valeur de cette pression en un principe qui garde son nom et qu'on énonce de la manière suivante :

Tout corps plongé dans un liquide subit de la part de ce dernier une poussée verticale de bas en haut, égale au poids du volume du liquide déplacé par le corps.

On fait de ce principe une démonstration expérimentale.

50. Démonstration expérimentale du principe d'Archimède. — Il s'agit de prouver deux choses : 1° *qu'un corps plongé dans un liquide subit de la part de celui-ci une poussée verticale de bas en haut;* 2° *que cette poussée est égale au poids du volume de liquide déplacé par le corps.*

On se sert à cet effet d'une balance à plateaux suspendus comme l'indique la figure 37. A l'un des plateaux, on suspend un cylindre creux en laiton A, et au-dessous de celui-ci, par un fil, un cylindre plein B ayant exactement le volume du cylindre creux. On tare dans l'autre plateau avec des corps quelconques, de manière à amener le fléau de la balance horizontal. On a préparé un vase d'eau dans lequel le cylindre plein peut plonger. On apporte ce vase sous la balance et on y fait plonger le cylindre. Aussitôt l'équilibre est rompu en faveur de la tare, ce qui montre bien que le corps plongé reçoit une poussée verticale de bas en haut de

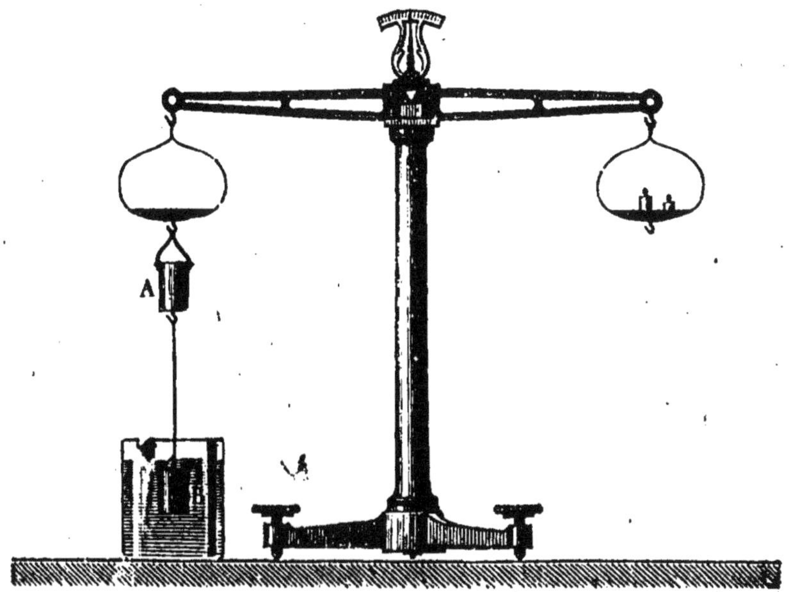

Fig. 37. — Démonstration expérimentale du principe d'Archimède.

la part du liquide. Si alors on prend de l'eau dans une pipette et qu'on en verse dans le cylindre creux, l'équilibre se rétablit quand le cylindre creux est rempli, c'est-à-dire quand on a mis un volume de liquide égal à celui dont le cylindre plein tient la place.

L'expérience, répétée avec tout autre liquide que l'eau, donne le même résultat.

On peut faire la vérification du principe d'Archimède sans les deux cylindres de l'expérience précédente, à condition d'avoir un vase à ajutage latéral tel que D (*fig.* 38).

Fig. 38.

On suspend un corps métallique au plateau de la balance portant un récipient et on tare. On a rempli le vase D jusqu'à l'ajutage. On monte ce vase de manière à y faire plonger le corps ; l'eau dont le corps tient la place s'écoule en C et la balance penche du côté de la tare. Mais, si l'on verse en E le liquide de C, l'équilibre se rétablit.

51. Poids apparent des corps plongés dans l'eau. — Tout corps plongé dans l'eau peut être regardé comme soumis à deux forces verticales contraires : son poids, qui le sollicite de haut en bas et qui est appliqué au centre de gravité ; la poussée du liquide, qui sollicite le corps de bas en haut et qui est appliquée au milieu du liquide déplacé, autrement dit au centre de poussée.

L'une de ces deux forces détruit une partie de l'autre, et le *poids apparent* dans l'eau n'est que la différence entre le poids réel et la poussée : c'est ce qu'on exprime en disant qu'un *corps plongé dans l'eau perd une partie de son poids égale au poids de l'eau qu'il déplace.*

Les deux forces qui sollicitent le corps plongé peuvent présenter *trois* rapports de grandeur :

1° Le poids du corps est plus grand que le poids du liquide déplacé ; le poids l'emporte sur la poussée, le corps tombe au fond du vase : tel est 1 décimètre cube de plomb, dont le poids est de 11 kilogrammes et la poussée de 1 kilogramme ;

2° Le poids du corps est égal au poids du liquide déplacé ; alors le corps, mis en n'importe quel point du liquide, y reste, parce qu'il est soumis à deux forces verticales égales et opposées ; tel est le cas de 1 décimètre cube d'un mélange convenable de cire et de cinabre (226 parties de l'une et 1 partie de l'autre), dont le poids et la poussée sont tous deux de 1 kilogramme ;

3° Le poids du corps est inférieur au poids du liquide que déplace ce corps lorsqu'il est entièrement plongé ;

tel est 1 décimètre cube de liège tenu au fond d'un vase d'eau ; son poids est de $0^{kg},240$, la poussée de 1 kilogramme : le corps remonte à la surface du liquide, et il *flotte*.

On réalise ces trois cas avec des œufs et de l'eau plus ou moins salée. Plongé dans l'eau pure, un œuf tombe au fond : il pèse plus que l'eau dont il tient la place (*fig.* 39). Dans de l'eau saturée de sel, un œuf remonte du fond à la surface, parce que le volume d'eau salée égal à celui de l'œuf pèse plus que l'œuf. Enfin, dans un mélange convenable d'eau saturée de sel et d'eau ordinaire, un œuf se tient où il est placé.

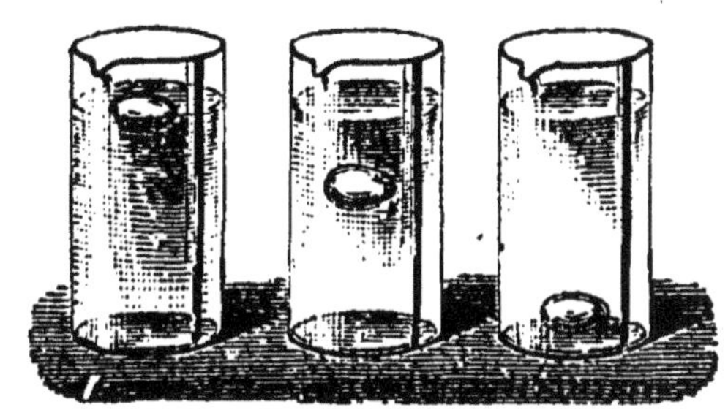

FIG. 39. — Œuf dans l'eau ordinaire et dans l'eau salée.

Le **ludion** permet également de réaliser les trois cas précédents. C'est une petite figurine de porcelaine creuse ou surmontée d'une petite boule de verre ouverte à sa partie inférieure. La figurine est lestée de manière à enfoncer presque entièrement dans l'eau. On la place dans une éprouvette presque remplie d'eau et fermée en dessus par une membrane tendue (*fig.* 40). Si on appuie sur la membrane, on voit la figurine descendre : par la pression, un peu d'eau a pénétré soit dans la figurine creuse, soit dans la boule ; le poids du corps est devenu supérieur à celui de l'eau déplacée et le poids l'emporte sur la poussée. Si, au contraire, on cesse de presser sur la membrane, la figurine remonte, parce qu'elle a perdu l'excès de poids que l'eau introduite par pression lui avait donné.

On fait encore dans les cours une autre expérience. Dans une éprouvette où l'on a versé de l'alcool, on envoie de l'eau lentement par un tube effilé plongeant au fond de l'éprouvette; les deux liquides ne se mélangent qu'imparfaitement, et la plus grande partie de l'alcool reste au-dessus de l'eau (*fig.* 41). On laisse alors tomber dans l'éprouvette une petite masse d'huile; cette masse traverse l'alcool, parce qu'elle est plus lourde que ce liquide, mais elle s'arrête dans une couche d'alcool et d'eau de même poids qu'elle. De plus, elle y prend la forme sphérique; son poids est en effet détruit par la poussée, et sa forme n'est plus déterminée que par l'action mutuelle que les molécules liquides exercent les unes sur les autres.

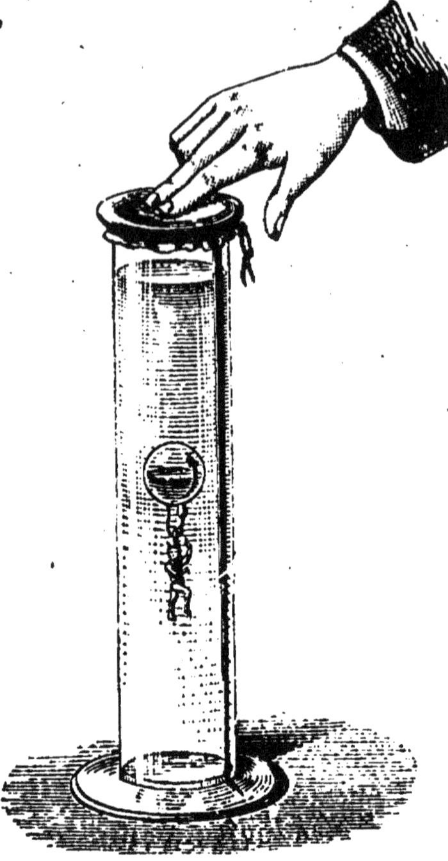

FIG. 40. — Ludion.

52. Corps flottants. — Le morceau de liège tenu plongé au fond d'un vase d'eau supporte une poussée plus grande que son poids; il remonte et sort partiellement du liquide. A mesure qu'il sort, la poussée diminue, puisque le volume d'eau déplacée est de plus en plus petit, et, quand cette poussée est égale au poids du corps, l'équilibre a lieu : on dit que le corps *flotte*.

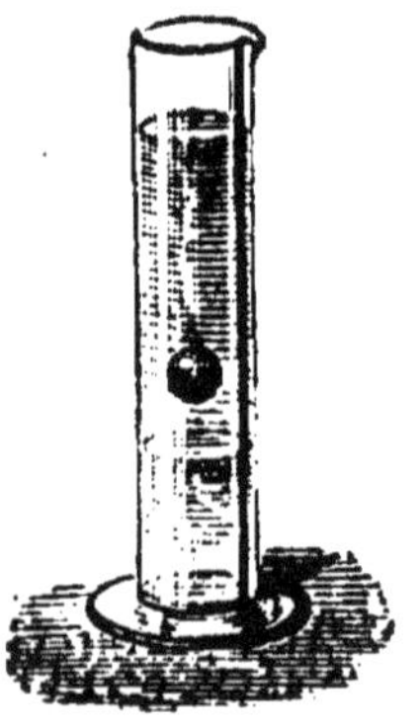

FIG. 41. — Goutte d'huile dans un mélange d'alcool et d'eau.

La condition d'un corps flottant est

donc que la partie immergée déplace un poids de liquide égal au poids total du corps. Une poutre de bois, un bateau, un grand navire flottent sur l'eau, parce qu'ils déplacent, sans enfoncer entièrement, un poids d'eau égal à leur poids. Une aiguille, un grain de sable tombent au fond de l'eau, parce qu'ils en déplacent un petit volume qui ne pèse pas autant qu'eux.

On fait flotter les corps les plus lourds en leur donnant une forme qui leur permette de déplacer beaucoup d'eau. Un des exemples les plus frappants est celui d'une mince feuille de plomb qui tombe au fond de l'eau d'un vase et qu'on fait flotter sur le même liquide en la pliant en forme de boîte sans lui rien enlever.

Applications. — La poussée verticale a de nombreuses applications : elle explique la facilité avec laquelle on soulève dans l'eau un fardeau qui pèse lourd hors de l'eau ; elle explique également l'emploi des ceintures gonflées d'air dont on se sert pour la natation. Elle permet de comprendre le jeu de la vessie natatoire des poissons.

La poussée verticale peut être rendue considérable si on augmente le volume d'eau déplacée. On en fait une application par deux moyens pour soulever des corps lourds tombés au fond des rivières ou de la mer, soit en employant de larges bateaux chargés qui se relèvent quand on les décharge et entraînent avec eux le corps qui leur a été fixé ; soit en attachant au corps lourd plongé des corps légers comme des vessies que l'on gonfle d'air, qui augmentent considérablement de volume sans augmenter sensiblement de poids, et qui déplacent finalement un poids d'eau supérieur au poids du corps à soulever.

On peut donner une preuve expérimentale de ce dernier fait. On attache à un corps lourd un petit ballon dont l'extrémité ouverte est prolongée par un long tube de caoutchouc, et on met le tout dans l'eau en tenant hors de l'eau le bout du tube. Si par ce tube on souffle de l'air dans le ballon, quand celui-ci a un volume suffisant, qu'il déplace assez d'eau, il remonte au niveau du liquide en entraînant le corps lourd qui lui est attaché.

53. Stabilité des corps flottants. — Il y a pour l'équilibre des flotteurs une seconde condition : il faut que les deux forces, le poids et la poussée, soient directement opposées, en d'autres termes que le centre de gravité et le milieu de la partie plongée ou le centre de poussée soient sur la même verticale. Tout corps flottant, comme un cylindre de bois, un tube d'essai fermé d'un bouchon, prend de lui-même, sur le liquide, une position qui satisfait à cette condition; mais, s'il est homogène, son centre de gravité est toujours au-dessus du centre de poussée; aussi l'équilibre est instable, le corps peut osciller et rouler au moindre mouvement du liquide.

L'équilibre deviendra nécessairement stable quand le centre de gravité sera plus bas que le centre de poussée (*fig.* 42). Il faut donc abaisser le centre de gravité par l'addition de corps lourds à la base du flotteur, si l'on veut qu'il tienne verticalement et qu'il revienne toujours à sa position première, malgré les oscillations qu'il pourra subir. Les corps lourds ajoutés constituent le *lest*.

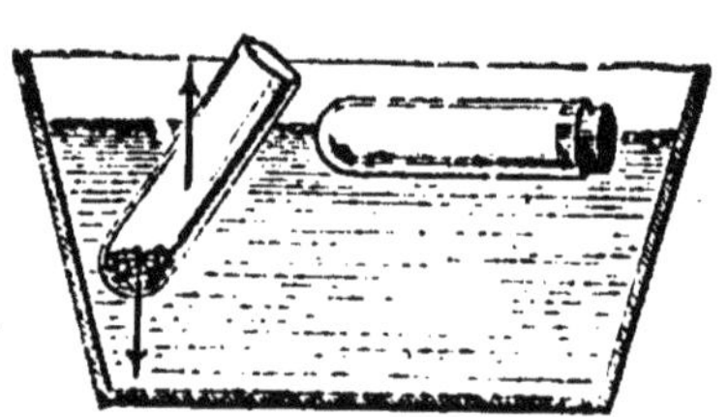

FIG. 42. — Un tube lesté se tient vertical.

On montre facilement l'utilité du lest en mettant des grains de plomb dans un tube d'essai que l'on veut faire flotter sur l'eau ; lorsqu'on a mis assez de grains de plomb pour amener le centre de gravité au-dessous du centre de poussée, le tube tient vertical, et, si on l'écarte de cette position, il y revient de lui-même après quelques oscillations.

Les navires satisfont aux deux conditions des corps flottants; leur forme est telle qu'ils déplacent ou peuvent déplacer un grand poids d'eau; et tous sont lestés, soit, comme dans les navires de guerre, par des pièces lourdes de fonte placées dans la cale, soit par les marchandises que portent les navires de transport, soit par des pierres ou du sable quand ils repartent sans marchandises.

Les *bateaux sous-marins* qui sont destinés à s'immerger à une certaine profondeur et à évoluer dans l'eau doivent pouvoir augmenter leur poids pour descendre et le diminuer pour remonter. Ils descendent à une profondeur donnée sous le poids d'eau introduit dans des réservoirs spéciaux; ils s'y maintiennent par un régulateur. Ils se meuvent par un moteur électrique ou par l'air comprimé, et ils remontent quand l'air comprimé chasse l'eau des réservoirs.

FIG. 43. — Recherche du volume d'un corps par sa perte de poids dans l'eau.

54. Détermination du volume d'un corps. — Le principe d'Archimède peut être utilisé pour trouver le volume d'un corps solide de forme quelconque, insoluble dans l'eau ou dans le liquide dont on se sert. En effet, suspendons par un fil fin, au plateau d'une balance, le corps dont nous voulons trouver le volume; faisons sa tare dans l'autre plateau. Puis, quand l'équilibre est établi, apportons un vase d'eau au-dessous du corps et faisons plonger celui-ci dans le liquide. Immédiatement l'équilibre est rompu, et, pour le rétablir, il faut ajouter des poids sur le plateau qui suspend le corps; ces poids expriment le poids de l'eau déplacée par le corps; le nombre de grammes qu'il a fallu ajouter donne en centimètres cubes le volume du corps.

55. Application du principe d'Archimède aux gaz. — Le principe d'Archimède s'applique aux gaz comme aux liquides : *tout corps plongé dans un gaz subit de la part de ce gaz une poussée verticale de bas en haut égale au poids du gaz déplacé.* On en donne la preuve expérimentale par le baroscope.

FIG. 44. — Baroscope.

Le *baroscope* est un fléau de balance qui porte à l'une de ses extrémités une grosse boule creuse, à l'autre une petite boule pleine (*fig.* 44); les deux boules se font équilibre dans l'air. On place l'appareil sous la cloche de la machine pneumatique, et, aussitôt qu'on commence à faire le vide, on voit le fléau pencher du côté de la grosse sphère creuse. Cette grosse boule est donc plus lourde que la petite, et si dans l'air elle ne le paraît pas plus, c'est qu'elle subit une poussée plus grande eu égard à son plus grand volume.

56. Exercice numérique. — *Une poutre de bois de sapin dont la densité est 0,9 flotte sur l'eau; les dimensions sont 1m,20 de longueur, 0m,60 de largeur et 0m,40 d'épaisseur; de quelle partie de son épaisseur la poutre enfoncera-t-elle?*

Pour tout corps flottant, la poussée du liquide est égale au poids du corps.

Le poids du corps est en kilogrammes :

$$12 \times 6 \times 4 \times 0,9 = 259^{k},2.$$

Telle est la valeur de la poussée, ou le poids de l'eau déplacée. Le volume de l'eau est donc $259^{dmc},2$.

Les dimensions sont 12 décimètres, 6 décimètres et x décimètres, en appelant x la hauteur plongée.

Donc :

$$12 \times 6 \times x = 259,2.$$

$$x = \frac{259,2}{12 \times 6} = 3^{dm},6.$$

La poutre enfoncera de 36 centimètres.

CHAPITRE VIII

LIQUIDES DANS LES VASES COMMUNICANTS

57. Vases communicants. — Lorsque deux vases communiquent entre eux de manière que le liquide versé dans l'un puisse se répandre dans l'autre, *les deux surfaces libres du liquide sont sur un même plan horizontal.*

On vérifie ce fait expérimentalement avec différents appareils. Celui des cabinets de physique se compose d'un grand vase que l'on peut faire communiquer par sa partie inférieure avec une série de tubes de forme quelconque (*fig.* 45). On remplit d'eau le grand vase et on ouvre le robinet de la branche latérale; le liquide monte dans le petit tube et, si l'on place l'œil de manière que le rayon visuel rase la surface horizontale du liquide dans le grand vase, on constate que la surface de niveau dans le petit tube est sur le prolongement de la première; les deux niveaux sont donc sur le même plan horizontal.

Il est facile de se convaincre qu'il doit en être ainsi. En effet, les vases et les tuyaux qui les mettent en communication constituent un seul vase d'une forme par-

Fig. 45. — Appareil des vases communicants.

fois compliquée, mais renfermant une seule masse liquide soumise aux conditions d'équilibre énoncées dans le chapitre précédent. Tous les points d'un même plan horizontal pris dans cette masse liquide doivent supporter la même pression (*fig.* 46); or il faut, pour que cette condition existe, qu'il y ait au-dessus de chacun d'eux une égale hauteur de liquide; les niveaux supérieurs sont donc à une égale distance d'un plan horizontal; conséquemment, ils sont sur un même plan horizontal.

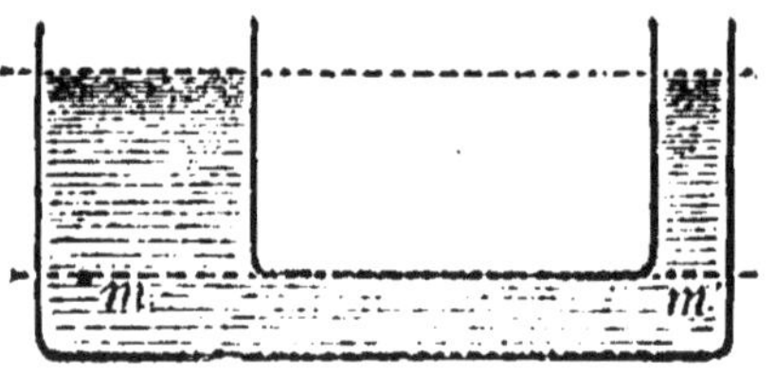

Fig. 46.

Les applications de ce principe sont nombreuses et

intéressantes. Nous passerons successivement en revue la distribution de l'eau dans les villes, la distribution

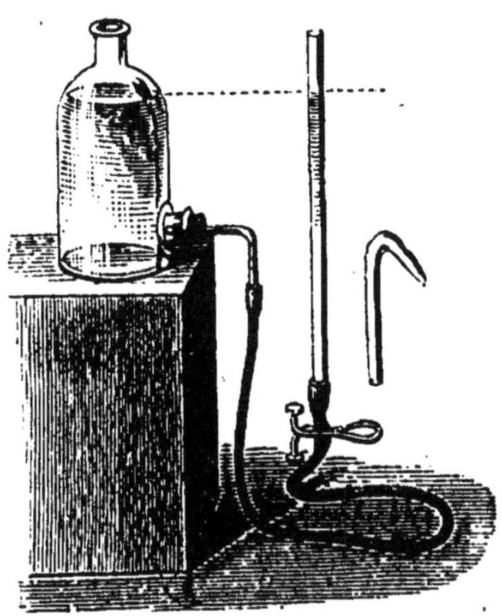

FIG. 47. — Appareil simple pouvant remplacer celui de la figure 45.

des eaux souterraines, les puits artésiens et les puits ordinaires, les jets d'eau, puis le niveau d'eau.

58. Distribution de l'eau dans les villes. — Dans la plupart des grandes villes, il y a une distribution d'eau par des bouches le long des trottoirs, dans des bornes-fontaines et dans les différents étages des maisons. L'eau est amenée dans de grands réservoirs

FIG. 48. — Distribution de l'eau provenant d'un réservoir.

établis sur un point élevé : c'est l'eau d'une source prise à un niveau plus élevé que celui du réservoir, et amenée par des canaux, ou bien l'eau d'une rivière, que des pompes foulantes élèvent jusqu'au réservoir.

Du réservoir partent des tuyaux qui se ramifient dans les rues, et c'est sur eux que sont branchés les tubes allant aux bornes-fontaines ou dans les appartements (*fig.* 48). Aussitôt qu'on ouvre le robinet qui termine l'un de ces tubes, l'eau s'écoule, parce qu'elle tend à remonter aussi haut que le niveau du réservoir.

59. **Eaux souterraines. — Puits artésiens. — Puits ordinaires.** — On sait que les eaux pluviales qui tombent sur les terrains sablonneux s'infiltrent dans le sol; elles descendent jusqu'à ce qu'elles rencontrent une couche imperméable formée d'argile, et elles suivent cette dernière dans ses différentes sinuosités. Il peut se faire que l'eau arrêtée par une couche argileuse se trouve limitée aussi en dessus par une couche imperméable : c'est alors une nappe souterraine qui suit dans le sol les inclinaisons des couches qui la limitent (*fig.* 49).

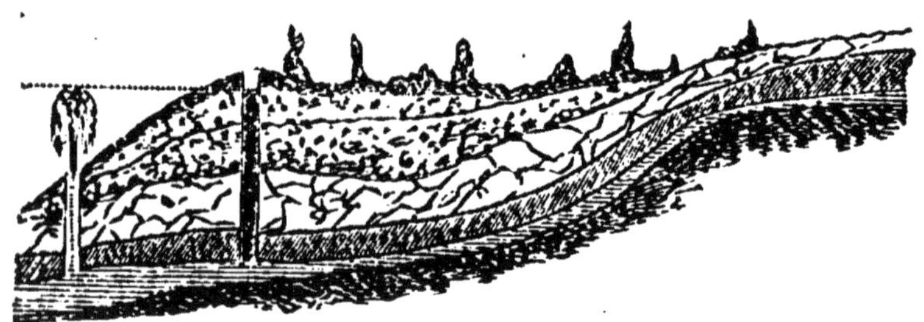

FIG. 49. — Coupe théorique des couches du sol pour montrer la possibilité des puits ordinaires et des puits artésiens.

Si, en un point d'une vallée, la couche aquifère provenant des eaux d'un plateau vient affleurer le sol, l'eau s'y écoule d'une manière continue et forme une **source.**

Si, en un point du sol tel que A, plus élevé que le niveau supérieur de la couche d'eau, on pratique un puits, on a un puits ordinaire où l'eau garde un niveau presque constant.

Si, au contraire, le point où l'on a creusé le puits est plus bas horizontalement que le niveau supérieur de la couche d'eau, on a un puits jaillissant ou **puits artésien.** (On le nomme ainsi parce que les premiers ont été creusés dans l'Artois.) Les puits de Passy et de Grenelle, à Paris, sont dans ce cas; ils débitent des eaux qui proviennent du plateau de l'Yonne; ils sont remarquables par leur profondeur, qui dépasse 500 mètres.

60. **Jet d'eau.** — Si un tuyau de conduite venant

Fig. 50. — Jet d'eau.

d'un réservoir d'eau un peu élevé se termine par un

ajutage vertical ouvert, l'eau s'élance en forme de jet et retombe en gerbe (*fig.* 50). Théoriquement, le jet d'eau devrait remonter jusqu'au niveau du réservoir qui l'alimente; mais diverses causes limitent sa hauteur : c'est d'abord le frottement de l'eau sortant par un tube étroit, puis la résistance de l'air sur un jet qui se divise, puis enfin le choc des gouttelettes liquides qui en retombant amoindrissent la vitesse de celles qui s'élèvent.

On fait très facilement un jet d'eau dans une cour ou dans un jardin en mettant l'ajutage qui le termine en communication par un tube à robinet avec la conduite des eaux de la ville, ou bien avec un réservoir placé dans la partie supérieure de la maison.

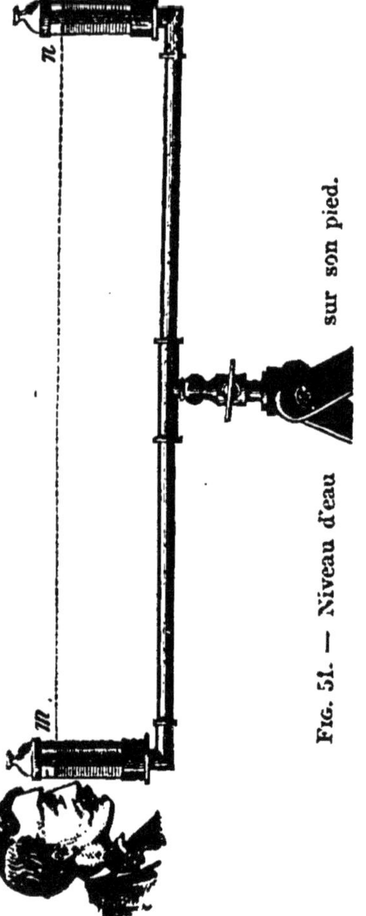

Fig. 51. — Niveau d'eau sur son pied.

61. Niveau d'eau. — Le niveau d'eau est un tube en fer-blanc recourbé à ses deux extrémités, à angle droit, et terminé à chaque bout par deux fioles de verre. L'appareil est posé en son milieu sur un pied à trois branches. On y verse un liquide coloré de manière à remplir aux deux tiers les deux fioles. Alors, d'après le principe des vases communicants, un observateur n'a qu'à se placer de façon à apercevoir les deux surfaces de niveau sur le prolongement l'une de l'autre pour mener dans l'espace une ligne horizontale (*fig.* 51).

Cet appareil sert fréquemment pour déterminer la différence de niveau de deux points éloignés de 40 à 50 mètres au plus. On place le niveau sur son pied à trois branches, entre les deux points. Un aide, porteur d'une règle divisée appelée *mire*, munie d'une plaque appelée *voyant* peinte de deux couleurs, va se placer d'abord au point A (*fig.* 52). Sur les indications de l'opérateur placé près de l'appareil et qui vise les deux surfaces de niveau, l'aide monte le voyant de la mire et le fixe quand le milieu se trouve sur la ligne horizontale visée par l'opérateur. L'aide lit sur la mire la hauteur AC. Puis il se transporte au point B, tandis que l'opérateur vient se placer de l'autre côté de l'appareil. En B, l'aide met le voyant au point sur les indications de l'opérateur, et il lit la hauteur BD. L'inspection de la figure montre que la

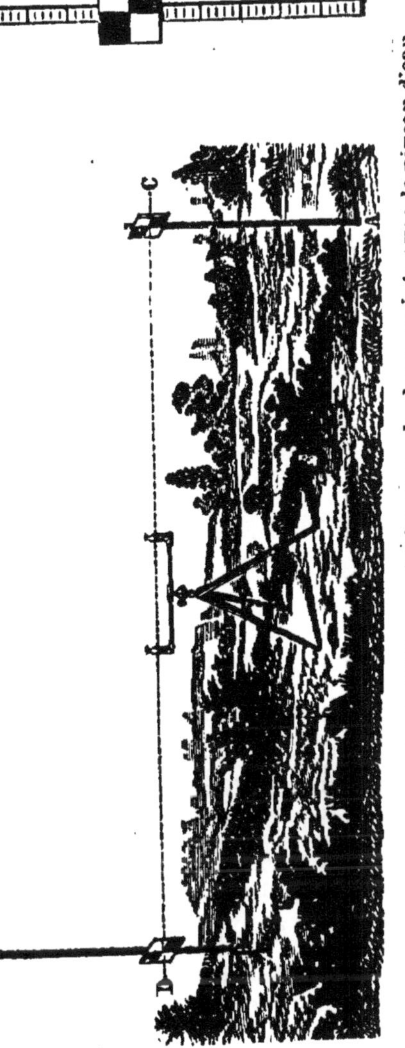

FIG. 52. — Recherche de la différence de hauteur de deux points avec le niveau d'eau.

distance verticale des deux points A et B est donnée par la différence des deux lectures AC et BD.

Le niveau d'eau n'est pas assez précis pour donner en une seule opération avec exactitude la différence verticale de deux points éloignés de 100 à 200 mètres au plus ; le niveau dans chaque fiole présente un ménisque d'une certaine épaisseur, et on ne peut pas être sûr de mener la ligne horizontale qui joint exactement les surfaces du liquide dans les deux fioles. Aussi on a remplacé cet appareil par un plus exact pour les grands nivellements.

CHAPITRE IX

TRANSMISSION DES PRESSIONS. — PRESSE HYDRAULIQUE

62. Les liquides transmettent les pressions. — Lorsqu'un corps solide soumis à l'action d'une force est arrêté par un autre corps, il presse ce dernier dans la direction même de la force. Ainsi un corps chargé d'un poids est pressé dans le sens vertical, et c'est dans ce sens seul qu'il comprime les corps qui le soutiennent. Il n'en est plus de même pour un liquide ; la mobilité des molécules est si grande que le liquide tend à s'échapper de tous côtés sitôt qu'il est pressé : la *pression qu'il reçoit se transmet dans toutes les directions.*

Pour se représenter une pression subie par une surface liquide, on peut concevoir qu'elle s'exerce par un piston solide qui recouvre la surface liquide, et qui est poussé par une force normale. Ainsi, soit un vase à deux ou trois tubulures, rempli d'eau (*fig.* 53). On met le bouchon B et on le frappe de manière à ce qu'il presse le liquide, comme si on le chargeait d'un poids. On fait ainsi sauter les bouchons A, qui ont reçu, par l'intermédiaire du liquide, la pression exercée par B sur ce liquide.

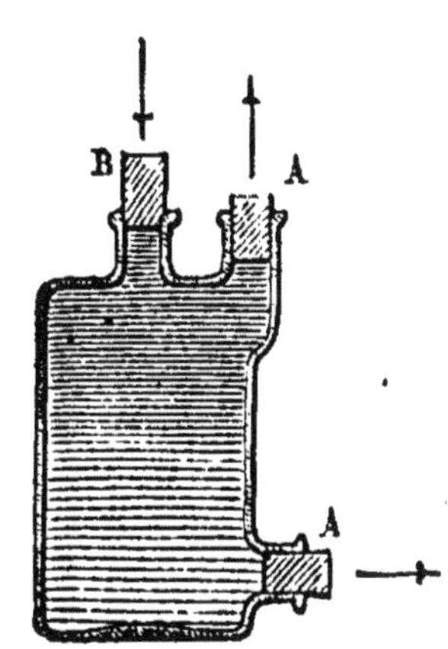

FIG. 53. — Une pression exercée sur B se transmet aux deux bouchons A et peut les faire sauter.

Quand on exerce une pression de 1 kilogramme sur une surface liquide de 1 centimètre carré, cette pression se transmet également à toute surface égale de 1 centimètre carré, et si l'on considère dans le liquide une surface plane de 10 centimètres carrés, la pression qu'elle reçoit est de 10 kilogrammes.

Supposons deux vases cylindriques de sections différentes, communiquant ensemble et en partie pleins d'eau. Concevons qu'on applique sur chacune des surfaces des pistons *p* et P des poids tels que le liquide reste en équilibre (*fig.* 54). Si alors on applique sur le piston *p* un poids de 1 kilogramme, il faudra, pour empêcher le mouvement du piston P, lui appliquer autant de fois 1 kilogramme que la grande surface contient de fois la petite. Les frottements des pistons ne permettent pas de faire l'expérience d'une manière absolument concluante.

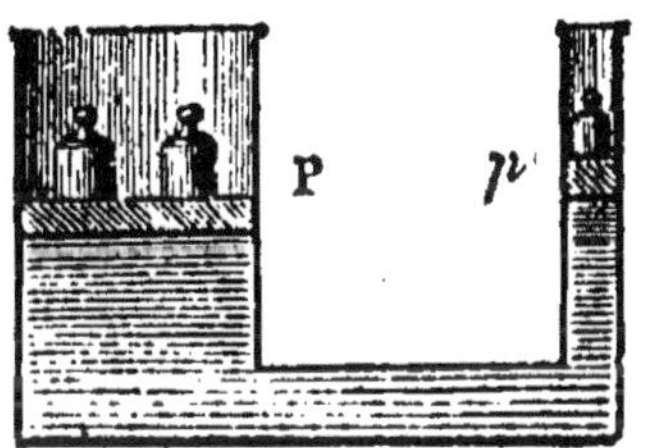

FIG. 54. — Les pressions transmises sont proportionnelles aux surfaces.

63. Principe de la presse hydraulique. — La presse hydraulique imaginée par Pascal est l'application la plus intéressante de la transmission des pressions. Pour en comprendre le principe, concevons deux cylindres A et B, réunis par un tube horizontal, pleins d'eau et fermés par deux pistons *p* et P. Supposons que la surface du grand piston soit 100 fois celle du petit piston.

Si on charge le piston *p* d'un poids de 10 kilogrammes, le liquide transmet cette pression intégralement à toute surface égale à celle de la base du petit piston; conséquemment il faudra mettre 100 × 10 ou 1.000 kilogrammes sur le grand piston P pour conserver l'équilibre. Et si le grand piston est libre, il sera poussé de bas en haut avec une force de 1.000 kilogrammes (*fig.* 55), et cette force pourra être employée à comprimer un corps entre la tête du piston et un obstacle fixe. On peut donc ainsi réaliser une grande pression avec un faible effort initial.

64. Description de l'appareil. — Le grand piston est un gros cylindre métallique à tête qui glisse à frottement dans le col d'un vase de fonte très résistant; il est surmonté d'un plateau C; et l'on place les corps à comprimer entre ce plateau et une plate-forme B, fixée solidement à des montants verticaux. Le petit piston est un cylindre plein plongeur, mû par un levier *abc*, à l'aide duquel on le fait monter et descendre dans un corps de pompe en communication par le bas avec un réservoir d'eau. Un tube métallique à petit diamètre, mais solide, met les deux cylindres en communication; il porte sur son trajet une soupape de sûreté et une

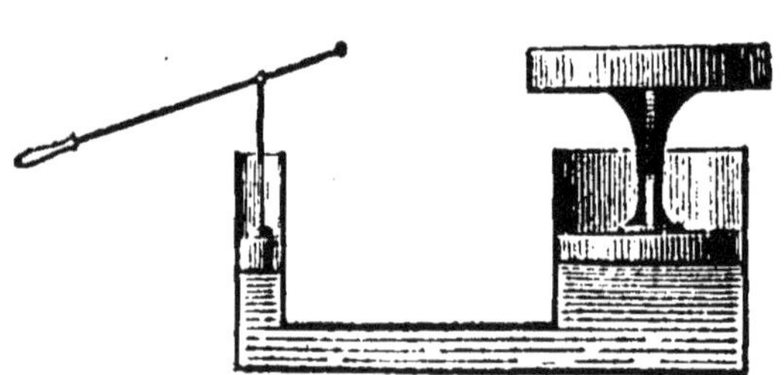

FIG. 55. — Principe de la presse hydraulique.

cheville ou un robinet qui permet de vider l'appareil quand il est plein d'eau (*fig.* 56). L'eau chassée par le petit piston fait monter le grand ; il faut donc de nouveau remplir le petit cylindre d'eau pour la refouler

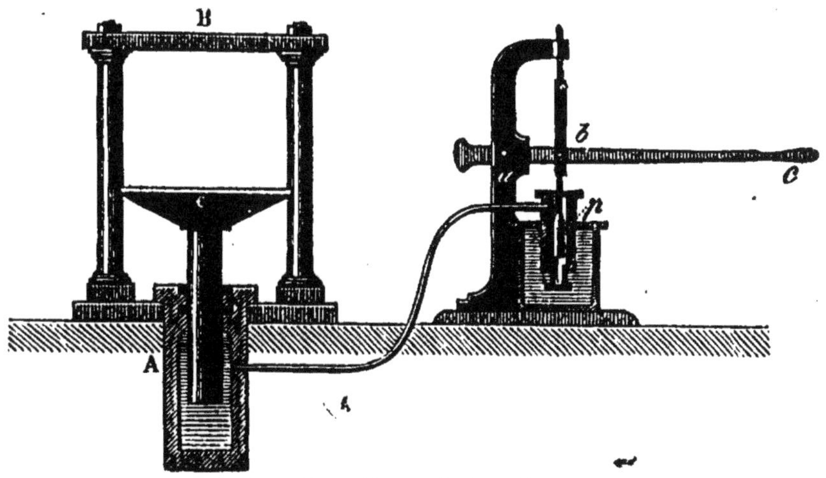

Fig. 56. — Presse hydraulique.

dans le grand, c'est ce qu'on réalise si le petit piston et son cylindre constituent une pompe aspirante et foulante.

Quand l'eau atteint une forte pression, elle pourrait s'échapper entre les parois du grand piston et celles du cylindre où il plonge. On remédie à cet inconvénient à l'aide du *cuir embouti* imaginé par Bramah ; c'est un anneau de cuir dont on a rabattu les bords, et qui forme une demi-couronne cylindrique collée par son bord interne contre le piston, par son bord externe contre le corps de pompe, et qui rend la fermeture hermétique, car, lorsque l'eau presse, elle applique le cuir embouti contre les deux surfaces et se ferme à elle-même toute issue.

On peut se faire une idée de la grande puissance de la presse hydraulique par un exemple numérique. Supposons qu'on exerce un effort de 20 kilogrammes à l'extrémité *c* du levier *abc*, dont les deux bras sont dans le rapport de 1 à 10; l'effort transmis à la tige du petit piston sera de 20 × 10 ou 200 kilogrammes. Si la section du grand piston est 100 fois celle du petit, l'effort transmis au grand piston et par lui aux corps qu'il comprime atteindra l'énorme valeur de 20.000 kilogrammes. Par des dispositions convenables, on peut encore élever ce chiffre et réaliser, avec un effort initial de 20 kilogrammes, une pression de plus de 50.000 kilogrammes.

Il faut remarquer que si la pression transmise au grand piston est 100 fois celle qui a été communiquée au petit piston, celui-ci fait en définitive un chemin 100 fois plus grand que l'autre : si l'on gagne en force, on perd en chemin parcouru; le travail produit par le grand piston est en somme inférieur au travail dépensé de tout ce qu'il a fallu pour vaincre les frottements.

65. Usages de la presse hydraulique. — La presse hydraulique a beaucoup d'emplois. Elle sert à extraire l'huile des graines oléagineuses, le jus de la betterave, l'acide oléique des acides gras. Elle sert à comprimer le drap, le coton, les étoffes déjà pliées, à réduire en balles les substances encombrantes, comme le foin. Elle a pu servir à soulever des charges et à enfoncer des pilotis.

La plupart des *ascenseurs* utilisent la force de l'eau comprimée.

On applique également la transmission des pressions par l'eau pour essayer la force de résistance des bouteilles à champagne et celle *des parois des chaudières à vapeur;* pour cela on remplit d'eau les chaudières, puis on les met en communication avec le tube qui part du petit cylindre et on comprime de l'eau jusqu'à une pression donnée. Ainsi fait, cet essai est sans danger, car si les parois cèdent à la pression et se déchirent, il n'y a pas de projection des parois comme il y en aurait si l'on employait un gaz au lieu de l'eau.

CHAPITRE X

LIQUIDES SUPERPOSÉS

66. Quand on verse ensemble dans un même vase plusieurs liquides sans action chimique l'un sur l'autre, *ils se superposent par ordre de densité, et leurs surfaces de séparation, comme aussi le niveau supérieur, sont horizontales.*

L'expérience vérifie ces deux points. Verse-t-on dans un tube ou dans un flacon du mercure, de l'eau et de la benzine, le mercure occupe le fond, l'eau le recouvre, et la benzine recouvre l'eau; incline-t-on le tube, les surfaces de séparation des liquides restent horizontales (*fig.* 57), et l'on peut faire écouler presque complètement le premier sans qu'il en tombe du second. Si on agite le tube et que les liquides se mélangent, ils ne tardent pas à se séparer à nouveau.

Fig. 57. — Trois liquides superposés ont leurs surfaces de niveau horizontales.

La théorie explique facilement ces faits. En effet, d'après le principe d'Archimède, une molécule du liquide le plus dense ne peut rester au sein du plus léger, car son poids y serait supérieur à la poussée; elle tombe donc jusqu'à ce qu'elle soit arrivée avec les autres molécules semblables au fond du vase.

Pour expliquer que les surfaces de séparation doivent être horizontales, on a recours au principe de l'égalité de pression de deux éléments égaux pris sur la même surface de niveau. Pour que ces deux éléments aient même pression, il faut qu'ils aient au-dessus d'eux la même hauteur de chacun des liquides, sans quoi ils seraient inégalement pressés.

67. Niveau à bulle d'air. — Si on renferme dans le même vase un liquide et de l'air, le gaz doit se rassembler au sommet du vase et en occuper le point le plus élevé. C'est le principe du *niveau à bulle d'air*.

Un tube de verre légèrement coudé, incomplètement rempli d'alcool, fermé, puis enchâssé dans une monture métallique, qui repose sur une règle, tel est l'appareil.

La bulle d'air occupe toujours le point le plus élevé du tube. Quand elle est au milieu et qu'elle y reste lorsqu'on retourne le tube bout à bout, c'est que les deux extrémités du tube sont sur un plan horizontal. On a construit l'instrument de manière que la bulle d'air soit bien au milieu, entre deux petits index, quand la réglette métallique, fixée à la base de la gaine de cuivre qui contient le tube, est posée sur un plan horizontal (*fig.* 58).

Ce petit appareil est très commode pour vérifier si

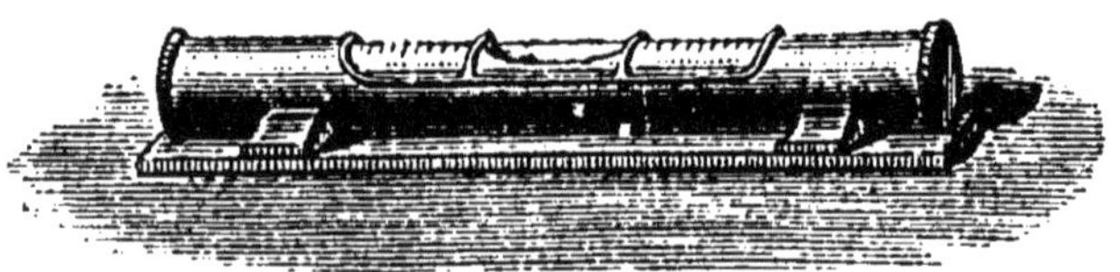

Fig. 58. — Niveau à bulle d'air.

un plan est horizontal et pour rendre un plan horizontal; il sert journellement à cet usage.

On l'emploie aujourd'hui pour remplacer le niveau d'eau dans les nivellements. Au lieu du niveau d'eau, on se sert d'une lunette dont l'axe est parallèle au plan qui la supporte, ce plan est lui-même posé sur un pied à trois branches et porte deux niveaux à bulle d'air en croix, qui servent à le mettre horizontal; quand il l'est et que la lunette est bien réglée, la ligne de visée de la lunette est une ligne horizontale.

68. Deux liquides dans des vases communicants. — Si l'on verse un liquide dans deux vases communicants, les surfaces libres dans chaque vase sont dans un même plan horizontal. Si alors on verse dans l'une des branches un liquide plus léger qui ne se mêle pas au premier, la surface de séparation des deux liquides reste sur un plan horizontal (*fig.* 59); mais le poids du liquide ajouté fait monter le premier dans l'autre branche; et les deux niveaux sont très différents. Alors, les *hauteurs des deux liquides, comptées à partir du plan passant par la surface de séparation, sont inversement proportionnelles aux densités des liquides* Avec l'eau et le mercure, la hauteur de l'eau est 13,6 fois plus grande que celle du mercure.

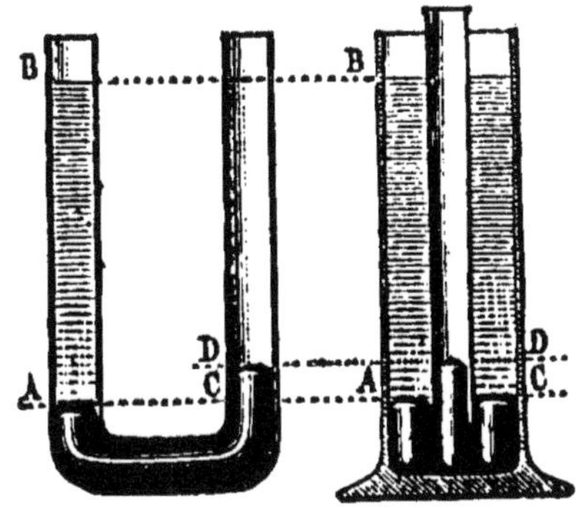

Fig. 59. — Deux liquides différents dans deux vases qui communiquent.

La démonstration est facile : pour deux éléments de même surface pris sur le plan de séparation, l'un dans un des tubes, le second dans l'autre tube, la pression doit être la même. Il faut donc que sur chaque centimètre carré de la surface il y ait un même poids de l'un ou de l'autre des deux liquides. Si l'un a une densité double de l'autre, il en faut une colonne deux fois moins haute; en général, si h est la hauteur du premier, d sa densité, h' la hauteur du second, et d' sa densité, on a :

$$hd = h'd'$$

et

$$\frac{h}{h'} = \frac{d'}{d}.$$

Si on prend l'eau et le mercure, et que la hauteur h de l'eau soit de $27^{cm},2$, on aura :

$$\frac{27,2}{h'} = \frac{13,6}{1}$$

ou

$$h' = \frac{27,2}{13,6} = 2 \text{ centimètres.}$$

La hauteur du mercure sera de 2 centimètres.

CHAPITRE XI

PROPRIÉTÉS GÉNÉRALES DES GAZ PRESSION ATMOSPHÉRIQUE

69. **Propriétés des gaz.** — Les gaz, comme les liquides, prennent la forme des vases qui les contiennent; mais ils diffèrent des liquides en ce qu'ils n'ont pas de volume fixe et qu'ils remplissent toujours tout l'espace qui leur est offert. Les liquides ont un volume qui leur est propre et qu'on ne peut faire varier notablement, même quand on les soumet à une forte pression. Les gaz, au contraire, diminuent de volume quand on les comprime; ils augmentent indéfiniment de volume quand l'espace qu'on leur offre est de plus en plus grand. Ils ont donc, comme les liquides, une

très grande mobilité dans les éléments qui les forment ; mais ils ont, de plus que les liquides, cette importante propriété d'être **expansibles.**

Expansibilité des gaz. — Si une masse de gaz est abandonnée à elle-même dans un espace vide, elle augmente de volume jusqu'à ce qu'elle rencontre des parois résistantes qui l'empêchent de s'étendre davantage. On le prouve très facilement en plaçant sous une cloche, dont on retire peu à peu l'air pour l'y laisser ensuite entrer, soit une vessie à robinet à peine gonflée, soit un petit ballon d'enfant contenant un peu d'air et fermé (*fig.* 60). Aussitôt qu'on retire l'air de la

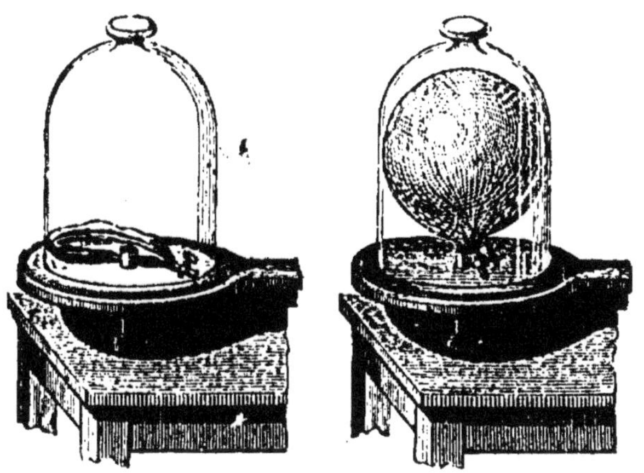

Fig. 60. — La vessie à demi pleine d'air se gonfle quand on enlève l'air autour d'elle.

cloche, on voit la vessie ou le ballon grossir, c'est que l'air contenu dans le ballon ou la vessie presse contre les parois et les distend en augmentant de volume. Laisse-t-on rentrer l'air dans la cloche, immédiatement le gaz de la vessie ou du ballon reprend son premier volume.

Les gaz sont éminemment **compressibles,** puisqu'on peut diminuer notablement le volume qu'ils occupent, ainsi qu'on le prouve avec le briquet à air (*fig.* 4).

Mais, à mesure qu'un gaz diminue de volume, il presse davantage contre les parois qui le limitent; cette force que le gaz exerce ainsi sur les corps qui le contiennent s'appelle la **force élastique** du gaz.

70. Les gaz sont pesants. — Les gaz sont, comme les liquides, des corps pesants. Et c'est un fait bien remarquable dans l'histoire des sciences que, malgré l'énergie des effets de l'air, par les vents et les ouragans déracinant les arbres, les anciens n'aient pas pu parvenir à prouver la pesanteur de l'air. C'est en effet à Galilée qu'on doit la première démonstration de cette propriété commune à tous les corps.

Fig. 61. — Grand ballon servant à montrer que l'air est pesant.

Pour la démontrer, on prend un grand ballon de 10 litres, muni d'un robinet (*fig.* 61). On en extrait l'air avec la machine pneumatique; on le ferme et on le suspend à l'un des plateaux d'une balance, après avoir mis 15 à 20 grammes sur ce plateau. On fait la tare dans l'autre plateau. Lorsque l'équilibre est établi, on ouvre le robinet du ballon; on entend siffler l'air qui rentre dans le ballon, et l'on voit celui-ci augmenter de poids et faire pencher la balance de son côté. On enlève alors des poids du plateau qui suspend le ballon, et, quand l'équilibre est rétabli, les poids enlevés représentent le poids de l'air rentré dans le ballon. Ce poids varie, suivant l'expérience, de 10 à 12 grammes. Si l'on connaît le volume du ballon et qu'on ait enlevé tout l'air, on en peut déduire le poids du litre d'air, et trouver approximativement que l'air pèse 773 fois moins que l'eau.

71. Les gaz transmettent les pressions. — Les gaz transmettent les pressions qu'ils reçoivent, absolument comme les liquides ; si l'on exerce une pression en un point d'une masse gazeuse, elle est transmise dans tous les sens proportionnellement à la surface pressée. On le démontre facilement avec un flacon à trois tubulures, garnies l'une et l'autre de tubes en S qui plongent à des hauteurs différentes dans le flacon (*fig.* 62). Le tube du milieu contient du mercure, les deux autres de l'eau colorée. On verse un peu de mercure dans le premier : le liquide presse le gaz, et cette pression est transmise aux deux autres tubes, également, comme l'indique l'élévation du liquide qu'ils contiennent.

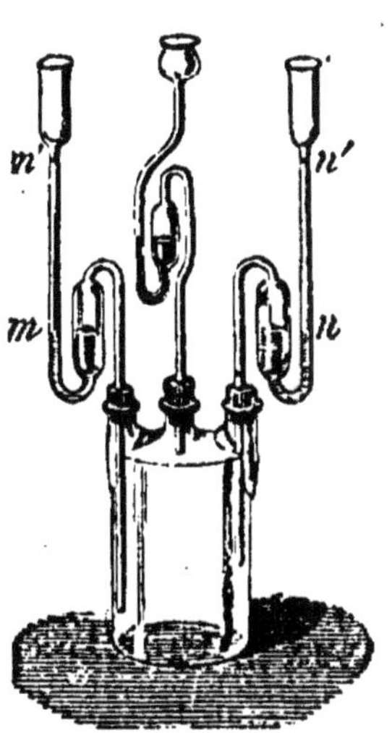

Fig. 62. — Flacon pour montrer que les gaz transmettent les pressions en tous les points de leur masse.

On prouve que, si une pression exercée sur une petite surface est transmise à une surface plus grande, elle est multipliée, comme dans le cas de la presse hydraulique. Sur un sac de caoutchouc ou une vessie, on place une planchette à dessin, et, sur la planchette, un poids de 10 ou 20 kilogrammes ; à l'orifice du sac est fixé un tube de petit diamètre. Il suffit de souffler légèrement dans le petit tube pour que le poids soit immédiatement soulevé ; si, en effet, la surface par laquelle la planchette appuie sur le sac est 400 fois plus grande que la surface du petit tube, une pression de 50 grammes exercée dans celui-ci est suffisante pour soulever un poids de 20 kilogrammes.

Puisque les gaz sont pesants, on peut leur appliquer les mêmes principes qu'aux liquides, en ce qui concerne les pressions aux différents points de leur masse : tous les points d'un même plan horizontal supportent une égale pression ; deux surfaces égales prises à des hauteurs différentes ont des pressions inégales ; mais, dans ce dernier cas, à cause du faible poids du gaz, on peut regarder comme égales les pressions supportées par des points dont la différence de hauteur verticale n'est pas considérable.

72. Pression atmosphérique. — L'atmosphère est la couche d'air qui enveloppe la terre ; ses différentes couches pressent les unes sur les autres, et ces pressions doivent avoir leur plus grande valeur à la surface du sol. A cause du principe de l'égalité de pression en tous les points d'une même surface horizontale, il suffira donc que l'air d'une chambre communique par une ouverture avec l'air extérieur pour qu'on soit en droit d'affirmer que la pression sur un élément plan de l'air de la chambre est la même qu'à l'air libre, la même que celle d'une colonne d'air dont la hauteur atteindrait les limites de l'atmosphère : c'est cette pression exercée par l'air sur les corps qu'on nomme la **pression atmosphérique.**

La pression atmosphérique n'est pas généralement apparente, parce qu'elle s'exerce en tous sens et qu'une lame plongée dans l'air supporte sur ses deux faces des pressions égales et opposées qui se font équilibre ; il faut recourir à quelques expériences pour la mettre en évidence ; d'une manière générale, on retire l'air d'un corps creux qui est limité par une paroi mobile, et l'on voit cette paroi se mouvoir sous l'effet de la pression.

73. Expériences qui prouvent la pression atmosphérique. — Parmi les nombreuses expériences que l'on peut faire, nous en citerons trois principales, l'une prouvant la pression de haut en bas, la seconde la pression de bas en haut, la troisième la pression en tous sens.

1° *Crève-vessie.* — Le crève-vessie est un manchon de verre dont le bord inférieur est bien rodé (*fig.* 63). On couvre son bord supérieur d'une vessie, ou mieux encore d'un morceau de petit ballon que l'on tend et que l'on fixe solidement avec une ficelle. On place le manchon sur la platine de la machine pneumatique et on retire l'air. On voit alors la membrane s'incurver du côté du manchon, comme si elle était pressée par un grand poids; et, à un moment donné, elle se déchire et éclate; alors l'air rentre brusquement en produisant une détonation. Au commencement de l'expérience, la membrane était plane, parce qu'elle était également pressée sur ses deux faces; à mesure que l'on a enlevé l'air, la pression supérieure est devenue prédominante et a produit le phénomène observé.

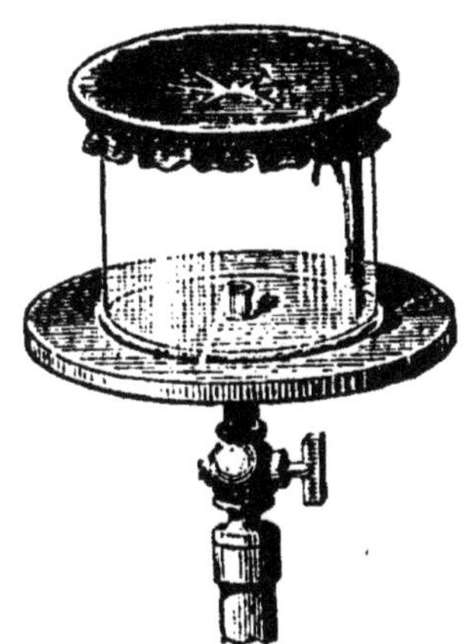

FIG. 63. — Crève-vessie.

2° *Expérience du verre plein renversé.* — On remplit d'eau un verre à bord droit ou une carafe; on pose sur le vase plein une feuille de papier, de manière qu'il n'y ait pas d'air entre elle et le liquide (*fig.* 64). On tient cette feuille appuyée contre le vase et on retourne celui-ci. On cesse de tenir la feuille de papier et l'eau du vase ne tombe pas. C'est que la feuille est poussée de bas en haut par la

FIG. 64. — Verre plein d'eau fermé d'une feuille de papier et renversé.

pression atmosphérique, et maintient le liquide dans le vase.

3° *Hémisphères de Magdebourg.* — Les hémisphères, imaginés par Otto de Guericke, de Magdebourg, en 1670, sont creux : l'un porte un anneau, l'autre un conduit avec robinet; ils peuvent être rapprochés par leurs bords entre lesquels on interpose un cuir enduit de suif pour assurer leur fermeture (*fig.* 65). On les place sur la machine pneumatique; on en extrait l'air et on ferme le robinet. On ne peut plus alors les séparer l'un de l'autre à moins d'un très grand effort. Tant qu'ils étaient pleins d'air, on les séparait très facilement, et c'est ce que l'on peut encore faire si on y laisse rentrer l'air. Vides, ils sont pressés fortement l'un contre l'autre par la pression atmosphérique.

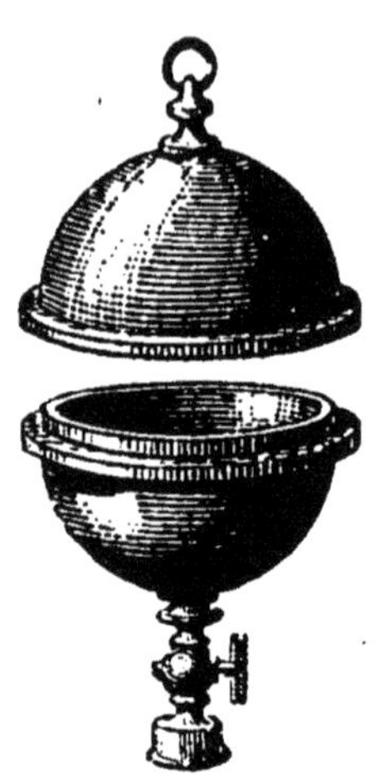
Fig. 65. — Hémisphères de Magdebourg.

74. Expérience de Torricelli. — On croit que c'est Galilée qui a le premier songé à la pression atmosphérique; mais c'est son élève Torricelli qui en a démontré la réalité par sa célèbre expérience de 1644.

On répète cette expérience avec un tube d'un mètre fermé par un bout. On remplit complètement ce tube de mercure sec; on le ferme avec le doigt; on le retourne pour le plonger verticalement dans une cuvette de mercure; quand on débouche le tube, on voit le mercure descendre un peu dans le tube et s'arrêter (*fig.* 66). La colonne qui reste dans le tube a une hauteur d'environ 76 centimètres au-dessus du niveau de la cuvette, à Paris et dans tous les lieux peu élevés.

Si l'on incline un peu le tube, le niveau supérieur du mercure reste dans le même plan horizontal, et, quand l'inclinaison du tube est assez grande pour que son sommet soit à une distance verticale de 76 centimètres du niveau de la cuvette inférieure, le tube se remplit entièrement.

C'est Pascal qui a expliqué cette expérience, et montré qu'on en rend parfaitement compte en donnant pour cause à l'ascension du mercure une pression exercée par l'atmosphère sur la surface du liquide de la cuvette. Considérons, en effet, deux éléments d'égale surface pris dans le plan horizontal qui forme le niveau du liquide de la cuvette, l'un dans le tube, l'autre au dehors; ils supportent des pressions égales. La pression du premier, c'est le poids de la colonne de mercure soulevée dans le tube. La pression du second, c'est le poids de la colonne d'air agissant sur lui. La pression exercée par l'atmosphère sur une surface donnée est donc égale au poids de la colonne de mercure ayant cette surface pour base, et pour hauteur celle du mercure dans le tube de Torricelli.

Fig. 66. — Tube de Torricelli sur sa cuvette.

Expérience de Pascal. — S'il est vrai que la colonne soulevée dans le tube de Torricelli est l'effet de la pression de l'atmosphère, avec un autre liquide, la hauteur devra varier et devenir plus grande si le liquide est moins dense.

Soit en effet 13,6 la densité du mercure, 0,76 la hauteur de la colonne; d, la densité d'un autre liquide; h, la hauteur de la nouvelle colonne.

Pour que ces deux colonnes de liquide se fassent équilibre, il faut qu'elles aient même poids.

Comme le mercure pèse 13,6 fois plus que l'eau à hauteur égale, il faut que la colonne d'eau soulevée soit 13,6 fois plus haute que la colonne de mercure, ou

$$13,6 \times 0,76 = 10^{m},33.$$

Avec un autre liquide moins dense, comme l'alcool, la colonne serait encore plus grande. Les vérifications en ont été faites par Pascal avec l'eau et avec le vin dans des tubes d'au moins 12 mètres de hauteur.

On peut donc dire que les deux expériences de Torricelli et de Pascal sont des preuves frappantes de la pression atmosphérique et permettent de la mesurer.

75. Valeur de la pression atmosphérique. — Nous venons de dire que la pression exercée par l'atmosphère est la même que celle d'une colonne de mercure dont la hauteur est donnée par le tube de Torricelli.

Si la hauteur est de 76 centimètres, la surface de 1 centimètre carré, le volume du mercure sera de 76 centimètres cubes, le poids de la colonne $76 \times 13,6 =$ 1.033 grammes.

On peut donc dire qu'*ordinairement* la pression atmosphérique équivaut à un poids de 1.033 grammes par centimètre carré ou de 10.333 kilogrammes par mètre carré.

Cette quantité est souvent prise pour unité de pression, et on l'appelle une **atmosphère.** Alors une pression de 10 atmosphères est représentée par un poids de $10^{kg},333$ par centimètre carré.

Il est plus simple de rapporter les pressions à l'unité des autres forces, c'est-à-dire au kilogramme, et de dire une pression de 4, 6, 8 kilogrammes, plutôt qu'une pression de n, n' atmosphères. Quand on ne tient pas à une très grande approximation, une atmosphère peut être prise égale à 1 kilogramme, sous-entendu par centimètre carré; elle en diffère en effet de très peu.

En physique, on évalue souvent les pressions par la hauteur de mercure qui leur correspond : c'est ainsi qu'on dit une pression de 5, 10, 30 centimètres, pour dire une pression qui fait équilibre à une hauteur de mercure de 5, 10, 30 centimètres. Il est d'ailleurs facile dans tous les cas de connaître, par un calcul élémentaire, la valeur en kilogrammes d'une pression indiquée soit en atmosphères, soit en hauteur de mercure.

76. Variation de la pression atmosphérique avec la hauteur. — S'il est vrai que les gaz en équilibre ressemblent aux liquides, la différence de pression entre deux points situés sur la même verticale doit être égale au poids de la colonne d'air comprise entre ces deux points. La pression doit donc diminuer à mesure qu'on s'élève dans l'atmosphère.

L'expérience en a été faite pour la première fois en 1648, sur les indications de Pascal, par son beau-frère Périer, entre Clermont-Ferrand et le puy de Dôme. A mesure que l'expérimentateur gravissait la montagne, le mercure baissait dans le tube; ce fut le contraire à la descente, et le liquide reprit la hauteur exacte qu'il avait au départ. Pendant l'opération, un tube resté en place à Clermont-Ferrand n'avait pas varié.

Une expérience fut faite par Pascal à Paris, au bas et au haut de la tour Saint-Jacques; et elle confirma la première.

C'est bien là une des preuves les plus manifestes de la pesanteur de l'air et de l'existence de la pression atmosphérique.

CHAPITRE XII

BAROMÈTRES

77. Baromètres. — L'observation suivie d'un tube de Torricelli qu'on laisse dans un même lieu montre que la pression atmosphérique varie constamment.

On donne le nom de **baromètres** aux instruments spécialement construits pour indiquer et mesurer ces variations.

Il y a deux groupes de baromètres : les baromètres à mercure, fondés sur l'expérience de Torricelli ; les baromètres métalliques, fondés sur l'élasticité des métaux ; ces derniers sont gradués d'après les premiers.

On emploie toujours le mercure dans les baromètres à liquide, parce qu'il peut être obtenu très pur, qu'il n'émet pas à la température ordinaire des vapeurs pouvant troubler le vide qui existe au-dessus de la colonne et qu'en raison de sa grande densité il n'en faut qu'une colonne d'environ 76 centimètres pour équilibrer la pression atmosphérique.

78. Construction du baromètre à cuvette. — On construit encore le baromètre à cuvette, comme le montaient Torricelli et Pascal, mais on prend les précautions nécessaires pour éliminer les causes qui pourraient nuire à l'exactitude de l'appareil.

La condition essentielle pour qu'un baromètre soit bon, c'est qu'au-dessus de la colonne de liquide il existe un vide complet. Il ne suffit pas pour cela de remplir le tube avec du mercure pur et sec, car il resterait des bulles d'air adhérentes au verre, et, quand on redresserait le tube, ces bulles se rendraient dans la chambre barométrique et produiraient sur la colonne mercurielle une pression anormale.

Pour chasser l'humidité et les bulles d'air, quand on a rempli le tube après l'avoir au préalable bien lavé et desséché, on le dispose, l'extrémité ouverte en haut, sur une grille inclinée (*fig.* 67) et on le chauffe progressivement sur toute sa longueur avec des charbons allumés posés sur la grille, ou bien on le chauffe peu à peu, en commençant par l'extrémité inférieure, et en le tenant incliné au-dessus d'un fourneau rempli de charbons allumés. Il faut faire bouillir le mercure successivement de bas en haut ; à cet effet, le tube porte, à son bout ouvert, une ampoule qui retient le liquide soulevé par l'ébullition. L'opération terminée, le mercure doit présenter une surface miroitante sur toute la longueur du tube. On le laisse refroidir, puis on sépare la boule du tube. On ferme exactement l'ouver-

Fig. 67. — Ébullition du mercure dans le baromètre.

ture avec le doigt, on renverse l'instrument dans une cuvette en partie pleine de mercure purifié, et on le fixe contre une planchette verticale.

On peut d'ailleurs s'assurer que l'instrument est bien construit et qu'il ne reste aucune bulle d'air dans la chambre barométrique ; il suffit d'incliner lentement le tube, le mercure va choquer la paroi supérieure, et on entend un bruit sec. Si le choc était amorti, que le tube incliné ne soit pas rigoureusement plein, c'est qu'il resterait de l'air dans le tube ; il faudrait recommencer le remplissage.

S'il l'on voulait s'astreindre à mesurer directement à chaque observation la différence verticale des deux niveaux du mercure, il n'y aurait pas besoin de graduation. Mais l'appareil serait bien peu commode ; aussi préfère-t-on appuyer le tube contre une planche divisée en centimètres et en millimètres, et dont le zéro de la graduation correspond exactement au niveau du liquide de la cuvette ; il suffit alors, pour connaître la pression atmosphérique, de lire le chiffre de la graduation vis-à-vis duquel se trouve le niveau du liquide dans le tube.

79. Baromètres métalliques. — Ces instruments, qui n'ont qu'un petit volume et qui, par suite, peuvent être transportés à volonté, reposent sur l'élasticité des métaux.

Les uns sont formés d'un tube de laiton très flexible à section ovale, où l'on a fait le vide. L'augmentation de la pression fait rapprocher les deux extrémités du tube, qui est fixé en son milieu; une aiguille indique sur un cadran cette augmentation. Si la pression diminue, l'élasticité du métal éloigne les deux extrémités du tube et fait marcher l'aiguille en sens contraire.

Les autres, et ce sont les plus nombreux, consistent en une petite boîte dont le dessus est formé d'une lame métallique mince, à plis circulaires, très flexible. On a fait le vide dans la boîte et on l'a fermée. La paroi supérieure est fixée à un ressort formé par une lamelle d'acier recourbée qui la retient et qui l'empêche de se déprimer au-delà d'une certaine mesure. On suppose

Fig. 68. — Baromètre métallique.

l'équilibre établi entre le ressort et l'action de l'atmosphère s'exerçant sur la lame. La pression atmosphérique, en augmentant, fait fléchir le ressort, qui tend au contraire à se redresser quand la pression diminue (*fig.* 68). Les mouvements produits sont très petits, on les amplifie par des leviers et des engrenages, qui finalement font mouvoir une aiguille mobile sur un cadran.

Ces appareils sont gradués par comparaison avec un bon baromètre à mercure ; il faut de temps en temps renouveler cette comparaison pour s'assurer que l'élasticité des pièces métalliques n'a pas subi de trop grandes variations.

Ils sont très commodes ; mais ils ne remplacent pas un bon baromètre à mercure quand on veut des observations très précises.

80. Usages du baromètre. — A proprement parler, le baromètre ne sert qu'à mesurer la pression atmosphérique. Mais on peut tirer de ses indications : 1° le moyen de mesurer les hauteurs ; 2° des prévisions sur le beau ou le mauvais temps et les tempêtes.

Mesure des hauteurs. — La pression atmosphérique diminue à mesure qu'on s'élève, car, dans un gaz en équilibre, il y a entre deux points situés sur la même verticale une différence de pression égale au poids de la colonne de gaz située entre eux. L'expérience de Pascal a d'ailleurs vérifié le fait. On a donc été conduit à mesurer l'élévation par la diminution de pression qui en résulte.

Si l'air était incompressible, comme les liquides, qu'il ait partout la même densité, le problème serait très simple, la diminution de pression serait proportionnelle à l'augmentation de hauteur. Ainsi, au bord de la mer, pour une diminution de pression de quelques millimètres seulement, on peut déduire approximativement l'élévation correspondante : le mercure pèse à peu près 10.000 fois plus que l'air : 1 millimètre de mercure fait approximativement équilibre à une hauteur de 10 mètres d'air. Lors donc que, dans une ascension, le mercure baisse de 2 ou 3 millimètres, on peut conclure qu'on s'est élevé à 20 mètres ou à 30 mètres.

Mais ce calcul ne convient que pour les distances

voisines du sol. A mesure qu'on s'élève, la densité des couches d'air décroît, et il faut réellement s'élever de plus de 10 mètres pour que le baromètre baisse d'un millimètre.

Les savants ont trouvé une formule qui permet de calculer assez exactement la hauteur verticale d'un lieu au-dessus d'un autre quand on connaît la différence des hauteurs barométriques prises au même moment dans les deux endroits.

Prévision du temps. — Une longue expérience a appris que, dans nos régions, le baromètre est haut par un temps sec, qu'il est bas par un temps pluvieux, qu'il baisse graduellement quand le temps se met à la pluie, c'est-à-dire quand l'air devient plus léger en devenant plus humide, qu'il monte au contraire quand les vents du nord dessèchent l'air et le rendent plus lourd.

Il résulte de nombreuses observations que, pour un lieu déterminé, à certaines hauteurs barométriques correspondent assez généralement des états déterminés du ciel. On inscrit ces états sur les instruments destinés à des observations ordinaires : *très sec*, *beau fixe*, *beau*, *variable*, *pluie ou vent*, *grande pluie*, *tempête*, pour rendre les observations plus commodes et plus promptes. Pour la latitude de 50° et au niveau de la mer, le *variable* correspond à la hauteur de 760 millimètres, et les autres indications sont espacées de 9 en 9 millimètres.

A l'Observatoire de Paris, le variable correspond à 756^{mm},6 ; à Lima, il doit être placé en face : 682^{mm}, et à l'hospice du Saint-Bernard, vis-à-vis : 563^{mm}. Ces exemples suffisent à montrer que ces diverses indications littérales de l'état du temps n'ont rien d'absolu, puisqu'elles varient avec l'altitude, autrement dit avec la hauteur au-dessus du niveau de la mer. On peut même les trouver en désaccord entre le rez-de-chaussée et le cinquième étage d'une haute maison.

Il ne faut pas perdre de vue que le baromètre ne donne positivement qu'une chose : la pression de l'atmosphère au moment de l'observation. Seul, il ne peut faire préjuger ce qui se passera plus tard.

Cependant, une baisse rapide et forte indique toujours l'approche d'une bourrasque ou d'une tempête ; et les marins consultent le baromètre avec fruit pour se garer des grains et des coups de vent.

CHAPITRE XIII

FORCE ÉLASTIQUE DES GAZ

81. Force élastique des gaz. — Tandis que les liquides sont incompressibles, les gaz peuvent être facilement comprimés. Lorsqu'on exerce une pression sur un gaz, son volume diminue ; l'expérience du briquet à air nous le montre ; en même temps, le gaz réagit par son élasticité et presse sur les parois qui le contiennent ; il s'établit un état d'équilibre entre la pression extérieure, d'une part, et la réaction du gaz, d'autre part ; cette réaction du gaz, cette force avec laquelle il presse sur les parois, c'est ce que nous appelons *sa force élastique*. Si la pression extérieure diminue, la force élastique l'emporte et le volume du gaz augmente. Un gaz peut être assimilé à un ressort toujours comprimé par une pression extérieure ; la pression augmente-t-elle, le ressort se tend, le gaz se comprime ; dès que la pression diminue, le ressort se détend, le gaz aussi, et son volume augmente.

Ainsi, quand un gaz est en équilibre, *sa force élastique* est égale à la *pression* extérieure. Cette égalité fait prendre l'un pour l'autre ces deux termes, *pression* et *force élastique*, bien que le premier désigne une action extérieure au gaz, tandis que le second est une propriété du gaz. Ainsi l'on dit indifféremment qu'un gaz a une force élastique de 760 millimètres ou qu'il supporte une pression de 760 millimètres.

82. Relation entre la force élastique des gaz et leur volume.— Loi de Mariotte. — Y a-t-il une relation entre la force élastique d'un gaz et les volumes qu'il occupe, suivant que cette force augmente ou diminue? Telle est la question qui se présente et qu'il nous faut étudier. Elle a été résolue expérimentalement par Mariotte, en 1670.

Ce savant a formulé la loi suivante, qui a conservé son nom :

Les volumes occupés successivement par une même masse de gaz varient en raison inverse des pressions qu'elle supporte, la température restant la même pendant l'expérience.

Ce qui veut dire que, si une masse déterminée d'un gaz occupe 4 litres à une pression égale à celle de l'atmosphère, quand la pression deviendra 2, 3, 4... *n* fois plus grande, le volume sera 2, 3, 4,... *n* fois plus petit. Et inversement, si la pression devient 10, 20 fois plus petite, le volume sera 10, 20 fois plus grand.

Nous allons donner de cette loi importante une démonstration expérimentale.

83. Démonstration expérimentale. — Nous nous servons d'un long tube de verre recourbé à branches inégales (*fig.* 69); la petite est fermée par le haut et elle est divisée en parties d'égal volume; la grande est ouverte et mesure au moins $0^m,80$ à 1 mètre. Le tube est fixé contre une planche qui porte, appuyée contre la grande branche, une réglette divisée en centimètres.

Versons un peu de mercure dans le tube, de quoi

remplir le coude ; le liquide ne prend pas le même niveau dans les deux branches. Mais, en inclinant le tube, nous allons faire sortir de la petite branche quelques bulles d'air, et, le tube une fois relevé, le niveau du mercure aura un peu monté dans la petite branche. Nous amenons ainsi, après quelques tâtonnements, les deux niveaux du mercure sur un même plan horizontal.

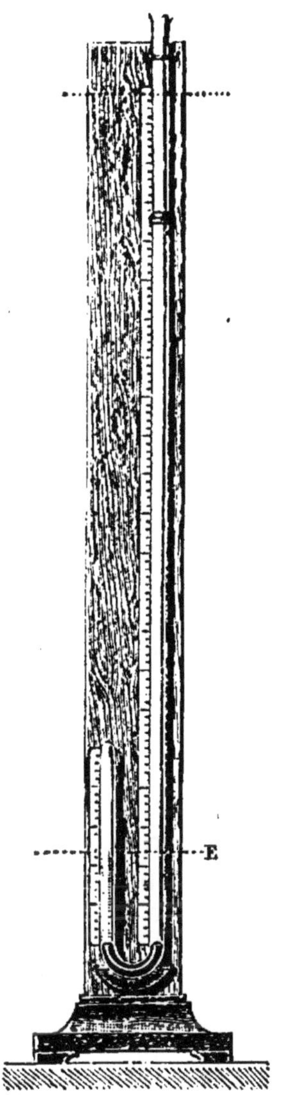

Fig. 69. — Tube de Mariotte.

Nous avons un volume d'air connu et emprisonné dans la petite branche. Sa force élastique est égale à la pression atmosphérique ; elle est indiquée par la hauteur du baromètre au moment de l'expérience. Soit 20 centimètres cubes le volume et 0,764 la pression.

Nous allons amener le volume de cet air à n'être plus que 10 centimètres cubes, afin qu'il soit *deux fois plus petit ;* et nous chercherons sa force élastique nouvelle.

Nous marquons sur le tube de la petite branche le point qui partage le premier volume en deux parties égales, et nous versons du mercure dans la grande branche jusqu'à ce que le niveau de la petite branche qui monte lentement soit arrivé au point marqué.

Le volume de l'air est deux fois plus petit. Sa force élastique s'exerce sur la tranche liquide qui le termine inférieurement ; elle est égale à la pression supportée par l'élément E de la grande branche, qui est au même niveau horizontal.

Pour connaître cette pression, on glisse la réglette graduée, de manière que son zéro corresponde à ce niveau, et on lit la hauteur de la colonne de mercure. Nous trouvons $0^{m},764$, hauteur égale à celle du baromètre.

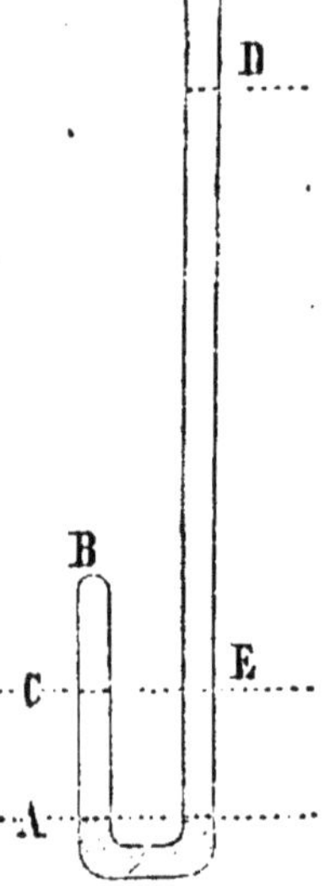

Fig. 70. — Tube de Mariotte. Quand le volume de l'air est CB, le mercure s'élève en D.

La pression sur l'élément E est donc, d'abord, l'atmosphère, puis une colonne de mercure égale à la hauteur barométrique, en tout *deux atmosphères*. C'est la valeur de la force élastique de l'air emprisonné.

Ainsi, *quand le volume de l'air est devenu deux fois plus petit, sa force élastique est devenue deux fois plus grande*, ce qui vérifie la loi.

Si le tube ouvert était suffisamment haut, on pourrait continuer l'expérience en réduisant le volume d'air de la petite branche à être trois fois plus petit et en constatant que la force élastique est de 3 atmosphères ; mais il faudrait un tube d'au moins $1^{m},60$.

On prouve aussi par une autre expérience que, si le volume devient 2, 3, ..., fois plus grand, la pression ou la force élastique est 2, 3, ..., fois plus petite.

84. Différents énoncés de la loi de Mariotte. — Applications. — La loi de Mariotte est d'un usage constant pour calculer les volumes que prend un gaz sous différentes pressions. Voici des exemples :

Soit à trouver le volume que prendront 25 *litres de gaz si la pression, d'abord de* 0,750, *devient* 0,760.

Le volume est 25 litres quand la pression est 750 millimètres; si la pression devenait 1 millimètre (c'est-à-dire 750 fois moindre), le volume serait 25 × 750. Mais si la pression, au lieu d'être 1 millimètre, devient 760 millimètres (c'est-à-dire 760 fois plus grande), le volume sera

$$\frac{25 \times 750}{760} = 24^{\text{lit}},67.$$

Voilà un raisonnement très élémentaire; en voici un plus scientifique, appuyé sur l'énoncé même de la loi.

Soit V le volume cherché; le rapport des volumes est $\frac{25}{V}$; le rapport inverse des pressions est $\frac{760}{750}$. Ces deux rapports sont égaux.

Donc :

$$\frac{25}{V} = \frac{760}{750},$$

d'où :

$$V = \frac{25 \times 750}{760} = 24,67.$$

Généralisons la question, et soient V et V′ les volumes, H et H′ les pressions, nous écrirons :

$$\frac{V}{V'} = \frac{H'}{H} \text{ et, en opérant : } VH = V'H'.$$

Nous pouvons donc énoncer la loi de la manière suivante : *Pour une même masse gazeuse, à la même température, le produit du premier volume par la première pression égale le produit du deuxième volume par la deuxième pression*, ou *le produit du volume par la pression est constant.*

Ce nouvel énoncé est très commode pour les calculs. Ainsi, soit à chercher la pression H′ que supportent 40 centimètres cubes de gaz d'abord à la pression de 760 millimètres et amenés à ne plus occuper que 25 centimètres cubes.

Nous écrivons de suite :

$$40 \times 760 = 25 \times H',$$

d'où :

$$H' = \frac{40 \times 760}{25} = 1.216 \text{ millimètres.}$$

85. Manomètres. — On donne le nom de *manomètres* aux appareils qui servent à mesurer la force élastique des gaz. L'utilité de ces instruments se comprend aisément, surtout pour les vapeurs ou les gaz comprimés ; ils font connaître à chaque instant la puissance avec laquelle le gaz ou la vapeur presse sur les parois du récipient qui le contient, et ils permettent d'éviter les explosions que le gaz pourrait produire s'il venait à être trop comprimé.

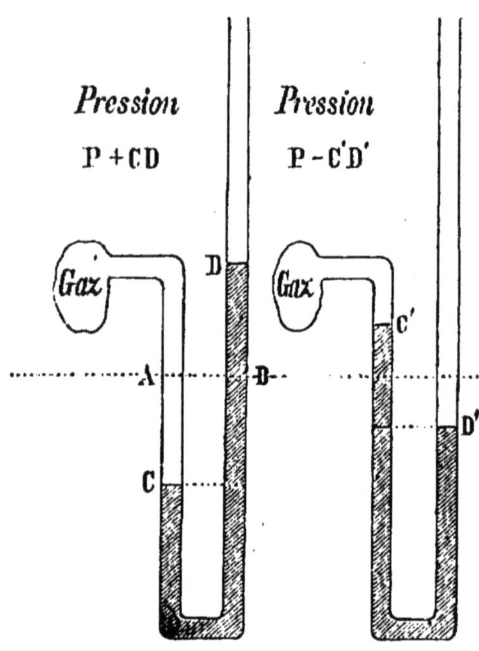

Fig. 71. — Pression d'un gaz sur un liquide.

Rappelons qu'on estime la force élastique de l'air atmosphérique par la colonne de mercure qui produit une pression égale sur une même surface. C'est aussi ce que l'on fait pour les gaz comprimés. Le moyen le plus simple qui se présente naturellement, c'est de faire agir le gaz dans une des branches d'un tube recourbé contenant du mercure ; le liquide s'élèvera dans l'autre branche si la pression du gaz dépasse celle de l'atmosphère, et sa pression sera égale à la pression atmosphérique augmentée de la colonne de mercure mesurée verticalement entre les deux niveaux : tel est le principe du *manomètre à air libre*.

Dans les deux tubes représentés par la figure 71, à gauche, la pression du gaz est 1 atmosphère P + la pression due à la colonne liquide CD.

A droite, la pression du gaz est 1 atmosphère ou P — la pression équivalente à la colonne de liquide C'D'.

86. Formes du manomètre à air libre. — Pour les recherches que l'on peut avoir à effectuer en physique, le meilleur manomètre à air libre est celui de Regnault (*fig.* 72). Il se composé de deux tubes de verre mastiqués dans une monture de fer et posés contre un support vertical ; l'un ouvre à l'air par sa partie supérieure, l'autre est recourbé et peut être mis en communication avec le récipient contenant le gaz dont on veut mesurer la pression.

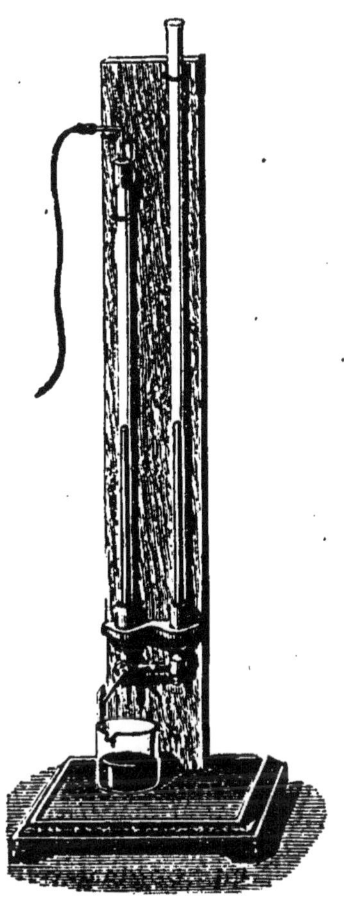

Fig. 72. — Manomètre à air libre de Regnault.

On verse du mercure par la branche ouverte ; si la pression du gaz qui se communique à la branche de gauche est égale à la pression atmosphérique, le mercure a le même niveau dans les deux tubes. Si la pression est plus grande, le mercure monte dans la branche de droite d'une hauteur h que l'on mesure ; la pression du gaz est alors $h + H$

(H étant la pression barométrique). Si, au contraire, la force du gaz est inférieure à la pression atmosphérique, le niveau du liquide dans le tube de gauche est plus haut d'une longueur h', et la pression est $H - h'$.

Cet appareil n'a qu'un inconvénient, c'est que ses dimensions deviennent incommodes dès qu'on veut mesurer des pressions un peu fortes.

Dans les usines à gaz, pour estimer la pression du gaz d'éclairage qu'on lance dans les conduites de distribution, on se sert d'un *manomètre à eau* à deux tubes, l'un dans lequel le gaz agit, l'autre qui est ouvert à sa partie supérieure (*fig.* 73). La pression est indiquée par la différence de hauteur des deux niveaux de l'eau, en plus de la pression atmosphérique; et, pour en rendre la lecture plus facile, il y a une double graduation, ascendante pour un tube, descendante pour l'autre, à partir du niveau commun. Quand on lit sur l'appareil 2 centimètres en dessous du zéro du tube qui communique avec le gaz, 2 centimètres en dessus du zéro dans l'autre tube, on sait que le gaz est à une pression qui surpasse la pression atmosphérique de 4 centimètres de hauteur d'eau ou de $\frac{4}{13,6}$ de mercure; sa pression, estimée à l'unité ordinaire, est donc de $0^m,76 + \frac{0,04}{13,6}$ ou $0^m,763$ millimètres de mercure, si le baromètre marque 760 millimètres. On peut dire aussi qu'elle est de 4 grammes par centimètre carré, en plus d'une atmosphère.

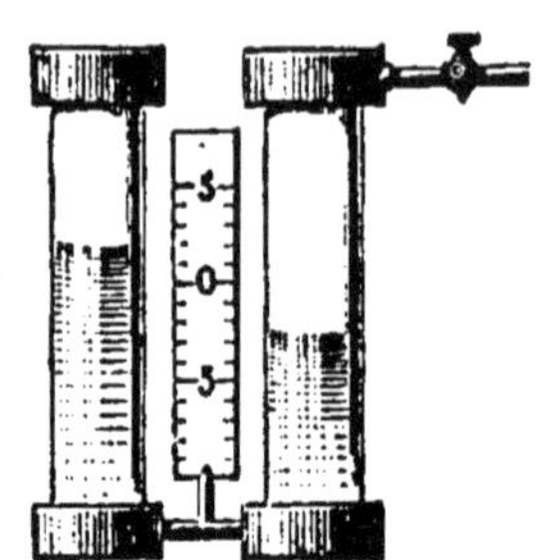

Fig. 73. — Manomètre à air libre pour le gaz d'éclairage.

87. Manomètre métallique. — Le manomètre métallique, de tous le plus employé, repose sur ce fait, que, si l'on courbe en spirale un tube de cuivre mince à section elliptique, la courbure du tube diminue, et les deux branches s'écartent, si la pression augmente dans l'intérieur. L'appareil est formé d'un tube fermé par une extrémité et qui communique par l'autre au récipient contenant le gaz ou la vapeur (*fig.* 74). L'extrémité fermée est libre; elle est reliée à une aiguille qui se meut sur un cadran. Si la pression augmente dans le tube, l'extrémité libre tire sur le levier et fait marcher l'aiguille dans un sens; quand la pression diminue, l'élasticité du métal ramène l'aiguille dans le sens opposé. On gradue l'appareil par comparaison avec un manomètre à air libre; il indique les pressions en atmosphères ou en kilogrammes par centimètre carré. Il est très solide et très commode, aussi est-il très répandu.

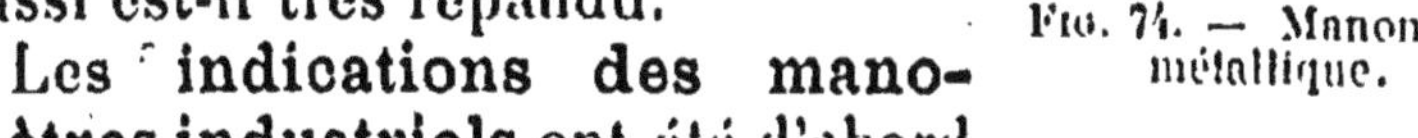

FIG. 74. — Manomètre métallique.

Les **indications des manomètres industriels** ont été d'abord données en atmosphères : on y lisait 2, 3, 5 atmosphères, c'est-à-dire une pression valant 2 fois, 3 fois, 5 fois la pression atmosphérique. Elles sont aujourd'hui données en kilogrammes; quand le manomètre marque 2, 3, 5 kilogrammes, il exprime que la pression du gaz est de 2, 3, 5 kilogrammes sur 1 centimètre carré de la surface pressée.

Il y a peu de différence entre les deux expressions, puisqu'une pression d'une atmosphère équivaut à 1.033 grammes par centimètre carré. Mais la dénomination actuelle est plus simple et plus immédiatement compréhensible que l'ancienne.

CHAPITRE XIV

LES POMPES

88. Destination générale des pompes. — Une pompe est un appareil destiné à élever l'eau d'un réservoir inférieur (puits, citerne, mare, rivière, etc.) dans un réservoir placé plus haut, ou à la comprimer dans un récipient, ou à la répandre dans l'air avec une certaine vitesse. Le moteur employé peut être quelconque : c'est la force musculaire de l'homme ou celle des animaux, ou le vent, ou la vapeur, ou l'électricité.

Les pompes à gaz extraient l'air d'un récipient pour y faire le vide, ou bien elles compriment l'air sous pression.

On distingue trois types simples de pompes pour liquides : les *pompes aspirantes*, qui élèvent l'eau d'un puits ; les *pompes foulantes*, qui compriment l'eau ou qui la projettent avec une grande vitesse, et les *pompes aspirantes et foulantes*, qui peuvent produire les deux effets.

89. Pompe aspirante. — La pompe aspirante se compose d'un corps de pompe dans lequel se meut un piston percé d'une ouverture garnie d'une soupape s'ouvrant de bas en haut (*fig.* 75). Ce corps de pompe est relié inférieurement à un long tuyau dit d'*aspiration*, qui plonge dans l'eau du puits ou du réservoir, et dont le haut porte une soupape s'ouvrant de bas en haut.

Le piston étant d'abord au bas de sa course, on le soulève, il fait le vide au-dessous de lui ; l'air du tuyau d'aspiration se répand en partie dans le corps de pompe ; son volume augmentant, sa pression diminue ; par suite, l'atmosphère, qui exerce sa pression à la surface de l'eau du réservoir, fait monter cette eau dans le tuyau d'aspiration. Aussitôt qu'on cesse de soulever le piston, la soupape inférieure retombe, mais l'eau soulevée dans le tuyau d'aspiration y reste. Si le piston redescend, il comprime au-dessous de lui l'air, qui s'échappe par la soupape supérieure. A un second mouvement du piston, l'eau s'élève encore dans le tuyau d'aspiration; elle vient bientôt dans le corps de pompe; le piston, en redescendant, la fait passer au-dessus de lui et, en remontant, il la pousse au tuyau de déversement, où elle s'écoule.

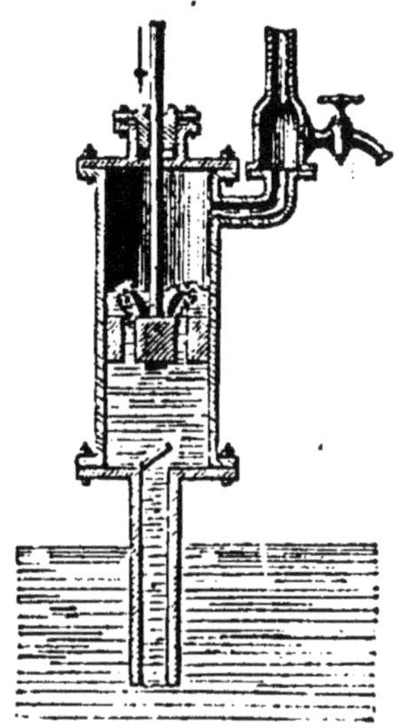

Fig. 75. — Coupe de la pompe aspirante.

90. Conditions auxquelles une pompe doit satisfaire. — Comme c'est la pression atmosphérique qui fait monter l'eau jusqu'au corps de pompe, celui-ci doit être à moins de 10^{m},33 du niveau de l'eau dans le réservoir. Dans la pratique, on ne donne pas au tuyau d'aspiration plus de 8 mètres. Il faut, en effet, remarquer que le piston ne ferme jamais complètement le cylindre et que, pendant son ascension, il ne fait pas au-dessous de lui un vide complet; de plus, l'air dissous dans l'eau se dégage dans la pompe et peut former, en dessous du piston, une sorte de coussin élastique qui contre-balance en partie l'effet de la pression extérieure.

En résulte-t-il qu'on ne puisse pas élever l'eau à plus de 10 mètres avec une pompe? Théoriquement, rien ne limite la hauteur à laquelle il est possible d'élever l'eau une fois qu'elle a été amenée sur la face supérieure du piston. Au lieu que le tuyau d'écoulement débouche dans l'air à la partie supérieure du corps de pompe, on peut le prolonger par un tuyau vertical. Alors, quand le piston monte, il pousse le liquide dans ce tuyau, à la hauteur que l'on veut. La pompe aspirante simple est ainsi transformée en une pompe *élévatoire*.

Quand la pompe est en activité, elle est entièrement pleine d'eau depuis le niveau dans le puits jusqu'à l'extrémité supérieure du tuyau d'écoulement. Le piston est pressé sur ses deux faces, la force à exercer pour soulever le piston est exprimée par le *poids d'une colonne d'eau ayant pour surface la section du piston et pour hauteur la distance verticale du niveau de l'eau dans le puits au niveau de l'écoulement.*

Veut-on exprimer cette pression en kilogrammes, on exprime la surface en décimètres carrés et la hauteur en décimètres.

On voit facilement que l'effort à faire grandit avec la hauteur à laquelle on veut élever l'eau. Aussi, quand il s'agit de tirer de l'eau d'un puits profond, avec une pompe aspirante élévatoire, faut-il munir la tige du piston de leviers convenables, si l'on veut pouvoir manœuvrer la pompe avec un faible effort appliqué à l'extrémité du levier.

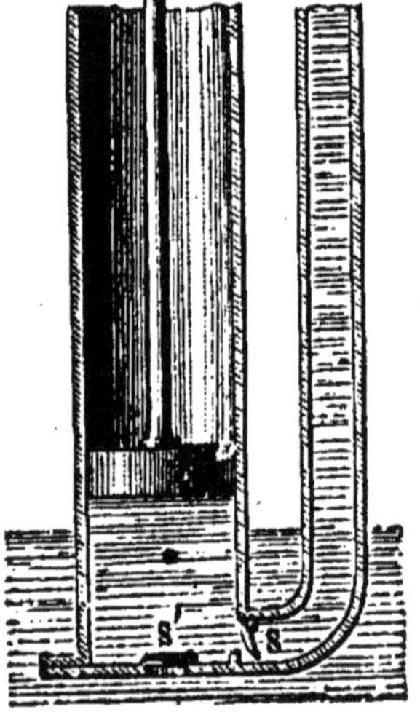

Fig. 76. — Coupe de la pompe foulante.

91. Pompe foulante. — Dans la pompe foulante, le piston est plein ; le corps de pompe est en partie immergé dans l'eau à soulever ; le tuyau d'écoulement est fixé latéralement à la base du corps de pompe (*fig.* 76). A sa jonction est une soupape S qui s'ouvre du dedans au dehors ; enfin une soupape S' s'ouvrant du dehors en dedans ferme l'ouverture inférieure du corps de pompe.

Quand on soulève le piston, l'eau presse la soupape S′ et remplit le corps de pompe. Quand on le redescend, l'eau est directement comprimée; elle ouvre la soupape S et monte dans le tuyau latéral d'écoulement.

Si l'abaissement du piston est rapide, que le tuyau d'échappement ait un faible diamètre par rapport au corps de pompe, comme l'eau ne peut diminuer de volume par la compression, elle acquiert une grande vitesse et sort alors sous forme d'un jet que l'on peut lancer plus ou moins loin.

92. Pompe aspirante et foulante. — Si, comme dans la figure 77, la pompe foulante est munie d'un tuyau d'aspiration plongeant dans un puits, elle est à la fois aspirante et foulante. Pendant l'ascension du piston, elle aspire l'eau du puits ou du réservoir inférieur; pendant la descente, elle refoule cette eau par le tuyau d'écoulement.

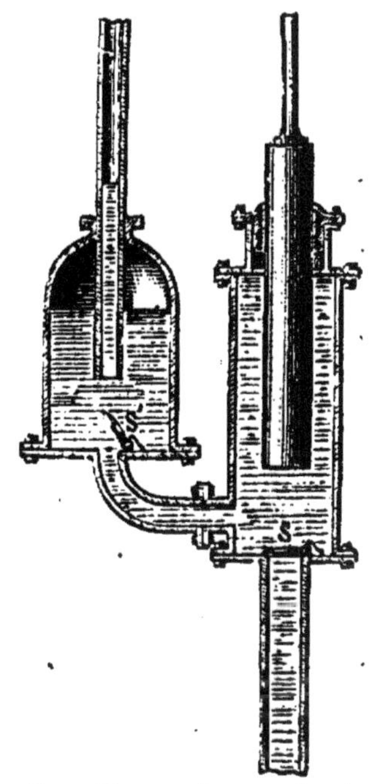

Fig. 77. — Coupe de la pompe aspirante et foulante avec chambre à air.

Avec les dispositions ci-dessus décrites, le mouvement de l'eau est intermittent; ce n'est en effet que pendant la descente du piston, c'est-à-dire pendant la moitié de la manœuvre, que l'eau est chassée hors de l'appareil. On réalise un écoulement continu en employant une *chambre à air*.

Le tuyau par lequel l'eau sort du corps de pompe ouvre dans une chambre fermée complètement et contenant de l'air à sa partie supérieure. Le tuyau d'échappement de l'eau débouche à la partie inférieure de cette chambre. Chaque fois qu'il arrive de l'eau de la pompe dans cette chambre, le liquide tend à sortir par le tuyau d'échappement; mais, s'il arrive plus vite qu'il ne peut sortir, il comprime l'air qui occupe la partie supérieure de la pompe. L'instant d'après, pendant que le piston de la pompe descend et qu'il ne chasse plus d'eau dans le réservoir à air, l'air comprimé tend à reprendre son volume primitif et chasse l'eau par le tuyau de sortie : l'écoulement est continu.

93. Pompe à incendie. — La pompe à incendie est formée par deux pompes foulantes accouplées qui chassent l'eau tour à tour dans une chambre à air où plonge le tuyau par lequel l'eau s'écoulera au dehors. Le tout plonge dans une bâche que l'on maintient pleine d'eau. Les tiges des deux pistons s'articulent à un même levier tournant autour d'un point fixe (*fig.* 78).

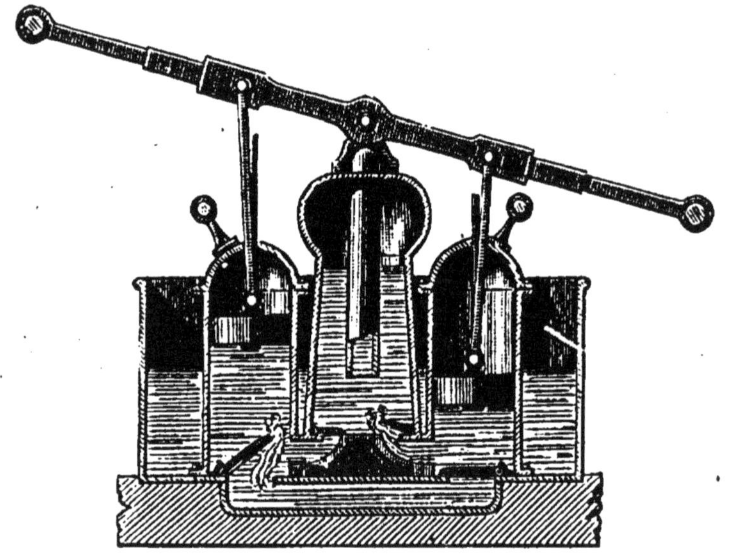

Fig. 78. — Coupe de la pompe à incendie.

On munit habituellement les deux extrémités de ce levier de barres transversales pour que plusieurs personnes puissent simultanément y exercer un effort.

Pendant qu'un des pistons descend, l'autre monte, de sorte qu'il arrive sans cesse de l'eau dans le réservoir à air; et, comme le tuyau d'écoulement est terminé par une lance conique, pour peu que la vitesse de la manœuvre soit un peu rapide, on arrive à comprimer beaucoup l'air du réservoir et à donner au jet liquide qui sort une très grande force.

94. Pompe pneumatique. — La machine pneumatique se compose essentiellement d'un cylindre ou *corps de pompe*, relié par un tuyau métallique à un ballon ou une cloche qui forme le *récipient* d'où l'on se propose d'enlever l'air. L'extrémité du tuyau qui débouche à la base du corps de pompe est fermée par une soupape S' qui ne peut s'ouvrir que de bas en haut (*fig.* 79). Dans le cylindre, peut monter ou descendre

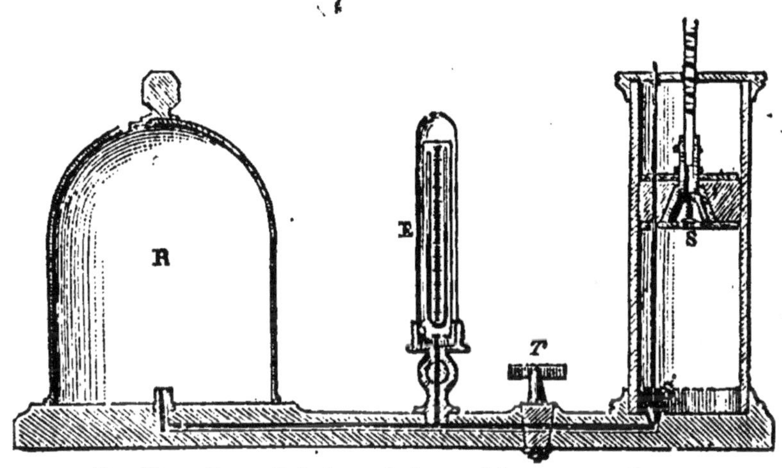

Fig. 79. — Coupe théorique de la machine pneumatique.

un piston qui applique bien contre les parois, mais qui est percé d'un conduit débouchant à l'air et muni d'une soupape (S) qui ne peut s'ouvrir, comme la première, que de bas en haut.

Si on abaisse le piston dans le corps de pompe, la

soupape S′ reste fermée; la soupape S l'est aussi au commencement de l'opération; mais le piston, en descendant, comprime l'air remplissant le corps de pompe; la force élastique de cet air va en croissant; elle devient bientôt supérieure à la pression atmosphérique; l'air comprimé fait ouvrir la soupape S et s'échappe. Lors donc que le piston descend du haut en bas du corps de pompe, il expulse l'air qui y était contenu.

Si on soulève le piston, il fait le vide au-dessous de lui. La soupape S reste fermée, mais la soupape S′, pressée par l'air du récipient, s'ouvre, et l'air de la cloche se répand dans le corps de pompe. Quand on abaisse ensuite le piston, on chasse à l'extérieur le gaz qui était venu du récipient dans le corps de pompe.

Ainsi, par l'ascension du piston, on appelle dans le corps de pompe une partie de l'air du récipient, et le piston, en descendant, expulse cet air. Soulever et abaisser le piston se dit donner *un coup de piston*. Donc, à chaque coup de piston, on enlève une partie de l'air du récipient pour l'expulser dans l'atmosphère. L'air restant occupe toujours tout le volume du récipient; mais sa quantité ou sa pression diminue avec le nombre des coups de piston.

Un exemple numérique fera mieux comprendre le jeu de l'appareil. Supposons un récipient de 5 litres plein d'air à la pression de 760 millimètres, un corps de pompe de 1 litre, et proposons-nous de chercher ce que sera la force élastique de l'air du récipient après 1, 2, ... n coups de piston.

Au commencement, quand le piston est au bas de sa course, le volume de l'air du récipient est 5 litres, sa pression 760.

Après l'élévation du piston, le volume de l'air est $(5 + 1)$ litres, sa pression x_1.

D'après la loi de Mariotte :

$$5 \times 760 = (5 + 1)x_1.$$

D'où :

$$x_1 = 760 \frac{5}{5+1} = 760 \times \frac{5}{6} = 633.$$

Pendant la descente du piston, cette pression ne varie pas dans le récipient ; l'air du corps de pompe est expulsé.

Commençons un second coup de piston : le volume de l'air du récipient est 5 litres, sa pression x_1.

Après l'élévation du piston, le volume de l'air devient $(5+1)$ litres, sa pression x_2.

On écrit encore :

$$5 \times x_1 = (5+1)x_2.$$

D'où :

$$x_2 = x_1 \times \frac{5}{5+1}.$$

Mais :

$$x_1 = 760 \times \frac{5}{5+1}.$$

Donc

$$x_2 = 760 \times \left(\frac{5}{5+1}\right)^2 = 760 \times \frac{25}{36} = 527,7.$$

Il est facile de voir qu'on trouverait pour un troisième coup de piston :

$$x_3 = 760 \left(\frac{5}{5+1}\right)^3 = 760 \times \frac{125}{216} = 439.$$

La pression de l'air dans le récipient va donc en diminuant à mesure que les coups de piston se multiplient, et, après un nombre suffisant de coups de piston, la pression de l'air est devenue très faible et le vide est plus ou moins approché.

95. Pompe de compression. — La machine de compression est l'inverse de la machine pneumatique, elle est destinée à comprimer les gaz et à en accroître la force élastique. On pourrait la concevoir comme une machine pneumatique à un corps de pompe dont les deux soupapes s'ouvriraient de haut en bas au lieu de s'ouvrir de bas en haut. Mais on lui donne généralement une forme plus simple : c'est un corps de pompe dans lequel se meut un piston plein; au fond est un tube muni d'une soupape ouvrant de dedans au dehors, et que l'on fixe sur le récipient où l'on veut comprimer le gaz. Sur le côté s'ouvre un autre tube muni également d'une soupape, s'ouvrant du dehors au dedans, et qui communique dans l'air ou dans le vase contenant le gaz à comprimer (*fig.* 80). Si le piston est au haut de sa course et le corps de pompe plein d'air ou de gaz, lorsqu'on abaisse le piston, l'air comprimé par la diminution du volume presse la soupape inférieure et pénètre dans le récipient. Quand on relève le piston, il fait le vide, la soupape inférieure reste fermée, mais la soupape latérale s'ouvre, et le corps de pompe se remplit de gaz, que l'on refoulera encore dans le récipient en abaissant à nouveau le piston.

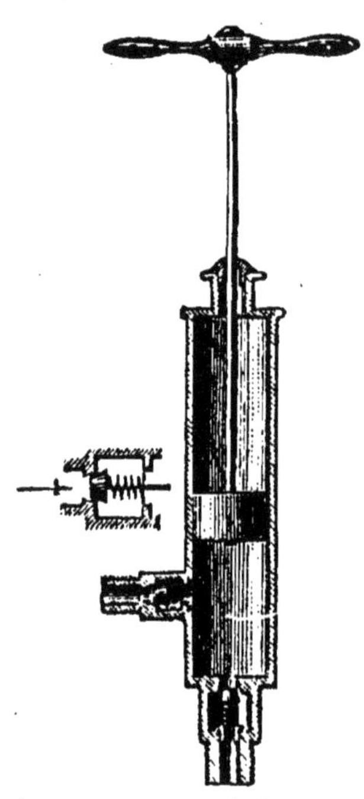

FIG. 80. — Coupe de la pompe de compression.

Il est facile d'exprimer par un calcul l'effet produit après un certain nombre de coups de piston. Soient 4 litres le volume du récipient, 0l,6 celui du corps de pompe, 760 millimètres la pression de l'air au commencement.

L'air ou le gaz occupant 0,6 sous la pression de 760 millimètres est refoulé dans le récipient; son volume devient 4 litres; s'il était seul, il y prendrait une pression x_1 donnée par la relation:

$$0,6 \times 760 = 4 \times x_1$$
$$x_1 = 760 \times \frac{0,6}{4}.$$

Mais le récipient contient déjà 4 litres de gaz sous la pression 760; après le premier coup de piston, la pression sera donc :

$$H_1 = 760 + 760 \times \frac{0,6}{4} = 874.$$

A chaque nouveau coup de piston, il entrera un volume d'air de 0,6 à la pression de 760 et qui, en prenant le volume de 4 litres, ajoutera à la pression de l'air du récipient une pression de :

$$760 \times \frac{0,6}{4}.$$

La pression sera donc :
Après deux coups :

$$H_2 = 760 + \left(760 \times \frac{0,6}{4}\right) \times 2 = 988.$$

Après trois coups :

$$H_3 = 760 + \left(760 \times \frac{0,6}{4}\right) 3 = 1,102.$$

Et ainsi de suite.

On voit que la pression grandit avec le nombre des coups de piston.

Théoriquement, on devrait donc pouvoir augmenter toujours la pression en multipliant le nombre n de coups de piston. Mais, dans la pratique, il faut tenir compte de l'espace nuisible.

Un exemple numérique fera comprendre que l'action de la pompe est limitée. Admettons que le corps de pompe ait un volume v égal à 400 centimètres cubes, que l'espace nuisible soit de 20 centimètres cubes, la pression de l'air extérieur de 760 millimètres, on aura pour la pression maximum x :

$$x = 760 \times \frac{400}{20} \quad \text{ou} \quad 760 \times 20.$$

On pourra donc comprimer l'air à 20 atmosphères dans le récipient.

On n'atteint jamais dans la pratique, pour plusieurs raisons, la pression maximum dont l'espace nuisible donne la limite : d'abord parce que l'effort à exercer deviendrait trop considérable, puis parce que les vases pourraient n'être pas assez résistants, et enfin parce que la chaleur dégagée pendant la compression est considérable, que le cuir du piston s'altère et que le fonctionnement de la pompe serait bientôt impossible. On peut se faire une idée de l'effort à vaincre à l'aide d'un exemple : soit un piston de 6 centimètres de diamètre, sa surface sera de 28 centimètres carrés; si l'air du récipient est à 10 atmosphères de pression, il faudra, pour faire descendre le piston, exercer un effort équivalent à une pression de 9 atmosphères ; c'est, par centimètre carré de surface, environ 9 kilogrammes, et, pour le piston, $9 \times 28 = 252$ kilogrammes.

96. Pompe de compression à double effet. — On emploie souvent une pompe à main dont on peut faire à volonté une machine pneumatique ou une machine de compression. Le corps de pompe contient un piston plein. Il est percé à sa base de deux trous munis de deux soupapes s'ouvrant en sens inverse l'une de l'autre et communiquant à deux tubes latéraux opposés (*fig.* 81). Quand on abaisse le piston, la soupape de droite reste fermée, l'air comprimé fait ouvrir la soupape de gauche et pénètre par le canal latéral dans un récipient. Au contraire, lorsqu'on soulève le piston, c'est la soupape de gauche qui reste fermée et celle de droite qui s'ouvre, et il se produit une aspiration d'air par le tube de droite.

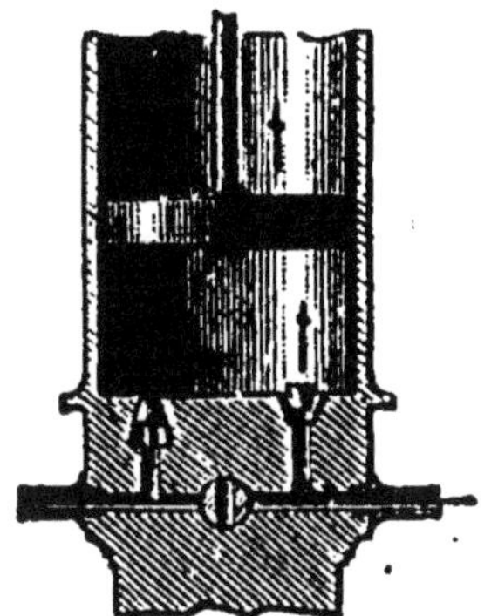

Fig. 81. — Coupe de la pompe à double effet.

Si l'on met l'appareil en communication par son tube de droite avec un récipient clos R, en faisant fonctionner la pompe, on fait le vide dans ce récipient. Si, au contraire, c'est le tube de gauche qui se rend à un récipient R′, on comprime de l'air dans celui-ci. Enfin, si à droite est un gazomètre R et à gauche un vase clos R′, la pompe prend du gaz à droite, en R, pour le comprimer à gauche, en R′.

97. Usages de la pression. — Dans les cours, on comprime de l'air dans un vase à demi plein d'eau, muni d'un tube plongeant, et, quand on enlève la pompe de compression, on la remplace par un ajutage effilé; alors, aussitôt qu'on ouvre le robinet de l'appareil, l'eau s'élève en un jet plus ou moins haut.

Les machines soufflantes qui lancent l'air dans les tuyères des forges et des hauts fourneaux sont des machines de compression. C'est avec l'air comprimé que l'on fait circuler les dépêches dans le télégraphe atmosphérique de Paris : dans le tube qui va d'une station à l'autre, on place une sorte de piston creux qui contient les dépêches et on le pousse en injectant à un bout de l'air comprimé. C'est aussi avec de l'air comprimé que l'on faisait mouvoir les machines perforatrices employées pour le percement des tunnels des Alpes. Enfin, on emploie constamment l'air comprimé pour appuyer les freins contre les roues des wagons d'un train de chemin de fer, et obtenir ainsi un arrêt du train assez rapide.

Dans l'industrie, on comprime souvent l'air à l'aide d'une colonne d'eau qui remplace la machine de compression. On comprend, en effet, que, si l'on met la partie inférieure d'un réservoir contenant de l'air en communication avec un long tube vertical contenant de l'eau, l'air du réservoir augmente de pression; il est à 2 atmosphères quand il a au-dessus de lui une colonne d'eau de $10^m,33$.

L'air comprimé a reçu de nos jours de nombreuses et très importantes applications à cause de la facilité de sa production et de la commodité de son emploi. Ces applications peuvent se diviser en deux catégories, suivant que l'air est employé comme ressort permanent ou bien comme agent de mouvement. Dans le premier groupe rentrent les cloches à plongeurs et les fondations des piles de ponts par caissons. Dans le second groupe, nous citerons les travaux d'extraction dans les mines, la marche des tramways à l'aide d'un récipient d'air comprimé au lieu d'une machine à vapeur, les freins Westinghouse appliqués aux wagons des chemins de fer, qui permettent un arrêt presque subit d'un train en marche, et enfin les horloges pneumatiques des grandes villes.

LIVRE III

CHALEUR

CHAPITRE XV

EFFETS DE LA CHALEUR. — DILATATIONS

98. Les effets de la chaleur. — L'expérience nous apprend à distinguer les *corps chauds* par la sensation particulière que nous ressentons en leur présence ou par leur contact. La *chaleur* nous apparaît comme la cause qui produit en nous cette sensation. On étudie, en physique, les effets de la chaleur sur les corps, les phénomènes qu'elle produit, les lois de ces phénomènes et leurs principales applications.

La chaleur a deux effets très apparents sur les corps :

1° *Elle augmente leurs dimensions*, autrement dit *elle les dilate ;*

2° *Elle change leur état* en transformant les solides en liquides et ceux-ci en vapeur ; ainsi l'eau solide sous forme de glace devient liquide quand elle est chauffée ; et l'eau liquide passe elle-même en vapeur sous l'action de la chaleur.

On démontre expérimentalement que la chaleur dilate tous les corps, les solides, les liquides et les gaz, et qu'elle augmente le volume des uns plus que le volume des autres.

99. Dilatation des solides. — Pour montrer aisément qu'un corps solide augmente de volume quand on le chauffe, on répète l'expérience de S'Gravesande.

On prend un anneau en métal supporté horizontalement et dans lequel peut passer une boule métallique (*fig.* 82). Si l'on chauffe cette boule sur une lampe à

FIG. 82. — Anneau de S'Gravesande.

alcool et qu'on la pose ensuite sur l'anneau, on remarque qu'elle s'arrête sur l'anneau ; elle ne passe plus au travers comme auparavant ; elle a donc augmenté de volume par l'échauffement. On l'abandonne sur l'anneau ; elle se refroidit, et elle ne tarde pas à tomber en traversant l'anneau ; en se refroidissant, elle retourne peu à peu à son volume primitif.

Si l'on prenait un anneau un tout petit peu moins grand d'ouverture que le précédent, et que la boule arrête sur lui, en chauffant l'anneau sans chauffer la boule on constaterait que celle-ci peut passer au travers de l'anneau chauffé : l'anneau s'agrandit donc par l'action de la chaleur.

Les corps solides en tiges ou en barres ont une de leurs dimensions très grande par rapport aux deux autres ; lorsqu'on les chauffe, la dilatation, à peu près insensible sur la largeur et l'épaisseur, peut être mise en évidence sur la longueur. Le moyen le plus simple consiste à prendre une barre posée horizontalement contre deux supports fixes qui appuient contre ses extrémités (*fig.* 83), à la chauffer quelque temps dans

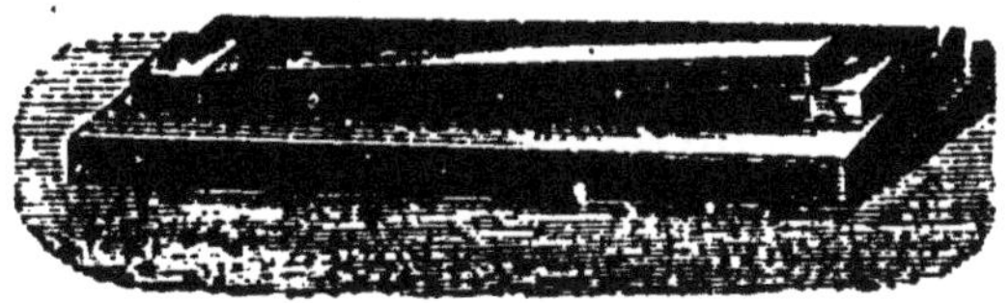

Fig. 83. — Effet de la dilatation sur une barre chauffée.

un foyer et à la rapporter dans l'espace où elle tenait auparavant ; elle n'y peut plus rentrer, son allongement est manifeste.

Pour rendre l'allongement plus sensible, on se sert du *pyromètre à cadran* (*fig.* 84). Une tige métallique,

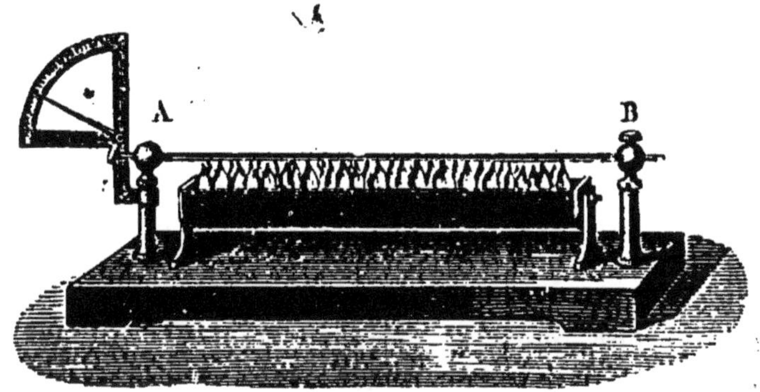

Fig. 84. — Pyromètre à cadran.

tenue horizontalement, est serrée fortement dans une borne B par une vis de pression ; elle passe librement dans une borne A. Son extrémité libre va buter contre la petite branche d'un levier coudé, dont la grande branche en aiguille, d'abord horizontale, s'élèvera sur un cadran quand la petite branche sera poussée de droite à gauche. Une lampe à alcool est disposée sous la tige et sert à la chauffer. Aussitôt que la lampe est allumée, on voit l'extrémité de l'aiguille monter sur le cadran; c'est que la tige s'est allongée, et par son extrémité libre elle a poussé la courte branche du levier. L'allongement est rendu d'autant plus sensible que l'aiguille est plus longue par rapport à l'autre branche. Aussitôt qu'on cesse de chauffer la barre, l'aiguille redescend sur le cadran, et elle revient à son point de départ quand la barre est refroidie.

100. Dilatation des liquides. — Pour montrer que les liquides se dilatent par l'action de la chaleur, on remplit un ballon d'eau colorée; on le ferme bien avec un bouchon portant un tube ouvert aux deux bouts et dont une extrémité affleure le bouchon; le liquide monte dans le tube jusqu'à un niveau A que l'on marque (*fig.* 85). On plonge ensuite le ballon dans un vase d'eau bouillante. On voit le liquide baisser d'abord dans le tube jusqu'en B et remonter ensuite beaucoup plus haut qu'il n'était. On constate ainsi que le vase s'est dilaté le premier; sa capacité s'est agrandie et la même quantité de liquide y a occupé une hauteur moins grande; mais le liquide a bientôt subi l'action de la chaleur; il s'est dilaté à son tour beaucoup plus que le vase.

Fig. 85. — Dilatation des liquides.

Comme les liquides sont toujours contenus dans des vases qui se dilatent plus ou moins par la chaleur, il y aura lieu de noter la *dilatation apparente* du liquide, et de chercher aussi la *dilatation absolue*, c'est-à-dire celle qu'il subirait dans un vase ne changeant pas de volume.

101. Dilatation des gaz. — Les gaz se dilatent bien plus que les liquides par la chaleur; on le prouve facilement par les expériences suivantes : A un ballon (*fig.* 86), on a soudé un tube en S dans la coudure duquel on met un liquide coloré dont on marque les deux niveaux. Si on tient le ballon à la main, on voit aussitôt le liquide baisser dans l'une des branches et monter dans l'autre ; la chaleur communiquée par la main a suffi pour produire une augmentation sensible du volume du gaz.

Fig. 86.

On rend le changement de volume d'un gaz chauffé très saisissant en prenant un ballon de 1 litre, mis en communication avec l'un des tubes d'un flacon à deux tubulures plein d'eau, dont le second tube plonge dans le liquide et se termine en haut par une pointe effilée (*fig.* 87). On chauffe le ballon sur un bec de gaz, et l'on voit se produire un jet d'eau qui s'élève à plus de 1 mètre au-dessus du flacon ; le gaz dilaté par la chaleur a pressé sur le liquide et l'a fait sortir par le tube effilé.

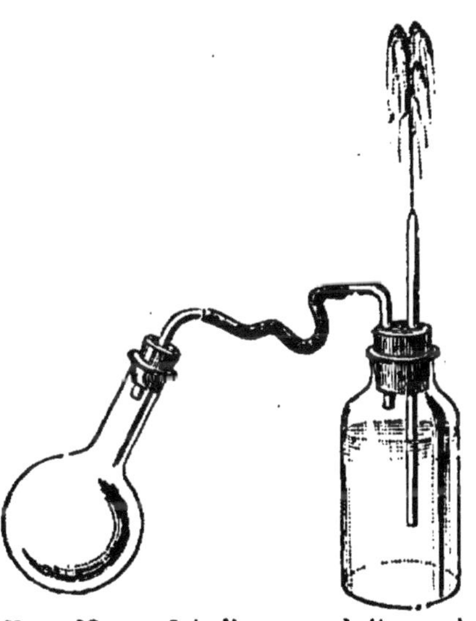

Fig. 87. — Jet d'eau produit par la dilatation d'un gaz.

102. Idée de la température. — On dit ordinairement qu'un corps chaud est à une *température élevée*, que sa *température s'élève* s'il s'échauffe, que la *température baisse* si le corps se refroidit ; mais il est difficile de donner de cette expression courante une définition simple et précise. Nos sens nous donnent bien sur l'état des corps quelques indications, mais ils ne peuvent nous servir toujours, ni nous renseigner exactement dans tous les cas. Les indications du toucher sont incertaines et changent suivant notre état; elles ont d'ailleurs une limite, puisqu'elles ne peuvent nous servir quand le corps est trop chaud, car il y aurait brûlure. Nous plongeons la main droite dans de l'eau chaude, la main gauche dans de l'eau froide, puis nous les mettons toutes les deux dans un vase d'eau tiède; la main gauche nous fera juger que ce dernier liquide est chaud, la main droite, au contraire, nous conduira à dire qu'il est froid. Il faut donc renoncer à l'emploi des sens pour caractériser exactement l'état des corps au point de vue de la chaleur.

On s'adresse au plus simple des effets que la chaleur peut produire, à la dilatation. Si un corps se refroidit, son volume diminue; s'il s'échauffe, son volume augmente; s'il ne s'échauffe ni ne se refroidit, s'il reste par conséquent dans le même état calorifique, son volume reste invariable. C'est pour caractériser ce dernier état, pour indiquer que le corps ne devient ni plus chaud ni moins chaud, que l'on dit que *sa température est invariable.*

Deux corps sont à la même température quand, en les mettant en présence ou en contact, leurs volumes respectifs restent identiquement les mêmes pour chacun; ni l'un ni l'autre ne gagnent ou ne perdent de chaleur, puisque leur volume est invariable.

La *température* est donc l'état d'un corps au point de vue de la chaleur; elle n'est caractérisée nettement que par le volume qu'occupe le corps et qui peut augmenter ou diminuer si la chaleur elle-même augmente ou diminue.

Si l'on prend un corps, solide, liquide ou gaz, qu'on le laisse quelque temps entouré de glace fondante, que l'on mesure son volume, puis qu'on le chauffe, on conslatera que son volume augmente; mais, si on le remet dans la glace après l'avoir chauffé peu ou beaucoup, quelques instants ou longtemps, il reprendra son volume primitif. On exprime ce fait en disant que le corps, dans la glace fondante, a une température fixe, toujours la même, ou encore que la glace fondante a une température constante.

La vapeur d'eau bouillante sous la pression barométrique de 760 millimètres représente aussi une température constante, différente de la précédente, mais fixe comme elle et comme elle bien déterminée.

103. Inégalité des dilatations. — La connaissance des deux températures fixes qui précèdent permet de comparer les dilatations différentes des solides, des liquides et des gaz.

En passant de la température de la glace à celle de l'eau bouillante, une tige de fer de 1 mètre de long s'accroît de $1^{mm},2$.

Un cube de fer de 1 mètre de côté, de $3^{dmc},6$.

Un mètre cube de mercure, de 18 décimètres cubes.

Un mètre cube d'air, de 367 décimètres cubes.

On en conclut que le mercure se dilate environ 5 fois plus que le fer et que l'air se dilate 20 fois plus que le mercure et 100 fois plus que le fer.

CHAPITRE XVI

THERMOMÈTRES

104. Choix du corps thermométrique. — Le *thermomètre* est un instrument qui sert à évaluer les températures par les changements de volume qu'éprouve un corps convenablement choisi. Puisque la chaleur dilate tous les corps, on pourrait prendre un solide ou un liquide ou un gaz. On a recours aux liquides, et particulièrement au mercure et à l'alcool, pour les thermomètres usuels. Voici les raisons de ce choix. Les variations de longueur ou de volume des solides sont très promptes, mais très faibles. Malgré cela, on pourrait employer les solides comme corps thermométriques s'ils reprenaient toujours le même volume quand on les ramène à la même température; mais il n'en est pas absolument ainsi, et les thermomètres que fournissent les solides ne sont pas toujours comparables à eux-mêmes.

Les gaz se dilatent beaucoup; leur grande dilatation permet de négliger l'influence due à la variation de volume de l'enveloppe qui les renferme. Mais leur changement de volume peut tenir aussi bien à un changement dans leur pression qu'au plus ou moins de chaleur qu'ils ont pu recevoir. Il faut donc laisser le thermomètre à gaz aux physiciens qui savent le manier; il vaut mieux s'en tenir aux liquides pour les appareils communs. On emploie habituellement le mercure ou l'alcool rougi par l'orseille.

105. Construction du thermomètre à mercure. — Pour construire un thermomètre à mercure, on choisit un tube capillaire de cristal dont la capacité intérieure soit bien cylindrique. On souffle à l'une des extrémités du tube un réservoir cylindrique ou sphérique, à l'autre extrémité une ampoule.

Le *remplissage* présente quelques difficultés à cause de la finesse du tube. On commence par chauffer avec une lampe à alcool le réservoir et l'ampoule; l'air qui s'y trouve se dilate et sort en partie. On plonge l'extrémité effilée dans du mercure pur et un peu chaud (*fig.* 88). L'air se refroidit, il se contracte, et la pression atmosphérique fait monter le mercure dans l'ampoule;

quand celle-ci est presque pleine, on redresse le tube, et une certaine quantité de mercure descend dans le réservoir. On chauffe alors légèrement le résérvoir; l'air qu'il contient encore se dilate, soulève le mercure de l'ampoule et s'échappe. Si on laisse refroidir l'appareil, une nouvelle quantité de mercure descend de l'ampoule dans le réservoir. Celui-ci peut être rempli aux trois quarts après quelques opérations analogues à la précédente.

Fig. 88. — Remplissage du thermomètre.

Pour chasser les dernières bulles d'air, on dispose le thermomètre sur une grille inclinée (*fig.* 89), et on l'entoure de charbons allumés. Le mercure

Fig. 89.

bout, les vapeurs qui se forment dans le réservoir peuvent gagner l'ampoule sans se refroidir ; elles entraînent avec elles l'air qui reste. Après quelques minutes d'ébullition, on redresse le tube, l'appareil se refroidit et le mercure le remplit complètement. On s'assure qu'il ne reste plus trace de bulle d'air à la jonction du tube et du réservoir; s'il en était autrement, il faudrait recommencer l'ébullition.

On laisse refroidir le tube, puis on vide le contenu de l'ampoule. On place alors le thermomètre dans un mélange réfrigérant avec un thermomètre déjà gradué. Si la colonne de l'appareil en fabrication reste trop haut dans le tube, c'est que celui-ci contient trop de liquide; il faut en chasser une partie. Pour cela, on chauffe le réservoir jusqu'à ce qu'un peu de mercure arrive dans l'ampoule; on cesse de chauffer, on retourne le tube l'ampoule en bas et on fait sortir le liquide qu'elle contient. On répète cette dernière opération, s'il est nécessaire, jusqu'à ce que la quantité de liquide restée dans le tube soit convenable et qu'elle ne rentre pas entièrement dans le réservoir quand l'appareil sera soumis à la température la plus basse qu'on veut lui faire marquer.

Quand la course est ainsi réglée, on ferme le tube à la lampe; mais, au moment de le fermer, on chauffe le réservoir pour que la colonne arrive presque jusqu'en haut et qu'il ne reste que très peu d'air dans le tube.

106. Remplissage du thermomètre à alcool. — Le *thermomètre à alcool* remplace souvent le thermomètre à mercure dans les observations usuelles. Pour le faire, on prend un tube cylindrique avec un réservoir à sa partie inférieure et un entonnoir à l'autre extrémité. On verse dans l'entonnoir de l'alcool coloré en rouge par de l'orseille. On chauffe légèrement le réservoir; l'air qu'il contient se dilate, sort en partie et, quand on laisse refroidir le tube, une petite quantité d'alcool descend dans le réservoir. On chauffe alors celui-ci de manière à vaporiser l'alcool qu'il contient, et si, après quelques instants d'ébullition, on cesse de chauffer, l'alcool de l'entonnoir va remplir tout le réservoir ; il ne reste qu'une petite bulle d'air à la partie inférieure du tube capillaire.

Pour chasser cette bulle d'air, on attache le thermomètre, en dessous de l'entonnoir, à l'une des extrémités d'une ficelle dont on tient l'autre à la main, et l'on fait rapidement tourner l'appareil d'un mouvement de fronde ; l'alcool, plus lourd que l'air, est chassé vers le réservoir, tandis que l'air vient vers l'entonnoir et sort du tube.

On règle la quantité de liquide à laisser dans le thermomètre et on ferme son extrémité à la lampe.

107. Graduation du thermomètre. — Quand un thermomètre est mis en contact avec un corps, ou bien la longueur de la colonne ne change pas et on dit que le thermomètre et le corps ont la même température, ou bien le thermomètre monte ou descend avant que le niveau du liquide de sa tige devienne invariable. Dans les deux cas, si la tige porte une graduation, la division vis-à-vis de laquelle s'arrête la colonne exprime la température du corps.

On peut donc arriver à représenter la température d'un corps par le chiffre de la graduation où s'arrête le liquide d'un thermomètre, une fois que le contact a eu lieu.

Mais, pour que les thermomètres placés dans les mêmes circonstances donnent les mêmes indications, pour qu'ils soient comparables, il faut des règles fixes pour la graduation.

On a choisi deux températures fixes, faciles à reproduire, toujours les mêmes partout : celle de la glace fondante ; celle de l'eau bouillante sous la pression de 760 millimètres.

L'*échelle centigrade* marque *zéro* à la première, *cent* à la seconde. L'intervalle est de 100 divisions appelées *degrés*. Le degré centigrade est donc la variation de température nécessaire pour faire éprouver à une certaine masse de mercure la centième partie de la dilatation que subit cette masse en passant de la température de la glace fondante jusqu'à celle de l'eau bouillante, sous la pression de 760 millimètres.

108. Détermination des points fixes. — 1° Le point zéro. — Pour marquer la position du point zéro, on plonge le thermomètre dans de la glace grossièrement concassée et contenue dans un vase percé de trous, pour que l'eau provenant de la fusion puisse s'écouler librement (*fig*. 90). Au bout de quelque temps, le niveau du mercure reste invariable; on fait une petite marque à la cire ou avec un diamant sur la tige, au point où s'est arrêtée la colonne.

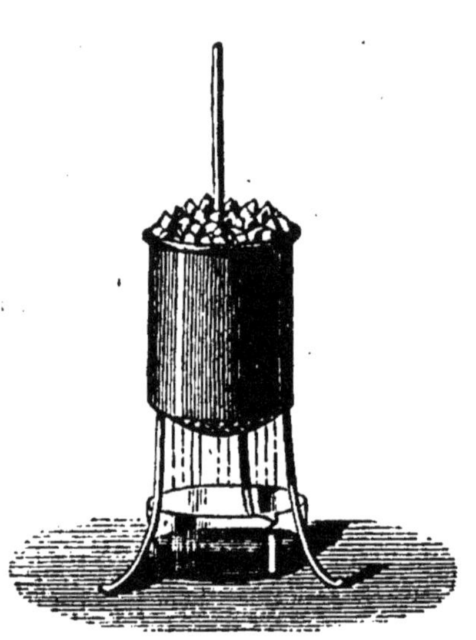

Fig. 90. — Appareil à déterminer le point zéro du thermomètre.

2° Le point 100. — Pour marquer le point supérieur, on place le thermomètre dans un cylindre de laiton, représenté par la figure 91. C'est un vase dont la partie inférieure contient de l'eau distillée; il est surmonté de deux manchons concentriques communiquant l'un à l'autre par le haut; le manchon extérieur ouvre à l'air par un large tube. Le thermomètre est placé de manière que son réservoir approche du niveau de l'eau sans y plonger.

On place l'appareil sur un foyer; quand l'eau bout,

la vapeur monte dans le premier manchon, où elle enveloppe le thermomètre; elle redescend dans le second pour sortir à l'extérieur; cette seconde enveloppe de vapeur empêche que la première se refroidisse, de sorte qu'au bout de peu de temps le thermomètre est dans une enceinte à température constante. Quand la colonne de liquide du thermomètre est devenue stationnaire, on marque sur le tube le point où elle s'est arrêtée. C'est le point 100 de la graduation, si la pression barométrique du moment est 760 millimètres.

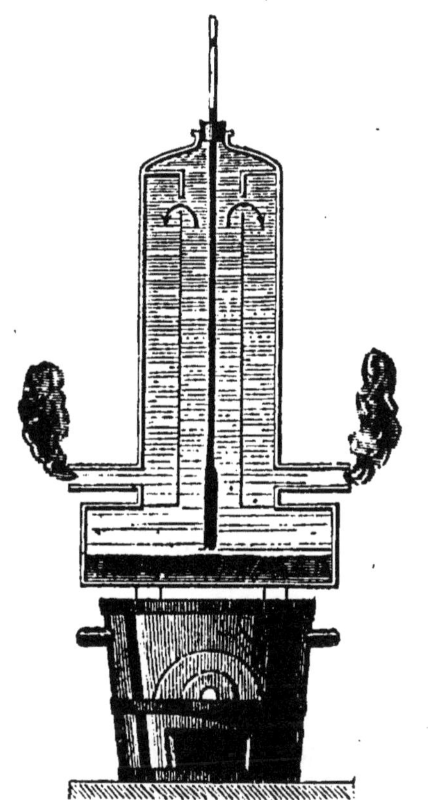
Fig. 91. — Appareil pour déterminer le point 100 du thermomètre.

Pour achever l'appareil, il faut partager en 100 divisions égales l'intervalle compris entre le zéro et le 100, marquer ces divisions et en porter d'égales au-dessus de 100 et au-dessous du zéro. Ces divisions peuvent être marquées sur une planchette où l'on a d'abord fixé le thermomètre ; mais, dans les appareils de précision, elles sont marquées sur le tube lui-même. A cet effet, on recouvre le tube d'un vernis ; avec la machine à diviser, on trace les divisions en enlevant le vernis, puis on passe sur le tube une dissolution d'acide fluorhydrique qui attaque le verre suivant les traits où il est mis à nu. On lave le tube, on enlève le vernis, et l'appareil est gradué sur tige.

Si le baromètre ne marquait pas 760 millimètres au moment où l'on a déterminé la position du point fixe supérieur, ce point ne représenterait pas exactement 100° ; alors une correction serait nécessaire. L'erreur est de 1° pour 27 millimètres de variation de pression, de sorte que, si le baromètre ne marquait que 733 millimètres, c'est 99° qu'il faudrait marquer, et non 100, au point où le mercure se serait arrêté dans la vapeur d'eau, et il faudrait alors diviser l'intervalle des deux points fixes en 99 parties égales.

Tel est le thermomètre ; quand on s'en sert pour déterminer la température d'un corps, on lit le chiffre vis-à-vis duquel s'arrête la colonne de mercure. Si c'est en dessous du zéro, on désigne la température en faisant précéder le chiffre qui l'exprime du signe — ou en le faisant suivre des mots *au-dessous de zéro*. Dans l'écriture, les degrés s'indiquent par un petit (°) placé en exposant : c'est ainsi qu'on écrit 20° (vingt degrés), — 15° (moins quinze degrés ou quinze degrés au-dessous de zéro).

109. Graduation du thermomètre à alcool. — Pour le thermomètre à alcool, on peut bien, comme pour le précédent, déterminer le point zéro ; mais on ne peut songer à prendre le même point supérieur, puisque l'alcool bout à 78°. Alors on détermine un point supérieur au zéro par comparaison avec un thermomètre à mercure déjà gradué. On place dans un vase d'eau le thermomètre à alcool que l'on veut graduer, avec un bon thermomètre à mercure ; on chauffe progressivement l'eau, et, à un moment, en modérant la source de chaleur, on maintient la température constante, soit par exemple à 40° du thermomètre à mercure. On marque un point sur la tige du thermomètre à alcool vis-à-vis l'extrémité de sa colonne liquide :

c'est le point 40 dans notre exemple. On divise en 40 parties égales la distance de ce point au point zéro et on prolonge la graduation en dessus et en dessous.

110. Diverses échelles thermométriques. — La graduation centigrade que nous venons d'indiquer est la plus employée. Avant elle, on s'est servi de la *graduation Réaumur*, dans laquelle le point zéro est le même, mais où l'on marquait 80 dans la vapeur d'eau bouillante ; elle n'est plus en usage.

Dans les pays de langue anglaise, on emploie un mode de graduation dû à Fahrenheit ; on marque 32° dans la glace fondante, 212 dans la vapeur d'eau bouillante ; l'intervalle des deux points fixes est donc de :

$$212 - 32 \text{ ou } 180°.$$

Un degré Fahrenheit représente donc les $\frac{100}{180}$ ou les $\frac{5}{9}$ d'un degré centigrade.

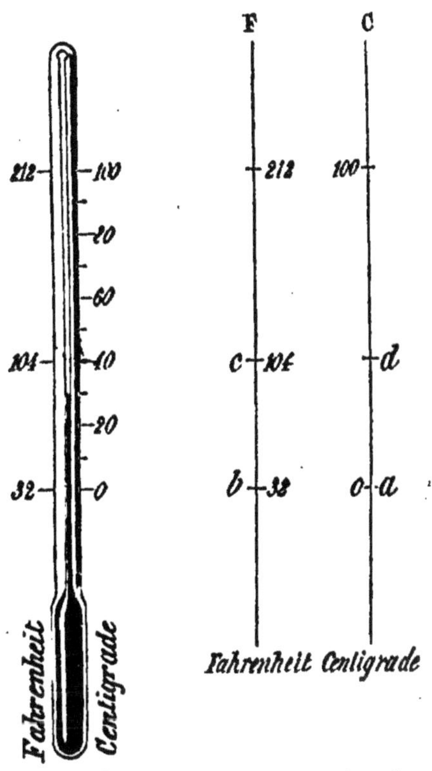

Fig. 92. — Graduation centigrade et graduation Fahrenheit.

Il est utile de savoir transformer en degrés centigrades un nombre quelconque de degrés Fahrenheit, et réciproquement. C'est un calcul facile dont voici un exemple : *Soit à chercher quel degré centigrade correspond à* 104° *Fahrenheit.*

Si l'on jette les yeux sur les deux lignes de la figure 92,

qui représente les deux graduations, on verra qu'il faut chercher le nombre de degrés de l'espace *ad* correspondant au nombre de degrés de l'espace *bc*. Or de *b* en *c* il y a 104 — 32 ou 72 divisions.

Chaque degré Fahrenheit valant 5 neuvièmes de degré centigrade, on aura le nombre de degrés cherché en multipliant 72 par $\frac{5}{9}$.

$$\frac{72 \times 5}{9} = 40^{\circ}.$$

La réponse est 40° centigrades.

On résoudrait d'une manière analogue les trois autres questions qui peuvent être posées sur cette transformation.

111. Pyromètres. — On ne peut employer le thermomètre à mercure que de — 30° à + 350°, car le mercure se congèle à — 40° et bout à + 360°. Pour les températures basses, on se sert avec avantage du thermomètre à alcool, car on n'est pas encore parvenu à congeler ce liquide. Mais, pour les températures élevées, il faut avoir recours à d'autres instruments, qui portent le nom de *pyromètres*.

L'un d'eux, celui de Brongniart, consiste en une barre métallique plongée dans le four dont on cherche la température ; l'extrémité de la barre qui sort du four appuie contre un levier coudé, dont la disposition est celle du pyromètre à cadran décrit ci-devant.

Dans l'industrie des terres cuites, on emploie le pyromètre de Wegwood, qui est fondé sur le retrait qu'éprouve l'argile quand on la chauffe. On découpe avec un moule de petits cylindres d'argile. On en introduit un dans le four : au bout de quelque temps, on le retire, et on mesure le retrait qu'il a subi en l'introduisant entre deux barres métalliques qui font entre elles un petit angle. On a gradué les barres métalliques et on estime la température par le point où le cylindre d'argile s'arrête entre elles.

Les nombres ainsi obtenus ne donnent la température qu'approximativement.

112. Thermomètres à maxima et à minima. — On a besoin, dans plusieurs circonstances, de connaître la valeur du maximum et du minimum de la température dans un lieu donné et dans un intervalle de temps connu. On se sert, à cet effet, de thermomètres qui indiquent d'eux-mêmes la température la plus haute ou la plus basse à laquelle ils ont été portés ; on les appelle **thermomètres à maxima** ou **à minima**, suivant qu'ils marquent l'une ou l'autre des températures extrêmes. Leurs formes sont très variées ; nous ne décrirons que les plus commodes.

Le *thermomètre à maxima de Negretti* est à mercure ; la tige a été légèrement courbée et rétrécie près du réservoir (*fig.* 93). Pour l'observation, on le pose horizontalement, et la température la plus élevée à laquelle l'instrument a été soumis entre deux observations est marquée par l'extrémité de la colonne de mercure, à l'opposé du réservoir. Après une observation, on le tient un moment verticalement, on lui donne de petits chocs et on le remet en place. Voici comment il fonctionne. Quand le mercure se dilate sous l'influence d'une température qui s'élève, il passe dans la tige malgré le rétrécissement et s'avance plus ou moins. Mais, si la température vient ensuite à baisser, que le mercure se contracte, celui qui est dans la tige au-delà du rétrécissement ne peut rentrer dans le réservoir ; il reste dans la tige. Si, un instant après, la température monte plus haut qu'elle n'ait encore été, le mercure du réservoir, en se dilatant, pousse

Fig. 93.

dans la tige une nouvelle quantité de liquide qui y reste et qui indiquera la température la plus élevée à laquelle a été porté l'appareil. Ce thermomètre fonctionne très bien, mais à la condition que le rétrécissement ne soit ni trop large ni trop étroit; trop large, il laisserait rentrer le liquide dans le réservoir pendant le refroidissement; trop étroit, il ferait obstacle en partie à la dilatation et à l'augmentation de la colonne.

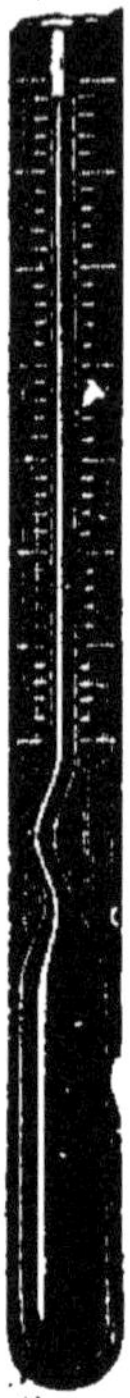

Le *minima* le plus employé est celui de Rutherford (*fig*. 94). C'est un thermomètre à alcool qui contient dans le liquide un petit index d'émail ou de verre, assez fin pour glisser librement dans le tube. Pour le mettre en place, on incline d'abord le tube de manière que l'index noyé dans le liquide vienne au contact de l'extrémité de la colonne; puis on le place horizontalement dans l'endroit où il doit être observé. Quand la température s'élève, l'alcool se dilate, passe librement autour de l'index, qui reste en place. Quand, au contraire, la température s'abaisse, l'extrémité de la colonne liquide presse sur l'index et le fait rétrograder vers le réservoir. La température la plus basse à laquelle l'instrument a été soumis est indiquée par l'extrémité de l'index la plus éloignée du réservoir. Après une observation, on remet le thermomètre en place après l'avoir incliné de manière à faire de nouveau glisser l'index jusqu'à l'extrémité de la colonne.

FIG. 94.

CHAPITRE XVII

APPLICATIONS DE LA DILATATION DES CORPS PAR LA CHALEUR

113. Coefficients de dilatation. — Les expériences faites sur la dilatation des solides ont donné les résultats suivants. Entre 0 et 100°, l'allongement produit sur une barre par la chaleur est sensiblement proportionnel à la température ; en d'autres termes, l'allongement est le même pour chaque degré ; il est double pour deux degrés, triple pour trois, etc. Il s'ensuit que, si l'on connaît, pour une barre d'un métal donné, l'allongement pour 1°, on pourra calculer l'allongement pour un nombre quelconque de degrés, inférieur à 100°.

Ce nombre, qui exprime l'*allongement de l'unité de longueur pour* 1°, s'appelle le *coefficient de dilatation linéaire*.

Pour le fer, ce coefficient est $0^{m},000012$.

Une barre de fer de 1 mètre s'allongera donc de douze millièmes de millimètre pour 1° ;

L'allongement pour 10°, 20°, 60°, sera 10 fois, 20 fois 60 fois $0^{mm},012$;

L'allongement pour une barre de 30 mètres, chauffée de 20°, sera :

$$30 \times 20 \times 0^{mm},012 = 7^{mm},2.$$

Il est donc facile de calculer la longueur qu'a prise une barre chauffée d'une température à une autre, si l'on connaît le coefficient de dilatation.

Les coefficients de dilatation varient d'un corps à un autre ; et, pour une même substance, ils dépendent de l'état physique. Nous donnons dans le tableau ci-dessous ceux des substances les plus employées ; les coefficients y sont exprimés en fractions de millimètre.

Fer en tiges ou lames..	de 0,0116 à 0,0123
Acier.................	de 0,0107 à 0,0119
— trempé...........	de 0,0123 à 0,0137
Argent..............................	0,0191
Cuivre jaune......................	0,0188
— rouge..........................	0,0172
Fer en fils.........................	0,0144
Or..................................	0,0147
Platine	0,0088
Plomb..............................	0,0287
Verre en tubes....................	0,0090
Zinc................................	0,0295

Problèmes sur les variations de longueur, de volume et de densité des solides.

1. *Un fil de fer mesure* 50 *mètres à* 0°, *quelle sera sa longueur à* 100° ?

L'allongement subi de 0° à 100° sera :

$$50 \times 0{,}000012 \times 100.$$

La longueur nouvelle sera donc :

$$50 + 50 \times 0{,}000012 \times 100 = 50^{m}{,}06.$$

Si l'on veut généraliser la question, on appelle :

l_0 la longueur à 0°,
k le coefficient linéaire,
t le nombre de degrés,
l_t la longueur cherchée,

et on peut écrire :

$$l_t = l_0 + l_0 \times k \times t$$

ou

$$l_t = l_0(1 + kt).$$

Et on en tire :

$$l_0 = \frac{l_t}{1 + kt},$$

formule qui permet de déterminer la longueur à zéro quand on connaît la longueur à une température quelconque.

2. *Un cube de laiton mesure* 0,30 *de côté à* 0°, *quel sera son volume à* 100° ? *Le coefficient linéaire du laiton est* 0,0000188. *On*

sait que la dilatation cubique est le triple de la dilatation linéaire.

L'accroissement de l'unité de volume pour un degré est donc :

$$3 \times 0{,}0000188 = 0{,}0000564.$$

Le volume du cube à 0° est :

$$V_0 = 0{,}30^3 = 0^{mc}{,}027.$$

L'accroissement de 0° à 100° est :

$$0{,}027 \times 0{,}0000564 \times 100.$$

Le volume cherché est donc :

$$0{,}027 + 0{,}027 \times 0{,}0000564 \times 100 = 0^{mc}{,}027152 = 27^{dmc}{,}152.$$

Pour généraliser, on appelle :

V_0 le volume à 0°,
K le coefficient cubique (trois fois le coefficient linéaire),
t le nombre de degrés,
V_t le volume cherché,

et on écrit :

$$V_t = V_0 + V_0 \times K \times t,$$
$$V_t = V_0 (1 + Kt).$$

D'où l'on tire :

$$V_0 = \frac{V_t}{1 + Kt},$$

formule qui permet de trouver le volume à 0° quand on connaît le volume à une température quelconque.

3. *Trouver la densité du laiton à 100°, sachant que la densité à 0° est* 8,8.

Soit un poids donné de laiton; si son volume augmente par l'action de la chaleur, sa densité doit diminuer, puisqu'on doit avoir :

$$P = V_0 D_0 = V_t D_t.$$

Les densités sont en raison inverse des volumes.

Mais on sait que le volume V_t est égal au volume V_0 multiplié par $(1 + Kt)$.

Par suite, on peut écrire :

$$V_0 D_0 = V_0 (1 + Kt) D_t$$

ou

$$D_t = \frac{D_0}{1 + Kt},$$

et dans l'exemple précédent :

$$D \text{ à } 100° = \frac{D_0}{1 + 100K} = \frac{8{,}8}{1 + 0{,}0000564 \times 100} = 8{,}75.$$

114. Applications de la dilatation des solides. — La dilatation des corps solides est un phénomène dont il faut toujours tenir compte lorsqu'on fixe des pièces métalliques l'une à l'autre ou des métaux à d'autres substances. C'est ainsi que, dans un chemin de fer, il faut laisser de petits espaces libres entre les rails pour leur permettre de se dilater; sans cette précaution, les rails pourraient éprouver, par suite des variations de température, des flexions qu'il faut éviter. Les lames de zinc employées pour les toitures ne doivent jamais être ni soudées ensemble, ni clouées par tous leurs côtés, sans quoi elles se déchireraient l'hiver et se gonfleraient et se plisseraient l'été. On ne les fixe habituellement que d'un côté et on les agrafe les unes aux autres par les replis de leurs bords. Les tuyaux en fonte qui servent à retenir les eaux ou à distribuer le gaz entrent à frottement doux l'un dans l'autre par leurs extrémités, et, lors même qu'ils sont réunis par un mastic, ils peuvent se dilater sans se déformer.

Comme les corps solides ne sont presque pas compressibles, il faudrait leur opposer une force énorme si on voulait empêcher leur dilatation par la chaleur. Inversement, si on fixe à deux corps de grande masse une barre métallique chauffée et qu'on la laisse refroidir, la force de contraction sera assez grande pour déplacer les supports. Un exemple numérique va faire comprendre la grandeur de cette force. Une barre de fer d'un centimètre carré de section doit être chargée d'environ 2.000 kilogrammes pour s'allonger d'un millimètre par mètre. Pour lui donner ce même allongement par la chaleur, il suffit de la chauffer à 83°. Si donc elle est posée entre des obstacles absolument fixes qui l'obligent à garder sa longueur primitive, elle exercera sur ces obstacles, si on la chauffe au-dessus de 80°, une pression de 2.000 kilogrammes. Si, au contraire, elle a été fixée chaude, elle produira en se refroidissant une traction égale.

Cette force de contraction a pu être employée pour redresser les murs d'une galerie. Elle est journellement mise à profit pour fixer une pièce de fer à une autre par encastrement ou par des rivets et pour cercler de fer les roues de voiture ; dans ce dernier cas, on pose à chaud le cercle qui doit réunir les pièces de bois composant la jante ; ce cercle se contracte en se refroidissant, il resserre toutes les parties de la roue et les consolide.

115. Pendule compensé. — Une application importante de la dilatation inégale des métaux, c'est la compensation du pendule des horloges. Quand la température s'élève, la tige du pendule s'allonge, la durée de l'oscillation devient plus grande et l'horloge retarde. Pour éviter cet inconvénient et obtenir que le pendule garde toujours la même durée d'oscillation, on a imaginé plusieurs sortes d'appareils ; nous ne décrirons que le *pendule à gril* de Leroy (*fig.* 95). Il est formé d'une série de tiges en fer et en laiton. La première tige est en fer et suspend un cadre rectangulaire de même métal, un second rectangle à trois côtés en laiton appuie sur la base inférieure du premier ; un troisième rectangle en fer à trois côtés est suspendu à la partie supérieure du

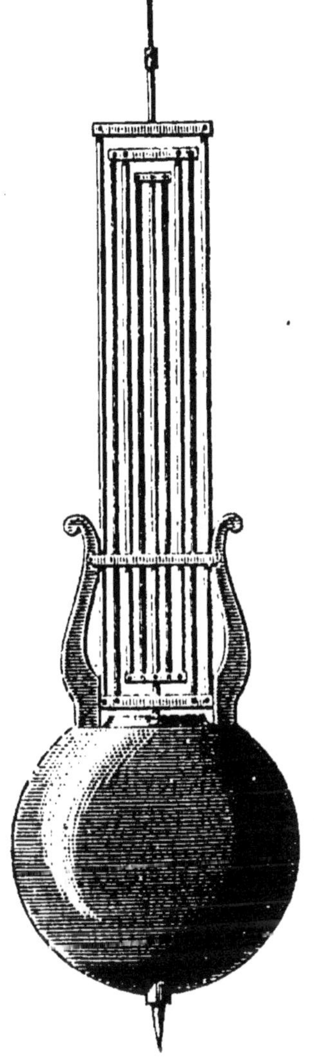

Fig. 95. — Pendule compensé de Leroy.

second, et ainsi de suite jusqu'à la dernière tige qui supporte le corps lourd oscillant. On voit de suite que l'effet de la chaleur sur la première tige a pour effet d'abaisser la lentille du pendule, mais que l'effet sur la seconde est de la relever, et ainsi de suite pour les autres. Et on comprend qu'on puisse associer les verges métalliques de telle façon que la lentille conserve la même distance au point de suspension, quelle que soit la température, et qu'alors le pendule aura toujours la même longueur.

116. Dilatation apparente et dilatation absolue des liquides. — Les liquides sont toujours contenus dans des vases; lors donc que l'on élève leur température, le vase qui les renferme se dilate en même temps que le liquide et dissimule en partie l'accroissement de volume du liquide. Il faut donc considérer la **dilatation absolue,** c'est-à-dire l'augmentation réelle du volume du liquide, et la **dilatation apparente,** ou la variation de son volume dans le vase qui le renferme. C'est cette dernière qui s'observe le plus facilement et que présentent les thermomètres. On peut d'ailleurs concevoir, à l'aide d'un exemple simple, ce qu'il faut entendre par dilatation apparente. On suppose un vase divisé en parties d'égale capacité; s'il contient un liquide jusqu'à la 120e division à 0°, et si, à 100°, il marque 130 divisions, l'augmentation apparente du volume 120 entre 0° et 100° est de 10, celle de l'unité de volume aurait été de $\frac{10}{120}$ ou $\frac{1}{12}$, et ce nombre représente bien la dilatation du liquide, évaluée sans qu'on lui ait ajouté celle du vase.

Les deux dilatations des liquides sont liées l'une à l'autre par une relation simple : *La dilatation absolue est égale à la dilatation apparente augmentée de la dilatation de l'enveloppe.*

117. Dilatation de l'eau. — L'eau présente dans sa dilatation un phénomène tout particulier. Tandis qu'un liquide, comme le mercure ou l'alcool, diminue constamment de volume à mesure qu'il se refroidit, l'eau diminue bien de volume jusqu'à un certain point ; mais, à partir de ce point et bien qu'on la refroidisse davantage, elle augmente. Il y a donc une température à laquelle une quantité donnée d'eau a le plus petit volume ; au-dessous comme au-dessus de cette température, le volume devient plus grand. Ainsi, que l'on observe un volume à partir de 0°, on le voit diminuer jusqu'à 4°, puis augmenter au-dessus de 4°, de telle sorte que, vers 8°, l'eau aura repris sensiblement le volume qu'elle avait à 0°.

L'expérience inverse n'est pas moins probante : si on prend un volume d'eau à 15°, qu'on le refroidisse lentement, on verra son volume diminuer jusqu'à 4°, puis, à partir de 4° jusqu'à 0°, le volume augmentera. Il y a donc pour l'eau, vers 4°, un minimum de volume ou un maximum de densité.

118. Maximum de densité de l'eau. — L'existence du maximum de densité de l'eau est démontrée par l'expérience suivante due à Hope. On prend une éprouvette en verre remplie d'eau et dont deux thermomètres fixés l'un en haut, l'autre en bas, indiquent la température (*fig.* 96). L'éprouvette porte vers le milieu un manchon métallique dans lequel on met de la glace. L'eau est d'abord à la température ordinaire, et les deux thermomètres marquent le même degré. Mais on voit bientôt le thermomètre inférieur *t'* baisser, tandis que l'autre

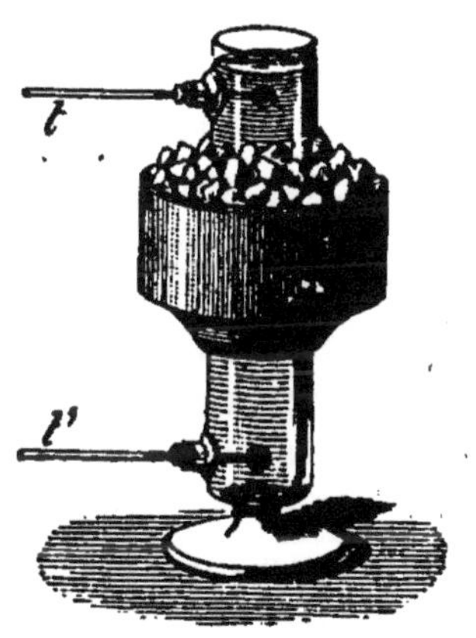

FIG. 96.
Expérience de Hope.

ne change pas ; c'est que l'eau refroidie par son contact avec la glace a gagné le fond ; elle est donc devenue plus lourde en se refroidissant. Le thermomètre t' marque bientôt 4°, et il cesse de baisser. A partir de ce moment, c'est le thermomètre supérieur qui baisse, qui atteint 4° et qui descend même jusqu'à 0°. C'est donc que l'eau refroidie à partir de 4° jusqu'à zéro a cessé de descendre, et qu'elle est au contraire devenue plus légère.

L'eau est plus lourde à 4° qu'à toute autre température ; c'est alors qu'elle a son maximum de densité.

119. Recherche du maximum de densité de l'eau. — Il est très intéressant de connaître la température à laquelle l'eau a le plus petit volume, puisque c'est le poids d'un centimètre cube d'eau à son maximum de densité qui détermine l'unité de poids. Il semble au premier abord que la détermination de cette température est chose facile et simple ; mais, entre le moment où l'eau cesse de se contracter sensiblement et le moment où elle commence à se dilater d'une manière appréciable, il y a un intervalle où elle ne change pas de volume, et c'est ce qui rend délicate la recherche du maximum de densité.

La première méthode employée est celle de Lefebvre-Gineau, qui fut chargé de déterminer l'étalon du kilogramme. Elle consistait à peser un cube métallique dans de l'eau pure à diverses températures ; c'est évidemment à l'instant où le poids du cube est le plus diminué que la température du maximum de densité est atteinte ; on trouva 4°,4.

Plus tard, Despretz reprit la question en plongeant dans un même bain, dont il faisait varier la température depuis 0° jusqu'à 15°, un thermomètre à eau et un thermomètre à mercure ; il observait le volume occupé par l'eau aux diverses températures, et il conclut de ses recherches que le maximum de densité est à 4°.

L'existence du maximum de densité de l'eau explique comment l'eau des lacs et des rivières peut rester dans le fond à une température de 4°, même quand elle est congelée à la surface. L'hiver, quand l'air se refroidit et qu'il refroidit la surface de l'eau, celle-ci, devenant plus lourde à mesure qu'elle se refroidit, tombe au fond; et il en est ainsi tant que toute la masse n'est pas à 4°; mais, à partir de ce moment, si le refroidissement continue, l'eau de la surface, qui redevient plus légère, ne tombe plus; elle reste à la surface, où elle continue à se refroidir et se congèle même; et le fond reste à 4°, ce qui rend la vie possible à tous les animaux aquatiques.

120. Problème sur la dilatation des liquides. — *On a mesuré dans une éprouvette graduée 250 centimètres cubes de mercure à 30°, trouver le poids du liquide; le coefficient de dilatation du mercure est* $\frac{1}{5550}$, *et celui du verre* $\frac{1}{38700}$.

La graduation du vase s'est dilatée; si elle était restée à 0°, on lirait :

$$250\left(1 + \frac{30}{38.700}\right).$$

Tel est le volume du mercure à 30°.

Le volume du liquide à 0° est :

$$\frac{250\left(1 + \frac{30}{38.700}\right)}{1 + \frac{30}{5.550}} = \frac{250 \times 38.730 \times 5.550}{38.700 \times 5.580}.$$

Le poids P sera :

$$\frac{250 \times 3.873 \times 555}{3.870 \times 558} \times 13,59 = 3.382 \text{ grammes.}$$

121. Dilatation des gaz. — La dilatation des gaz est grande; le coefficient est de $\frac{1}{273}$; de sorte qu'en chauffant un gaz de 0° à 273° on double son volume. Cette dilatation intervient très effectivement toutes les fois qu'un gaz passe d'une température à une autre. Il en faut tenir compte dans tous les calculs.

EXERCICE. — 1° *Un gaz occupe 20 litres à 0°, quel sera son volume à 50°?*

Le volume dilaté sera :

$$V = V_0(1 + at) = 20\left(1 + \frac{50}{273}\right) = \frac{20 \times 323}{273} = 23^{lit},66.$$

2° *Trouver le poids de 40 litres d'air mesurés à 100° sous la pression de 570 millimètres. Le poids du litre à 0° sous la pression 760 millimètres est de 1^{gr},3.*

Le volume donné serait à 0° :

$$\frac{40}{1 + \frac{100}{273}}.$$

Si, au lieu d'être à la pression 570, il était à la pression 760, le volume serait :

$$\frac{40}{1 + \frac{100}{273}} \times \frac{570}{760}.$$

Le poids sera, par suite :

$$P = \frac{40 \times 570 \times 273}{373 \times 760} \times 1,3 = 28^{gr},3.$$

Il importe de remarquer que si, pour les solides et les liquides, le volume exprimé en décimètres cubes ou en litres donne le poids en kilogrammes, pour les gaz le volume exprimé en litres donne le poids en grammes.

CHAPITRE XVIII

NOTIONS DE CALORIMÉTRIE

122. Quantités de chaleur. — Le thermomètre nous indique si un corps est plus chaud qu'un autre; mais il ne nous indique pas quelle quantité de chaleur le corps chaud possède ou peut céder. En effet, deux corps de même poids peuvent très bien être à la même température et l'un des deux avoir plus de chaleur que l'autre. Voici une expérience qui le prouve : On chauffe ensemble, au même degré, 1 kilogramme de fer et 1 kilogramme d'eau. On met le fer dans 1 litre d'eau à 0°, et l'eau chauffée dans un second litre d'eau à zéro ; l'échauffement de ce dernier dépasse 40°, tandis que l'échauffement du premier va à peine à 10° ; le kilogramme d'eau chauffée avait donc une bien plus grande quantité de chaleur que le kilogramme de fer.

On admet sans peine que 2 kilogrammes de charbon, en brûlant complètement, donnent deux fois plus de chaleur qu'un kilogramme. On admet également comme évident que, pour chauffer 2 kilogrammes d'eau entre les mêmes limites, il faut deux fois plus de chaleur que pour un seul. On a donc l'idée des quantités de chaleur sans savoir précisément quelle est la nature de la chaleur ; on peut dès lors les comparer, et, pour effectuer cette comparaison, on choisit une unité.

123. Unité de chaleur ou calorie. — Pour évaluer les quantités de chaleur et avoir des résultats indépendants de toute théorie, on prend pour unité un effet produit sur un corps qu'il est toujours facile de se procurer identique à lui-même. On a choisi l'eau comme terme de comparaison, et on définit l'unité de chaleur, que l'on appelle *calorie*, la *quantité de chaleur nécessaire pour échauffer* 1 *kilogramme d'eau de* 0° *à* 1°.

Si l'on prouve que l'eau a un échauffement régulier, que le même poids exige la même quantité de chaleur, pour s'élever de 1°, quelle que soit la température, on pourra définir la calorie la quantité de chaleur nécessaire pour chauffer 1 kilogramme d'eau de 1°.

L'expérience montre que l'eau s'échauffe régulièrement entre 0° et 100°.

En effet, si on mélange, dans un vase qui ne perde

ni ne gagne de chaleur, 1 kilogramme d'eau à 0° avec 1 kilogramme d'eau à 2°, toute la masse prend une température de 1°; le kilogramme d'eau qui s'est refroidi de 2° à 1° a échauffé l'autre kilogramme de 0° à 1°. Il a donc abandonné 1 calorie; on en conclut qu'il faut 1 calorie pour chauffer 1 kilogramme d'eau de 1° à 2°, et par suite 2 calories pour chauffer 1 kilogramme d'eau de 0° à 2°.

Que l'on mêle 1 kilogramme d'eau à 0° avec 1 kilogramme à 4°, le mélange prendra une température moyenne de 2°; l'un des 2 kilogrammes aura gagné 2 calories, l'autre les aura abandonnées et on pourra conclure qu'il faut 4 calories pour chauffer 1 kilogramme d'eau de 0° à 4°.

Il en est encore de même quand on espace davantage les deux températures :

1 kilog. d'eau à 0°
avec 1 kilog. d'eau à 20° } donnent 2 kilog. à 10°.

Le premier a gagné 10 calories, le second les a fournies en se refroidissant de 10°.

On peut donc dire qu'il faut la même quantité de chaleur pour échauffer de 1° 1 kilogramme d'eau, quelle que soit la température dont on parte, pourvu qu'elle soit inférieure à 100°.

En partant de la définition même de la calorie, il est facile d'exprimer la quantité de chaleur nécessaire pour échauffer un poids connu d'eau d'un certain nombre de degrés, par exemple de 10 à 50°, ou en général de t à t'.

Soit à trouver le nombre de calories nécessaire pour élever 30 *kilogrammes d'eau de* 10° à 50°.

1 kilogramme	d'eau pour	1°	exige	1 calorie,
1 kilogramme	—	40°	—	40 calories,
30 kilogrammes	—	40°	—	30 × 40.

Et, si l'on veut garder les deux températures de l'énoncé, on écrit :

$$30(50 - 10).$$

Cette quantité exprime aussi la chaleur qu'abandonnerait un même poids d'eau en se refroidissant de 50° à 10°.

124. Chaleurs spécifiques. — Tous les corps n'exigent pas la même quantité de chaleur pour s'échauffer au même degré, et, inversement, quand ils sont chauffés au même degré, ils n'abandonnent pas la même quantité de chaleur en se refroidissant jusqu'au même point. On peut en donner plusieurs preuves.

On sait que, si l'on mélange 1 kilogramme d'eau à 0° avec 1 kilogramme d'eau à 100°, on aura 2 kilogrammes de liquide à 50°. Mais, si l'on prend 1 kilogramme de mercure à 100° pour le mêler à 1 kilogramme d'eau à 0°, le mélange n'accusera qu'une température de 3° ; c'est donc que le mercure n'a abandonné que 3 calories en se refroidissant de 100° à 3°, c'est-à-dire de 97 divisions de l'échelle thermométrique. Le mercure abandonne donc, en se refroidissant, bien moins de chaleur que l'eau. Inversement, il faudra, pour l'échauffer, une dépense de chaleur beaucoup moindre que pour l'eau. La chaleur agit donc diversement sur les différents corps.

L'expérience de Tyndall en donne une preuve palpable. On prend des billes de différents métaux (fer, étain, plomb, cuivre) et de même poids, et, après les avoir chauffées au même degré dans un même bain d'huile, on les retire et on les pose ensemble sur un gâteau de cire assez mince (*fig.* 97). Au bout de peu de temps la bille de fer passe au travers du gâteau, puis un peu après la bille de cuivre, même la bille d'étain ;

mais la bille de plomb s'y enfonce à peine. Chacune des billes a cédé de sa chaleur à la cire et en a déterminé la fusion ; les premières ont cédé beaucoup plus de chaleur que les dernières en se refroidissant entre les mêmes limites.

Il faut donc des quantités de chaleur différentes pour échauffer un même poids de différents corps entre deux températures données.

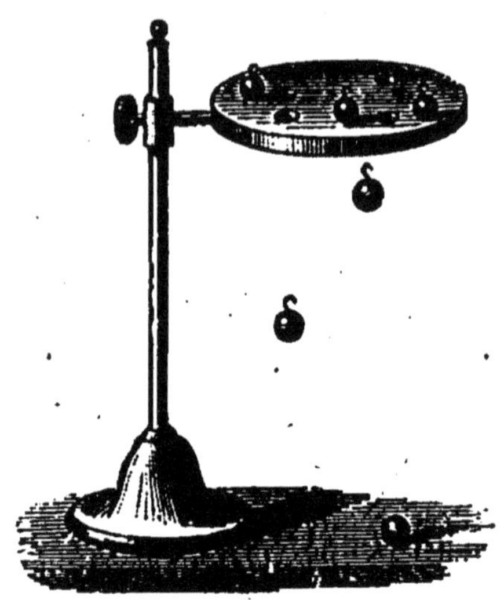

Fig. 97. — Gâteau de cire sur lequel on pose des billes chauffées.

La quantité de chaleur nécessaire pour chauffer de 1° 1 kilogramme d'un corps s'appelle sa *chaleur spécifique*.

La détermination de la chaleur spécifique d'un corps est intéressante au même titre que la détermination du coefficient de dilatation ou celle de la densité. C'est le premier problème que l'on résout dans la *calorimétrie*, c'est-à-dire dans la partie de la physique qui apprend à mesurer les quantités de chaleur.

Lorsqu'on dit que la chaleur spécifique du fer est 0,114, on veut dire que 1 kilogramme de fer chauffé de 1° absorbe 0,114 calorie ou 114 millièmes d'une calorie : avec cette notion, on peut exprimer la quantité de chaleur nécessaire pour chauffer un poids connu de fer entre deux températures données (par exemple 5 kilogrammes de fer de 10° à 100°).

1 kilogramme de fer pour	1°	exige	0,114 calorie.
1 kilogramme	—	90°	—	$0,114 \times 90$.
5 kilogrammes	—	90°	—	$5 \times 0,114 \times 90$.

Et, si l'on veut conserver les nombres de l'énoncé :

$$5 \times 0,114(100 - 10).$$

125. Détermination des chaleurs spécifiques. — La méthode la plus employée pour déterminer les chaleurs spécifiques est la *méthode des mélanges*. En voici le principe : Si on met un corps chaud dans un liquide froid, celui-ci gagne de la chaleur, tandis que l'autre corps en perd ; au bout de peu de temps, ils arrivent à la même température. Alors, si aucune portion de la chaleur n'a été perdue par le vase où s'est opéré le mélange, on peut écrire que la chaleur abandonnée par le corps chaud pendant son refroidissement a été prise par le corps froid et a servi à l'échauffer. On écrit donc l'égalité entre les deux quantités de chaleur, et on en déduit la chaleur spécifique cherchée.

Le vase dans lequel doit avoir lieu le mélange du corps et de l'eau est en laiton mince, poli extérieurement ; il est contenu dans un autre vase plus grand, également en laiton et poli à l'intérieur ; le premier ne touche pas le second ; il en est séparé par une couche d'air ; le vase interne repose sur des chevilles de bois ou sur des fils tendus. C'est à cet ensemble qu'on donne le nom de **calorimètre.** On y met un poids connu d'eau et on y plonge un thermomètre très sensible.

Pour montrer comment le problème peut être résolu, prenons un exemple simple ; supposons qu'on a chauffé à 100° un morceau de fer de 200 grammes, qu'il y avait dans le calorimètre 912 grammes d'eau à 18°, et que la température finale du mélange a été de 20° ; nous admettrons que toute la chaleur abandonnée par le fer en se refroidissant a été gagnée par l'eau.

L'eau a reçu une quantité de chaleur de :

$$0,912(20 - 18) = 1^c,824.$$

Le fer s'est refroidi de 100° à 20° ou 80°. Si nous appelons x sa chaleur spécifique, nous pourrons écrire que la quantité de chaleur qu'il a abandonnée est exprimée ainsi :

$$0,200 \times x \times (100 - 20) = 16x.$$

D'où :

$$16x = 1,824.$$

$$x = \frac{1,824}{16} = 0,114.$$

126. Chaleur spécifique de l'eau. — Ses conséquences. — De tous les corps, c'est l'eau qui a la plus grande chaleur spécifique ; elle est 1 quand celle du fer est 0,114, celle du cuivre 0,10, celle du mercure 0,03.

La première conséquence, c'est que, pour échauffer un poids P d'eau entre deux températures, il faut lui donner beaucoup plus de chaleur que pour chauffer un poids égal d'un métal usuel ou de tout autre corps. Pour porter 1 kilogramme d'eau de 0° à 100°, il faut 100 calories ; cette quantité de chaleur, intégralement appliquée à un morceau de fer de 1 kilogramme, le porterait à $\frac{100}{0,114}$, ou plus de 800°, la température du rouge blanc.

Inversement, de deux corps de même poids qui se refroidissent entre les mêmes limites de température, c'est l'eau qui abandonne la plus grande quantité de chaleur. On tire parti de cette propriété quand on emploie l'eau au chauffage.

CHAPITRE XIX

CHANGEMENTS D'ÉTAT DES CORPS

I. — Fusion

127. La plupart des corps, soumis à une élévation de température convenable, passent brusquement de l'état solide à l'état liquide ; on dit qu'ils *fondent*, et le phénomène porte le nom de **fusion.**

La fusion est donc le passage d'un corps solide à l'état liquide par l'action de la chaleur.

A ne considérer que les corps usuels, on peut établir des différences très caractéristiques sous le rapport de la fusion. D'abord les uns sont plus faciles à fondre que les autres : ainsi on fond l'étain en feuille sur une feuille de papier au-dessus de charbons allumés, le plomb dans une cuiller de fer chauffée sur des charbons ; il faut déjà une assez haute température pour fondre le zinc, une plus haute encore pour les autres métaux.

Certains corps, comme le charbon et la chaux, ne fondent pas quand on les soumet aux plus hautes températures ; mais on est porté à penser qu'ils ne résisteraient pas à des sources de chaleur plus puissantes que celles que nous pouvons actuellement produire. D'autres corps, notamment les corps organiques, se décomposent au lieu de fondre : telle est la cellulose, tel est aussi le carbonate de chaux.

Enfin, parmi les corps qui fondent, il y a encore deux catégories. Les uns, comme la glace et les métaux, deviennent nettement et franchement liquides; les autres, comme le verre, passent d'abord par un état intermédiaire : ils deviennent pâteux avant d'être franchement liquides.

En donnant les lois de la fusion, nous ne nous occuperons que des corps où le passage d'un état à l'autre se produit d'une manière nette; l'étude des corps pâteux ne pourrait pas nous conduire à des conclusions générales.

128. Lois de la fusion. — Le phénomène de la fusion présente deux lois :

1° *Pendant tout le temps qu'un corps solide fond, sa température reste invariable;*

2° *Un corps solide commence toujours à fondre à une température que l'on appelle le point de fusion.*

La première loi ne subit aucune exception. Quelle que soit la puissance du foyer où le corps solide est placé, la fusion totale est plus ou moins accélérée, mais, tout le temps que le corps fond, sa température reste la même. C'est précisément cette propriété que nous avons mise à profit pour trouver l'un des points fixes, le point zéro, de l'échelle thermométrique.

Que devient la chaleur fournie en excès à un corps solide qui a commencé à fondre? Elle est employée à effectuer le travail moléculaire du changement d'état.

La seconde loi n'est pas aussi nette. Pour qu'elle soit vérifiée, il est nécessaire de se placer dans les mêmes conditions, d'opérer sur des corps purs et à l'air libre; encore le point de fusion varie-t-il pour le même corps avec quelques circonstances particulières, comme la pression. Mais la constance du point de fusion à l'air libre est assez marquée pour pouvoir servir à constater la pureté d'une substance donnée.

Voici, pour un certain nombre de corps usuels, les points de fusion observés à la pression ordinaire :

Mercure	— 40°	Étain	228°
Acide hypoazotique	— 9	Plomb	334
Eau solide	0	Argent	950
Suif	33	Or	1035
Phosphore	44	Cuivre	1050
Potassium	62	Fonte de fer	1200
Cire	64	Acier	1400
Acide stéarique	70	Fer pur	1500
Soufre	114	Platine	1800

Une particularité très curieuse, c'est que, dans le cas des mélanges, soit de métaux entre eux sous forme d'alliages, soit des acides gras solides, le point de fusion est généralement au-dessous de celui du corps le plus fusible qui entre dans le mélange. En voici des exemples :

Alliage de DARCET { 5 de plomb (334°), 8 de bismuth (247°), 3 d'étain (228°) } Point de fusion 95° ;

Alliage d'HERMANN { 1 de plomb, 1 d'étain, 4 de bismuth } Point de fusion 94°.

On prouve d'ailleurs très facilement que les deux alliages précédents fondent avant 100° : on en suspend un morceau dans un ballon où l'on fait bouillir de l'eau, et l'on voit l'alliage tomber goutte à goutte au fond du vase.

129. Changement du volume pendant la fusion. — Un corps, en fondant, subit en général un changement de volume, et le plus souvent le liquide occupe plus de place que le solide dont il provient. C'est ainsi pour la plupart des corps. Pendant la fusion, les morceaux encore solides restent au fond du vase et n'apparaissent pas à la surface du liquide : tel est le cas de la cire et du soufre.

Mais quelques corps, et en particulier la glace, sont plus légers et occupent un plus grand volume à l'état solide qu'à l'état liquide; aussi ils surnagent pendant leur fusion sur le liquide déjà produit. Tout le monde a pu le remarquer pour la glace. On constate la même particularité pour la fonte de fer, le bismuth, l'antimoine, l'alliage d'Hermann cité plus haut et l'argent.

130. Phénomène du regel. — On avait remarqué depuis longtemps qu'en pressant fortement deux morceaux de glace l'un contre l'autre on pouvait arriver à les souder en un seul. Tyndall eut l'idée d'employer deux blocs de bois dur portant chacun une cavité en forme de demi-lentille (*fig.* 98), d'entasser des morceaux de glace entre ces blocs et de mettre le tout sous une forte presse. Il en retira une lentille de glace. Sous l'influence de la pression, tous les morceaux avaient fondu, et le tout s'était repris à l'état solide avec la forme du vase quand la pression avait cessé; il y avait donc eu fusion et ensuite *regel*.

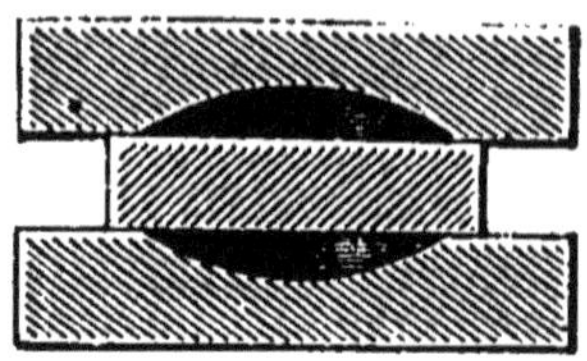

Fig. 98. — Moulage de la glace par pression.

Voici une expérience de Thomson, qu'il est intéressant de répéter. On pose un bloc de glace sur deux supports fixes et sur le bloc un fil de fer aux deux extrémités duquel sont suspendus des poids assez lourds (*fig.* 99). La pression du fil fait fondre la glace et le fil pénètre peu à peu

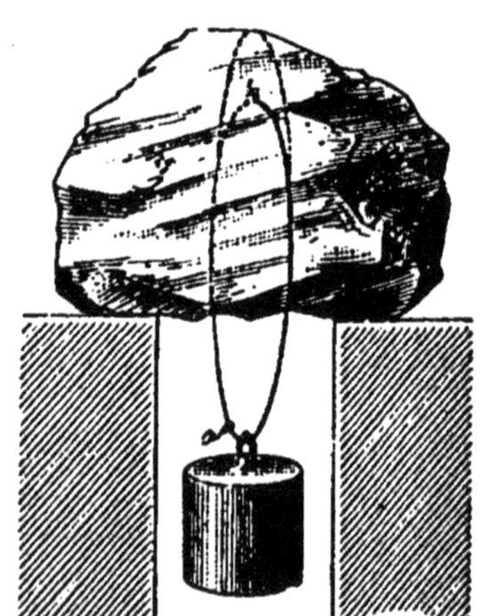

Fig. 99. — Fusion et regel de la glace.

dans l'intérieur du bloc; mais, en même temps, l'eau provenant de la fusion passe au-dessus du fil, elle n'est plus pressée et elle reprend l'état solide. Le fil traverse ainsi tout le bloc, sans le séparer réellement en deux, puisque les deux moitiés se ressoudent à mesure que le fil descend.

Explication de la marche des glaciers. — Les expériences précédentes ont permis d'expliquer la marche des glaciers. La neige qui tombe sur les montagnes s'accumule; elle s'agglomère sous l'effet de la pression; les couches inférieures subissent une fusion et un regel qui les transforme en glace. Ces masses énormes, poussées par la pression supérieure, se brisent contre les obstacles qui entravent leur mouvement de descente; mais les morceaux se ressoudent bientôt grâce au regel, et toute la masse paraît descendre dans les vallées, tantôt en se rétrécissant, tantôt en s'élargissant, toujours en se moulant sur les parois qui la renferment, comme pourrait le faire un corps pâteux. La fusion par la pression et le regel donnent donc à ces masses de glace l'apparence d'un corps plastique, bien que ce soit réellement un corps dur et cassant.

II. — Solidification

131. Lois de la solidification. — Quand on abaisse suffisamment la température d'un liquide, il reprend l'état solide : c'est le phénomène inverse de la fusion, et les lois peuvent en être formulées d'une manière analogue :

1° *Pendant tout le temps qu'un liquide se solidifie, sa température reste invariable; et elle est la même que pendant la fusion du corps;*

2° *Un liquide commence ordinairement à se solidifier à la même température.*

Comme pour la fusion, la première de ces lois ne

subit aucune exception; mais la seconde en présente.

La présence dans l'eau d'autres substances retarde la solidification. Ainsi l'eau de mer ne se solidifie qu'au-dessous de zéro, et pendant le phénomène de la congélation le sel se sépare de l'eau ; de sorte que la glace formée par l'eau de mer n'est pas salée, à moins qu'elle n'ait emprisonné quelques cristaux de sel.

132. Congélation de l'eau. — Parmi les corps liquides qui augmentent de volume en se solidifiant, l'eau est le plus important. Si, pour une cause quelconque, la dilatation du liquide qui se congèle est empêchée, cette dilatation développe une force considérable et a pour effet de briser le vase. On a pu faire briser des vases à parois très fortes, comme des canons, en les emplissant d'eau, les fermant hermétiquement et les exposant à un froid suffisant pour faire congeler l'eau.

La rupture des vaisseaux qui contiennent l'eau se produit fréquemment dans la nature sur les calcaires poreux que l'on désigne sous le nom de pierres gélives et sur les plantes. L'eau que les calcaires ont absorbée augmente de volume en se solidifiant et provoque la rupture de la pierre. La congélation de l'eau dans les canaux des plantes explique les dégâts que les gelées fortes du printemps produisent sur les végétaux.

III. — Dissolution

133. Dissolution. — Corps solubles. — Dissolvants. — Beaucoup de corps solides passent à l'état liquide quand on les agite dans l'eau ou dans un liquide approprié : ainsi un fragment de sel ordinaire, un morceau de sucre disparaissent dans l'eau et prennent la forme liquide. On dit vulgairement que le sel et le sucre *fondent* dans l'eau; le chimiste dit qu'ils se *dis-*

solvent, et il appelle **dissolvant** le liquide dans lequel un corps solide peut ainsi disparaître.

L'eau est le principal dissolvant des corps solides; elle en dissout en effet un très grand nombre; mais quelques corps ne peuvent perdre la forme solide que dans d'autres liquides. Ainsi la fuchsine, à peine soluble dans l'eau, se dissout très bien dans l'alcool; le coton-poudre disparaît entièrement dans un mélange d'éther et d'alcool; la graisse est soluble dans l'ammoniaque, l'iode dans la benzine, le soufre et le phosphore dans le sulfure de carbone.

134. La dissolution est une sorte de fusion. — Le phénomène de la dissolution est comparable à celui de la fusion; les molécules du corps solide sont en effet aussi complètement séparées les unes des autres qu'elles le seraient par l'action de la chaleur. De plus, on peut grouper les corps pour la dissolution comme ils le sont pour la fusion; on trouve en effet :

1° Des corps qui se dissolvent	*en devenant nettement liquides.* Ex. : le salpêtre, le sucre, etc.,
	en devenant pâteux. Ex. : les gommes;
2° Des corps qui ne se dissolvent pas	*faute d'un dissolvant.* Ex. : le carbone;
	mais qui se décomposent. Ex. : la craie dans un acide.

L'analogie cesse là; car les deux lois de la fusion n'ont pas leurs analogues dans la dissolution. Il n'y a pas, en effet, de température fixe pour la dissolution; une même substance, le salpêtre par exemple, se dissout dans l'eau n'importe à quelle température.

Mais, si l'on ne peut pas formuler des lois simples et générales pour la dissolution, on peut néanmoins prouver expérimentalement deux faits intéressants; d'une part, que la *chaleur favorise la dissolution*, et, d'autre part, que *certains sels exigent de la chaleur pour se dissoudre.*

135. La chaleur favorise la dissolution. — La quantité d'un corps qui peut se dissoudre dans un poids donné d'eau ou d'un liquide n'est pas illimitée. Quand le liquide a dissous tout ce qu'il peut retenir du solide, à une température donnée, on dit qu'il est *saturé*, et on appelle *coefficient de solubilité* le rapport de ce poids de sel dissous au poids du liquide dissolvant.

L'élévation de la température augmente la solubilité de la plupart des corps. Ainsi le salpêtre se dissout en bien plus grande quantité dans l'eau chaude que dans l'eau froide : 100 grammes d'eau à 20° ne peuvent dissoudre que 30 grammes de salpêtre ; si on chauffe l'eau à 100°, elle pourra dissoudre six fois plus du sel solide.

La variation est plus grande encore pour le sulfate de soude, mais entre des limites plus restreintes de température : 100 grammes d'eau, qui, à 0°, sont saturés par 12 grammes du sel, peuvent en dissoudre 320 grammes à 33°.

Mais la solubilité du sel marin n'augmente presque pas avec la température, car, tandis que 100 grammes d'eau dissolvent 35 grammes de sel à 0°, ils n'en peuvent dissoudre que 40 grammes à 110°.

136. La dissolution peut exiger de la chaleur ; mélanges réfrigérants. — Pour certains sels, la quantité de chaleur nécessaire à leur changement d'état est grande, et, si leur dissolution est tant soit peu rapide, ils empruntent de la chaleur à l'eau qu'on leur a mélangée et au vase qui les contient. On peut alors les utiliser pour refroidir d'autres corps, et c'est ce qui a fait donner le nom de **mélange réfrigérant** à leur mélange avec l'eau.

Un exemple frappant est celui de l'azotate d'ammoniaque mélangé à un poids égal d'eau. Le verre qui contient ce mélange se recouvre extérieurement d'une buée qui ruisselle et même se congèle ; et, si on a mis dans le mélange un peu d'eau contenue dans un tube d'essai, on retrouve cette eau en glace.

Le mélange réfrigérant le plus employé est formé de 2 *parties de glace pilée* et de 1 *de sel marin*, les deux corps étant disposés par couches successives ; l'abaissement de température peut aller jusqu'à — 20°. C'est ce mélange qui est employé par les glaciers pour faire congeler les sirops et fabriquer les glaces et les sorbets.

Dans les laboratoires, on mélange la glace ou la neige avec du chlorure de calcium en poudre, et on obtient un froid de — 50°.

Ou bien on mélange de l'acide carbonique solide avec de l'éther, et la température peut s'abaisser jusqu'à — 100°.

Dans la **glacière des familles** (*fig.* 100), on met 3 parties de sulfate de soude et 2 d'acide chlorhydrique pour remplir le vase extérieur : on place le corps à congeler dans le vase central ; on ferme et on tourne la manivelle qui fait mouvoir l'agitateur : en un quart d'heure, on obtient un petit bloc de glace. Pour retirer ce corps congelé du vase qui le contient, on plonge quelques instants ce vase dans de l'eau chaude ; la chaleur communiquée aux parois fait fondre un peu la glace, et le morceau se détache alors avec facilité.

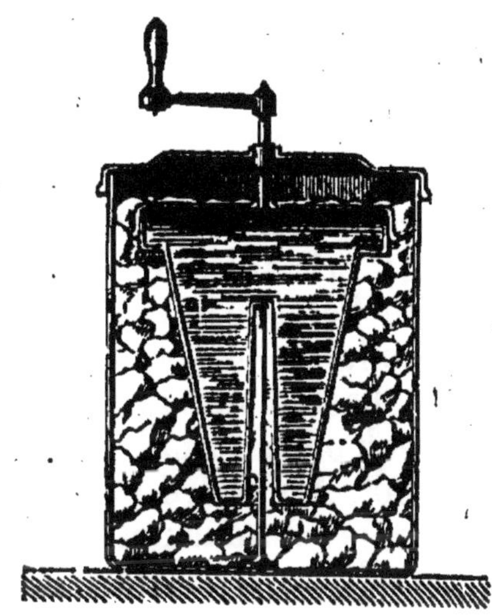

FIG. 100. — Glacière des familles.

IV. — Solidification des corps dissous

137. Retour à l'état solide d'un corps dissous. — Lorsqu'un corps est dissous dans un liquide, on peut le ramener à l'état solide en enlevant le liquide par évaporation. A mesure qu'une partie du liquide disparaît, celui qui reste contient un plus grand poids du solide par rapport au poids du dissolvant ; la solution est bientôt saturée et le dépôt du solide commence.

L'évaporation du liquide peut avoir lieu à l'air libre dans des vases à large surface ; elle est lente alors ; lent aussi est le dépôt du solide ; mais l'évaporation peut être aidée par l'action de la chaleur ; le phénomène est alors beaucoup plus rapide. Dans l'un et dans l'autre cas, dans le premier surtout, le corps solide peut grouper ses parcelles suivant des formes géométriques, et se déposer en **cristaux,** comme il peut prendre aussi l'aspect d'une croûte sèche où l'on ne voit pas à l'œil nu de formes cristallines.

Tous les corps qui deviennent franchement liquides en se dissolvant peuvent prendre des formes cristallines ; les autres restent amorphes dans la solidification.

La cristallisation d'un solide dissous peut encore avoir lieu par le refroidissement de la solution, quand le solide, plus soluble à chaud qu'à froid, a été dissous par l'action de la chaleur : c'est le cas du salpêtre, lorsqu'on a saturé de ce sel un certain volume d'eau à 100°. A mesure que le liquide diminue de température, le sel se dépose en cristaux ; en effet, il faut une moindre quantité de sel pour saturer l'eau à froid qu'à chaud, et toute la différence entre ces deux quantités doit se déposer pendant le refroidissement.

138. La glace est un cristal. — L'eau, en se congelant, cristallise, et certains fragments de glace présentent les formes géométriques d'un prisme hexagonal. On peut en faire la remarque sur la neige quand elle tombe dans un air calme et qu'on en recueille les flocons sur un corps mauvais conducteur, comme du drap noir; on y peut voir, à la loupe, de petits prismes hexagonaux (*fig.* 101) parfaitement symétriques, ou des arborescences très régulières, comme celles dont se couvrent les carreaux des appartements quand ils sont, pendant l'hiver, fortement refroidis par l'air extérieur. On montre d'ailleurs les formes des cristaux de glace en projetant sur un écran blanc, dans une chambre noire, comme l'a indiqué Tyndall, un faisceau de lumière que l'on a fait passer au travers d'une lame de glace à faces parallèles. La glace fond en différents points, et les cristaux apparaissent sous une forme étoilée à six branches régulières.

FIG. 101. — Formes des cristaux de glace.

139. Chaleur de fusion. — On appelle **chaleur de fusion** d'un corps la quantité de chaleur nécessaire pour fondre 1 kilogramme de ce corps sans élever sa température : c'est aussi la quantité abandonnée par 1 kilogramme du corps liquide passant à l'état solide.

On appelait autrefois *chaleur latente* cette quantité de chaleur pour indiquer qu'elle n'exerce pas d'action sur le thermomètre. L'expression de *chaleur de fusion* est préférable, parce qu'elle ne laisse pas supposer, comme la première, que la chaleur fournie à un corps pendant sa fusion est dissimulée pour reparaître pendant la solidification.

On fait habituellement, dans les cours, une expérience qui rend sensible l'absorption de chaleur pendant la fusion et qui en permet une mesure approchée. On mêle 1 kilogramme d'eau à 79° avec 1 kilogramme de glace à 0°, et, quand la glace est fondue, le thermomètre plongé dans le mélange marque 0°. L'eau chaude a abandonné 79 calories qui ont donc été employées intégralement à fondre la glace. Mais cette expérience, excellente pour donner une idée de la chaleur de fusion, doit être quelque peu modifiée pour servir à une mesure exacte.

140. Recherche de la chaleur de fusion de la glace. — Pour trouver la chaleur de fusion de la glace, on emploie la méthode des mélanges. On jette un poids connu de glace à 0° dans l'eau d'un calorimètre qui possède assez de chaleur pour fondre toute la glace, et on note la température finale que prend le mélange. L'eau cède de la chaleur à la glace, et, si l'on s'est arrangé pour que la chaleur de l'eau ne se perde pas à échauffer l'air ambiant, on peut écrire que la chaleur prise par la glace est égale à la chaleur cédée par l'eau.

Voici un exemple numérique simple : *on a jeté* 2 *kilogrammes de glace à* 0° *dans* 8^{kg},925 *d'eau à* 30° *et la température finale du mélange est de* 10°.

L'eau s'est refroidie de 30° à 10° ; elle a abandonné:

$$8{,}925\,(30 - 10) \quad \text{ou} \quad 178^{cal}{,}5.$$

La glace a fondu d'abord ; et l'eau produite par les 2 kilogrammes de glace s'est élevée de 0° à 10° ; elle a dû absorber :

$$2 \times 10 \quad \text{ou} \quad 20 \text{ calories},$$

c'est que la glace a exigé pour fondre :

$$178{,}5 - 20 = 158^{cal}{,}5.$$

Un kilogramme de glace a donc pris, pour fondre :

$$\frac{158{,}5}{2} = 79^{cal},25.$$

141. Lenteur de la fusion de la glace et de la neige. — Une masse un peu considérable de glace ou de neige met un temps assez long pour fondre complètement, parce qu'il lui faut une très grande quantité de chaleur. Un exemple numérique rend ce fait très saisissant. Supposons 1 mètre carré de glace ayant 5 centimètres d'épaisseur, fondant par la chaleur que lui communique de l'eau qui tombe sur elle à 4°, et proposons-nous de trouver la quantité d'eau qui serait nécessaire.

Le volume de la glace est de :

$$100 \text{ décimètres carrés} \times 0^{d},5 = 50 \text{ décimètres cubes.}$$

Son poids :

$$60 \times 0{,}03 = 46^{kg},50$$

La chaleur nécessaire pour la fondre :

$$46{,}5 \times 79{,}25 = 3.685 \text{ calories.}$$

Chaque kilogramme d'eau tombant à 4° fournira 4 calories.

Il faudra donc :

$$\frac{3.685}{4} \text{ ou } 021^{kg},25 \text{ d'eau.}$$

Et, si cette eau présentait un volume de même surface que la glace, c'est-à-dire une surface de 1 mètre carré, il en faudrait une hauteur de 92 centimètres. C'est, dans ce cas particulier, plus de 18 fois la hauteur de la glace.

CHAPITRE XX

VAPORISATION

142. Production des vapeurs. — Si un liquide comme l'eau ou l'alcool est exposé à l'air dans un vase à large surface, son volume diminue peu à peu ; une partie du liquide passe à l'état de gaz invisible et se répand dans l'atmosphère. Et, lorsque le liquide est odorant comme l'éther, l'odeur se répand dans toute la salle où l'on fait l'expérience.

La disparition du liquide et sa transformation en gaz est plus rapide quand on fait intervenir la chaleur. De grosses bulles se forment dans toute sa masse et montent à la surface ; on dit que le liquide bout, et l'on voit son volume diminuer rapidement.

Dans ces deux cas, le liquide a donc changé d'état ; il est devenu gazeux. Cette transformation, ce changement d'état porte le nom de **vaporisation**, quelle que soit la manière dont on l'effectue ; et on appelle **vapeur** l'état gazeux des corps qui se présentent habituellement sous la forme solide ou liquide. Il faut donc étudier *ce passage de l'état liquide à l'état de gaz*, et, inversement, *le retour de l'état de gaz à l'état liquide*, auquel on donne le nom de **liquéfaction.**

Tous les liquides, à l'exception de ceux qui se décomposent facilement par la chaleur, sont susceptibles de se réduire en vapeur quand on les place dans des conditions convenables. Mais, dans tous les cas, la conversion d'un liquide en gaz est influencée par l'atmosphère environnante. Il est donc tout naturel, si l'on veut rechercher à quelles lois obéit la vaporisation en général, d'éliminer l'action de l'atmosphère et d'étudier d'abord la formation des vapeurs dans le vide.

143. Formation des vapeurs dans le vide. — Le vide le plus parfait que nous sachions obtenir est le vide barométrique : c'est donc dans la chambre d'un baromètre que nous placerons le liquide sur lequel nous voulons opérer. Nous pouvons employer deux moyens : ou bien, après avoir rempli presque complètement le tube barométrique de mercure sec, nous achèverons de le remplir avec une petite colonne du liquide à étudier, pour boucher ensuite le tube, le retourner et le déboucher dans la cuvette ; ou bien nous établirons d'abord un baromètre avec un tube large, et nous apporterons sous le tube une petite éprouvette D (*fig.* 102), pleine du liquide voulu. Cette éprouvette, retournée sous le tube barométrique, laissera échapper le liquide, qui montera à la partie supérieure de la colonne mercurielle en vertu de sa moindre densité.

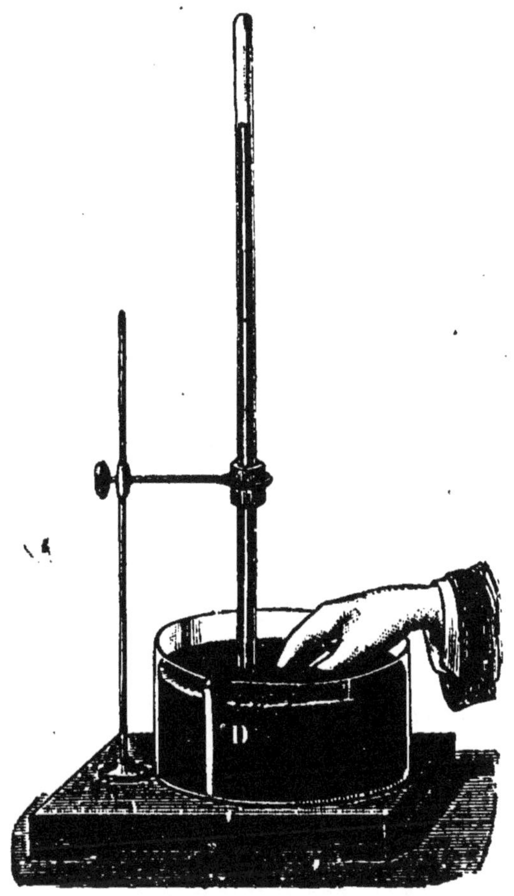

Fig. 102. — Moyen d'introduire un peu de liquide dans un baromètre.

On emploie parfois l'une et l'autre de ces deux manières d'opérer, et on dispose sur une large cuvette (*fig.* 103) quatre baromètres, dont l'un reste intact et sert de témoin et dont les autres reçoivent une petite quantité d'eau, d'alcool, d'éther.

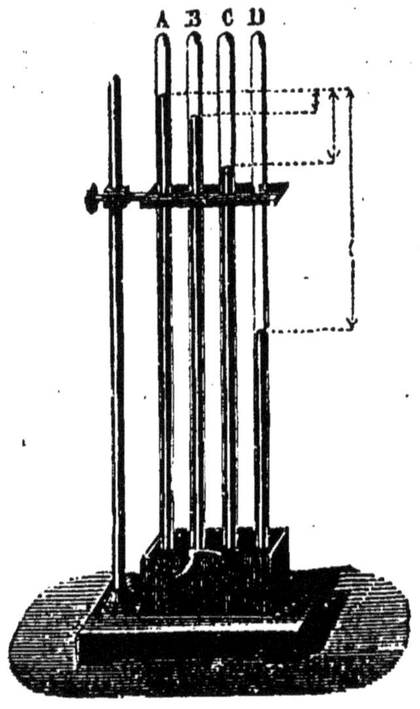

FIG. 103.

A, tube barométrique.
B, baromètre contenant un peu d'eau;
C, — — — d'alcool;
D, — — — d'éther.

Aussitôt qu'un de ces liquides arrive dans la chambre barométrique, il se résout en vapeur et fait déprimer la colonne de mercure. Cette différence du niveau entre le baromètre où l'on a introduit le liquide et le baromètre témoin est due à la pression exercée par la vapeur produite. On peut donc formuler ainsi le résultat de cette expérience : *Un liquide se vaporise instantanément dans le vide, et sa vapeur possède une force élastique ou une tension comme un gaz.* Avec les trois liquides précédents, la force élastique de la vapeur est très différente : faible pour l'eau, un peu plus grande pour l'alcool, cette force élastique est très notable pour l'éther à la température ordinaire; en général, elle est d'autant plus grande que le liquide est plus volatil.

144. Force élastique ou tension maxima. — Les vapeurs produites dans le vide ont, comme les gaz, une force élastique; mais il y a une différence très notable entre les vapeurs et les gaz. Quand on introduit dans un baromètre successivement plusieurs bulles d'air, le niveau du liquide s'abaisse à chaque fois, la force élastique du gaz peut donc augmenter indéfiniment. Mais, quand on a introduit successivement plusieurs gouttes d'éther, les premières se vaporisent complètement et la force élastique de la vapeur s'accroît; mais bientôt les nouvelles gouttes introduites restent liquides et le niveau du mercure cesse de s'abaisser; la force élastique de la vapeur ne s'accroît plus; elle a atteint la plus grande valeur qu'elle peut prendre dans les conditions de l'expérience, et la vaporisation cesse de se produire. La vapeur d'un liquide a donc, dans les conditions de l'expérience, une force élastique qu'elle ne peut dépasser : c'est la *force élastique* ou la *tension maxima*. Cette force élastique augmente avec la température, ainsi qu'on peut s'en assurer en promenant une lampe à alcool le long du tube contenant de la vapeur d'éther; on voit la colonne de mercure se déprimer rapidement, pour reprendre sa première hauteur par le refroidissement.

Ainsi, quand un liquide est placé dans le vide, il se transforme en vapeur entièrement s'il est en petite quantité; mais, si le liquide est en excès, la vaporisation s'arrête dès que la vapeur a atteint une force élastique maximum qui dépend de la température.

145. Formation des vapeurs dans l'air. — Si, au lieu de mettre un liquide volatil comme l'éther dans le vide, on le met dans l'air, la vaporisation se produit aussi; *elle n'est plus immédiate comme dans le vide;* mais la vapeur prend la *même tension maxima* qu'elle prendrait dans le vide.

Il en résulte que la pression se compose de deux parties : la pression de l'air ou du gaz et la *tension* maxima de la vapeur.

Cette tension maxima augmente très rapidement avec la température, comme le montrent bien les graphiques ci-contre : de 4 millimètres à 0°, elle passe à 9 millimètres à 10°, à 17 millimètres à 20°, à 32 millimètres à 30°, à 92 millimètres à 50°, pour arriver à 760 millimètres à 100° au moment de l'ébullition à l'air.

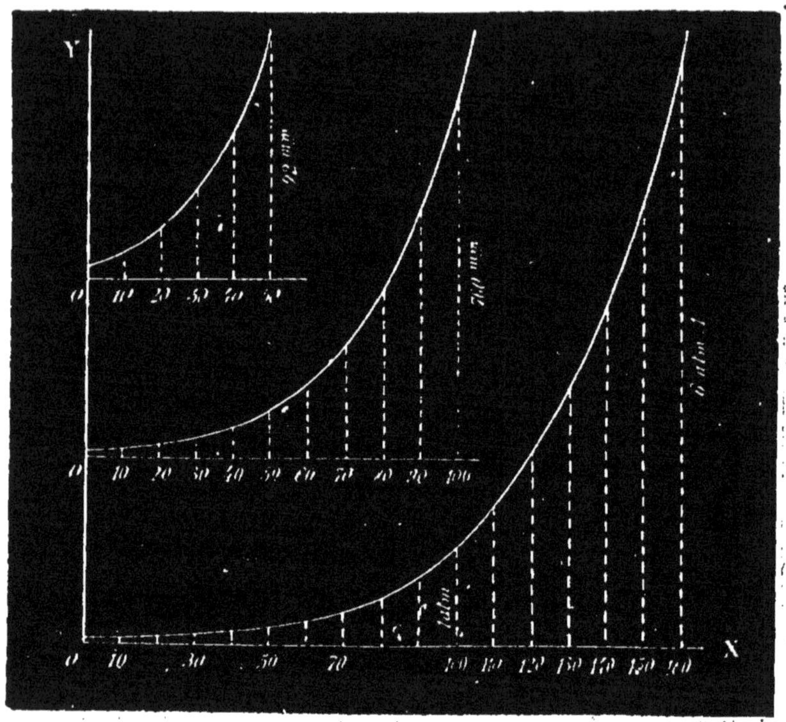

Fig. 101. — Courbes montrant la force élastique de la vapeur d'eau.

146. Vaporisation en vase fermé. — Si on chauffe un liquide remplissant incomplètement un vase clos, la température s'élève et avec elle la tension de la vapeur : à 123°, cette tension est 2 atmosphères, autrement dit 2 kilogrammes par centimètre carré ; à 135°, elle est de 3 kilogrammes ; à 145°, de 4 kilogrammes ; à 180°, de 10 kilogrammes.

L'appareil à parois résistantes que l'on emploie porte le nom de *marmite de Papin* dans les cabinets de physique, d'*autoclave* dans l'industrie ou de *chaudière* quand il sert de générateur de vapeur. Il est toujours muni d'une *soupape dite de sûreté*, chargée d'un poids qui règle la pression maximum.

147. Chaudière. — La chaudière dans laquelle la vapeur est produite est construite en fer forgé, quelquefois même en acier doux. On a renoncé à la première forme, qui était un cylindre terminé par deux demi-sphères, et on emploie aujourd'hui, suivant les circonstances, trois formes principales : la *chaudière à bouilleurs*, la *chaudière à foyer intérieur* et la *chaudière tubulaire*.

Chaudière à bouilleurs. — La chaudière à bouilleurs

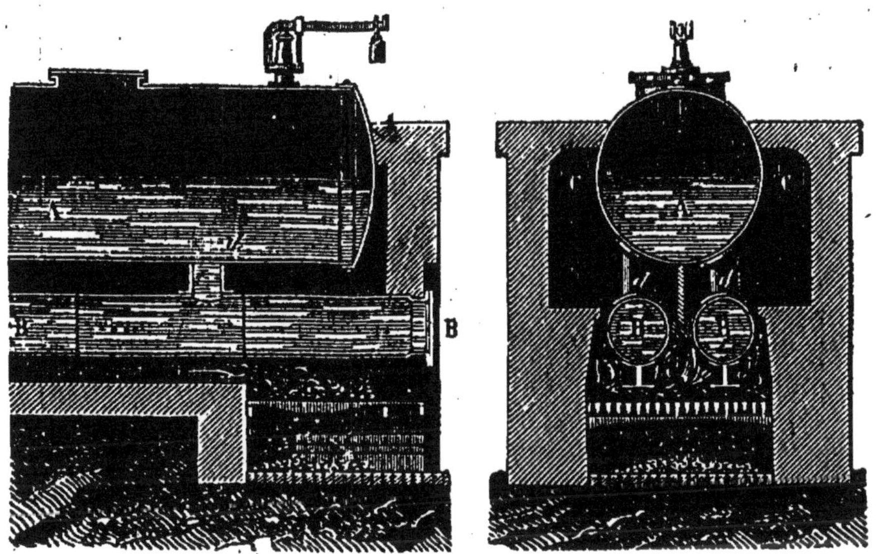

Fig. 105. — Coupes de la chaudière à bouilleurs.

est employée dans les machines fixes, quand l'on dispose de beaucoup de place. Elle se compose d'un cylindre horizontal ou *générateur*, relié par deux tubes à deux cylindres horizontaux et plus petits ou *bouilleurs* (*fig.* 105). Ceux-ci et la moitié du générateur sont remplis d'eau. Le tout est encastré dans un fourneau en maçonnerie, avec des cloisons convenablement disposées pour que la flamme du foyer placé à l'avant chauffe d'abord les bouilleurs, revienne d'arrière en avant en dessous du générateur pour repartir sur les côtés de celui-ci et se rendre à la cheminée.

Chaudière à foyer intérieur. — Cette chaudière a la forme d'un cylindre traversé suivant son axe par un gros tube, ouvert aux deux bouts, dans lequel on place le foyer; les gaz chauds ne sont donc en contact qu'avec les parois de la chaudière, et la plus grande partie de leur chaleur est utilisée.

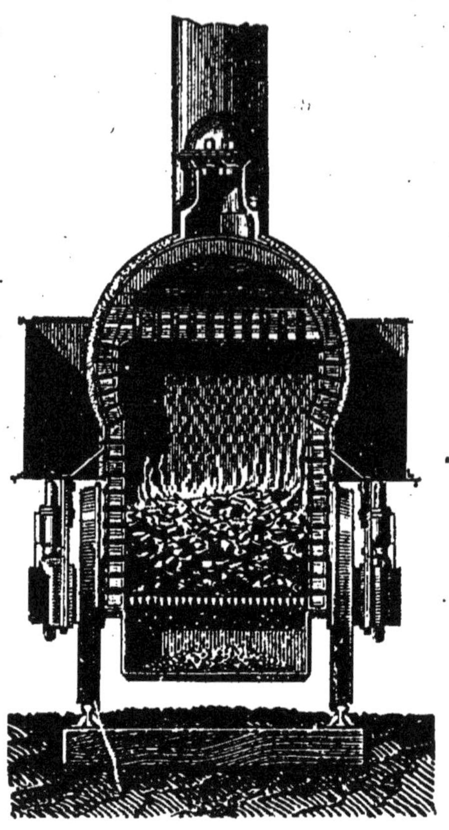

Fig. 106. — Coupe de la chaudière tubulaire.

Chaudière tubulaire. — C'est un cylindre traversé dans sa longueur par des tubes ouverts aux deux extrémités et qui sont baignés par l'eau du cylindre.

Le foyer est placé à l'avant : la flamme et les gaz chauds, pour gagner la cheminée placée à l'arrière, doivent passer par tous les tubes (*fig.* 108). La surface de chauffe est considérable, et on peut réaliser la production d'une très grande quantité de vapeur en peu de temps.

Ce dernier type est d'un entretien difficile; mais on l'emploie surtout dans les machines mobiles, comme les locomotives, à cause de ses dimensions restreintes.

Dans les machines fixes, on emploie un autre type de chaudière tubulaire où les tubes renferment l'eau; les gaz chauds du foyer contournent alors tous les tubes pour les chauffer; on réalise ainsi une très grande surface de chauffe.

Toute chaudière porte, en outre, des accessoires nécessaires à sa bonne marche : un *injecteur* pour l'alimenter d'eau au moment voulu, un *tube indicateur du niveau de l'eau*, plusieurs *manomètres* indiquant la pression et, enfin, une *soupape de sûreté*.

La **soupape de sûreté** est un bouchon tenu sur un orifice de la chaudière à l'aide d'un levier du second genre dont le grand bras supporte un poids (*fig.* 107).

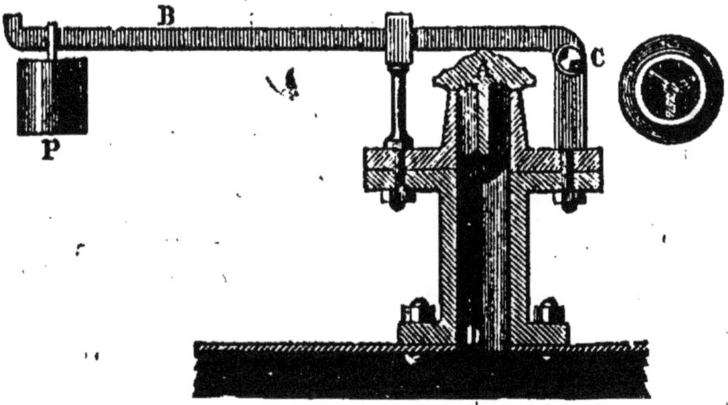

Fig. 107. — Soupape de sûreté.

On calcule facilement la place où il faut mettre le poids pour que le bouchon supporte une pression donnée. Si alors la vapeur prend dans la chaudière une pression supérieure à celle que représente la charge de la soupape, la vapeur sort par la soupape. On doit faire l'ouverture de celle-ci assez grande pour que la vapeur puisse sortir facilement.

148. Principe des machines à vapeur. — Les machines à vapeur sont des appareils à qui l'on donne une certaine quantité d'énergie calorifique dont ils transforment une partie en travail mécanique.

Une machine à vapeur comprend trois séries d'organes :

1° Le générateur de vapeur où l'on chauffe de l'eau pour donner à la vapeur une pression élevée;

2° Un cylindre où la vapeur pousse dans un sens et dans l'autre un piston mobile;

3° Une série de tiges destinées à transformer le mouvement de va-et-vient du piston en un mouvement circulaire continu d'un arbre de couche ou d'un volant.

La chaudière a été décrite ci-dessus.

Pour la marche du piston dans le cylindre, on fait

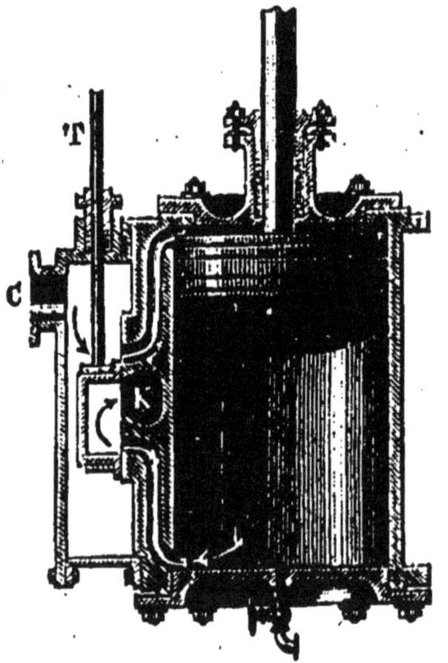

Fig. 108. — Coupe montrant le tiroir et la distribution de la vapeur.

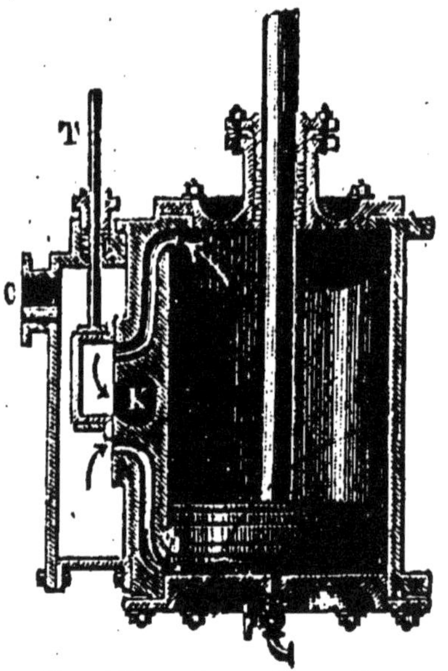

Fig. 109. — Seconde position du tiroir.

venir la vapeur alternativement sur l'une et l'autre des faces du piston, en ouvrant un chemin à la vapeur du coup précédent soit vers l'atmosphère, soit vers un grand espace refroidi et vide d'air appelé le *condenseur*.

Un des dispositifs employés est la boîte à *distribu-*

tion avec le *tiroir*, représentés en coupe par les figures 108 et 109.

La vapeur vient dans la boîte à distribution placée sur le côté du cylindre. Là se trouvent trois lumières, deux d'admission et une d'échappement, qui communiquent, les deux premières avec chacun des bouts du cylindre, l'autre avec le condenseur. Une pièce creuse en coquille, appelée *tiroir*, munie d'une tige, se déplace devant ces lumières en n'en laissant qu'une de libre du côté de la boîte à distribution.

La figure 108 représente l'appareil au moment où le piston est poussé de haut en bas ; l'ouverture du haut est libre et la vapeur y pénètre ; la vapeur du coup précédent peut sortir vers le tiroir et par la lumière d'échappement.

Quant aux organismes transformateurs du mouvement de va-et-vient de la tige du piston en mouvement circulaire, ils diffèrent suivant le genre de machines, la force à produire et l'espace dont on dispose. Le système le plus simple, c'est celui de la tige articulée à la bielle qui, elle-même, est articulée à la manivelle de l'arbre ou du volant.

CHAPITRE XXI

ÉBULLITION

149. Ebullition. — L'ébullition est la production continue de vapeur en grosses bulles dans toute la masse du liquide. On la produit d'ordinaire par l'action de la chaleur : on met sur le feu un vase contenant de l'eau ; si le vase est de verre, on voit les premières bulles de vapeur se former au contact de la partie chauffée, puis monter et se détruire dans le liquide tant que la température de tout le liquide n'est pas suffisante pour que la force élastique des bulles de vapeur devienne égale à la pression de l'atmosphère. Chaque bulle qui monte rencontre des couches d'eau moins chaudes qu'elle et dont elle prend la température; elle se condense en se refroidissant, et le liquide environnant se précipite et se choque pour remplir le vide que la bulle a laissé. Quand ce phénomène se produit à beaucoup de points du liquide, la succession des chocs donne naissance au **chant** de l'eau qui va bouillir. Enfin, quand les bulles de vapeur peuvent exister au milieu du liquide, c'est-à-dire quand leur tension maximum est devenue égale à la pression de l'atmosphère, elles arrivent jusqu'à la surface sans se condenser, et le liquide est en pleine ébullition.

150. Lois de l'ébullition. — On démontre aisément que *la température de la vapeur est constante immédiatement au-dessus du liquide pendant toute la durée de l'ébullition.* On fait bouillir pendant quelque temps un liquide et on observe un thermomètre plongé dans la vapeur : le thermomètre reste invariable, quelle que soit la puissance du foyer. Nous avons d'ailleurs fait usage de cette loi pour déterminer le point 100 du thermomètre.

On démontre aussi qu'*un liquide ne commence à bouillir qu'à une température suffisante pour que la force élastique maximum de sa vapeur soit au moins égale à la pression que le liquide supporte.* Dans un tube recourbé dont la petite branche est fermée et la grande ouverte, on met du mercure pour remplir la petite branche; on y ajoute ensuite un peu d'eau que l'on fait passer, en inclinant convenablement le tube, au haut de la petite branche. Ce tube, passé dans un bouchon, est placé dans un ballon qui contient de l'eau et que l'on chauffe sur un fourneau (*fig.* 110).

Quand l'eau du ballon approche de l'ébullition, on voit l'eau du tube se vaporiser et le mercure baisser dans la petite branche; et, quand l'eau du ballon bout, les deux niveaux du mercure dans les deux branches du tube sont sur un même plan horizontal. La vapeur d'eau de la petite branche, au contact de laquelle il reste du liquide, a pris la force élastique maximum correspondante à sa température; elle est au même degré que l'eau du ballon, et elle fait équilibre à la pression de l'atmosphère. On peut donc dire que *la force élastique de la vapeur d'un liquide qui bout est égale à la pression que le liquide supporte.*

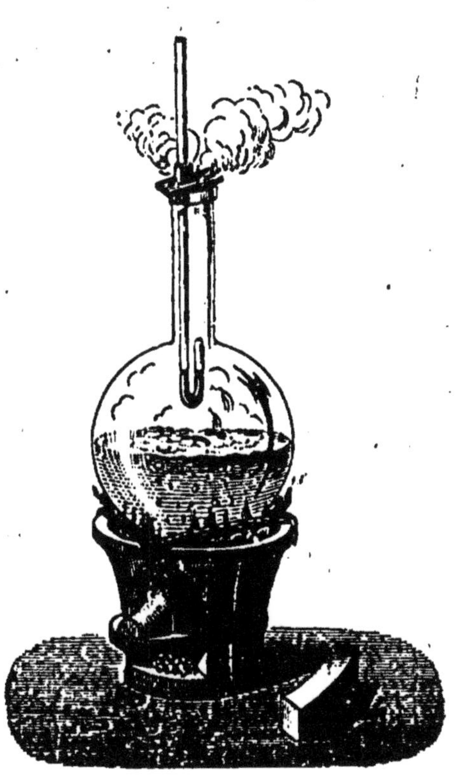

Fig. 110. — Force élastique de la vapeur d'eau à l'ébullition.

Il résulte de cette loi que, si on diminue la pression exercée au-dessus du liquide, l'ébullition doit être facilitée, avoir lieu plus tôt, à une température moins élevée, puisque la force élastique à donner à la vapeur est moins grande; et, au contraire, que, si on augmente la pression au-dessus du liquide, l'ébullition est retardée et ne se produit qu'à une température plus élevée. Nous pouvons vérifier ces deux conséquences par l'expérience.

151. Influence de la pression sur l'ébullition. — 1° Augmentation de la pression. — *Marmite de Papin.* — On sait que la force élastique maximum de la vapeur d'eau augmente rapidement avec la température, qu'elle est de 2 atmosphères à 123°, de 3 atmosphères à 135°, de 4 atmosphères à 145°. Si donc on fait supporter à l'eau une pression de 2, 3, 4 atmosphères, il faudra élever sa température à 123°, à 135° ou à 145° pour produire l'ébullition ; si même on augmente assez la pression, on pourra empêcher l'eau de bouillir. C'est ce qu'on réalise avec la *marmite de Papin*. Cet appareil est une chaudière de cuivre à parois très fortes dont le couvercle, percé seulement d'une petite ouverture, est fixé très solidement contre le vase au moyen d'une vis (*fig.* 111). Sur la petite ouverture du couvercle appuie un cône pressé par un levier à l'extrémité duquel est un poids : c'est une soupape de sûreté destinée à éviter que la pression, dans l'intérieur de l'appareil, n'atteigne une puissance capable de faire éclater la chaudière ; la longueur du levier et le poids sont calculés de manière que la vapeur puisse soulever le cône et sortir avant que sa pression n'ait une valeur trop grande.

FIG. 111. — Marmite de Papin.

On a mis de l'eau dans la chaudière avant de la fermer ; on la place sur le feu et on la chauffe ; il n'en sort pas de vapeur, bien que la température soit élevée beaucoup au-dessus de 100°.

L'eau ne bout pas tant que la soupape reste fermée, car le liquide subit une pression plus grande que la tension de sa vapeur, puisque à celle-ci s'ajoute la pression de l'air intérieur. Mais, si on soulève la soupape, il sort un jet de vapeur avec bruit par l'orifice, parce que la pression intérieure diminue et que l'ébullition se produit violemment.

On a pu, avec un appareil très résistant, faire fondre de l'étain dans l'eau et, par conséquent, porter ce liquide à 235°. Dans l'industrie, on emploie cette marmite plus ou moins modifiée sous le nom d'autoclave pour faire agir l'eau sur des substances qui ne seraient pas attaquées à 100°; c'est ainsi, pour ne citer qu'un exemple, qu'on extrait la gélatine des os.

2° Diminution de la pression. — *Ébullition dans le vide.* — *Ballon de Franklin.* — Si l'on place sous la cloche de la machine pneumatique un vase de verre contenant de l'eau à 20° et qu'on fasse le vide, l'eau commencera à bouillir quand la pression sous le récipient ne sera plus que de $17^{mm},4$; c'est, en effet, la valeur de la force élastique de la vapeur d'eau à 20°; l'ébullition de l'eau sera aussi complète que si le vase était porté à 100° sous la pression ordinaire.

On peut démontrer, sans qu'il soit besoin d'une machine pneumatique, que la diminution de la pression permet à l'eau de bouillir plus facilement.

On remplit aux quatre cinquièmes un ballon d'eau; on y fait bouillir le liquide au moins dix minutes, pour que la vapeur, en se dégageant, entraîne tout l'air, puis on ferme le ballon avec un bon bouchon et on le laisse refroidir en le posant renversé sur un support (*fig.* 112). Si alors on verse de l'eau froide sur le dôme du ballon, on voit reprendre l'ébullition du liquide comme si celui-ci avait été chauffé. Pendant que l'ébullition a lieu, on l'arrête instantanément en versant de l'eau chaude sur le ballon.

Voici comment on peut expliquer ce curieux phénomène : Il n'y a, dans le ballon, que de l'eau et de la vapeur d'eau; lorsqu'on verse un liquide froid sur le haut du ballon, ce liquide refroidit un peu l'espace plein de vapeur d'eau ; sous l'action de ce refroidissement, une partie de la vapeur d'eau se condense ; c'est comme si un vide partiel s'était produit au-dessus du liquide ; la pression diminue et l'ébullition peut avoir lieu à nouveau. Cette expérience dure jusqu'à ce que le ballon soit à la température ambiante, et à ce moment on peut encore y produire l'ébullition en versant sur le dôme un liquide, comme l'éther, qui provoque un refroidissement. Mais le phénomène cesse tout à fait quand on ne peut plus refroidir assez la vapeur pour la condenser.

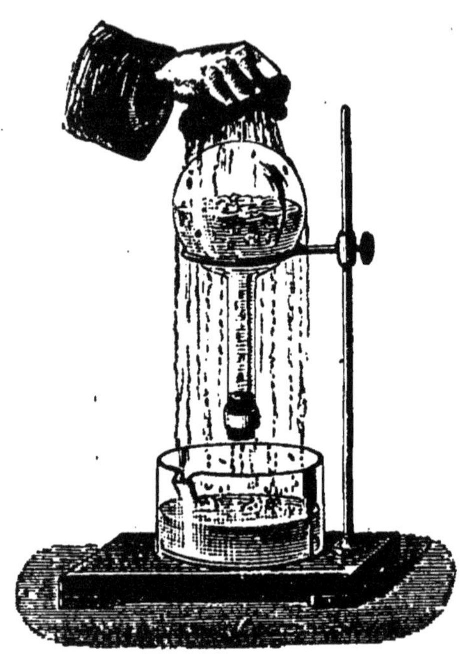

FIG. 112. — Ballon de Franklin.

152. Influences diverses sur l'ébullition. — Quand on laisse refroidir l'eau contenue dans un ballon après l'avoir fait bouillir assez de temps pour que tout l'air et les gaz dissous dans l'eau aient pu être entraînés et qu'on chauffe à nouveau ce liquide, on constate qu'il faut élever sa température à plus de 100° pour y produire à nouveau l'ébullition. On en conclut que l'air adhérent aux parois du vase et l'air dissous dans le liquide jouent un rôle dans l'ébullition ordinaire et la favorisent.

Cette action de l'air explique pourquoi l'ébullition est plus rapide dans certains vases que dans d'autres : le phénomène commence d'autant plus tôt que le vase retient mieux l'air sur ses parois internes ; et, quand l'air est chassé à peu près complètement par une longue ébullition, les bulles de vapeurs qui se produisent se dégagent par soubresauts, en même temps que la température s'élève. Si l'on a fait bouillir quelque temps de l'eau dans un ballon et qu'on le retire du feu, l'ébullition cesse ; elle reprend spontanément si on laisse tomber dans le liquide de la limaille de fer, parce que ce dernier corps y introduit de l'air qu'il retenait à sa surface.

Les substances salines en dissolution dans l'eau en retardent plus ou moins l'ébullition : c'est ainsi qu'une eau saturée de carbonate de potasse ne bout qu'à 135° et une eau saturée de chlorure de calcium à 179°. Et, dans ces dissolutions plus denses que l'eau, contenant moins d'air dissous, les bulles de vapeur qui se forment ne montent pas aussi facilement que dans l'eau ; elles soulèvent le liquide qui retombe derrière elles, et il en résulte un mouvement tumultueux.

C'est ce qui se présente surtout avec l'acide sulfurique ; les bulles formées au fond du vase contre la partie chauffée soulèvent le liquide visqueux dont elles rompent difficilement la cohésion ; le liquide retombe brusquement et peut briser le vase, si celui-ci est de verre. On évite cet inconvénient en introduisant dans le liquide des fils de platine ou des fragments de ponce sulfurique, qui rendent l'ébullition régulière quand le chauffage est lui-même très régulier.

153. Température d'ébullition des principaux liquides. — D'après tout ce que nous venons de dire des influences diverses qui agissent sur l'ébullition, on voit que, pour connaître la température à laquelle un liquide bout sous la pression ordinaire de 760 millimètres, il est indispensable d'employer un liquide très pur, ne contenant pas de solide en dissolution, et de prendre la température non dans le liquide lui-même, mais dans la vapeur près du liquide, en préservant celle-ci du refroidissement, comme on le fait pour le point 100 du thermomètre : c'est avec ces précautions qu'ont été déterminés les nombres suivants, qui donnent les points d'ébullition des liquides usuels sous la pression de 760 millimètres :

Acide sulfureux	— 10°
Ether	35
Sulfure de carbone	46
Chloroforme	60,4
Alcool méthylique	66,8
— de vin pur	78,3
Benzine	80,3
Acide nitrique concentré	86
Eau	100
Essence de térébenthine	159
Mercure	357
Soufre	449

154. Bain-marie. — La constance de la température d'ébullition tant que la pression ne change pas est appliquée pour maintenir un corps à une température invariable. Si on ne doit pas le chauffer à plus de 100°, on emploie l'eau. Ce liquide est contenu dans un vase extérieur où l'on plonge le vase contenant le corps à chauffer. Cette disposition porte le nom de *bain-marie ;* elle est d'un fréquent usage ; le pot à colle des menuisiers en est un exemple des plus connus.

Si l'on remplace l'eau par un liquide dont le point d'ébullition est plus élevé, on pourra chauffer un corps à plus de 100°, mais sans dépasser la température d'ébullition du premier liquide.

155. Distillation. — La distillation consiste à isoler un liquide des substances fixes ou des matières salines qu'il peut avoir dissoutes, ou à séparer l'un de l'autre des liquides inégalement volatils.

Lorsqu'on porte à l'ébullition de l'eau contenant un sel en dissolution, la vapeur qui se dégage est toujours exempte de matières étrangères ; si donc on refroidit assez cette vapeur pour la condenser, on obtiendra de l'eau parfaitement pure. Faire bouillir un liquide pour condenser sa vapeur, c'est pratiquer une **distillation.**

Quand le liquide est très volatil, comme l'éther ou l'alcool, que sa vapeur se produit à une température peu élevée, l'appareil à employer est très simple : c'est une cornue en communication avec une allonge qui se rend elle-même dans un ballon (*fig.* 113) : les vapeurs

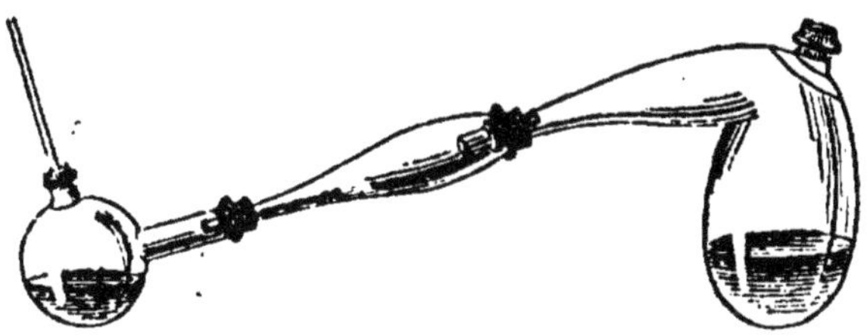

Fig. 113. — Appareil employé pour distiller les liquides volatils dans les laboratoires.

sont refroidies par leur contact avec les parois de l'allonge, et elles arrivent liquides dans le ballon. Ou bien c'est une cornue prolongée par un tube droit entouré d'un manchon dans lequel circule constamment de l'eau froide.

Mais, pour l'eau et la plupart des liquides, il faut un refroidissement plus grand, et on emploie l'**alambic.**

L'alambic se compose de trois parties : une chaudière en cuivre (*a*) appelée cucurbite, où l'on met le liquide à distiller (*fig.* 114) ; un *chapiteau* (*b*) avec lequel on ferme la chaudière et qui communique par un tube (*c*) avec un autre tube contourné en spirale et désigné sous le nom de *serpentin*. Ce dernier plonge dans un vase plein d'eau qui constitue le réfrigérant. On chauffe

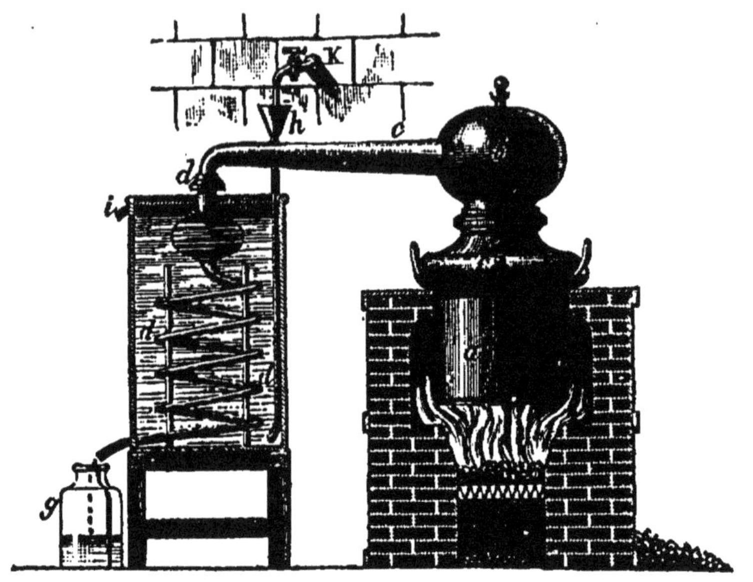

Fig. 114. — Alambic.

la chaudière ; les vapeurs formées se condensent en partie contre la paroi supérieure du chapiteau et retombent ; les autres vont dans le serpentin, qui est toujours refroidi ; elles se condensent, et le liquide qui en provient est recueilli dans un vase.

Pour assurer la réfrigération, un tube amène sans cesse de l'eau froide au fond du vase entourant le serpentin ; l'eau qui s'est échauffée s'élève, et elle s'écoule peu à peu par une ouverture pratiquée à la partie supérieure du réfrigérant ; de cette manière, le serpentin est toujours entouré d'eau froide, et la condensation des vapeurs est continue.

C'est avec un appareil de ce genre qu'on produit l'eau distillée, c'est-à-dire chimiquement pure.

Dans les laboratoires, quand on veut connaître rapidement la quantité d'alcool contenue dans un vin, on emploie un petit appareil dû à Salleron (*fig.* 115) ; c'est un petit alambic portatif, avec sa chaudière, son serpentin et son réfrigérant, très bien approprié à l'usage auquel il est destiné.

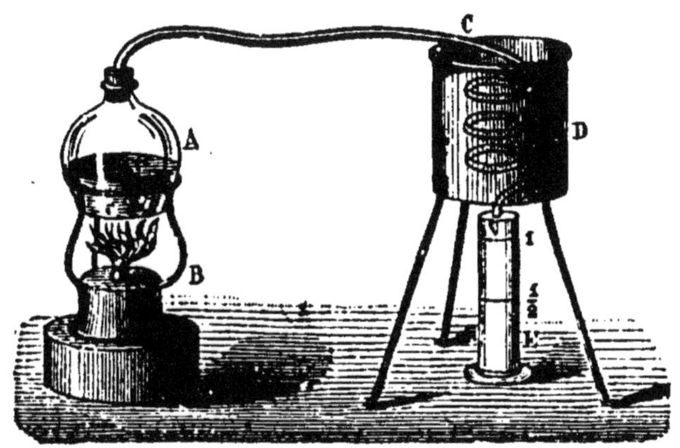

FIG. 115. — Appareil Salleron pour distiller de petites quantités de liquide.

On a souvent à séparer les uns des autres des liquides inégalement volatils ; on y parvient par la méthode de *distillation fractionnée*. On chauffe progressivement le mélange, le liquide le plus volatil se vaporise en plus grande quantité que les autres ; la température reste un moment constante et les vapeurs que l'on recueille alors sont formées en grande partie du liquide le plus volatil. Si l'on recommence une deuxième distillation sur le liquide ainsi recueilli, on obtient un produit plus pur. C'est ainsi qu'on sépare les uns des autres les différents carbures d'hydrogène liquides (benzine et huiles diverses) contenus dans le goudron des usines à gaz. C'est aussi par une marche analogue que l'on extrayait autrefois l'eau-de-vie du vin ; la première distillation opérée sur le vin donnait un mélange d'alcool et d'eau, ne contenant pas plus de 25 à 30 0/0 d'alcool; une seconde opération, pratiquée sur le produit retiré de la première, donnait l'alcool à 54 0/0, c'est-à-dire l'eau-de-vie.

L'industrie opère aujourd'hui par *distillation continue*, et elle produit en une seule opération, dans de grands appareils convenablement disposés, l'alcool marquant 90° à l'alcoomètre de Gay-Lussac.

CHAPITRE XXII

VAPEUR D'EAU DE L'AIR

156. Présence de la vapeur d'eau dans l'air. — Il existe toujours de la vapeur d'eau dans l'atmosphère; elle y est invisible et ne trouble la transparence de l'air que lorsqu'elle se condense. On la met en évidence soit en l'absorbant par des substances qui changent d'aspect ou qui augmentent de poids, soit en la faisant déposer en buée ou en gouttelettes sur un corps refroidi. Tout le monde sait que, certains jours, le sel de cuisine absorbe assez de vapeur d'eau à l'air pour mouiller les vases de bois dans lesquels on le conserve. N'importe à quel moment, si l'on abandonne à l'air sur une soucoupe bien sèche un fragment de chlorure de calcium ou de potasse, on le voit s'humecter et devenir liquide, grâce à la vapeur d'eau qu'il a prise à l'atmosphère.

Le degré d'humidité de l'air ne dépend pas du poids absolu de vapeur qui y est contenue. En effet, l'air est à son maximum d'humidité quand il est saturé de vapeur; or, à mesure que la température s'élève, il faut un poids plus grand de vapeur pour saturer le même espace. Le poids de vapeur qui sature un volume d'air à basse température le rend à peine humide si la température est plus élevée. Un exemple numérique rend ce fait très saisissant : 1 mètre cube d'air saturé à 10° contient environ 9 grammes de vapeur d'eau ; si ce même volume d'air est porté à 30°, la vapeur qu'il contient n'est que les $\frac{2}{7}$ de celle qui saturerait l'espace à cette nouvelle température ; avec la même quantité de vapeur, dans le premier cas l'air est très humide, dans le second il est presque sec.

Le degré d'humidité est donc un rapport : c'est le rapport entre le poids de vapeur existante et le poids qui serait nécessaire pour saturer le même espace à la même température ; on l'appelle **l'état hygrométrique** ou encore la *fraction de saturation*.

On l'exprime soit par une fraction ordinaire, soit en centièmes : ainsi l'on dit que l'état hygrométrique est 1/2 ou 0,50, pour indiquer que la vapeur d'eau contenue dans l'espace considéré est la moitié ou les cinquante centièmes de la quantité de vapeur qui saturerait le même espace à la même température

Les appareils employés pour trouver soit le degré d'humidité de l'air, soit la quantité de vapeur d'eau que l'air contient, portent le nom d'**hygromètres.**

Quelques appareils appelés **hygroscopes** peuvent indiquer qu'il y a plus ou moins d'humidité dans l'air, mais ce ne sont pas des appareils de mesure. Tel est l'*hygroscope à corde de boyau*, auquel on donne plusieurs dispositions : le capucin et son capuchon, ou bien deux personnages qui entrent ou sortent alternativement d'une maisonnette

La méthode la plus simple au point de vue théorique pour trouver la quantité de vapeur d'eau contenue dans l'air est la méthode dite *chimique*, dans laquelle on estime directement le poids de vapeur que contient un volume donné d'air.

L'appareil est un aspirateur plein d'eau en communication avec une série de tubes en U contenant de la ponce imbibée d'acide sulfurique; de ces tubes, le premier ouvre librement à l'air (*fig.* 116). On fait écouler lentement l'eau contenue dans l'aspirateur; l'air extérieur vient remplir le vide laissé dans le vase par l'écoulement de l'eau; cet air traverse tous les tubes et il y laisse la vapeur d'eau qu'il contient. En pesant la série de tubes avant et après l'expérience, l'augmentation de poids donne le poids de la vapeur d'eau abandonnée par l'air qui est venu remplir l'aspirateur.

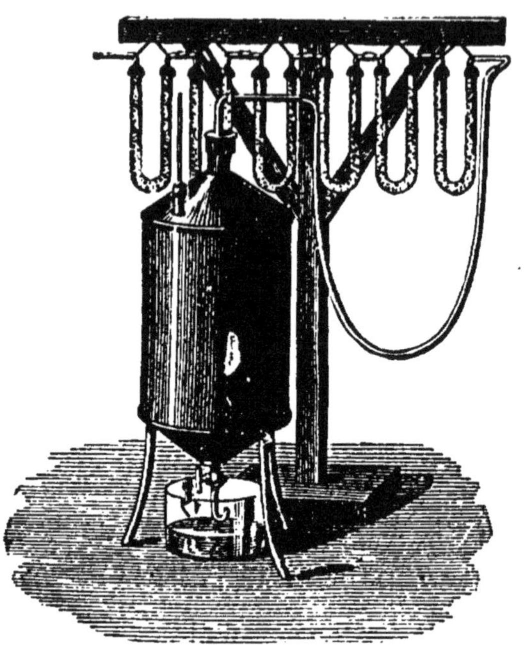

Fig. 116. — Aspirateur avec une série de tubes pour recueillir la vapeur d'eau de l'air.

Point de rosée. — Quand on refroidit de l'air humide graduellement, il arrive un moment où la vapeur d'eau qu'il contient est suffisante pour le saturer. Si alors le refroidissement continue, une partie de la vapeur se dépose à l'état liquide. Le point où la vapeur commence à se condenser s'appelle le **point de rosée.** Si on refroidit une petite masse d'air au milieu d'une atmosphère beaucoup plus grande, la force élastique de la vapeur ne change pas, et, quand se produit le point de rosée, c'est que la portion d'air refroidi est saturée par la vapeur.

157. Hygromètre de Saussure. — Un grand nombre de substances organiques possèdent la propriété d'absorber l'humidité de l'air, de s'allonger par un air humide, de se raccourcir par la sécheresse, sans être pour cela très sensibles aux variations de température : tels sont les cheveux dégraissés ; c'est sur cette propriété que repose l'appareil de Saussure, appelé encore **hygromètre à cheveu,** et à l'aide duquel on obtient facilement le degré d'humidité de l'air.

La partie principale de l'instrument est un long cheveu soigneusement dégraissé, fixé par une de ses extrémités dans une pince au haut d'un cadre métallique, par l'autre à la partie inférieure de l'une des gorges d'une poulie double (*fig.* 117). Sur la seconde gorge de cette poulie et en haut, est fixé le fil, qui suspend un petit poids destiné à faire tendre le cheveu. L'axe de la poulie porte une aiguille qui se meut sur un cadran divisé.

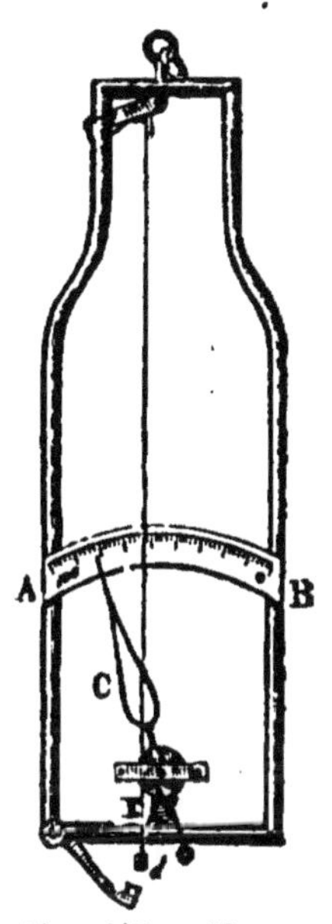

FIG. 117. — Hygromètre à cheveu de Saussure.

Si l'air devient moins humide, le cheveu se raccourcit, il tire sur la poulie, et celle-ci, très mobile, tourne en entraînant le contrepoids et en faisant tourner à droite l'aiguille sur le cadran. Au contraire, si l'air devient plus humide, le cheveu s'allonge, le contrepoids l'emporte, il descend jusqu'à ce que le cheveu soit tendu, et il fait tourner l'aiguille, dont l'extrémité marche vers A sur le cadran. Les indications de l'aiguille permettent donc de juger s'il y a plus ou moins de vapeur d'eau dans l'air.

On gradue l'instrument, c'est-à-dire qu'on lui marque deux points extrêmes, le 0 correspondant à un air très sec, le 100 correspondant à un air très humide. On obtient le 100 au point où s'arrête l'aiguille quand on place l'appareil dans un air saturé, par exemple lorsqu'on le laisse quelque temps dans un vase contenant au fond une petite couche d'eau et des gouttelettes d'eau sur ses parois. On marque 0 au point où s'arrête l'aiguille quand on laisse l'appareil suspendu dans un vase contenant un peu d'acide sulfurique. On divise en 100 parties égales l'intervalle des deux points.

158. Phénomènes atmosphériques. — La vapeur d'eau qui existe toujours dans l'atmosphère provient de l'évaporation qui se produit constamment sur toutes les masses d'eau, les fleuves et les mers, et qui est d'autant plus grande que la température est plus élevée. Cette vapeur est presque toujours invisible au moment de sa production, à moins qu'un refroidissement ne la condense, comme dans les chutes d'eau, pendant l'hiver, ou aux bouches des égouts des villes. C'est elle qui, en s'élevant dans l'air, donne naissance aux brouillards, aux nuages et à la pluie.

159. Brouillard. — Le brouillard est de la vapeur d'eau qui a subi un commencement de refroidissement, qui s'est condensée en petites particules qui la rendent visible et qui tombent en mouillant quand leur condensation est suffisante. On remarque le brouillard dans les vallées quand un vent froid ou un refroidissement de la nuit fait condenser en partie la vapeur d'eau de l'air. Il tombe quand il est dense. Il s'élève quand il est léger et que la chaleur lui rend sa nature de gaz invisible.

160. Nuages et pluie. — Les nuages sont des masses de vapeurs condensées en gouttelettes d'une extrême finesse et qui se tiennent dans l'air à des hauteurs plus ou moins grandes. D'après leur apparence, on les groupe en *cirrus* très légers et très élevés, en *stratus* présentant des couches parallèles, en *cumulus* qui ont l'aspect de montagnes accumulées, et en *nimbus* gros et noirs prêts à tomber en pluie.

La pluie est la chute à l'état de gouttelettes de l'eau provenant de la condensation des nuages. La quantité qui en tombe varie avec les saisons, et en une année elle n'est pas la même dans les différents lieux.

161. Rosée et gelée blanche. — La *rosée* est un dépôt de gouttelettes d'eau que l'on constate surtout sur les herbes qui tapissent le sol le matin d'une nuit claire. C'est une condensation de la vapeur produite par le refroidissement du sol. La nuit, par un temps clair, le sol perd sa chaleur, refroidit les couches d'air qui restent à son contact si le temps est calme et la vapeur d'eau passe à l'état liquide.

Toute cause qui empêche le refroidissement du sol empêche le dépôt de rosée : ainsi un abri étendu au-dessus de la terre, ainsi les nuages qui forment comme un rideau. On remarque, en effet, qu'il n'y a pas ou presque pas de rosée les nuits où le ciel est nuageux, tandis qu'il y en a un abondant dépôt quand le ciel est sans nuages.

La rosée ne se forme pas sur les feuilles des arbres comme sur l'herbe, parce que l'air qui se refroidit à leur contact devient plus dense et tombe avant d'être arrivé à la saturation.

La rosée se produit surtout au printemps et en automne. L'hiver, la différence de température entre le jour et la nuit est trop faible ; l'été, l'humidité n'est pas grande et l'air ne se refroidit pas assez pour se saturer.

La *gelée blanche* est de la rosée qui s'est congelée parce que le refroidissement du sol a été très grand et s'est continué au-dessous de zéro après le dépôt de rosée proprement dit. On évite son dépôt sur les plantes en les abritant pendant les nuits froides et claires du printemps ou même encore en produisant au-dessus d'elles une fumée qui forme comme un nuage artificiel.

162. Neige et grêle. — La neige est de l'eau solide en petits cristaux étoilés et très déliés qui tombent surtout l'hiver, quand la température basse du sol et des couches inférieures de l'atmosphère a fait congeler la vapeur d'eau.

La grêle est de l'eau glacée qui tombe en morceaux plus ou moins volumineux, même l'été, surtout dans les orages, quand un mouvement de tourbillon très rapide a fait congeler la vapeur d'eau des nuages.

Au printemps, il tombe parfois des grains solides sous le nom de *grésil*. Et, l'hiver, la chute de la pluie sur un sol très refroidi fait congeler une couche de glace qui prend le nom de verglas.

Tous ces phénomènes ont pour cause première la vapeur d'eau de l'air qui tombe ou liquide ou solide suivant son degré de refroidissement.

CHAPITRE XXIII

PROPAGATION DE LA CHALEUR

163. Conductibilité et rayonnement. — La chaleur se propage de deux manières différentes : elle se transmet d'un point à un autre dans certains corps, comme les tiges métalliques, en échauffant successivement les différentes parties qu'elle traverse : c'est la propagation par *conductibilité;* ou bien elle franchit des espaces plus ou moins considérables sans échauffer nécessairement les corps intermédiaires : ce dernier mode de propagation, analogue à celui de la lumière, a reçu le nom de *rayonnement* ou de *chaleur rayonnante.*

164. Conductibilité des solides. — Les corps solides ne conduisent pas tous la chaleur avec une même facilité ; ainsi, tandis qu'on peut tenir sans crainte de se brûler un bout de bois ou de charbon, une allumette assez près du point de sa combustion, on ressent une impression douloureuse si l'on prend une tige métallique dont un bout est placé dans un foyer. On dit que le métal est *bon conducteur* et que le charbon ou le bois conduisent mal.

On peut mettre en évidence la différence de conductibilité de deux métaux, par exemple le fer et le cuivre, par une expérience simple.

On prend une barre de chaque métal que l'on oppose bout à bout (*fig.* 118) ou bien deux fils, l'un de cuivre,

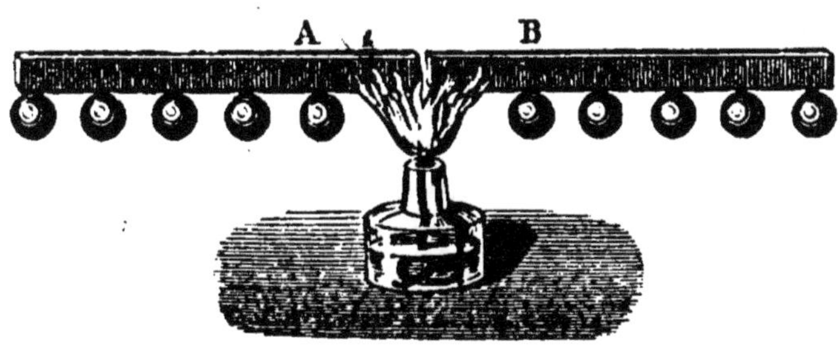

Fig. 118. — Différence de conductibilité de deux métaux.

l'autre de fer, tordus ensemble par leurs extrémités. On leur suspend à des distances égales, à l'aide de cire ou de tout autre corps facilement fusible, de petites boules. Et on chauffe le point de réunion des deux barres ou la jonction des deux fils. On voit alors les petites boules se détacher plus vite et plus loin de la source de chaleur sur l'une des tiges que sur l'autre. C'est donc que la chaleur s'est propagée inégalement vite dans les deux tiges.

Pour établir l'ordre de conductibilité des principaux solides, on se sert de l'appareil d'Ingenhouz. C'est une boîte de métal (*fig.* 110) sur une des parois de laquelle sont plantées perpendiculairement une série de tiges, les unes métalliques, les autres de bois et de verre. Ces tiges ont même longueur et même diamètre; elles n'ont chacune que leur extrémité en contact avec l'intérieur de la boîte. On leur fait une surface uniforme en les plongeant dans de la cire fondue et en laissant la cire qu'elles ont retenue s'y fixer par refroidissement. On verse alors de l'eau bouillante dans la boîte. Au bout de quelque temps l'on voit la cire fondre sur quelques-unes des tiges et pas sur d'autres. La chaleur se communique aux tiges par conductibilité, et l'on remarque celles qui conduisent le mieux, parce que la cire y fond sur une plus grande longueur. On reconnaît ainsi que l'argent est le métal le meilleur conducteur; après lui viennent le cuivre, le laiton, le zinc, le fer; le bois et le verre conduisent mal; la cire y fond à peine de quelques millimètres.

Fig. 110. — Appareil d'Ingenhouz.

Les métaux sont les meilleurs conducteurs. Après eux le marbre, la porcelaine, la brique, le bois conduisent moins bien. Les matières pulvérulentes et filamenteuses conduisent mal.

On montre très facilement que le fer conduit la chaleur beaucoup mieux que le bois : on prend un porte-plume ordinaire; on colle une étiquette mi-partie sur le fer, mi-partie sur le bois; on chauffe l'endroit ainsi recouvert dans la flamme d'une lampe à alcool; le papier se carbonise sur le bois, parce qu'il garde la chaleur qu'il a reçue du foyer; il reste blanc sur le métal, qui est bon conducteur de la chaleur.

Les corps mauvais conducteurs se laissent néanmoins traverser par la chaleur quand ils sont peu épais et en contact avec un corps bon conducteur. On en a une preuve dans l'expérience suivante, qui consiste à faire bouillir de l'eau dans un vase en papier. On pose un vase en papier contenant de l'eau sur une toile métallique T (*fig.* 120), et on met au-dessous de la toile une lampe allumée; au bout de peu de temps, on voit l'eau bouillir sans que le papier soit carbonisé. La plus grande partie de la chaleur du foyer a été prise par la toile métallique; une portion a été transmise à l'eau au travers du papier, et, comme l'eau en absorbe beaucoup pour s'échauffer, la température du papier ne dépasse pas 100° tant qu'il est baigné par l'eau.

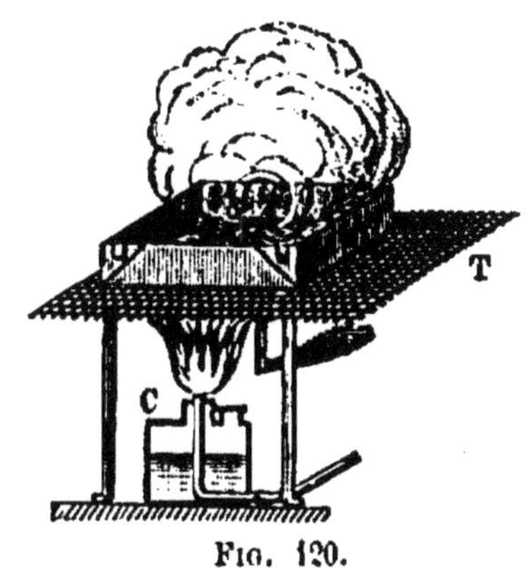

Fig. 120.

165. Conductibilité des liquides et des gaz. — Si on chauffe par le fond un vase contenant un liquide, les premières couches chauffées s'élèvent, transportent avec elles la chaleur qu'elles ont reçue et la cèdent aux couches voisines : c'est un échauffement par transport ou par *convection*, et non par conduction ou conductibilité. Pour étudier la conductibilité des liquides, il faut les chauffer par leur surface supérieure; on reconnaît alors que la conductibilité est très faible. Au-dessus de l'eau d'un verre et dont on a mesuré la température, on verse de l'alcool que l'on enflamme ; quand l'alcool a brûlé, on plonge de nouveau le thermomètre dans l'eau et on voit que la température de l'eau a très peu varié. La chaleur du foyer supérieur ne s'est donc pas transmise facilement au liquide.

Tous les liquides, à part le mercure, qui est un métal, sont mauvais conducteurs.

Il en est de même des gaz; et, si habituellement on les échauffe avec assez de facilité, c'est, comme les liquides, par les courants qui s'y produisent. L'air au repos est très mauvais conducteur de la chaleur.

L'hydrogène paraît être meilleur conducteur que les autres gaz.

166. Applications. — On peut se proposer soit de préserver une substance du refroidissement, soit de l'empêcher de recevoir la chaleur ambiante plus grande que la sienne, soit inversement de refroidir un corps le plus promptement possible.

Dans les deux premiers cas, il faut couvrir le corps d'une enveloppe peu conductrice de la chaleur, par exemple d'une étoffe de laine ou de soie, d'un corps pulvérulent, de plumes légères qui emprisonnent des couches d'air isolantes ou qui rendent les courants gazeux impossibles. Dans le dernier cas, il faut mettre le corps à refroidir en contact avec un corps bon conducteur.

Les exemples à citer sont très nombreux. Les murs épais en briques creuses, les doubles fenêtres enferment une couche d'air qui empêche la chaleur intérieure de se répandre au dehors. Les vêtements de laine conservent à l'homme du Nord sa propre chaleur; ils préservent l'homme des contrées chaudes de la chaleur extérieure. La glace se conserve dans une étoffe de laine; elle peut être transportée l'été dans la sciure de bois; on la garde dans des cavités protégées par des murs de terre et des toits de paille.

On refroidit un corps métallique en le mettant sur un autre corps métallique de grande masse. On refroidit une flamme avec une toile métallique assez grande pour que les gaz qui la forment cessent de brûler; c'est le principe de la lampe de Davy, si utile aux mineurs.

Les différents poêles dont on se sert dans les pays froids diffèrent en ce que les uns conduisent mieux que les autres la chaleur.

La sensation qui fait croire l'hiver que le fer est plus froid que le bois est aussi un effet de conductibilité.

Les feutres, les fourrures doivent leur emploi à la propriété de ne pas se laisser traverser par la chaleur et de la garder dans les corps qu'ils servent à envelopper ou à couvrir.

167. Chaleur rayonnante. — Le caractère de la chaleur rayonnante, c'est de se transmettre à distance sans le secours de la matière pondérable. Elle peut en effet se transmettre à travers le vide : ainsi la chaleur solaire ne nous parvient qu'après avoir traversé les espaces interplanétaires où il n'existe aucune matière pondérable. L'expérience classique de Rumford montre que la chaleur qui n'est pas accompagnée de lumière se transmet à travers le vide aussi bien que la chaleur solaire.

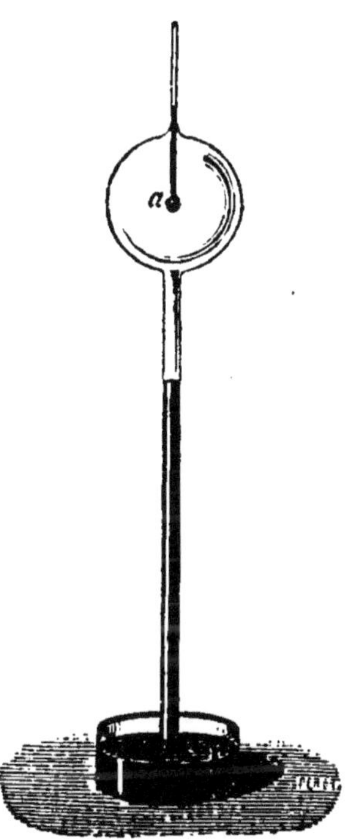

Fig. 121. — Expérience de Rumford.

On prend un ballon auquel on a soudé un thermomètre et dont on prolonge le col par un tube de 80 centimètres de long (*fig.* 121). On remplit le tout de mercure sec pour en faire un baromètre dans lequel le ballon reste entièrement vide. On fond à la lampe la partie supérieure du col, et, en étirant, on sépare le ballon du tube. Ce ballon vide, on le jette dans de l'eau chaude et, aussitôt qu'il y plonge, le thermomètre indique une élévation de température. Or la chaleur n'a pu lui arriver en quantité un peu notable par l'enveloppe de verre, qui est mauvaise conductrice ; la spontanéité de l'échauffement ne peut être attribuée qu'à la chaleur qui a traversé l'espace vide du ballon.

Diverses expériences ont démontré que *la chaleur traverse certains corps sans les échauffer*. Ainsi on peut enflammer de la poudre au foyer d'une lentille de glace que l'on expose aux rayons solaires. Prévost de Genève a fait voir que la chaleur d'un boulet rouge peut impressionner un thermomètre placé de l'autre côté d'une nappe d'eau tombant d'un réservoir, et dans ces deux cas la chaleur n'a pas d'abord échauffé la nappe d'eau, ni la lentille de glace ; elle les a traversées sans élever sensiblement la température.

168. Transmission de la chaleur. — Certaines substances se laissent traverser par la chaleur; ainsi le verre laisse passer la chaleur solaire. On donne le nom de corps *diathermanes* aux corps transparents pour la chaleur, et on appelle *athermanes* ceux qui ne sont pas traversés par la chaleur incidente.

Pour étudier le degré de transparence des diverses substances pour la chaleur, on les taille en plaques que l'on place sur le trajet des rayons calorifiques.

On remarque que la quantité de chaleur transmise varie avec la nature de la lame, avec son épaisseur, et aussi avec la nature de la source de la chaleur.

Il résulte d'un certain nombre d'expériences que le sel gemme est la seule substance qui laisse passer intégralement toute la chaleur sans rien absorber, quelle que soit la source calorifique. Les autres substances ne se comportent pas de même ; elles ne sont pas également transparentes pour les divers rayons calorifiques; elles arrêtent même complètement certaines radiations. Ainsi le verre ordinaire, qui se laisse traverser par la chaleur lumineuse, est complètement opaque pour la chaleur obscure comme celle du cube de Leslie.

Il y a là un fait analogue à celui de la transparence inégale des divers milieux colorés pour les différentes radiations lumineuses. Le verre ordinaire est, par rapport à la chaleur obscure, ce qu'un verre rouge, par exemple, est, au point de vue de la lumière, par rapport à toutes les radiations des autres couleurs que la sienne.

Inversement, certains corps opaques pour la lumière laissent passer la chaleur : telle est la dissolution d'iode dissous dans le sulfure de carbone. Placée dans un ballon sphérique sur le trajet d'un faisceau lumineux, cette dissolution éteint la lumière; mais, au-delà du ballon, les rayons calorifiques viennent converger dans un foyer et peuvent y enflammer un corps combustible.

Ces diverses actions ont des applications intéressantes; elles permettent d'expliquer le rôle des serres, des châssis ou des cloches pour accroître la chaleur sur un point et y activer la végétation ; elles font comprendre pourquoi le refroidissement nocturne est plus vif et le dépôt de rosée plus abondant quand le ciel est pur; elle donne la clef de l'utilisation de la chaleur solaire par l'appareil de M. Mouchot.

De deux espaces d'égale surface, l'un couvert d'une cloche ou d'un châssis de verre, l'autre découvert, le premier s'échauffe beaucoup plus que le second sous l'action des rayons solaires. Ils ne reçoivent pas plus de chaleur l'un que l'autre; mais, tandis que l'espace découvert peut rayonner et laisser perdre peu à peu la chaleur qu'il a reçue, sous la cloche la chaleur lumineuse qui a traversé le verre et qui a échauffé le sol et les plantes est devenue chaleur obscure, et elle ne peut plus traverser à nouveau le verre et se perdre au dehors; elle reste sous la cloche, où la température s'élève promptement.

La vapeur d'eau est comme le verre; elle est athermane pour la chaleur obscure. Si donc, pendant la nuit, le ciel est chargé de nuages, ces nuages forment un écran que la chaleur obscure venue du sol ne peut pas traverser; cette chaleur obscure ne se perd pas comme si le ciel était pur; elle reste entre les nuages et le sol, et le refroidissement nocturne est moins grand. Aussi le dépôt de rosée est-il bien moins abondant une nuit où le ciel est nuageux que les nuits où le ciel est découvert.

Appareil Mouchot. — Cet appareil se compose d'un grand miroir métallique que l'on expose au soleil et dans l'axe duquel on place un vase particulier destiné à recueillir la chaleur réfléchie par le miroir (*fig.* 122).

Fig. 122. — Appareil Mouchot pour recueillir et employer la chaleur solaire.

Ce vase est en cuivre mince noirci à l'intérieur, et il est enveloppé d'un cylindre de verre. Le verre laisse passer les rayons de chaleur lumineuse réfléchis par le miroir; ces rayons traversent le verre; ils sont absorbés par la surface noircie du cuivre et ils servent à échauffer le liquide contenu dans le vase de cuivre. A mesure que le liquide et le vase s'échauffent, ils deviennent une source de chaleur; mais les rayons qu'ils sont capables d'émettre ne sont plus accompagnés de lumière, et l'enveloppe de verre les arrête et les retient dans le vase de cuivre. C'est ainsi que la chaleur solaire, venant sans cesse par le miroir, se transforme en chaleur obscure par absorption et qu'elle échauffe très rapidement le vase et peut en quelques minutes amener à l'ébullition le liquide qui s'y trouve.

On conçoit que cet appareil puisse recevoir d'importantes applications dans les contrées où le soleil reste découvert pendant de longues périodes ; il ne peut être qu'un instrument de démonstration, capable de fonctionner accidentellement, dans les contrées un peu brumeuses.

169. Chauffage de l'air. — Les appartements ou les ateliers sont chauffés à l'aide de cheminées, de poêles ou de calorifères.

La **cheminée** est un appareil coûteux qui dépense beaucoup de combustible, parce que la plus grande partie de la chaleur s'en va avec les gaz chauds et la fumée ; mais c'est un appareil excellent pour la ventilation, parce qu'il renouvelle bien l'air d'un appartement.

Les **poêles** sont de petits foyers fermés, avec un petit passage pour l'air qui doit servir à la combustion, et des conduits pour emmener la fumée au dehors. Quand ils ont un grand développement de conduits, ils échauffent beaucoup l'air et utilisent très bien le combustible. Mais ils sont moins avantageux que la cheminée au point de vue de la ventilation, parce qu'ils ne provoquent pas dans les appartements un renouvellement suffisant de l'air.

Les uns s'échauffent vite et se refroidissent de même : ce sont les poêles métalliques ; ils ont l'inconvénient de rougir par une combustion un peu active et, quand leurs parois sont ainsi trop chauffées, elles peuvent laisser passer dans l'air qu'elles dessèchent beaucoup des gaz irrespirables du foyer. Les autres ont un revêtement intérieur en briques ou leurs parois en faïence ; ils s'échauffent plus lentement ; mais ils restent plus longtemps chauds quand on cesse d'alimenter le foyer.

On a préconisé dans ces dernières années des *poêles à combustion lente*, fixes ou roulants, que l'on charge pour toute une journée et qui donnent économiquement beaucoup de chaleur. Ils doivent toujours être mis en communication avec une cheminée à bon tirage, car ils deviendraient dangereux si la marche des gaz de la combustion y était obstruée ; ils demandent donc une surveillance attentive.

Les **calorifères** sont des appareils destinés à chauffer de grands espaces, ou un grand nombre de pièces d'une même maison avec un seul foyer. Ils font circuler dans les pièces à chauffer, dans des appareils convenablement disposés et tous reliés au foyer, soit de l'air chaud, soit de l'eau chaude, soit de la vapeur. C'est le calorifère à circulation d'air chaud qui est le plus employé pour les appartements et c'est le calorifère à circulation de vapeur qui est le plus économique pour le chauffage des serres.

CHIMIE

CHAPITRE I

LES ÉTATS DE LA MATIÈRE. — LES PROPRIÉTÉS DES CORPS

1. Corps simples. — On appelle **corps simples** les corps dont on ne peut tirer autre chose que leur propre substance, qui ne changent pas de nature, si on ne leur ajoute rien, à quelque opération qu'on les soumette. Tout le monde connaît l'or et l'argent, le fer et le cuivre rouge, le soufre et le mercure ; qu'on chauffe ces corps, ils pourront fondre ou se volatiliser ; mais, si on ne leur ajoute rien, on n'en pourra tirer rien autre chose qu'eux-mêmes : voilà des corps simples.

2. Corps composés. — Les **corps composés** sont ceux qui peuvent être séparés, scindés en deux ou plusieurs substances dont l'ensemble pèse autant que la matière primitive. La pierre à plâtre en est un exemple : chauffée, elle donne de l'eau et du plâtre dont la somme des poids refait exactement le poids de la pierre. En voici un autre exemple entre mille : Nous prenons une poudre rouge que nous appellerons, pour l'instant, de la *rouille de mercure*, parce qu'elle se forme sur le mercure chauffé comme la crasse de plomb sur le plomb fondu et comme la rouille ordinaire sur le fer humide ; nous la plaçons au fond d'un tube de verre et nous la chauffons (*fig.* 1).

Nous voyons se former peu à peu sur le tube, au-dessus de la partie chauffée, un anneau miroitant. Si alors nous présentons à l'entrée du tube une allumette qui n'a plus qu'un point rouge, elle se rallumera et brûlera vivement. L'examen de l'anneau nous fera reconnaître qu'il est formé de fines gouttelettes de mercure. Il y avait donc deux corps dans la poudre rouge : le mercure qui s'est déposé sur le tube et le gaz qui a rallumé l'allumette et que nous reconnaissons pour de l'oxygène par cette propriété ; la poudre rouge est donc un corps composé.

FIG. 1. — La rouille de mercure chauffée se décompose en mercure et en gaz oxygène.

3. Noms des corps simples. — Les anciens admettaient quatre corps simples qu'ils appelaient les *quatre éléments* et qu'ils supposaient capables de former tous les corps connus ; c'étaient l'**eau**, l'**air**, la **terre** et le **feu**. Aucun de ces quatre corps ne mérite l'épithète de simple ; l'eau et l'air sont composés ; la terre et le feu le sont aussi.

On connaît aujourd'hui 70 corps simples, dont un grand nombre n'ont que peu ou point d'emplois, mais dont quelques-uns sont très utiles.

Il n'y a pas eu une règle unique suivie pour donner des noms aux corps simples. Certains d'entre eux, qui sont connus depuis l'antiquité la plus reculée, ont eu leurs noms formés en même temps que la langue dans laquelle on les a nommés. D'autres tirent leur nom de leur couleur : tels sont le **chlore,** dont le nom veut dire *jaune verdâtre*, et l'**iode,** ainsi appelé à cause de la *couleur violette* que possède sa vapeur quand on le chauffe. Certains autres corps ont été désignés par un mot qui rappelle leur propriété essentielle : l'**azote**, parce qu'il prive de la vie ; l'**hydrogène,** parce qu'il engendre l'eau ; le **phosphore** (*porte lumière*) ; l'**oxygène** (*qui engendre les acides*). Enfin les plus récemment connus ont, à la suite du nom du corps ordinaire où ils existent, une terminaison en **ium** : ainsi l'*alumine*, principe des terres grasses, la *magnésie* et la *potasse* sont connues depuis longtemps ; les corps simples qu'on y a découverts dans notre siècle ont été appelés **aluminium, magnésium, potassium.**

4. **Métaux et métalloïdes.** — A première vue, on peut faire deux groupes dans les corps simples. Dans l'un on place les corps, comme l'or, l'argent, le cuivre, le fer, etc., qui ont un éclat spécial, une surface très brillante lorsqu'ils viennent d'être coupés, limés ou coulés ; ce sont les **métaux.** Dans l'autre rentrent les corps sans éclat, comme le soufre, le charbon, le phosphore et les gaz oxygène, azote, chlore ; ce sont les corps non métalliques, que l'on désigne habituellement sous le nom de **métalloïdes.**

Les métaux ont donc, comme caractère apparent, l'éclat spécial appelé **éclat métallique,** qu'on peut toujours leur donner par le frottement et qu'ils conservent plus ou moins longtemps sans se ternir. Ils sont, de plus, *bons conducteurs de la chaleur et de l'électricité*. L'expérience de la transmission de l'électricité par les fils métalliques est faite sur une vaste échelle dans les fils télégraphiques, dont la plupart bordent nos lignes de chemins de fer. Quant à la preuve que les métaux conduisent bien la chaleur, on la vérifie en plongeant dans un foyer l'un des bouts d'une tige de fer ou de cuivre dont on tient l'autre à la main ; on ne tarde pas à sentir que la tige s'est échauffée, car on ne peut bientôt plus la tenir.

Les métalloïdes n'ont aucun de ces trois caractères : ils sont sans éclat ; ils ne conduisent ni l'électricité ni la chaleur ; tout le monde sait bien que l'on peut tenir, sans craindre de se brûler, un morceau de charbon assez près du point où il est allumé.

Mais il n'y a pas une ligne de démarcation bien nette entre les métalloïdes et les métaux ; certains corps peuvent être placés indifféremment dans l'un ou dans l'autre groupe.

A ces différences, qui ne portent que sur les caractères physiques, on en joint une plus importante, et l'on fait consister le caractère principal des métaux dans ce fait que, *par leur union avec l'oxygène, ils donnent naissance au moins à un composé basique* capable de s'unir aux acides, tandis que *les métalloïdes, par leur union avec l'oxygène, donnent des composés acides.*

5. Le même corps peut prendre les trois états. — L'exemple le plus commun est celui de l'eau.

L'eau n'est pas toujours le liquide mobile et coulant que nous sommes habitués à voir.

L'hiver, quand il fait bien froid, l'eau des vases de nos appartements, l'eau stagnante des mares, l'eau courante des rivières se prend en une seule masse encore transparente, mais dure, capable de supporter des corps lourds sans se rompre et de résister à un choc ; c'est l'*eau solide*, c'est la *glace*.

En toute saison, dans nos laboratoires, nous pouvons transformer l'eau en glace, la congeler, comme on dit ordinairement. Versons un peu d'eau dans un tube en verre mince fermé par un bout et plaçons ce tube dans un verre où nous venons de faire un mélange réfrigérant (*fig.* 2)[1]. Au bout de quelques minutes, si nous

[1] Une partie d'azotate d'ammoniaque agitée avec une partie d'eau.

retirons le tube, nous y voyons à la place de l'eau un cylindre de glace. Il est facile de retirer cette glace du tube; on tient celui-ci quelque temps dans la main; la couche extérieure de la glace fond et le cylindre d'eau solide glisse librement hors du tube.

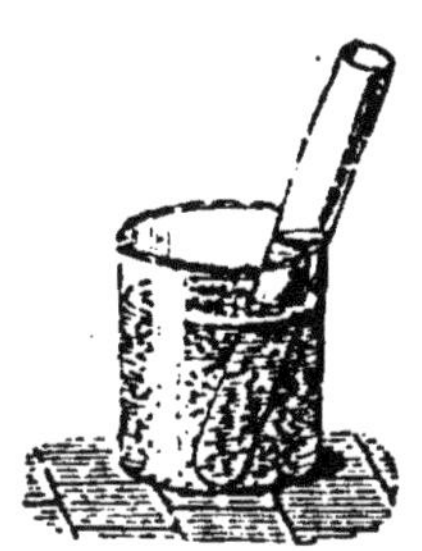

Fig. 2. — Congélation de l'eau dans un tube à essai.

Cette expérience présente encore un autre intérêt; si on l'observe de plus près, on voit la surface extérieure du verre se couvrir d'abord d'une buée, et celle-ci se convertir en une sorte de neige blanche semblable à celle dont se tapissent les carreaux de nos fenêtres pendant les grands froids de l'hiver.

L'eau en vapeur. — Au lieu de refroidir l'eau, chauffons-la dans un ballon muni d'un tube, comme l'indique la figure 3; nous voyons le tube se couvrir à l'intérieur d'une buée qui ne tarde pas à se changer en gouttelettes liquides, et il sort par l'extrémité du tube un brouillard très apparent, mais qui devient invisible en se répandant dans l'air. L'eau est alors une vapeur ou un gaz comme l'air.

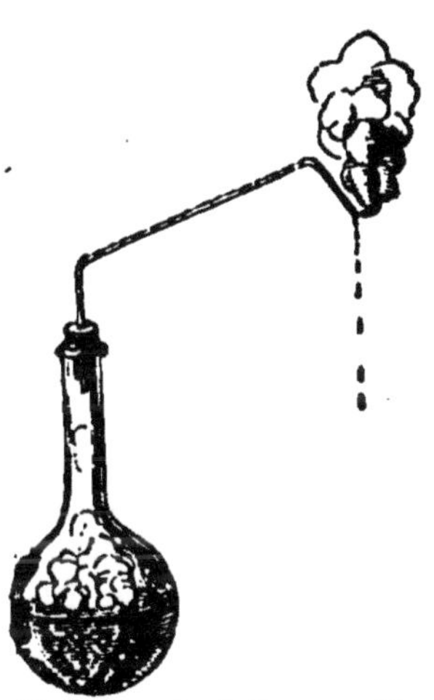

Fig. 3. — On fait apparaître l'eau sous forme de brouillard à l'extrémité du tube.

Débouchons le ballon et continuons de le chauffer, nous pourrons, en un temps assez court, faire passer toute l'eau à l'état de vapeur invisible.

Est-il toujours nécessaire de chauffer l'eau pour la faire passer à l'état de vapeur? Nous pouvons le savoir en laissant dans une cour couverte une mince couche d'eau dans le fond d'un vase à large surface, comme une soucoupe ou une assiette; au bout de quelques jours, l'eau a disparu; elle est dans l'air et, comme lui, un gaz invisible.

Puisque l'eau abandonnée dans un vase ouvert s'évapore, c'est-à-dire se transforme en vapeur, toutes les eaux de la surface de la terre, les eaux courantes et les eaux de la mer doivent faire de même; nous comprenons alors sans peine comment l'atmosphère contient toujours de grandes quantités de vapeur d'eau, visibles parfois sous forme de brouillard, mais le plus souvent invisibles.

2e Exemple. — Le *soufre* peut prendre facilement aussi les trois états : On l'a d'ordinaire solide sous la forme de canons ou en une poussière fine appelée *fleur de soufre.* On le chauffe dans un petit ballon; il y prend la forme d'un liquide jaune et, si on continue de chauffer, on voit le liquide bouillir; le ballon est alors plein d'une vapeur rouge. Et cette vapeur, en se refroidissant sur le col du ballon, y dépose du soufre en poussière; c'est le soufre *sublimé* qui a passé par un refroidissement brusque de l'état de vapeur à l'état solide.

3e Exemple. — L'*iode* est un solide en paillettes de couleur gris fer. On en chauffe quelques parcelles dans un ballon; en observant bien, on voit un état liquide qui ne dure pas; le corps se change en une belle vapeur violette.

Et, quand cette vapeur se refroidit, elle semble disparaître. Le ballon n'a plus la couleur violette, mais il est couvert d'une poussière très fine d'iode en poussière ou d'iode sublimé.

6. Association des corps simples. — Les corps simples peuvent s'unir à deux ou à plusieurs pour donner les corps composés. Il y a deux modes de réunion : le **mélange,** où l'on peut toujours séparer l'un de l'autre les corps qui y sont entrés, et la **combinaison,** qui est une association intime produisant un nouveau corps dont les propriétés diffèrent de celles des corps qui l'ont formé.

7. Mélange. — Prenons de la limaille de fer et du soufre en fleur ou en poudre très fine ; l'un des corps est jaune, l'autre est gris. Mêlons-les aussi intimement que possible, la poudre résultant de ce mélange n'est plus ni jaune ni grise ; on n'y distingue plus à première vue ni le fer ni le soufre. Mais chacun des deux corps y est avec ses propriétés particulières : si l'on aide l'œil d'une forte loupe, on y reconnaît les parcelles de fer. Les deux poudres peuvent d'ailleurs être séparées par un moyen convenable. Si l'on en étale une portion sur une feuille de papier ou sur une soucoupe et que l'on promène au dessus l'extrémité d'un aimant (*fig.* 4), les petites parcelles de fer viennent se fixer à l'aimant, tandis que le soufre reste sur la feuille. On peut donc retirer du mélange chacun des deux corps avec les propriétés et l'aspect qu'il avait avant.

Fig. 4. — La limaille de fer mélangée à la fleur de soufre peut en être séparée par un aimant.

Voici un second exemple : On triture de la limaille de cuivre rouge avec de la fleur de soufre ; chacun des deux corps paraît avoir perdu sa couleur. Nous ne pouvons plus ici retirer le cuivre par l'aimant, car il n'est pas attirable comme le fer. Mais nous pouvons dissoudre le soufre dans un liquide, où il disparaît comme le sucre dans l'eau. Jetons, en effet, un peu du mélange dans une fiole contenant du sulfure de carbone, qui est le dissolvant du soufre ; celui-ci devient liquide, laissant le cuivre se rassembler au fond de la fiole. Le liquide versé sur une soucoupe laisse le soufre en dépôt. Cuivre et soufre n'étaient que mêlés : nous les retrouvons avec leurs propriétés.

Le mélange, si bien fait qu'il puisse être, ne donne

donc pas un corps *homogène* dont toutes les parties soient les mêmes; on peut toujours séparer l'un de l'autre les corps avec lesquels il a été constitué.

8. Combinaison. — La combinaison est une union intime qui donne naissance à un nouveau corps, très différent dans ses propriétés de ceux qui l'ont formé et où ceux-ci ne peuvent plus être retrouvés avec l'aspect qu'ils avaient avant leur union. Les deux exemples précédents vont nous servir d'abord.

Humectons d'eau un peu chaude le mélange de soufre et de fer, pour le convertir en pâte, et introduisons-le dans un petit ballon. Bientôt des vapeurs s'en dégagent, la masse se boursoufle; sa coloration verte se change en un noir foncé. Où est le soufre, où est le fer dans cette poudre noire ainsi formée? L'œil armé d'une loupe ne peut plus les distinguer; l'aimant n'attire plus rien. C'est désormais une matière toute différente de ses composants, qui n'est ni métallique, comme le fer, ni combustible, comme le soufre; c'est un corps nouveau formé par l'union intime des deux premiers.

Mettons le mélange de cuivre et de soufre dans un ballon et chauffons (*fig.* 5). Le soufre fond et brûle; chaque parcelle de cuivre devient incandescente, et à la place des deux corps est une poudre noire très friable où aucun moyen simple ne peut retrouver ni le soufre ni le cuivre. Le corps formé est homogène, ses plus minces parcelles ont toutes le même aspect, et ses propriétés sont toutes différentes de celles qui appartiennent au soufre et au cuivre. Cette poudre noire est un corps composé formé par la combinaison du métalloïde avec le métal.

A ce corps nouveau, il faut donner un nom qui rappelle autant que possible son mode de formation ou sa composition : on l'appelle *sulfure de cuivre*.

Il en est de même pour tous les composés résultant de la combinaison d'un métalloïde avec un métal; pour les nommer, on termine en **ure** le nom du métalloïde (parfois un peu modifié par euphonie) et on le fait suivre du nom du métal : les combinaisons du carbone métalloïde avec l'hydrogène métal s'appellent carbures d'hydrogène.

On suit aussi la même règle pour donner des noms à

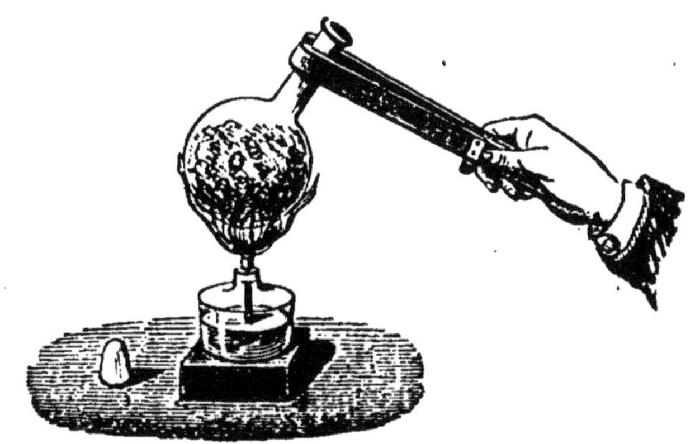

Fig. 5. — Le soufre et le cuivre chauffés se combinent avec incandescence et produisent le sulfure de cuivre noir.

beaucoup des composés de deux métalloïdes; on termine en *ure* celui qui se porterait au pôle positif si l'on décomposait par un courant électrique le corps formé : c'est ainsi que l'on a les *chlorures* de soufre et de phosphore (chlore, et soufre ou phosphore), le sulfure de carbone (soufre et carbone).

9. Caractères de la combinaison. — La combinaison diffère donc du mélange en ce qu'elle donne lieu à la formation d'un nouveau corps homogène, ayant des propriétés différentes de celles des corps simples qui ont servi à le faire. Elle a, en outre, deux autres caractères essentiels : 1° elle dégage le plus souvent de la chaleur, bien que parfois cependant elle en emprunte ; 2° tandis que les proportions des constituants peuvent être quelconques dans le mélange, ces proportions sont toujours exactement *définies* dans la combinaison.

Dans l'exemple précédent, où le soufre et le cuivre se sont combinés, dès que la combinaison a commencé, la masse s'est échauffée au point de devenir incandescente. Il en est presque toujours de même, et si parfois la température des corps réagissants s'abaisse, le plus habituellement elle s'élève, et le dégagement de chaleur peut être assez énergique pour les porter au rouge et les rendre lumineux. En second lieu, quel que soit le poids de l'un des corps qui se trouve en présence d'un poids donné de l'autre, la combinaison emprunte toujours 32 grammes de soufre pour 64 grammes de cuivre ou pour 56 grammes de fer.

Quand la combinaison dégage de la chaleur, elle est dite *exothermique* ou *directe;* elle peut avoir lieu sitôt que l'on met les éléments en présence, ou, si elle a besoin d'être provoquée pour commencer, elle peut continuer d'elle-même. Si, au contraire, la combinaison a lieu avec absorption de chaleur, elle est dite *endothermique* ou *indirecte*, et elle ne peut commencer ni continuer que si on lui fournit la chaleur dont elle a besoin.

10. La dissolution peut être une combinaison. — La dissolution ordinaire, comme celle du sucre, du sel de cuisine ou du salpêtre dans l'eau, n'est qu'un mélange où le solide a été réduit en particules si fines qu'elles sont invisibles dans le liquide. En effet, si on évapore l'eau sucrée ou la dissolution de salpêtre, quand l'eau a disparu en vapeur, le sucre d'une part, le salpêtre de l'autre se retrouvent en croûte ou en cristaux au fond du vase (*fig.* 6) avec les propriétés qu'ils avaient avant la dissolution.

FIG. 6. — La dissolution de salpêtre évaporée laisse des cristaux de salpêtre au fond du cristallisoir.

Il n'en est plus de même lorsqu'on dissout du zinc dans de l'eau acidulée par de l'acide sulfurique ; le métal disparaît, et il se produit un gaz qui se dégage du liquide. Mais si, après la dissolution du métal, on évapore le liquide pour chasser l'eau (*fig.* 7), ce n'est pas du zinc qu. l'on obtient, c'est un nouveau corps en cristaux blancs, comme le sel de cuisine, d'une saveur très amère, et n'ayant absolument rien de l'aspect métallique du zinc ni de l'apparence liquide de l'acide. Ce corps est le produit d'une combinaison qui a été tumultueuse par le dégagement du gaz hydrogène et qui a engendré assez de chaleur pour échauffer le verre jusqu'à le rendre brûlant.

Fig. 7. — La dissolution de zinc dans l'eau acidulée, filtrée, puis évaporée, laisse déposer des cristaux blancs.

La dissolution du zinc dans l'eau acidulée a donc bien les deux caractères principaux de cette association intime que nous appelons combinaison : elle forme un corps nouveau tout différent de ses composants, et c'est un acte énergique accompagné de chaleur.

11. Les propriétés des corps. — Les différentes manières d'être de chaque corps peuvent être rassemblées en deux groupes : les unes sont des changements d'état qui n'altèrent pas la matière du corps : elles sont appelées **propriétés physiques.** Les autres constituent un changement notable dans la nature du corps ; elles entraînent la formation de corps nouveaux ; elles règlent les combinaisons et les décompositions : ce sont les **propriétés chimiques.**

Dans le premier groupe rentrent l'état du corps (solide, liquide ou gaz), sa couleur, son odeur, sa densité ; s'il est solide comme les métaux, le soufre, etc., sa densité et sa ténacité, son point de fusion et la manière dont il se dépose d'une dissolution ; s'il est liquide comme le mercure, son point de vaporisation ; s'il est gazeux comme l'hydrogène, les conditions de sa liquéfaction et de sa solubilité ; tout cela figure sous le nom de propriétés physiques.

Dans le second groupe rentrent, sous le nom de propriétés chimiques, toutes les combinaisons dont le corps est capable, soit avec les corps simples ou éléments, soit avec des corps déjà composés.

Ce sont ces dernières propriétés qui forment surtout le domaine de la chimie ; mais on y étudie aussi les premières ; et la **chimie** peut être définie la science qui étudie les corps simples, les divers composés qu'ils peuvent donner en se combinant entre eux et les lois générales suivant lesquelles s'effectuent les combinaisons.

Résumé. — Les **corps simples** ne renferment qu'une substance ; on n'en peut rien tirer qu'eux-mêmes, si on ne leur ajoute pas un autre corps.

Les **corps composés** renferment deux ou plusieurs substances dont l'ensemble a le même poids que la matière primitive.

On montre qu'un corps composé renferme plusieurs corps simples en provoquant leur séparation : la rouille de mercure chauffée dépose des gouttelettes brillantes de mercure, et elle dégage du gaz oxygène.

Les anciens admettaient quatre éléments : **l'eau, l'air, la terre** et le **feu** : ces quatre corps sont des corps composés.

On connaît aujourd'hui environ 70 corps simples, dont un grand nombre sont sans emploi. On n'a pas suivi une règle unique pour leur donner des noms ; pour quelques-uns cependant, le nom rappelle une propriété.

Les corps simples sont classés en deux groupes : les **métaux**, qui conduisent bien la chaleur et l'électricité, et qui peuvent avoir un vif éclat, une surface brillante quand ils ont été coupés ou limés ; les **métalloïdes**, qui sont sans éclat et qui ne conduisent ni la chaleur ni l'électricité. Ces derniers donnent, par leur union avec l'oxygène, des acides, tandis que les premiers donnent des oxydes ou bases.

L'association des corps simples peut se faire de deux manières : par mélange et par combinaison.

Le **mélange** est une réunion où les corps gardent leurs propriétés et peuvent être facilement séparés les uns des autres.

La **combinaison** est une réunion intime qui donne naissance à un nouveau corps homogène, différent, par ses propriétés, de ceux qui l'ont formé et où ceux-ci ne peuvent plus facilement être retrouvés avec l'aspect qu'ils avaient d'abord. De plus, la combinaison est accompagnée habituellement d'un dégagement de chaleur.

Le corps composé formé de deux corps simples (métalloïde et métal) a reçu un nom qui rappelle sa composition; le nom du métalloïde est terminé en *ure* et suivi du nom du métal. Dans le cas de deux métalloïdes, on suit une règle analogue.

La plupart des combinaisons dégagent de la chaleur; elles sont dites exothermiques ou directes; celles qui, au contraire, en absorbent pour s'effectuer, sont dites endothermiques ou indirectes.

Les différentes manières d'être d'un corps peuvent être rassemblées en deux groupes : les *propriétés physiques*, qui ne sont que des changements d'état, comme la forme, la couleur, la densité, la ténacité, le point de fusion ou de vaporisation ; les *propriétés chimiques*, qui changent la nature des corps et qui règlent les combinaisons et les décompositions.

On étudie en chimie les unes et les autres, surtout les dernières, et la chimie comprend l'étude des corps simples, des corps composés qu'ils peuvent donner et les lois générales des combinaisons.

CHAPITRE II

L'AIR ATMOSPHÉRIQUE

12. Moyen de constater la présence de l'air. — Nous ne voyons pas l'air; mais bien des phénomènes dont nous sommes tous les jours témoins nous révèlent sa présence : c'est lui qui fait avancer le petit bateau à voiles que nous posons sur l'eau d'un bassin, comme c'est lui qui pousse les navires sur les flots de la mer. Entre nos yeux et les objets qui nous entourent, il est invisible; mais, au lointain, il se colore, le jour, d'une belle nuance d'azur, et, le soir et le matin, au lever ou au coucher du soleil, il prend des teintes diverses très variées et fort jolies.

Il remplit tous les vases que nous considérons comme vides, parce qu'il n'y a dedans ni corps solide ni corps liquide apparent : nous pouvons facilement nous en convaincre en posant sur une bouteille un entonnoir dont le col joint bien avec le col de la bouteille, et en remplissant d'eau l'entonnoir : l'eau tombe d'abord dans la bouteille, mais elle s'arrête tout à coup, empêchée dans sa chute par l'air invisible qui remplit le vase et qui ne peut s'échapper. Plongeons verticalement dans l'eau une cloche que nous tenons par le bouton (*fig.* 8) : le liquide ne pénètre pas dans la cloche ; et c'est si bien l'air qui s'y oppose que, si nous inclinons peu à peu la cloche, nous voyons le gaz faire bouillonner le liquide et s'échapper en bulles très apparentes. Pour rendre ces bulles encore plus visibles, nous apportons au-dessus d'elles un long vase renversé et plein d'eau : les bulles d'air montent aussi haut qu'elles peuvent aller, c'est-à-dire qu'elles se rassemblent dans le haut du vase qui leur est offert.

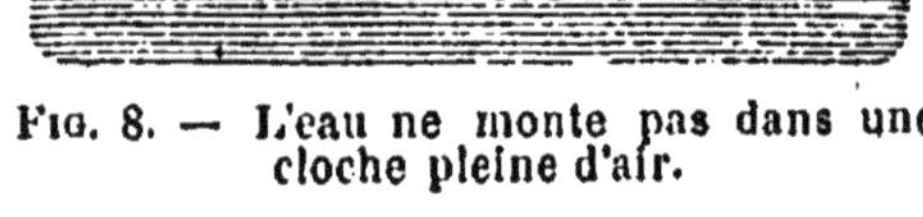

FIG. 8. — L'eau ne monte pas dans une cloche pleine d'air.

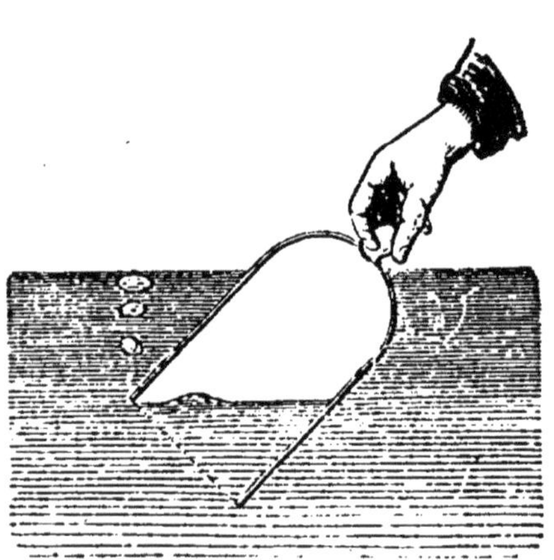

FIG. 9. — L'air se dégage de la cloche inclinée et l'eau prend sa place.

Si alors nous relevons la cloche, que nous avons inclinée, l'eau en occupe une partie, elle y est venue remplacer l'air disparu.

Ainsi, toutes les fois qu'on remplit d'eau un flacon, l'air qu'il contenait s'en va. Inversement, si on vide un flacon d'abord plein d'eau, le flacon se remplit d'air. On peut donc avoir à volonté de l'air d'un endroit quelconque, puisqu'il suffit d'y vider un vase plein d'eau (*fig.* 10) et de le bien boucher quand il est vide.

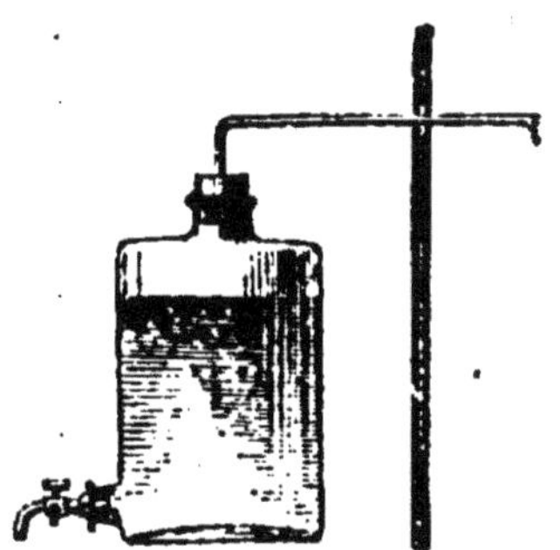

Fig. 10. — Flacon à tubulure inférieure disposé pour tirer de l'air d'un espace donné.

13. L'air et les corps qui brûlent. — Une bougie allumée brûle complètement dans une chambre où on la laisse. Un petit morceau de phosphore que l'on enflamme brûle également sans laisser de résidu, en produisant d'abondantes vapeurs blanches qui se répandent dans l'air. En est-il de même dans un flacon ou une cloche quand le volume d'air est limité ? C'est ce que l'expérience va nous apprendre.

Sur une assiette un peu profonde, versons une couche d'eau de quelques centimètres d'épaisseur; plaçons sur l'eau un large bouchon portant une bougie allumée et couvrons la bougie d'une cloche ou d'un bocal dont les bords plongent dans l'eau de l'assiette. Nous mettons ainsi la bougie dans un volume d'air limité, sans communication avec le dehors. Elle brûle d'abord comme à l'air libre; mais sa flamme pâlit bientôt et ne tarde guère à s'éteindre. En même temps, si on observe bien, on voit que l'eau a monté un peu dans le bocal. Et cependant rien ne semble changé à l'intérieur du vase, le gaz y est resté aussi transparent; il y en a seulement un peu moins, puisque l'eau occupe une partie du volume primitif, et la bougie ne peut brûler dans ce qui reste.

Répétons cette expérience avec le phosphore. Plaçons un morceau de ce corps dans une petite coupelle de terre posée sur un gros bouchon qui flotte sur la cuve à eau; enflammons-le et couvrons le tout d'une cloche (*fig.* 11). Le phosphore brûle vivement en produisant une lueur très vive, et la cloche s'emplit d'épaisses fumées blanches. Peu à peu les lueurs s'affaiblissent et s'éteignent. Les fumées mettent quelque temps à diminuer et à disparaître. Quand le contenu de la cloche s'est éclairci, l'eau est montée d'environ un cinquième, et il reste du phosphore dans la coupelle. Ce n'est donc pas le corps à brûler qui a fait défaut; c'est l'air qui n'a plus été apte, à un moment donné, à faire brûler le combustible.

Fig. 11. — Combustion du phosphore dans un espace d'air limité et préparation de l'azote.

On conclut de ces deux expériences que le renouvellement de l'air est nécessaire pour entretenir le feu, et que les corps en brûlant enlèvent à l'air une partie de sa substance, la seule qui ait le pouvoir de les faire brûler. Si, en effet, on transvase la portion de l'air qui reste dans la cloche et qu'on y plonge une bougie allumée, celle-ci s'éteint aussitôt; on pouvait le prévoir, d'ailleurs, puisque le phosphore a refusé d'y brûler.

14. L'air renferme deux gaz différents. — La combustion du phosphore sous une cloche montre que l'air est formé de deux gaz, l'un qui fait brûler les corps et l'autre qui les éteint. Le premier est le gaz **oxygène,** le second est le gaz **azote.** L'air apparaît donc comme formé du gaz oxygène, éminemment propre à entretenir la combustion, et du gaz azote, qui affaiblit l'action de l'oxygène. L'azote y entre pour environ quatre cinquièmes et l'oxygène pour un cinquième seulement.

Séparer l'un de l'autre les deux gaz qui forment l'air pour les mesurer, c'est faire l'**analyse** de l'air.

L'air atmosphérique pèse par litre 1gr,293 à la température 0°.

15. Proportions exactes d'oxygène et d'azote dans l'air. — Lorsqu'on veut connaître avec exactitude la proportion des deux gaz dont l'air est formé, on prend un volume mesuré d'air, on en absorbe l'oxygène avec une substance solide ou liquide et on mesure le gaz restant ; on obtient ainsi le volume de l'azote ; en le retranchant du volume primitif, on a celui de l'oxygène.

FIG. 12. — Le phosphore absorbe lentement l'oxygène de l'air.

Pour cela, on emploie le phosphore, qui absorbe l'oxygène de l'air à la température ordinaire, et qui doit à cette propriété de paraître lumineux dans l'obscurité. On introduit dans un large tube gradué, renversé sur l'eau, un volume d'air connu, soit 100 centimètres cubes. On y fait passer un long morceau de phosphore que l'on y maintient (*fig.* 12) ; celui-ci s'entoure de vapeurs blanches, parce qu'il prend l'oxygène : il a tout pris lorsqu'il ne paraît plus lumineux dans l'obscurité. On retire alors le bâton de phosphore et on lit le volume du gaz restant : on trouve 79 centimètres cubes. On peut donc affirmer que 100 litres d'air contiennent 79 litres d'azote et 21 litres d'oxygène.

16. Analyse de l'air par le phosphore à chaud. — Lorsqu'on veut faire une analyse d'air en quelques minutes, on mesure l'air dans un tube gradué et on transvase le gaz dans une petite cloche courbe ; on y envoie un morceau de phosphore que l'on fait enflammer en chauffant le tube. L'oxygène est alors absorbé très rapidement et l'eau remonte dans la cloche. On laisse refroidir le gaz et on le transvase à nouveau dans le tube gradué, pour en lire le volume.

Fig. 13. — Analyse de l'air par le phosphore à chaud. A, flamme d'une lampe à alcool chauffant le phosphore.

17. Analyse par l'acide pyrogallique et la potasse. — On prépare une solution de potasse et une solution d'acide pyrogallique. On choisit une éprouvette graduée à gaz que l'on puisse facilement boucher avec le doigt. On verse dans l'éprouvette, de manière à la remplir au tiers ou à la moitié, parties égales des deux solutions. On la bouche, on la retourne; on lit le volume occupé par l'air. On agite le liquide dans l'éprouvette sans l'ouvrir, et, après une agitation de quelques minutes, on plonge l'éprouvette dans un grand verre d'eau. Le liquide a bruni ; il a absorbé l'oxygène; il tombe dans le verre et il est remplacé par de l'eau. On lit le volume du gaz restant en enfonçant l'éprouvette pour que ce gaz soit à la pression atmosphérique : c'est la proportion d'azote que contenait le volume d'air sur lequel on a opéré. Soit 150 centimètres cubes ce volume d'air primitif ; après l'absorption, on ne trouve plus que $118^{cc},5$ d'azote ; l'oxygène disparu est représenté par $31^{cc},5$. Ce sont encore les mêmes proportions que ci-dessus.

Les méthodes qui précèdent ont l'avantage d'être

faciles, mais elles ont l'inconvénient d'être peu exactes;

FIG. 14. — Appareil de Boussingault pour l'analyse de l'air en poids. — A. Ballon à robinet; — B. Tube à cuivre chauffé sur une grille; — *t*. Tube à ponce arrêtant la vapeur d'eau; — *d*. Tubes à potasse retenant l'anhydride carbonique.

on opère, en effet, sur de petits volumes d'air qu'il est difficile de mesurer très exactement. Aussi les chimistes ont-ils eu recours, pour fixer exactement la composition de l'air, aux méthodes d'analyse en poids.

18. Méthode d'analyse par les poids. — Le principe de la méthode d'analyse de l'air en poids est de faire passer l'air, après l'avoir dépouillé des gaz autres que l'oxygène et l'azote, sur un corps solide qui retient l'oxygène et dont l'augmentation de poids donne le poids du gaz; on pèse ensuite l'azote recueilli seul. MM. Dumas et Boussingault ont opéré non plus sur quelques centimètres cubes d'air, mais sur une centaine de litres, et ils ont pesé les gaz. L'air, dépouillé des corps autres que l'azote et l'oxygène, est appelé dans un grand ballon de 10 à 15 litres où l'on a fait le vide, et, pour y arriver, il traverse un tube contenant du cuivre chauffé où il abandonne son oxygène, de sorte qu'il n'arrive dans le ballon que l'azote.

L'augmentation de poids du ballon donne le poids de l'azote; celle du tube contenant le cuivre, le poids de l'oxygène. Les expériences faites par cette méthode exacte ont donné les nombres :

Azote	76 grammes 7;
Oxygène	23 grammes 3;
Air	100 grammes.

19. Air dissous dans l'eau. — Il est facile de montrer que l'eau ordinaire contient de l'air qu'elle a dissous. Remplissons complètement d'eau un ballon d'un litre; fermons-le avec un bouchon muni d'un tube recourbé : le tube se remplit de l'eau déplacée par le bouchon; engageons l'extrémité libre du tube sous une éprouvette pleine d'eau et chauffons le ballon (*fig.* 15); au bout de quelque temps, nous verrons 29 à 30 centimètres cubes de gaz occuper le haut de l'éprouvette. Avant l'expérience, ce gaz était invisible dans l'eau.

Si on fait l'analyse de l'air que les eaux naturelles retiennent en dissolution, on trouve que cet air renferme 32 litres d'oxygène sur 100 litres : c'est plus que l'air ordinaire. Et cette présence de l'air dans l'eau est un fait d'une grande importance, car c'est aux dépens de ce gaz que respirent les poissons et les animaux aquatiques. C'est en chauffant l'eau que nous avons fait dégager l'air qu'elle retenait ; mais ce gaz s'en échappe encore quand l'eau se congèle ; et les petites bulles dont se trouvent criblés les blocs de glace n'ont pas d'autre origine.

Fig. 15. — Moyen de recueillir l'air dissous dans l'eau.

20. **Autres corps contenus dans l'air.** — L'azote et l'oxygène sont les principes fondamentaux de l'air ; mais il y existe d'autres substances que l'on trouve dans tous les lieux, bien qu'elles soient souvent en très petite quantité.

C'est d'abord la *vapeur d'eau*, variable avec le degré d'humidité. On la met en évidence en la forçant à se déposer en buée ou en gouttelettes sur les corps froids : telle est la rosée qui se forme sur la paroi extérieure d'une carafe, dont le liquide est plus froid que l'air de la chambre où l'on apporte le vase ; telle est aussi la buée des carreaux de nos appartements et la rosée que l'on trouve souvent, le matin, sur les plantes.

C'est, en second lieu, le produit gazeux que donne le charbon en brûlant et que nous étudierons dans une des leçons suivantes, sous le nom de gaz carbonique.

Ce sont enfin ces milliers de corps si petits qu'ils

échappent d'habitude à la vue et qui ne deviennent visibles que lorsqu'ils sont rassemblés sous forme de poussière, ou bien très vivement éclairés par un rayon de soleil pénétrant dans une chambre obscure.

Ces mille petits riens contiennent des débris d'une infinité de corps. Ils contiennent aussi des germes organisés qui sont les agents des transformations que l'air fait subir aux substances végétales ou animales : c'est parmi eux qu'existent les germes de la putréfaction, du changement du vin en vinaigre, et, dans certains lieux, les agents des fièvres paludéennes et de certaines maladies contagieuses.

On peut se proposer de trouver le poids de la vapeur d'eau et du gaz carbonique contenus dans un volume donné d'air. On se sert alors de l'appareil représenté par la figure 16. C'est un aspirateur plein d'eau, d'une contenance de 50 litres environ, et dont la partie supérieure est en communication avec l'air, mais par l'entremise de deux séries de tubes dont les uns contiennent de la ponce sulfurique qui retiendra la vapeur d'eau et les autres de la potasse qui absorbera le gaz

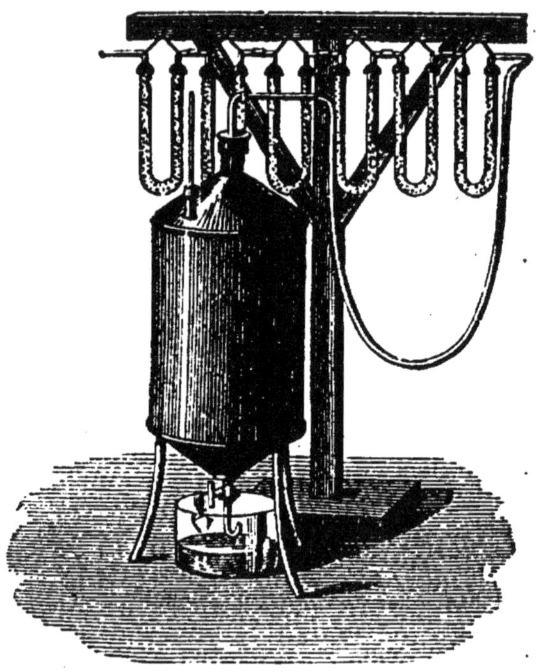

Fig. 16. — Aspirateur plein d'eau disposé pour faire passer dans les tubes à ponce et à potasse de l'air qui y laisse sa vapeur d'eau et son gaz carbonique.

carbonique. L'augmentation de poids de chacune de ces séries de tubes donne le poids des deux corps que l'on cherche.

La vapeur d'eau y est variable avec le degré d'humidité et avec la température : en hiver, l'air humide ne contient guère plus de 10 grammes de vapeur d'eau par mètre cube, tandis qu'en été ce poids peut aller jusqu'à 30 grammes.

Le poids du gaz carbonique n'est d'ordinaire que d'environ 1 gramme par mètre cube d'air.

M. Pasteur a donné un moyen simple de recueillir les germes organisés qui sont dans les poussières de l'air; il les a obtenus en faisant filtrer une grande quantité d'air sur une bourre de coton-poudre. En dissolvant ensuite cette bourre dans un mélange d'éther et d'alcool, où le coton-poudre est entièrement soluble, il a trouvé un résidu où l'examen microscopique lui a fait reconnaître les agents des fermentations et des putréfactions.

L'air contient, en outre, environ 1 0/0 d'un gaz nouveau confondu avec l'azote et découvert par lord Rayleigh et Ramsay, qui l'ont appelé *argon*. On y suppose aussi l'existence de traces d'autres gaz, comme l'*hélium* que l'on a découvert par l'étude des spectres.

21. L'air est un mélange. — On reproduit l'air en mélangeant 21 litres d'oxygène avec 79 litres d'azote, et il ne se produit pas le dégagement de chaleur qui accompagne d'ordinaire toute combinaison.

De plus, les volumes des deux gaz qui forment l'air ne sont pas, comme ceux des gaz combinés, dans des rapports simples.

Enfin, si l'on dissout l'air dans l'eau, chacun des deux gaz se dissout dans le liquide comme s'il était libre; et, quand on fait l'analyse de l'air extrait de l'eau, on trouve 32 0/0 d'oxygène, ce qui indique bien que ce n'est pas l'air qui s'est dissous, puisqu'il n'a pas conservé sa nature, mais chacun des deux gaz qui le forment par leur mélange.

22. Expérience de Lavoisier. — On savait, avant Lavoisier, que les métaux calcinés engendrent des substances nouvelles que l'on appelait des *terres* ou des *chaux métalliques*, tandis que nous les appelons *oxydes*. On savait, comme aujourd'hui, produire par l'action de la chaleur les chaux, c'est-à-dire les oxydes d'étain, de plomb ou de mercure. Mais on n'avait pas assez bien remarqué que, dans cette calcination, le métal augmente de poids ; on n'avait pas songé à le peser avant et après l'expérience. La première découverte de Lavoisier consiste à avoir prouvé que le métal chauffé augmente de poids, qu'il prend quelque chose à l'air, qu'il lui prend la portion que nous nommons l'oxygène et qu'il laisse l'azote. Pour cela, Lavoisier chauffa du mercure dans un ballon à long col recourbé, comme l'indique la figure 17. L'extrémité du tube était couverte d'une cloche qui limitait l'air en contact avec le mercure du ballon.

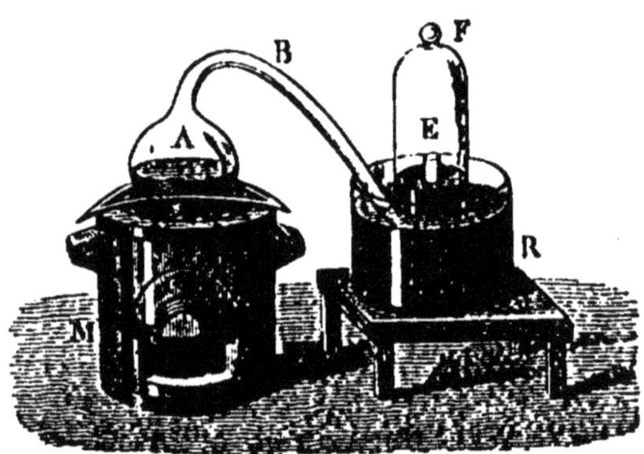

Fig. 17. — Appareil de Lavoisier pour l'analyse de l'air. A, ballon ; B, col contourné et relevé en E ; F, cloche ; R, cuve à mercure ; M, fourneau.

Après plusieurs jours de chauffe, le mercure du ballon se couvrit de pellicules rouges, chaux de mercure ou oxyde, comme nous disons aujourd'hui. Et l'air avait diminué d'un cinquième, comme l'attestait le mercure de la cuve monté dans la cloche. Le mercure chauffé prenait donc à l'air un cinquième de son volume, et le gaz restant n'était plus capable d'entretenir la combustion. Lavoisier avait ainsi fait l'analyse de l'air.

Il poussa plus loin cette expérience, l'une des plus remarquables qui aient été faites. Il recueillit l'oxyde de mercure, le chauffa dans un tube, s'assura qu'il en sortait de l'oxygène, et, en envoyant ce gaz se mêler à l'azote de la cloche, il reconstitua l'air qui remplissait l'appareil avant l'expérience. Il avait donc fait successivement l'analyse et la synthèse de l'air. Il avait surtout montré d'une façon péremptoire que l'air cède son oxygène aux métaux que l'on chauffe à son contact.

23. L'air active le feu. — Que faisons-nous pour faire brûler plus vivement le charbon ou le bois dans nos foyers ? Nous dirigeons avec un soufflet de l'air sur le combustible ; nous ouvrons le cendrier de nos poêles ou bien nous dégageons la grille sur laquelle repose le coke ou la houille ; alors, à l'arrivée de l'air, la flamme prend plus de développement. Fermons-nous, au contraire, les ouvertures, ou bien couvrons-nous de cendres les charbons allumés, la combustion cesse de se propager. Il lui faut de l'air pour qu'elle puisse s'effectuer, ainsi que nous le démontre avec évidence l'expérience de chaque jour.

24. L'air et les êtres vivants. — L'air est indispensable à tous les êtres vivants, qui meurent lorsqu'ils en sont privés. Ceux même qui vivent dans l'eau ne font pas exception à la règle ; ils ne peuvent vivre sans l'eau aérée ; ils périraient dans l'eau récemment bouillie ou privée d'air. Enfermés dans un espace limité, ils pourraient continuer quelque temps à vivre, mais ils ne tarderaient pas à s'affaiblir et à périr, comme la bougie allumée placée sous une cloche s'affaiblit et s'éteint. Il faut de l'air à l'animal pour vivre, comme il faut de l'air à la bougie pour brûler.

Résumé. — **L'air atmosphérique,** qui est invisible, remplit tous les vases que nous croyons vides. Pour mettre sa présence en évidence, on lui fait remplir une cloche ou un vase auparavant rempli d'eau.

Les corps combustibles brûlent quelque temps dans un air confiné, puis ils s'éteignent, et l'air a quelque peu diminué de volume.

L'air atmosphérique est incolore sous une faible épaisseur et bleu en grandes masses. Il pèse par litre $1^{gr},293$ à la pression ordinaire et à la température 0°.

On montre facilement que l'air est formé de deux gaz principaux, l'oxygène et l'azote : l'expérience du phosphore brûlant dans un espace d'air limité le prouve. L'air n'est donc pas un élément, comme le croyaient les anciens. Outre les deux gaz précédents, l'air renferme encore de la vapeur d'eau, de l'acide carbonique et des poussières minérales et organiques, dont une partie peut contenir des microbes, organismes microscopiques qui sont les agents des putréfactions et qui sont pernicieux pour la santé de l'homme.

Montrer l'existence de tous ces corps, c'est faire l'analyse qualitative de l'air; chercher leurs proportions, c'est faire l'analyse quantitative.

Dans cette dernière, on recherche d'abord la quantité d'azote et d'oxygène contenue dans un volume déterminé d'air, on absorbe l'oxygène et on mesure l'azote restant.

On peut employer le phosphore; introduit dans un volume donné d'air, il absorbe lentement l'oxygène, et, quand tout ce dernier gaz est disparu, et que le phosphore est retiré, on mesure le volume restant, qui est de l'azote.

On trouve :

pour 100 litres { 21 litres d'oxygène
79 litres d'azote.

On peut aussi employer une dissolution de potasse et une d'acide pyrogallique; leur mélange absorbe l'oxygène et laisse l'azote.

La méthode par les pesées est plus exacte et plus complète. On fait passer de l'air d'abord dans des tubes à potasse où reste le gaz carbonique, dans des tubes à ponce où s'arrête la vapeur d'eau, sur du cuivre chauffé qui retient l'oxygène; on ne recueille enfin que l'azote.

La composition de l'air atmosphérique est constante, n'importe où l'on en prenne; on y trouve toujours, sur 100 litres, 79 litres d'azote et 21 d'oxygène, de quatre à six dix-millièmes de gaz carbonique et de vapeur d'eau.

L'air est un mélange : on le forme en mêlant 4 volumes d'azote, à 1 volume d'oxygène, et il n'y a aucun dégagement de chaleur comme il arriverait s'il y avait combinaison en second lieu, les proportions des deux gaz ne sont pas dans un rapport simple; enfin, quand l'air se dissout, c'est chacun de ses deux gaz avec son propre pouvoir de solubilité qui se dissout dans l'eau; et l'air dissous n'a plus la même constitution que l'air ordinaire; il renferme, en effet, 32 0/0 d'oxygène.

L'air, au point de vue chimique, a les propriétés de l'oxygène tempérées par la présence de l'azote; il sert à la respiration des animaux et des plantes; il produit l'oxydation des métaux.

C'est Lavoisier qui a montré le premier, en 1774, et la composition de l'air et son rôle véritable dans la combustion, dans l'oxydation des métaux et dans la respiration. Dans sa célèbre expérience où il chauffait du mercure dans un espace d'air limité, il a fait voir que l'air perd un cinquième de son volume pour former la chaux de mercure ou ce qu'on appelle aujourd'hui l'oxyde de mercure, que le reste de l'air n'entretient ni la combustion ni la vie; que l'oxyde de mercure chauffé rend l'oxygène pris à l'air pour sa formation. Il a conclu que l'oxygène occupe le cinquième de l'air et en est la partie active dans les oxydations ou les combustions.

CHAPITRE III

L'OXYGÈNE

25. Propriétés physiques. — L'oxygène est un gaz incolore, sans odeur et sans saveur.

Il est un peu plus lourd que l'air: le litre pèse 1gr,43. Quand on compare son poids à celui de l'air, on dit que sa densité est 1,1056, celle de l'air étant 1.

On compare plus souvent son poids à celui du gaz hydrogène, le plus léger de tous les corps; on trouve alors qu'un litre d'oxygène pèse 16 fois plus qu'un litre d'hydrogène.

Le gaz oxygène peut se conserver longtemps dans les flacons, si on les laisse renversés sur la cuve à eau ou sur des soucoupes contenant une petite couche d'eau qui en ferme l'ouverture, comme l'indique la figure 18. L'eau ne dissout pas le gaz.

On a pu amener le gaz oxygène à l'état liquide par l'action simultanée d'un grand refroidissement et d'une forte pression.

FIG. 18. — Flacon plein de gaz oxygène renversé sur un vase d'eau.

26. Propriété chimique caractéristique de l'oxygène. — La propriété la plus saillante de l'oxygène, c'est de *rallumer les corps qui ne brûlent presque plus et de faire brûler avec un vif éclat ceux qui brûlent déjà ;* c'est, en un mot, de se combiner vivement avec les autres corps.

Pour vérifier cette propriété, on prend une éprouvette pleine d'oxygène, on la retourne (*fig.* 19) et on y plonge une bougie que l'on vient d'éteindre et dont la mèche conserve encore un point incandescent. La bougie se rallume instantanément avec une très légère explosion, et elle brûle avec un vif éclat. On la retire ; on l'éteint en conservant toujours un point incandescent, et on l'introduit de nouveau dans l'éprouvette ; elle se rallume encore.

FIG. 19. — Une bougie presque éteinte plongée dans l'oxygène se rallume et brûle avec éclat.

Cette expérience, qu'on peut répéter plusieurs fois de suite, est très saisissante; elle suffirait à elle seule à prouver la propriété caractéristique de l'oxygène; mais d'habitude on fait brûler dans ce gaz successivement plusieurs corps.

27. Corps brûlés dans l'oxygène. — *Première expérience.* — Le premier corps que nous allons faire brûler dans l'oxygène, c'est le charbon. Nous en attachons un morceau à un fil de fer planté dans un large bouchon, et nous l'allumons. Il brûle, mais sans éclat. Nous renversons un flacon d'oxygène en laissant au fond un peu d'eau et nous y plongeons le charbon allumé (*fig.* 20); celui-ci brûle alors avec une vive clarté en projetant des étincelles étoilées très brillantes. Il revient peu à peu à son premier éclat et il s'éteint. Nous pouvons remarquer que le charbon a diminué de volume; une partie a disparu. L'oxygène a disparu aussi. Mais, comme *rien ne se perd dans la nature*, nous devons pouvoir retrouver les deux corps sous une autre forme. Nous les retrouvons en effet dans le gaz qui remplit le flacon dont l'eau du fond va dissoudre une portion. L'oxygène a formé avec le charbon un nouveau corps tout différent des deux qui l'ont produit.

FIG. 20. — Combustion du charbon dans l'oxygène.

Deuxième expérience. — Plaçons sur un fil de fer terminé en anneau un petit godet de terre, dans le godet un petit morceau de phosphore; allumons celui-ci et plongeons le tout dans un flacon plein d'oxygène, le phosphore brûle avec un si vif éclat que le regard peut à peine le supporter (*fig.* 21). Le phosphore disparaît et l'oxygène aussi. Mais on voit d'épaisses fumées blanches remplir le flacon et dont une partie se dépose en poudre fine sur les parois, tandis que l'autre se dissout dans l'eau qui couvre le fond : c'est le nouveau corps que l'oxygène et le phosphore ont formé en s'unissant intimement.

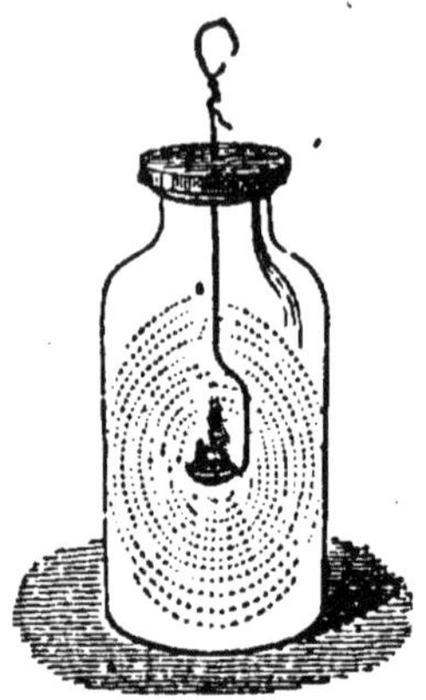

Fig. 21. — Combustion du soufre ou du phosphore dans l'oxygène.

On ferait une expérience analogue, mais non moins brillante, en plongeant dans l'oxygène du soufre allumé au lieu de phosphore.

Troisième expérience. — On allume un bout de ruban de magnésium tenu à un fil de fer : le métal brûle déjà avec beaucoup d'éclat ; mais, si on le plonge dans l'oxygène, sa lumière blanche devient tout à fait éblouissante. Le ruban éteint, il reste à sa place une matière blanche qui se dissout à peine dans l'eau.

Quatrième expérience. — Le fer lui-même va brûler dans l'oxygène aussi facilement que le charbon, et il suffira d'un morceau d'amadou enflammé pour y mettre le feu. Pour réaliser cette expérience, prenons un ressort de montre, chauffons-le au rouge pour lui enlever son élasticité et roulons-le en spirale autour d'une baguette de verre. Plantons une de ses extrémités dans un bouchon et, à l'autre, attachons un morceau d'amadou ; allumons l'amadou et descendons la spirale de fer dans un flacon d'oxygène dont le fond est couvert de quelques centi-

Fig. 22. — Combustion du fer dans l'oxygène. A, extrémité du fil de fer portant un morceau d'amadou.

mètres d'eau (*fig.* 22). L'amadou met le feu au fer, et du fer enflammé jaillissent des milliers d'étincelles en même temps qu'il tombe dans l'eau des globules fondus qui bruissent au contact du liquide froid et s'incrustent parfois dans le verre. C'est une des plus belles expériences que l'on puisse faire. Lorsqu'il n'y a plus d'oxygène, le fer s'éteint, et le flacon est parfois tapissé d'une poussière de rouille.

Ainsi nous avons démontré surabondamment que l'oxygène fait brûler les corps avec un vif éclat, non seulement ceux, comme le charbon et le phosphore, que nous pouvons voir brûler dans l'air, mais même le fer. Nous en concluons que, si nous pouvions insuffler de l'oxygène au lieu d'air dans nos foyers, le charbon y brûlerait avec une bien plus grande vivacité et, dans le même temps, produirait bien plus de chaleur. Mais il faudrait pour cela savoir produire l'oxygène à très bon marché.

28. Étude des produits formés. — Les combustions précédentes ont donné lieu à des corps nouveaux très différents de ceux qui les ont formés. Comment distinguer les uns des autres et reconnaître ces composés ? C'est en leur donnant des noms qui rappellent la manière dont ils sont formés et qui fassent penser de suite aux corps entrant dans leur composition.

C'est ce qu'ont fait les chimistes depuis un demi-siècle, et, quand ils désignent un corps composé, son nom seul indique déjà de quoi il est formé. Tous les produits des combinaisons ont ainsi reçu des noms caractéristiques.

On a brûlé dans l'oxygène des métalloïdes comme le charbon et le phosphore ou le soufre, et des métaux comme le magnésium et le fer. C'est donc deux séries distinctes de combinaisons :

1° Des métalloïdes avec l'oxygène ;

2° L'oxygène avec des métaux.

Dans le premier cas, où des métalloïdes sont combinés à l'oxygène, les corps formés sont des **anhydrides** s'ils restent secs et des **acides** quand ils sont humides, qu'ils ont pris de l'eau et qu'ils peuvent échanger de l'hydrogène contre un métal.

Les composés formés de l'oxygène et des métaux sont appelés **oxydes** ou **bases.**

C'est la différence la plus caractéristique entre les métalloïdes et les métaux.

29. **Anhydrides et acides.** — Ainsi, quand on fait brûler dans l'oxygène sec du phosphore, du charbon, du soufre, on forme les **anhydrides** *phosphorique*, *carbonique*, *sulfureux*, le premier en poudre blanche très avide d'eau, le second en gaz incolore et inodore, le dernier en gaz incolore à odeur suffocante.

Les anhydrides possèdent la propriété de se combiner à l'eau et de donner des **acides** qui rougissent la teinture de tournesol; l'anhydride phosphorique jeté dans l'eau s'y dissout avec bruissement et avec un dégagement de chaleur qui est l'indice d'une combinaison, et la solution a le caractère des acides.

Quand on brûle le phosphore, le soufre et le charbon dans du gaz oxygène en présence d'eau, les anhydrides formés se dissolvent dans l'eau, et du tournesol versé dans cette eau y révèle l'*acide phosphorique* et l'*acide sulfureux* en rouge vif, l'*acide carbonique* en rouge vineux.

On généralise ces résultats, et l'on dit: les *métalloïdes, en se combinant avec l'oxygène sec, donnent des* **anhydrides;** *avec de l'oxygène humide ou en présence de l'eau, ils donnent des* **acides.**

Et les anhydrides, comme les acides, ont un nom formé du nom du métalloïde avec la terminaison *ique*, si le composé est unique ou s'il est le plus oxygéné, et la terminaison *eux* pour le composé moins oxygéné.

Dorénavant, le nom d'*anhydride phosphorique* nous

indiquera la poudre blanche que le phosphore donne en brûlant, c'est-à-dire en se combinant à l'oxygène ; et le nom d'*acide phosphorique* nous désignera ce même corps ayant déjà fait combinaison avec l'eau. Le nom d'*anhydride carbonique* nous rappellera le gaz invisible que produit le charbon ou carbone en brûlant, autrement dit en se combinant à l'oxygène sec. Le nom d'*acide carbonique* sera réservé à ce même anhydride humide ou dissous, c'est-à-dire ayant pris avec l'eau la propriété essentielle des acides de pouvoir former des sels en échangeant son hydrogène contre des métaux.

Et nous ne dirons plus que le corps qui brûle disparaît, se détruit, s'anéantit ; nous saurons qu'il a formé avec l'un des éléments de l'air un nouveau corps, visible ou invisible, mais dont il nous est possible de constater la présence et les propriétés.

30. Oxydes ou bases. — Leurs noms. — Les corps formés par la combinaison des métaux avec l'oxygène ne sont pas aigres comme les acides, et ils ne rougissent pas la teinture de tournesol. Ceux d'entre eux qui sont solubles dans l'eau, comme la poudre blanche produite par la combustion du magnésium, ont une saveur caustique : versés dans le tournesol d'abord rougi par un acide, ils *ramènent cette teinture au bleu.* On les appelle **oxydes ou bases,** et on donne par analogie le même nom aux corps insolubles qui ont une formation analogue, comme la poudre blanche provenant de la combustion du zinc ou de celle du magnésium, ou comme la poudre de rouille et les globules qui résultent de la combustion du fer.

Les noms particuliers des oxydes sont faciles à retenir : pour désigner chacun d'eux, on fait suivre le mot *oxyde* du nom du métal combiné à l'oxygène. Ainsi :

le fer
et l'oxygène } produisent l'oxyde de fer,

le zinc et l'oxygène	produisent	l'oxyde de zinc,
le magnésium et l'oxygène	—	l'oxyde de magnésium,
le sodium et l'oxygène	—	l'oxyde de sodium.

On désigne souvent ces deux derniers par les noms de **magnésie** (oxyde de magnésium) et de **soude** (oxyde de sodium), parce que les oxydes étaient connus des chimistes longtemps avant les métaux qu'ils contiennent.

31. Action de l'oxygène dans la respiration. — L'oxygène est absolument nécessaire à l'entretien de la vie des êtres vivants ; les animaux meurent très promptement quand ils en sont privés. L'air est introduit dans le corps par l'acte de la respiration, et l'oxygène qu'il contient pénètre dans les globules sanguins pour être ensuite porté par eux dans tous les organes ; il est la source de la chaleur du corps qu'il produit en se combinant avec l'hydrogène et le carbone des aliments.

Quand les globules sanguins sont imprégnés d'oxygène, le sang a une belle couleur rouge rose ; quand, au contraire, ils contiennent du gaz carbonique, le sang est noirâtre. On peut montrer facilement cette action de l'oxygène sur le sang ; on verse du sang noir dans une éprouvette pleine de gaz oxygène et on le voit reprendre sa couleur rouge.

32. Préparation de l'oxygène. — Il semble au premier abord que l'on devrait tirer l'oxygène de l'air atmosphérique ; mais l'opération n'est ni assez simple ni assez facile dans un laboratoire. Il faut donc prendre le gaz oxygène aux composés qui peuvent le donner : on peut le prendre aux oxydes, même à quelques acides ; mais c'est ordinairement par la décomposition d'un sel qu'on le produit.

Parmi les oxydes qui peuvent le donner facilement, on peut employer l'**oxyde de mercure,** le chauffer dans un petit matras muni d'un tube et recueillir le gaz sur la cuve à eau. Mais cet oxyde est trop cher pour donner à bon marché beaucoup d'oxygène.

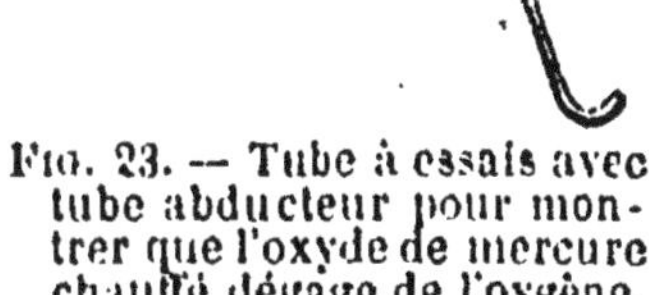

FIG. 23. — Tube à essais avec tube abducteur pour montrer que l'oxyde de mercure chauffé dégage de l'oygène.

On emploie le **bioxyde de manganèse,** produit naturel d'un prix assez faible, que l'on chauffe fortement dans une cornue en terre placée dans un fourneau à réverbère pour lui faire dégager le gaz.

Dans les laboratoires, on décompose par la chaleur le *chlorate de potassium*. On met ce sel dans une cornue (*fig.* 24) ou même dans un ballon. Pour rendre la décomposition plus régulière,

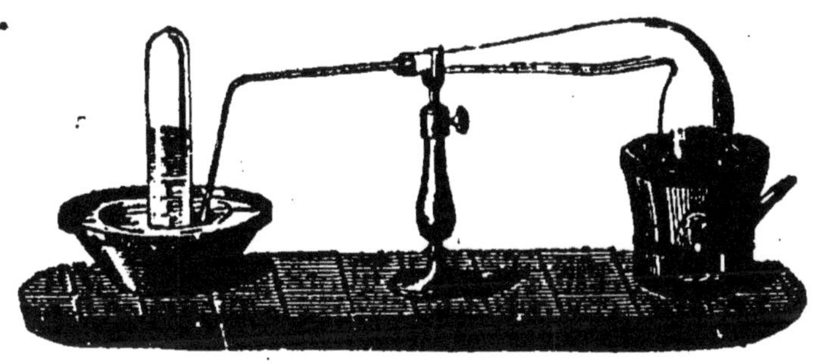

FIG. 24. — Production de l'oxygène par la décomposition du chlorate de potasse.

on lui ajoute un peu de bioxyde de manganèse. On munit la cornue ou le ballon d'un tube abducteur et l'on chauffe modérément. On recueille le gaz dans des éprouvettes ou des flacons, sur une terrine ou mieux sur la cuve à eau (*fig.* 25).

Lorsqu'on veut produire de grandes quantités d'oxygène, on emploie une cornue ou une marmite de fer dont on lute le couvercle avec du plâtre après qu'on l'a remplie d'un mélange de chlorate de potassium et de sable.

La réaction s'écrit :

$$ClO^3K = KCl + O^3.$$

Chlorate *Chlorure*

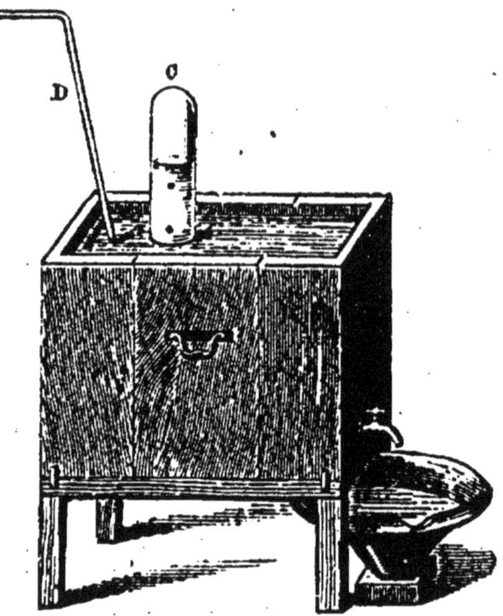

FIG. 25. — Cuve à eau pour recueillir les gaz.

33. **Historique.** — On attribue la découverte de l'oxygène à **Priestley,** savant chimiste anglais, qui vivait à la fin du siècle dernier. C'est le 1er août 1774 que ce savant obtint le gaz qui rallume les corps presque éteints, en concentrant la lumière solaire, avec une lentille de verre, sur la poudre rouge dont se couvre le mercure quand on le chauffe fortement et longtemps. A la même époque, un grand chimiste suédois, **Scheele,** obtenait aussi le gaz oxygène par un autre moyen, en chauffant le bioxyde de manganèse avec l'acide sulfurique. Mais c'est **Lavoisier** qui a le premier bien mis en relief les propriétés de ce gaz en montrant nettement son rôle dans l'oxydation des métaux, dans la combustion de tous les corps qui brûlent et dans la respiration.

34. **Combustions vives.** — On appelle *combustion vive* d'un corps la combinaison de ce corps avec l'oxygène quand elle est accompagnée d'un dégagement de chaleur et d'une production de lumière. Exemples : la combustion du charbon, du soufre et du

phosphore à l'air ou dans l'oxygène, celle du fer dans l'oxygène.

Le corps qui brûle reçoit d'ordinaire le nom de *combustible* et l'oxygène est le corps *comburant*. Mais, en réalité, il y a eu combinaison entre les deux corps.

On peut même étendre le mot de combustion à toute combinaison qui produit beaucoup de chaleur : ainsi, quand le cuivre chauffé avec le soufre devient tout à fait incandescent, on peut dire qu'il brûle dans le soufre fondu, puisqu'il s'y combine avec un fort dégagement de chaleur. Dans ce dernier exemple, le soufre est comburant, tandis qu'il est combustible vis-à-vis de l'oxygène.

Ce ne sont pas seulement les corps simples qui peuvent ainsi brûler ; beaucoup de corps composés produisent aussi des combustions dans l'air ou dans l'oxygène ; ainsi le bois, l'huile, l'alcool, le gaz, la bougie une fois allumés dans l'air y brûlent aux dépens de l'oxygène en produisant de la chaleur et de la lumière.

35. Combustions lentes. — Les combinaisons des corps, tout en dégageant toujours de la chaleur, peuvent bien n'en pas produire assez dans un court espace de temps pour porter le corps à l'incandescence, et cependant le résultat final est le même. On dit qu'il y a *combustion lente*. On peut citer, comme exemple, la combustion lente du bois dans la terre humide pour l'opposer à la combustion vive de nos foyers, et aussi la rouille des métaux, notamment du fer.

Quand on abandonne longtemps du bois à l'air humide, il se détruit à la longue, se consume, noircit et finit par n'être plus qu'une masse brunâtre. Cette décomposition lente, cette sorte de pourriture est rigoureusement une combustion, qui ne diffère de celle de nos foyers que par sa lenteur. Il y a de la chaleur dégagée, et, si elle n'est pas du tout apparente, c'est parce qu'elle se produit très lentement et en quantité très minime à la fois : elle est répartie sur plusieurs années, au lieu de se produire en une heure ou deux dans nos foyers. Le bois qui se pourrit en terre se combine à l'oxygène peu à peu : il est en combustion lente.

36. **La rouille du fer.** — Tout le monde sait que le fer, très brillant quand il sort des mains de l'ouvrier qui vient de le polir, se recouvre peu à peu à l'air, surtout à l'air humide, de taches rougeâtres, qui l'envahissent assez rapidement, forment à sa surface une couche pulvérulente et finissent par le ronger entièrement. Ce phénomène est si commun que chacun de nous a pu l'observer mille fois : c'est là une combinaison chimique, c'est l'union du fer avec l'oxygène de l'air ; *la rouille est un* **oxyde de fer.**

Nos observations journalières peuvent nous convaincre que l'air est nécessaire à la formation de la rouille du fer et des autres métaux. Un morceau de fer poli, conservé dans un air très sec, y garde très longtemps son brillant ; porté dans un endroit où l'air est un peu humide, il se rouille promptement.

Que faire alors pour empêcher la production de la rouille? Il faut soustraire la surface du fer au contact de l'air. On y parvient en y déposant une mince couche d'un corps gras qui ne masque pas sensiblement le brillant de l'objet, mais qui ne laisse pas venir jusqu'au métal l'humidité dont l'air est imprégné. C'est le procédé que l'on suit pour conserver le brillant des armes d'acier ou de fer et de bien d'autres objets formés de ce métal.

Pourquoi recouvre-t-on de peinture les fers sans cesse exposés à l'air, comme les grandes pièces des constructions, colonnes, grilles, etc.? C'est pour les garantir de la rouille, autrement dit de l'oxydation. La première couche répandue sur le métal avec beaucoup de soin et d'une façon très homogène a pour but de servir d'enduit préservateur de l'action de l'air; et, si l'on veut un décor, on le pose sur cette première couche essentiellement préservatrice. Les fers se conservent ainsi très longtemps à l'air humide, tandis qu'ils seraient rapidement rongés si on les laissait nus.

La production de la rouille est un phénomène chimique analogue à la combustion vive du fer dans l'oxygène; le produit formé est le même. Dans les deux cas, il y a un dégagement de chaleur; mais, dans la combustion lente, la chaleur, faible à chaque instant, s'est dissipée à mesure qu'elle s'est produite.

L'oxydation des métaux est donc une combustion qui peut être *vive* ou rapide, mais qui peut être *lente* et qui produit dans les deux cas le même composé.

Résumé. — L'oxygène est un gaz incolore, très peu soluble dans l'eau, difficile à liquéfier, dont le poids est de 1gr,43 par litre. Sa densité par rapport à l'air est 1,1056 et par rapport à l'hydrogène 16, c'est-à-dire qu'à volume égal il pèse 16 fois plus que l'hydrogène.

Sa propriété chimique caractéristique, c'est de *rallumer les corps qui ne brûlent presque plus et de faire brûler très vivement ceux qui brûlent déjà.*

On fait brûler dans l'oxygène du charbon, du soufre ou du phosphore, puis du magnésium et du fer. Dans chacun de ces cas, il y a dégagement de chaleur et de lumière et formation de corps nouveaux différents de ceux qui les ont produits.

On brûle dans l'oxygène des métalloïdes; les produits formés sont des *anhydrides* quand ils sont secs, et, quand ils sont humides, des *acides* qui rougissent la teinture de tournesol, comme le fait le vinaigre.

Les combinaisons des métaux avec l'oxygène portent le nom d'*oxydes* ou de bases, elles ramènent au bleu le tournesol rougi par un acide.

Pour donner à ces composés des noms qui rappellent leur composition, on applique les deux règles suivantes :

Pour les *anhydrides* et les *acides*, le nom est formé du nom du métalloïde terminé en *ique*, ou parfois en *eux;* le carbone et le phosphore donnent, avec l'oxygène, les *anhydrides* et les *acides* carbonique et phosphorique; le soufre donne l'*anhydride* et l'*acide* sulfureux.

Pour les bases, on fait suivre le mot oxyde du nom du métal : ainsi le fer donne l'oxyde de fer.

L'oxygène est l'élément essentiel de la respiration; c'est lui qui rend le sang rouge et qui provoque la combustion respiratoire dont la chaleur animale est la conséquence.

Pour préparer l'oxygène, on peut décomposer un acide par la chaleur, comme l'oxyde de mercure ou le bioxyde de manganèse. Habituellement on décompose le chlorate de potassium, et on recueille le gaz sur la cuve à eau.

Dans l'industrie, on a essayé d'enlever l'oxygène à l'air par différents procédés pour obtenir le gaz à bon marché et l'employer à produire des flammes très chaudes et à activer les foyers plus qu'on ne peut le faire avec l'air.

La *combustion* est la combinaison d'un corps avec l'oxygène, ou plus généralement encore la combinaison de deux corps.

Elle est *vive* quand elle est accompagnée d'un fort dégagement de chaleur et d'une production de lumière, comme la combustion du charbon, du soufre, du phosphore, du fer dans l'oxygène ou celle de la bougie, du bois, du gaz dans l'air.

Le corps qui brûle porte le nom de *combustible* et l'oxygène est le *comburant*.

La combustion est *lente* quand elle se fait sans production de lumière et sans dégagement apparent de chaleur. Telle est la combustion du bois dans la terre humide, telle est la rouille du fer.

La rouille du fer, qui se produit lentement à l'air humide, transforme peu à peu le fer en oxyde. On n'y constate pas de chaleur, parce que celle-ci, dégagée en petite quantité et peu à peu, se dissipe à mesure.

On préserve le fer de l'oxydation en le recouvrant soit d'un autre métal que l'air n'oxyde pas, soit d'une couche d'un corps gras ou d'une peinture qui empêchent l'air d'attaquer la surface.

L'oxydation des métaux, lente à l'air ordinaire, rapide dans l'air chaud, plus rapide encore dans l'oxygène, est donc une combustion.

CHAPITRE IV

AZOTE

37. Préparation. — C'est de l'air qu'on retire ordinairement l'azote, en absorbant l'oxygène. On met quelques grammes de phosphore dans un petit godet en terre supporté par un flotteur de liège qui nage sur la cuve à eau. On enflamme le phosphore et on le recouvre avec une grande cloche; le phosphore continue à brûler aux dépens de l'oxygène de l'air emprisonné; la cloche se remplit de vapeurs blanches d'acide phosphorique. Au bout de peu de temps, le phosphore s'éteint; l'eau monte dans la cloche; les vapeurs blanches disparaissent; le gaz restant dans la cloche est de l'azote; il occupe environ les 4 cinquièmes du volume; l'eau est montée de 1 cinquième.

Fig. 26. — Préparation de l'azote par le phosphore.

Si l'on veut de l'azote plus pur, on fait passer sur du cuivre chauffé, contenu dans un tube, de l'air provenant d'un flacon à deux tubulures que l'on fait remplir peu à peu d'eau.

L'air sortant du flacon traverse un tube contenant de la potasse pour s'y dépouiller de l'acide carbonique qu'il contient. Dans cette opération, on utilise la facilité avec laquelle le cuivre chauffé se combine avec l'oxygène.

L'azote sous forme de gaz n'a pas d'usage important. Il a été découvert en 1772 par Rutherford.

38. Propriétés de l'azote. — L'azote est un gaz incolore, inodore, insipide, très peu soluble dans l'eau.

Il n'est pas combustible; il n'entretient ni la combustion ni la respiration.

On a pu cependant le combiner directement à l'oxygène, quoique très difficilement, par l'action continue d'une série d'étincelles électriques. Mais, à la température ordinaire et sans influence étrangère, l'azote ne se combine directement avec aucun corps.

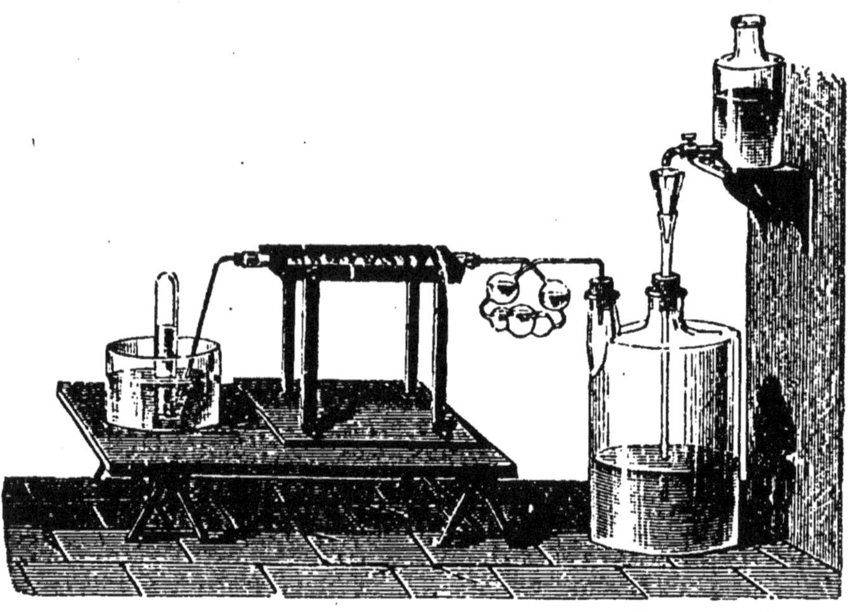

FIG. 27. — Préparation de l'azote par l'air passant sur du cuivre chauffé qui retient l'oxygène. Un tube à boules contenant de la potasse retient le gaz carbonique.

L'azote gazeux forme les quatre cinquièmes de l'air. Les plantes l'absorbent dans l'atmosphère et elles le prennent aussi aux engrais qui le contiennent à l'état de composés.

Ces composés azotés font partie des tissus animaux; ils doivent entrer pour une part dans l'alimentation; ils y entrent en effet sous le nom d'*aliments plastiques* ou reconstituants.

Résumé. — On retire ordinairement l'azote de l'air en absorbant l'oxygène soit par un morceau de phosphore allumé et brûlant dans un air confiné, soit par le cuivre chauffé sur lequel on fait passer un courant d'air.

Le gaz azote est incolore, sans odeur ni saveur. Il n'entretient pas la combustion; il ne peut pas servir à la respiration.

L'azote de l'air sert aux plantes, et, sous la forme de composés existant dans le fumier et les engrais, il est nécessaire à leur développement.

Les composés azotés sont indispensables aux animaux et doivent entrer en notable partie dans l'alimentation.

CHAPITRE V

EAU PURE. ANALYSE. SYNTHÈSE. EAUX POTABLES

39. Les eaux courantes. — L'eau pure. — Les eaux courantes des sources, ruisseaux et rivières, les nappes d'eau souterraines que l'on trouve au fond des puits ont toutes pour origine les pluies tombées sur le sol. L'eau de la pluie coule de suite à la rivière ou bien elle s'infiltre plus ou moins profondément dans le sol, suivant la nature plus ou moins poreuse de celui-ci. Dans ce contact souvent prolongé avec les terres ou les roches, les eaux dissolvent des matières minérales solubles, tout en conservant leur limpidité, et elles varient de composition suivant les localités. Ainsi certaines sources doivent aux matières qu'elles ont dissoutes des propriétés spéciales qui les rendent précieuses pour le soulagement de certaines maladies.

Si limpide que soit une eau naturelle, elle n'est pas pure, puisqu'elle tient des matières solides en dissolution.

L'eau jouit aussi de la propriété de dissoudre les gaz : une bouteille d'eau gazeuse bien bouchée apparaît bien limpide, et rien ne peut y faire supposer la présence d'un gaz ; fait-on sauter le bouchon, le gaz bouillonne vivement pour sortir, et il accuse ainsi très nettement sa présence.

L'eau de pluie ne contient pas de matériaux solides quand on la recueille, au moment où elle tombe, sur des surfaces propres, en pleine campagne. Mais elle n'est pas non plus absolument pure, car elle a pu entraîner dans son trajet les poussières organiques en suspension dans l'atmosphère et dissoudre les gaz de l'air.

Comment préparerons-nous donc de **l'eau pure,** puisque la nature ne nous en offre pas? Nous réduirons de l'eau ordinaire en vapeur en la chauffant. Puis nous refroidirons cette vapeur et elle reprendra l'état liquide. Cette opération s'appelle **distillation** et l'eau ainsi obtenue **eau distillée.**

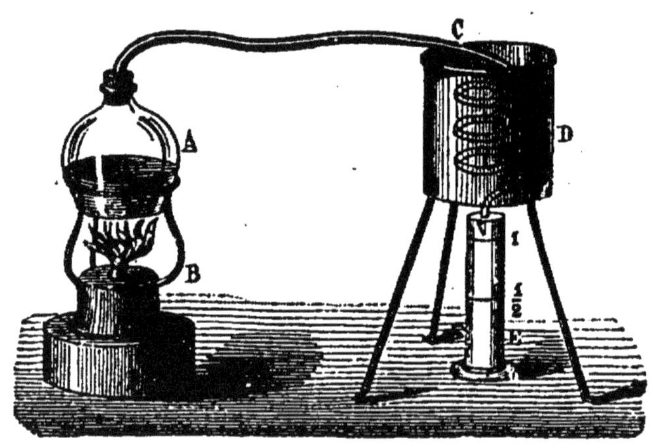

FIG. 28.
A, chaudière ; — C, serpentin ; — E, vase à recueillir l'eau distillée ; D, réfrigérant.

La figure 28 représente en miniature le modèle des appareils employés pour cet objet.

L'eau est chauffée dans une petite chaudière ; la vapeur produite s'échappe par un tube replié et contourné en serpentin et qui passe dans un vase plein d'eau; la vapeur est refroidie par son contact avec le serpentin entouré d'eau souvent renouvelée, et elle coule liquide dans un vase posé au-dessous du tube pour la recueillir. Les corps solides dissous dans l'eau chauffée restent dans la chaudière, comme ils restent en dépôt quand l'eau s'évapore sur une assiette.

La figure 29 représente l'alambic ordinaire. La ré-

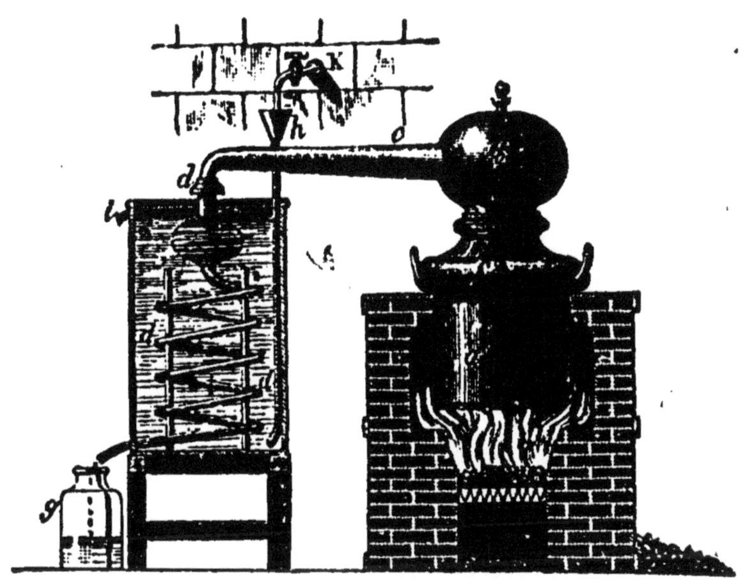

Fig. 29. — Alambic pour la distillation de l'eau.
a, chaudière; — *b*, chapiteau; — *cd*, tube allant au serpentin *d*; — *g*, vase à recueillir l'eau distillée; — K, robinet; — *h*, entonnoir; — *i*, tuyau d'écoulement de l'eau ayant servi à la réfrigération.

frigération du serpentin est assurée par un écoulement continu : l'eau d'un robinet K tombant dans un entonnoir *h* arrive au fond du réfrigérant pendant que l'eau échauffée s'écoule par le tube *i*.

40. L'eau est un corps composé. — Analyse de l'eau par le courant électrique. — L'eau a été considérée, jusqu'à la fin du siècle dernier, comme un corps simple ne renfermant qu'une seule substance, et comme un élément entrant dans la constitution de la nature entière. On la trouve, en effet, dans la plupart des corps. Si l'on chauffe fortement une terre ou une pierre, il en sort presque toujours de la vapeur d'eau, et, quand on calcine du bois, de la laine, du sucre ou de la viande, une portion quelconque d'une plante ou d'un animal, la fumée qui se dégage renferme encore de la vapeur d'eau.

Mais l'eau n'est pas un corps simple; elle est formée de deux gaz que l'on peut séparer par l'analyse.

Pour réussir cette séparation des deux gaz qui

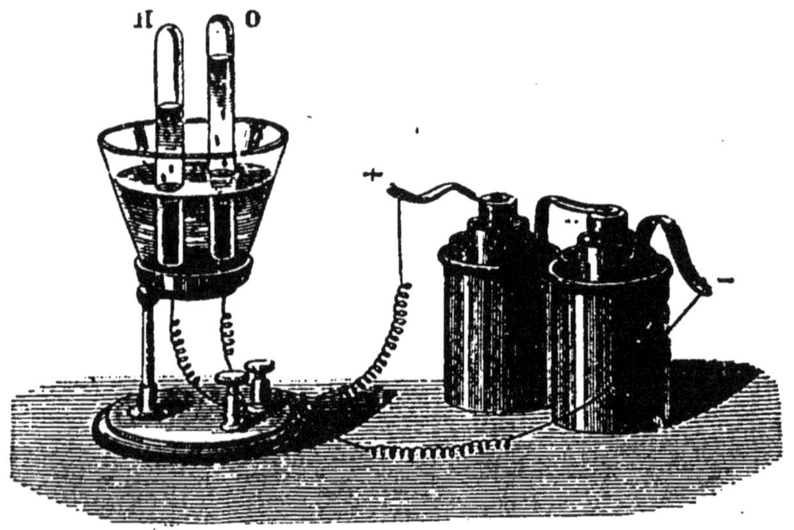

Fig. 30. — Décomposition de l'eau par le courant électrique. L'hydrogène se rend dans l'une des éprouvettes et l'oxygène dans l'autre.

forment l'eau, on se sert d'un vase dont le fond est traversé par deux fils de platine isolés l'un de l'autre. On remplit le vase d'eau légèrement acidulée, et on renverse au-dessus de chacun des fils une petite éprouvette pleine d'eau (*fig.* 30). On attache aux deux fils de platine les deux fils d'une pile électrique; aussitôt on voit des bulles de gaz monter dans chacune des éprouvettes. Tout le temps que dure l'expérience, on remarque que l'éprouvette qui communique au zinc de la pile contient plus de gaz que l'éprouvette qui est en rapport avec le charbon. Celle-ci met le double de temps à s'emplir que la première. Lorsqu'elles sont pleines, on les enlève l'une après l'autre en les bouchant avec le pouce. On présente une allumette allumée à l'éprouvette H, le gaz s'allume avec un petit bruit : c'est l'**hydrogène.** On enfonce dans l'éprouvette O une allumette qui n'a plus qu'un point rouge, le gaz la rallume et la fait brûler vivement : c'est l'**oxygène.**

On démontre ainsi que l'eau est formée de gaz hydrogène et de gaz oxygène et que *deux volumes d'hydrogène* sont unis à *un volume d'oxygène.*

41. Synthèse de l'eau par l'eudiomètre. — Pour vérifier cette composition, on fait la synthèse de l'eau, c'est-à-dire qu'on forme l'eau au moyen de ses éléments. Il faut mesurer les volumes des gaz qui entrent en combinaison. Pour effectuer facilement cette mesure, on emploie un tube de verre à parois fortes disposé de manière à ce que l'on puisse produire à l'intérieur une étincelle électrique (*fig.* 31). On le nomme **eudiomètre.** On le remplit de mercure. On y fait passer deux mesures de gaz hydrogène et une mesure de gaz oxygène; on le ferme. On produit près du bouton métallique de l'extérieur une étincelle électrique qui se reproduit immédiatement dans l'intérieur du tube, au sein du mélange gazeux. Si alors on débouche l'extrémité inférieure du tube sans le sortir de la cuve, le mercure remplit *complètement* l'espace que les gaz occupaient.

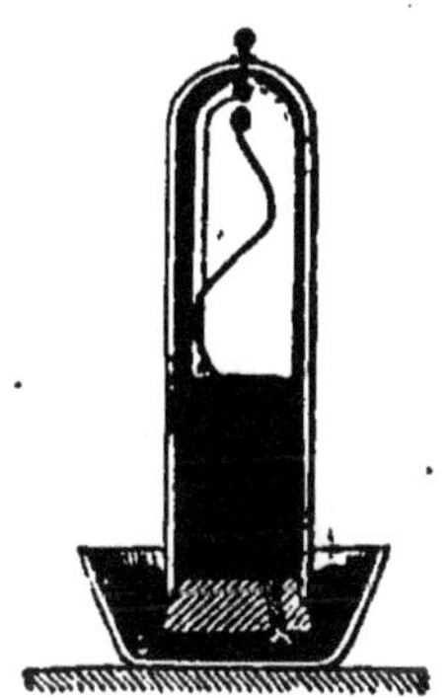

Fig. 31. — Eudiomètre ordinaire.

42. Volume de l'eau formée. — Supposons que nous ayons pu opérer sur 3 litres de gaz (on opère sur 1/4 de litre au plus, à cause de la force de la détonation et pour éviter une explosion) : ils ont totalement disparu pour donner de l'eau. Il est évident que le poids de l'eau est la somme des poids des gaz employés.

Or :	2 litres H pèsent	$2 \times 0,0895$	$= 0^{gr},179$
	1 litre O pèse	$1 \times 1,437$	$= 1\ ,437$
		Poids de l'eau formée	$= 1^{gr},616$

Si cette eau passe à l'état liquide, elle n'occupe pas même 2 centimètres cubes ; on comprend pourquoi on n'en aperçoit pas dans l'eudiomètre quand on opère sur un quart de litre de gaz, puisqu'il ne se forme qu'environ un dixième de centimètre cube d'eau liquide.

Si elle restait à l'état de vapeur d'eau, le litre de vapeur pesant $0^{gr},808$, elle occuperait :

$$\frac{1,616}{0,808} = 2 \text{ litres.}$$

FIG. 32. — Eudiomètre à mercure entouré d'un manchon contenant de l'eau bouillante pour montrer le volume de la vapeur d'eau formé par la combinaison de 2 volumes d'hydrogène avec 1 d'oxygène.

Ainsi le calcul démontre que :

Deux litres d'hydrogène et 1 litre d'oxygène donnent 2 litres d'eau de vapeur en se combinant.

Gay-Lussac a voulu vérifier expérimentalement ce fait important. Il a répété l'expérience de l'eudiomètre, mais en entourant celui-ci d'un manchon où il faisait passer une vapeur capable de chauffer les gaz au-dessus de 100° et de maintenir à l'état de gaz la vapeur d'eau formée. Quand la combinaison fut opérée par l'étincelle électrique, le mercure ne monta que de 1/3 dans le tube. La vapeur d'eau formée occupait les 2/3 du volume total des gaz qui lui avaient donné naissance.

Ainsi, 2 *volumes d'hydrogène se combinent avec* 1 *volume d'oxygène pour former* 2 *volumes de vapeur d'eau.*

Nous verrons plus loin (chap. XI) la loi que Gay-Lussac a formulée sur les combinaisons des gaz en partant de l'exemple précédent et d'autres analogues.

43. Synthèse de l'eau par l'oxyde de cuivre. — En connaissant la composition de l'eau en volumes, on pouvait par le calcul déterminer la composition de l'eau en poids. L'expérience précédente apprend en effet que 1gr,616 d'eau contient 1gr,437 d'oxygène et 0gr,179 d'hydrogène. Mais les chimistes ont préféré avoir recours à une expérience directe et à la pesée des corps pour

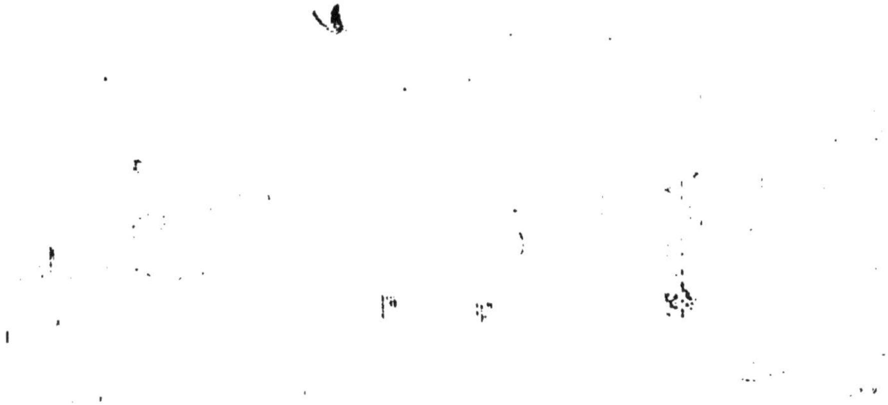

Fig. 33. — Appareil de Dumas pour la synthèse de l'eau.
1° Appareil à préparer, à purifier et à dessécher l'hydrogène; 2° ballon à oxyde de cuivre; 3° ballon et tubes à recueillir la vapeur d'eau formée.

fixer la composition de l'eau. C'est l'expérience de **Dumas** avec l'oxyde de cuivre qui a été montée pour cet objet; elle l'a été avec tant de soins qu'elle est restée comme un modèle des déterminations chimiques.

M. Dumas a fait passer de l'hydrogène pur et sec sur un poids connu d'oxyde de cuivre, et il a soigneusement recueilli et pesé l'eau formée. En pesant l'oxyde de cuivre après l'expérience, il a eu le poids d'oxygène enlevé par l'hydrogène. En retranchant ce poids d'oxygène du poids de l'eau formée, il a connu le poids de l'hydrogène entré dans la combinaison.

L'appareil dont il s'est servi, représenté par la figure 33, est très complexe : la première partie est destinée à produire, à purifier et à dessécher l'hydrogène ; la deuxième comprend le ballon à oxyde de cuivre et les tubes destinés à retenir toute l'eau formée.

Voici un exemple des nombres que peut fournir cette expérience.

Poids de l'oxyde de cuivre :

Avant l'expérience	159 grammes.
Après —	127 —
Poids de l'oxygène..............	32 grammes.

Poids de l'eau recueillie : 36 grammes.

Poids de l'hydrogène........... 4 grammes.

Ainsi, 36 grammes d'eau ont été obtenus par la combinaison de

32 grammes d'oxygène
avec 4 — d'hydrogène.

La composition centésimale de l'eau est donc la suivante :

Hydrogène	11,11
Oxygène	88,88
Eau........	100 »

Si, au lieu de rapporter les poids des deux gaz à 100 grammes du produit qu'ils engendrent, on les compare l'un à l'autre, on trouve que 1 gramme d'hydrogène s'unit à 8 grammes d'oxygène pour donner 9 grammes d'eau.

Que l'on produise l'eau par n'importe quelle réaction, c'est toujours dans ces mêmes proportions que se trouveront combinés les deux corps qui la forment.

On tire de cet exemple, comme d'ailleurs de tous ceux qui suivront, l'importante loi suivante :

Les corps se combinent en proportions définies. — Pour le même poids de l'un, il y a toujours un même poids de l'autre. Ainsi, pour le cas de l'eau, que l'on prenne 1 gramme, 2 grammes, 3 grammes d'hydrogène, il faudra prendre 1 fois, 2 fois, 3 fois 8 grammes d'oxygène.

44. Symboles chimiques. — Pour la commodité de l'écriture, on représente les corps simples par des *symboles*, formés presque toujours de la première lettre du nom, quelquefois des deux premières quand il faut éviter des confusions possibles. Ainsi :

l'hydrogène	est représenté par	H
l'oxygène	—	O
le carbone	—	C
l'azote	—	Az
le chlore	—	Cl
le cuivre	—	Cu, etc.

Mais, pour que ces symboles puissent servir à figurer les corps composés et révéler en même temps la composition des corps qu'ils représentent, il faut leur donner à chacun une valeur de convention, il faut leur faire exprimer des *nombres proportionnels*, leur faire indiquer les poids relatifs suivant lesquels ont lieu les différentes combinaisons.

On a choisi l'hydrogène, le plus léger de tous les corps, comme terme de comparaison.

La composition de l'eau révèle que 8 grammes d'oxygène se combinent avec 1 gramme d'hydrogène. Ces 8 grammes d'oxygène détruisent l'activité particulière que possède 1 gramme d'hydrogène, et ils perdent en même temps leur activité propre. Ils caractérisent l'oxygène au point de vue de la combinaison, comme 1 gramme caractérise l'hydrogène; c'est ce que l'on exprime en disant qu'au point de vue chimique ce sont des *poids équivalents*. 1 et 8 sont donc des *poids proportionnels*, comme le seraient les poids 2 et 16, 3 et 24, 12,5 et 100 (1).

Tout en conservant la notion primordiale des poids proportionnels, qui fait la base de l'ancienne notation, il peut être intéressant de faire exprimer aux symboles les volumes gazeux des corps qu'ils représentent.

Or, pour l'eau, la synthèse eudiométrique révèle:

Un volume d'oxygène et 2 volumes d'hydrogène, donnant 2 volumes de vapeur d'eau.

Si l'on admet de représenter les corps composés sous 2 volumes, si l'on veut que le symbole de l'eau figure ce corps sous 2 volumes de vapeur, il faut prendre :

pour 1 volume d'oxygène O
pour 2 volumes d'hydrogène H^2

Mais, comme le rapport des poids doit être de 1 à 8,

si le symbole	H représente	1 gr. et 1 volume	
le symbole	H^2 représentera	2 gr. et 2 volumes,	
le symbole	O représentera	16 gr. et 1 volume.	

(1) Si donc on s'appuie sur cette notion des poids équivalents, dont la composition pondérale de l'eau nous offre le premier exemple, on peut écrire que

H représentera 1 gr. d'hydrogène,
O — 8 gr. d'oxygène ;

l'eau sera alors figurée par HO, et cette formule représentera 9 grammes d'eau.

Le symbole de chaque corps simple indiquera donc le poids de ce corps qui peut se combiner soit avec 1 gramme d'hydrogène, soit avec 8 grammes d'oxygène, ou bien se substituer à l'un ou à l'autre de ces deux derniers poids.

Telle était la notation dite en *équivalents*, dont on s'est longtemps servi dans l'enseignement de la chimie.

L'eau sera représentée par H^2O :

H^2	2 grammes	2 volumes
O	16 grammes	1 volume
H^2O	18 grammes	2 volumes

et ce symbole de l'eau rappellera à la fois la composition en volumes et la composition en poids.

Il résulte de cette notation un moyen très simple de trouver les densités ou les poids des corps gazeux simples ou composés en les rapportant à la densité ou au poids de l'hydrogène.

L'hydrogène H *sous un volume* est représenté par 1 gramme ;

L'oxygène O *sous un volume* est représenté par 16 grammes;

L'eau (H^2O sous 2 volumes) est représentée par 18 grammes, et, *sous un volume*, par 9 grammes.

On en conclut que l'oxygène pèse 16 fois plus que l'hydrogène et la vapeur d'eau 9 fois plus que l'hydrogène.

Si l'on sait que 1 litre d'hydrogène pèse 0gr,0895
le poids de 1 litre d'oxygène sera 0 ,0895 × 16
— 1 litre de vapeur d'eau 0 ,0895 × 9

45. Propriétés chimiques de l'eau. — L'eau peut être décomposée par des corps simples, comme le charbon et le fer ; elle peut s'unir directement à des corps simples ou composés et constituer ce que l'on appelle des *hydrates*, comme la chaux éteinte.

Si l'on fait passer un courant de vapeur d'eau sur du charbon chauffé au rouge dans un tube de porcelaine, l'eau est décomposée, son oxygène se combine au charbon et l'hydrogène se dégage avec le gaz carbonique. On fait très simplement l'expérience en faisant passer des charbons incandescents sous une cloche remplie d'eau; on voit un gaz se rassembler au haut de la cloche.

Le fer décompose l'eau au rouge : si l'on fait passer un courant de vapeur d'eau sur un faisceau de fils de fer chauffés dans un tube de porcelaine vernissé, il se dégage de l'hydrogène que l'on peut recueillir; l'oxygène de l'eau s'est fixé sur le fer pour donner un oxyde appelé *oxyde magnétique*.

Cette expérience fut faite en 1783 par **Lavoisier** et **Meusnier,** qui, en mesurant l'hydrogène recueilli, en pesant l'eau décomposée et l'oxygène fixé sur le fer, purent indiquer dès cette époque la composition de l'eau.

46. État naturel de l'eau. — Outre l'eau de mer qui couvre les trois quarts de la surface du globe, souvent à une grande profondeur, on trouve l'*eau de pluie*, qui ne contient que les éléments gazeux de l'atmosphère; les *eaux courantes*, dont la composition diffère suivant la nature des terrains qu'elles ont traversés ou des couches où elles ont séjourné; les *eaux minérales* froides ou chaudes, que la médecine fait servir à la guérison de certaines affections.

Dans les *eaux courantes*, les unes sont chargées de matières minérales, surtout de matières calcaires, et sont dites *crues* ou *dures;* les autres sont propres aux usages domestiques et à l'alimentation; on les appelle *eaux douces* ou *eaux potables*.

47. Eaux potables. — Pour qu'une eau soit potable, il faut qu'elle remplisse les conditions suivantes :

Être fraîche, aérée, limpide, sans odeur, d'une saveur agréable, qui ne soit ni fade, ni salée, ni douceâtre; ne contenir que de 1 à 3 décigrammes de matières minérales en dissolution et que très peu ou point de matières organiques.

La plupart des eaux de sources, de puits et même

de rivières au commencement de leur parcours, remplissent ces conditions; elles dissolvent bien le savon et cuisent bien les légumes. Si le savon y forme des grumeaux abondants au lieu de s'y dissoudre, c'est qu'il y a trop de sels calcaires, et l'eau est impropre aux usages domestiques. Si, conservée quelque temps dans des vases de verre ou de terre, elle y acquiert une mauvaise odeur d'œufs pourris, elle est de mauvaise qualité : elle contient trop de matières organiques. Quand, au contraire, elle se conserve bien sans odeur, qu'elle dissout bien le savon sans grumeaux et qu'elle cuit bien les légumes, elle est bonne à boire.

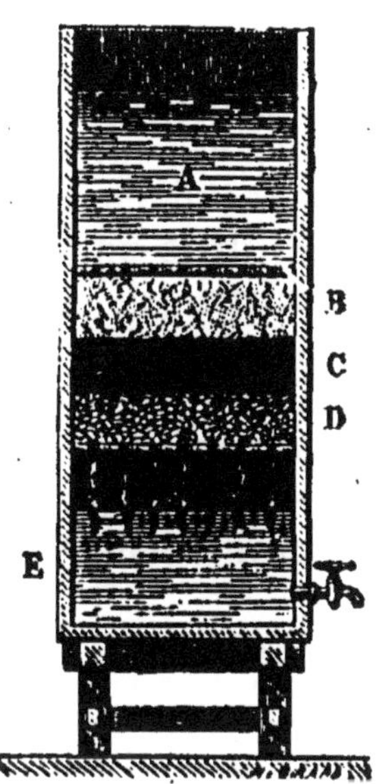

Fig. 34. — Filtre à couches de sable et de charbon. C, charbon; B et D, couches de sable; A, eau à filtrer; E, eau filtrée.

Pour essayer si une eau est trop chargée de sels calcaires, on prépare une dissolution de savon dans l'alcool : cette dissolution limpide, versée dans l'eau à essayer, n'y doit pas donner de précipité, mais seulement un louche d'un blanc bleuâtre.

Ce sont les matières organiques qu'il faut rechercher avec le plus de soin dans les eaux qui doivent servir à l'alimentation; ces matières, en se putréfiant, développent une odeur désagréable et permettent le développement de nombreux germes organisés qui peuvent être très nuisibles. Pour essayer une eau sous ce rapport, on la fait bouillir avec quelques gouttes d'une solution de chlorure d'or; la belle couleur jaune de ce produit ne doit pas changer; si elle vire au brun, c'est l'indice d'une réduction produite par les matières organiques; dans ce cas, l'eau doit être rejetée.

L'eau distillée est très fade et ne peut pas servir de boisson.

L'eau de pluie conservée dans des citernes a besoin d'être filtrée, puis ensuite aérée, pour remplacer la bonne eau de source, quand celle-ci fait défaut.

Lorsque les eaux ne sont pas limpides, qu'elles contiennent des matières en suspension, il faut les filtrer, soit au travers de couches alternatives de sable et de charbon (*fig.* 34), soit dans un filtre Chamberland (*fig.* 35), où, en passant au travers de porcelaine dégourdie, elle se débarrasse de tous les germes organisés qu'elle pouvait contenir.

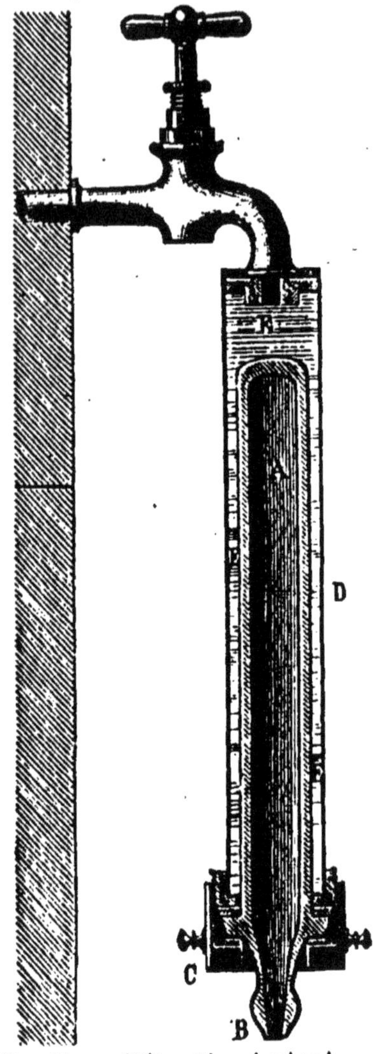

Fig. 35. — Filtre Chamberland. — A, bougie creuse en porcelaine dégourdie; D, cylindre enveloppant la bougie-filtre; E, eau à filtrer; B, canal par où s'écoule l'eau qui a filtré de l'extérieur vers l'intérieur du filtre.

Résumé. — L'eau se présente dans la nature sous les trois états, solide, liquide et gaz.

L'eau liquide est incolore sous une faible épaisseur; elle occupe son plus petit volume à 4° centigrades. Refroidie à 0°, elle se prend en glace, dont le volume est plus grand que le sien. L'eau congelée en neige ou en glace présente de très beaux cristaux.

L'eau émet de la vapeur à toute température, mais de plus en plus à mesure qu'elle est plus chaude. Chauffée à 100° sous la pression ordinaire, elle bout. Si alors on fait passer la vapeur d'eau ainsi produite dans un récipient refroidi, elle se condense à l'état liquide et constitue l'**eau distillée** ou l'eau pure.

L'eau dissout beaucoup de corps solides, les uns, comme le sucre ou le salpêtre, en notables quantités, les autres, comme le sel et la craie, en moindre proportion. Les eaux courantes qui ont traversé différentes couches du sol contiennent en dissolution des matières minérales qui ne troublent pas leur limpidité, mais qu'elles abandonnent en dépôt quand on les fait évaporer.

L'eau dissout aussi des gaz, et toutes les eaux naturelles contiennent en dissolution les gaz de l'atmosphère. C'est environ 25 centimètres cubes d'air que l'on peut trouver dans 1 litre d'eau.

L'eau est un *corps composé;* elle est formée de deux gaz, l'oxygène et l'hydrogène, que l'on sépare à l'aide d'un courant électrique. Cette analyse révèle qu'il y a **deux volumes d'hydrogène** unis à **un volume d'oxygène.**

Cette composition est aussi vérifiée par la synthèse. On fait la synthèse de l'eau, comme Cavendish la faisait au siècle dernier, en brûlant à l'air un jet d'hydrogène et en condensant la vapeur d'eau formée; mais on ne mesure pas ainsi les deux gaz qui se combinent. On peut, au contraire, mesurer les volumes gazeux en employant l'eudiomètre, comme l'a fait Gay-Lussac au commencement de ce siècle. On met dans l'appareil deux mesures d'hydrogène et deux mesures d'oxygène; on fait passer l'étincelle électrique; il ne reste plus après qu'une mesure d'oxygène; l'eau formée l'a donc bien été par *deux volumes d'hydrogène* unis à *un volume d'oxygène.*

Gay-Lussac a montré, par une expérience directe, que, si l'eau formée reste à l'état de vapeur, elle occupe le volume qu'occupait l'hydrogène.

Dumas a fait la synthèse de l'eau par l'oxyde de cuivre pour fixer la composition de l'eau en pesant les éléments qui y entrent. Son expérience consiste à faire passer de l'hydrogène pur et sec sur de l'oxyde de cuivre pesé et chauffé et à recueillir toute l'eau formée. La perte de poids de l'oxyde de cuivre donne le poids de l'oxygène. Des nombres trouvés par Dumas, il résulte que 100 grammes d'eau renferment 11,11 d'hydrogène et 88,88 d'oxygène, ou bien que **1 gramme d'hydrogène s'unit à 8 grammes d'oxygène pour donner 9 grammes d'eau.** Et il en est toujours ainsi.

Cet exemple met bien en évidence la première loi des combinaisons : c'est que les **corps se combinent toujours en proportions définies.**

Il peut servir à faire comprendre le principe des symboles chimiques. On représente chaque corps simple par une lettre, la première de son nom ou les deux premières s'il faut éviter une confusion. C'est ainsi que l'hydrogène, l'oxygène, le carbone, l'azote, le chlore, le cuivre, se figurent par les symboles H, O, C, Az, Cl, Cu. Mais, pour que ces symboles puissent être associés pour représenter les corps composés, il faut leur faire exprimer des *nombres proportionnels*, c'est-à-dire les poids relatifs suivant lesquels ont lieu les combinaisons.

Si l'on ne se préoccupe que des rapports de poids, en partant de la composition de l'eau, H représentera 1 gramme, O représentera 8 grammes, et les autres symboles le poids du corps qui peut remplacer 1 gramme d'hydrogène ou 8 grammes d'oxygène, ou s'y combiner. L'eau est alors représentée par la somme des poids de ses éléments, par $HO = 9$ grammes; et il en est ainsi des autres corps.

Si l'on veut tenir compte du volume gazeux des composés formés par rapport aux volumes gazeux des composants, et ne pas négliger, pour cela, les rapports des poids, on est conduit à prendre pour la plus petite quantité d'oxygène celle qui entre dans 2 volumes d'eau, et, pour la plus petite quantité d'hydrogène pouvant entrer en combinaison, la moitié de celle qui entre dans l'eau. L'unité est donc 1 gramme d'hydrogène, sous un volume, représenté par H, et la formule de l'eau devient H^2O (18 grammes). Ce mode de notation rend plus facile le calcul des densités des corps gazeux simples ou composés.

L'eau peut être décomposée par le charbon au rouge, par le fer chauffé et, en général, par les métaux qui, en formant leur oxyde, dégagent plus de chaleur que l'hydrogène en formant le sien.

Les **eaux naturelles** peuvent se grouper sous quatre chefs principaux : l'*eau de mer*, qui, en s'évaporant, forme la vapeur d'eau des nuages et la pluie ; les *eaux pluviales;* les *eaux courantes*, dont la composition diffère avec la nature des terrains qu'elles traversent et des produits qu'elles dissolvent; les *eaux minérales* ou médicinales, froides ou chaudes.

Les **eaux potables** sont celles qui peuvent servir à l'alimentation. Il les faut *limpides, aérées, contenant peu de sels dissous, exemptes de matières organiques.*

On reconnaît qu'elles ne contiennent pas trop de sels calcaires si elles cuisent bien les légumes et si elles ne donnent pas de grumeaux avec le savon ou de précipité avec la dissolution de savon dans l'alcool.

On s'assure qu'elles ne contiennent pas de matières organiques par l'ébullition avec le chlorure d'or, qu'elles ne doivent pas décolorer.

L'eau de pluie conservée, et beaucoup d'eaux courantes, ont besoin d'être filtrées; en tous cas, il faut rejeter comme nuisible toute eau contenant des matières organiques, ou au moins l'avoir fait bouillir avant de s'en servir pour l'alimentation.

CHAPITRE VI

L'HYDROGÈNE

48. Propriétés caractéristiques. — L'hydrogène est un gaz incolore et inodore, le plus léger de tous les corps.

Tandis que la densité de l'air est 1, et le poids du litre $1^{gr},293$, la densité de l'hydrogène est 0,0692, et le poids du litre

$$1,293 \times 0,0692 = 0^{gr},0895,$$

approximativement 9 centigrammes.

L'hydrogène est bon conducteur de la chaleur et de l'électricité, comme les métaux; aussi le considère-t-on comme une sorte de métal gazeux. Sa *grande légèreté*, d'une part, et, d'autre part, *sa propriété de brûler en s'allumant avec une petite détonation* quand on approche une allumette enflammée de l'orifice du vase qui le renferme, voilà ses deux caractères les plus saillants. Il en a encore d'autres, comme de passer facilement au travers des membranes où on l'enferme, comme de donner une flamme peu brillante, mais très chaude. Nous allons les vérifier tous par l'expérience.

49. L'hydrogène est très léger. — S'il est vrai que le gaz hydrogène est très léger, il doit toujours tendre à monter. Si donc on prend une éprouvette pleine de ce gaz et qu'on la tienne quelque temps l'ouverture en haut, l'hydrogène pourra s'en aller facilement. Si, au contraire, on tient l'éprouvette l'ouverture en bas, comme l'indique la figure 36, le gaz ne s'en échappera pas. En effet, en approchant d'une flamme cette dernière éprouvette après l'avoir tenue ainsi quelques minutes, on voit le gaz prendre feu en même temps qu'on l'entend détoner, tandis que rien ne brûle ni ne détone quand on présente la première éprouvette à la flamme.

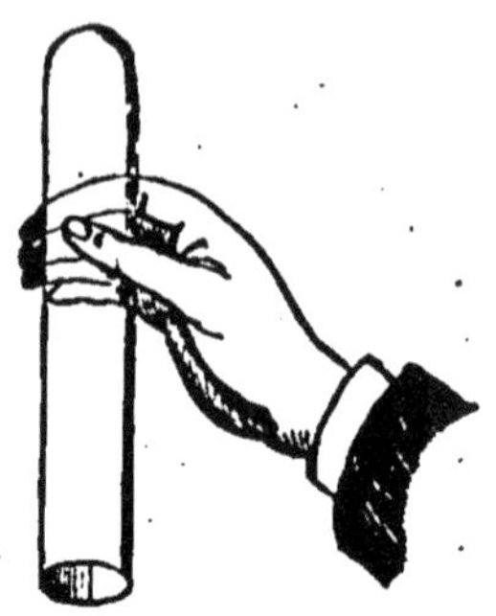
Fig. 36. — Une éprouvette renversée reste pleine d'hydrogène.

Cette première expérience permet de comprendre la suivante, où l'on transvase le gaz hydrogène dans une éprouvette vide, c'est-à-dire ne contenant que de l'air. On tient verticalement, l'ouverture en bas, une éprouvette que l'on vient de prendre sur la table. On apporte au-dessous d'elle une éprouvette d'hydrogène (*fig.* 37) ; au bout de quelques minutes, on approche d'une bougie allumée l'éprouvette supérieure ; il y a une détonation et le gaz brûle ; l'éprouvette inférieure approchée de la bougie ne produit rien, ni détonation ni inflammation du gaz. C'est évidemment que l'hydrogène a passé promptement de l'une dans l'autre.

Fig. 37. — Le gaz hydrogène peut être transvasé d'une éprouvette dans une autre.

Enfin, une preuve plus saisissante encore consiste à gonfler d'hydrogène des bulles de savon : on les voit s'élever comme de petits ballons, et l'on peut les enflammer pendant leur ascension. Pour produire ces bulles, on peut remplir d'hydrogène une vessie à robinet, la munir d'un tube, plonger le tube dans l'eau de savon et presser sur la vessie (*fig.* 38). Mais il est plus simple de remplacer le tube qui laisse sortir le gaz dans l'appareil producteur par un tube de caoutchouc que l'on termine d'un petit bout de tube en verre; c'est ce dernier que l'on plonge dans l'eau de savon et que l'on retire pour laisser la bulle se former par le gaz qui sort du tube.

Fig. 38. — Bulles de savon gonflées avec de l'hydrogène et s'élevant comme de petits ballons.

L'hydrogène ne pèse que 90 grammes environ par mètre cube, quand l'air en pèse 1.293; il est donc 14 fois plus léger que l'air. C'est la raison qui l'a fait employer au gonflement des aérostats.

50. Solubilité et liquéfaction. — L'hydrogène est très peu soluble dans l'eau; 1 litre de ce liquide ne dissout que 19 centimètres cubes du gaz à la température ordinaire.

Le gaz hydrogène a longtemps passé pour un gaz permanent; il est difficile à liquéfier; il a été obtenu sous forme de brouillard par M. Cailletet en comprimant le gaz à 300 atmosphères et en le laissant se détendre subitement. Il a été obtenu liquide par M. Pictet en comprimant le gaz à 650 atmosphères dans un tube refroidi à 220° au-dessous de zéro; en ouvrant le robinet qui fermait le tube, l'hydrogène s'en échappa sous forme d'un jet bleu d'acier; une partie, solidifiée par le refroidissement provoqué par la très brusque détente du gaz, produisit en tombant sur le sol un crépitement analogue à celui de la chute d'une vapeur métallique.

51. L'hydrogène se diffuse facilement. — L'hydrogène traverse assez rapidement certains corps que nous regardons comme peu poreux : tel est le plâtre solide, ou la terre de pipe, ou la porcelaine dite dégourdie qui n'a subi qu'une cuisson. On le prouve en remplissant d'hydrogène un large tube de verre dont on a fermé l'extrémité supérieure avec un tampon de graphite ou de plâtre et que l'on tient sur une cuve à mercure. On voit ce dernier liquide monter dans le tube à mesure que le gaz sort par le tampon.

On peut faire encore une expérience analogue avec un vase poreux de pile que l'on a fermé d'un bouchon muni de deux tubes, comme l'indique la figure 39. On plonge le tube A dans un liquide coloré et on met le tube B en communication avec un appareil produisant de l'hydrogène. Le gaz remplit le vase, en chasse l'air et se dégage par l'extrémité inférieure du tube A. Quand tout l'appareil est plein d'hydrogène, on pince le tube de caoutchouc placé en B ou bien l'on ferme le robinet qui peut y être placé. Et l'on voit bientôt le liquide coloré monter dans le tube A. C'est que l'hydrogène est sorti du vase poreux bien plus vite que l'air n'y est rentré.

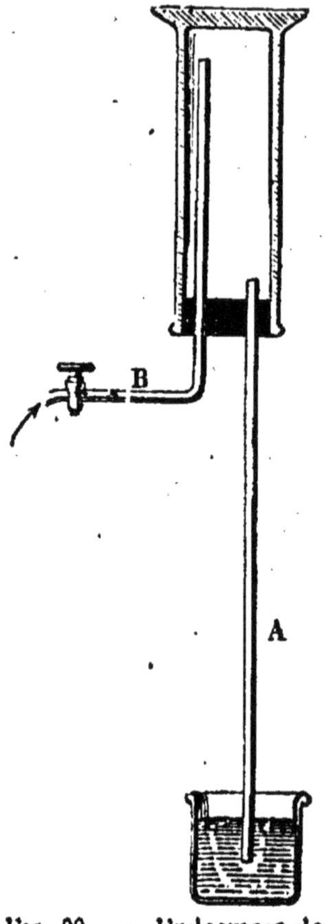

FIG. 39. — Endosmose de l'hydrogène. Le gaz sort du vase poreux, et le liquide monte dans le tube A.

Le gaz hydrogène peut aussi traverser des parois métalliques, comme un tube de fer suffisamment chauffé.

Les petits ballons rouges ou blancs qui sont vendus comme jouets d'enfants ou donnés dans les grands magasins sont parfois gonflés à l'hydrogène. Ils se dégonflent alors assez promptement, parce que l'hydrogène passe au travers de la membrane de caoutchouc; l'air y rentre, mais moins vite que l'hydrogène n'en sort; aussi, quand ces ballons sont à demi gonflés, si on les approche d'une flamme, il y a détonation.

52. Conductibilité. — L'hydrogène est bon conducteur de la chaleur et de l'électricité. On s'en assure par l'expérience suivante. On monte un large tube de verre comme l'indique la figure 40, avec deux bou-

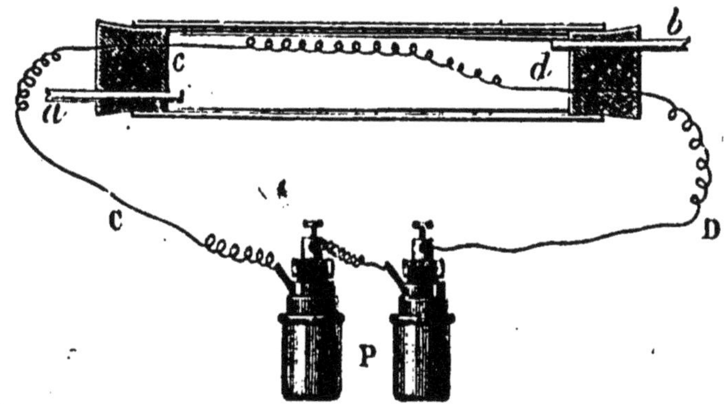

FIG. 40. — Conductibilité de l'hydrogène. Le fil de platine contenu dans le tube, et qui rougit dans l'air, ne rougit pas quand le tube est plein d'hydrogène.

chons portant chacun un tube (*a* et *b*) et un fil de platine. Si l'on met les deux fils de cuivre C et D en communication avec une forte pile électrique, le tube étant plein d'air, le fil de platine rougit. On interrompt la communication avec la pile et on met le tube *a* en communication avec un appareil producteur d'hydrogène.

Lorsque le tube est plein d'hydrogène, on fait passer à nouveau le courant électrique dans le fil, et celui-ci ne rougit plus; le gaz hydrogène, bon conducteur de la chaleur, refroidit assez le fil pour qu'il ne puisse pas atteindre la température du rouge.

53. Propriétés chimiques. — L'hydrogène est *combustible;* il brûle en se combinant à l'oxygène; on le démontre en allumant une éprouvette de ce gaz ou un jet qui sort de l'appareil producteur par un tube effilé; la flamme est petite et peu éclairante.

L'hydrogène *se combine à l'oxygène pour engendrer l'eau*, voilà sa principale propriété chimique. C'est la seule que nous étudierons dans ce chapitre; les actions qu'il exerce sur les autres corps seront étudiées avec ces corps.

54. Combinaison de l'hydrogène avec l'oxygène libre. — On remplit une éprouvette, partie d'hydrogène, partie d'oxygène; à la température ordinaire, les deux gaz en contact l'un avec l'autre ne réagissent pas; mais, si on met le feu au mélange, il s'enflamme avec détonation.

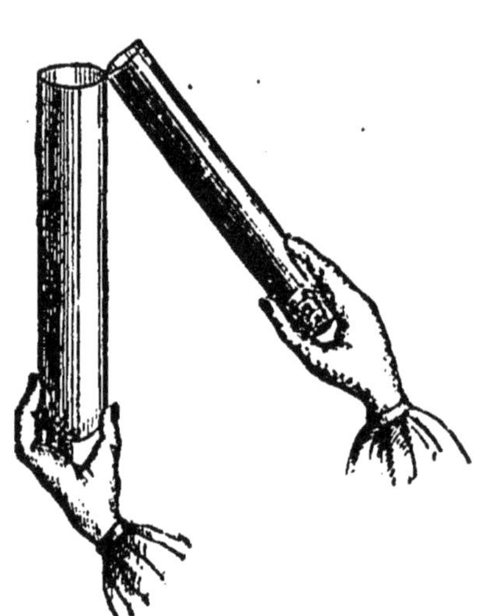

FIG. 41. — On présente à une flamme, ensemble, les ouvertures de deux éprouvettes, l'une d'hydrogène, l'autre d'oxygène; il y a détonation.

Cette détonation devient très forte quand le mélange contient 2 volumes d'hydrogène et 1 volume d'oxygène. On la provoque parfois en présentant ensemble à une flamme les ouvertures de deux éprouvettes, l'une d'hydrogène, l'autre, moitié de la première, remplie d'oxygène (*fig.* 41).

Si on allumait un demi-litre de ce mélange, l'explosion serait si forte que le vase serait pulvérisé. Quand on l'opère dans une éprouvette à gaz, pour se mettre à l'abri du danger on entoure le vase d'un linge mouillé.

On montre la puissance d'explosion du mélange d'hydrogène et d'oxygène, sans s'exposer à aucun danger, en remplissant des deux gaz une cloche tubulée ou une vessie munie d'un tube de caoutchouc. On produit des bulles avec le mélange gazeux dans de l'eau de savon contenue au fond d'un mortier de fonte. On enflamme les bulles et il se produit une détonation très forte.

On peut mettre le feu au mélange des deux gaz, dans un vase fermé, en se servant de l'étincelle électrique. On remplit du mélange une petite bouteille de fer-blanc appelée **pistolet de Volta** (*fig.* 42) ; on la ferme avec un bouchon de liège ; puis, la tenant à la main, on y fait produire une étincelle électrique; le bouchon est alors violemment projeté.

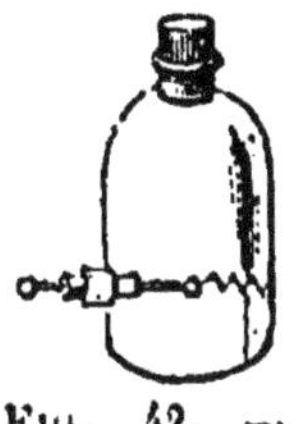

FIG. 42. — Pistolet de Volta.

La haute température de l'étincelle électrique a déterminé la combinaison ; et la grande quantité de chaleur produite a donné à la vapeur d'eau formée une très grande force de projection qui a chassé le bouchon de la fiole.

Un mélange de 1 partie d'hydrogène avec 2 1/2 parties d'air produit aussi une vive explosion ; il faut s'en souvenir et ne jamais enflammer un tel mélange sans précautions.

55. Combinaison de l'hydrogène avec l'oxygène de l'air. — L'oxygène existe dans l'air, où il est mélangé à l'azote. Si on allume dans l'air un jet d'hydrogène bien sec, le gaz brûle et se combine avec l'oxygène de l'air ; le produit de la combinaison est de l'eau que l'on met en évidence en plaçant au-dessus du jet d'hydrogène une cloche bien sèche. Les parois de la cloche se couvrent de buée ; des gouttelettes d'eau se rassemblent, on les recueille dans un vase. Il faut attendre, pour enflammer le jet de gaz, que l'appareil soit rempli d'hydrogène, que l'air ait été expulsé ; sans cette précaution, on s'exposerait à enflammer un mélange d'air et d'hydrogène qui produirait une explosion capable de briser le vase et d'en projeter les morceaux.

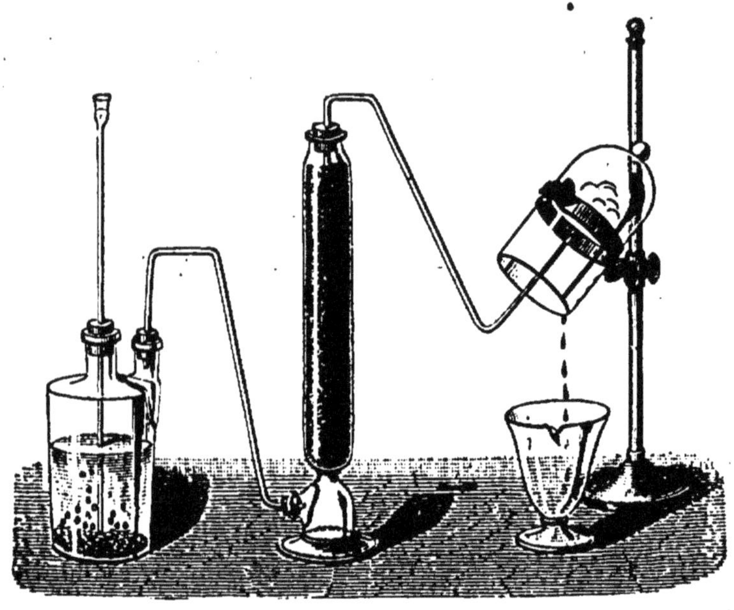

FIG. 43. — Combustion de l'hydrogène dans l'air. L'hydrogène produit dans le flacon à 2 tubulures se dessèche dans une éprouvette et brûle au bout d'un tube sous une cloche.

L'hydrogène a donc bien engendré de l'eau, et il mérite le nom qui lui a été donné et qui signifie *générateur* de l'eau.

La quantité d'eau formée dans cette expérience, même si on la prolonge quelque temps, est assez faible. Nous apprendrons plus loin qu'il faudrait brûler plus de 1.200 litres de gaz hydrogène et ne rien perdre de la vapeur d'eau formée pour obtenir seulement 1 litre d'eau liquide.

56. Combinaison de l'hydrogène avec l'oxygène déjà combiné. — L'oxygène existe à l'état de combinaison dans les oxydes, et certains de ces corps peuvent céder assez facilement le gaz oxygène qu'ils contiennent ; tel est l'**oxyde de cuivre,** poudre noire que l'on peut obtenir en chauffant à l'air du cuivre divisé.

L'hydrogène lui enlève l'oxygène pour former de l'eau. Pour réaliser l'expérience, on fait passer un courant de gaz hydrogène dans un tube contenant de l'oxyde de cuivre ; on chauffe légèrement le tube (quand

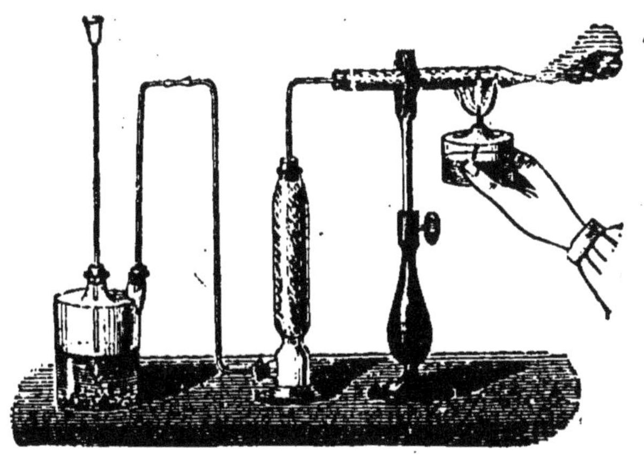

FIG. 44. — Action de l'hydrogène sur l'oxyde de cuivre. L'hydrogène enlève l'oxygène à l'oxyde de cuivre et fait de la vapeur d'eau qui sort par le tube.

l'appareil est plein d'hydrogène) ; on voit sortir du tube un nuage de vapeurs qui se condensent en gouttelettes d'eau, et il reste dans le tube une poudre de cuivre divisé.

Dans cette réaction, l'hydrogène a désorganisé un oxyde fait et mis le métal en liberté. A ne considérer que l'oxyde, on dit qu'il a été *réduit* et que l'hydrogène est un *réducteur*. Mais, en réalité, si l'oxyde de cuivre a été défait, un autre oxyde, celui d'hydrogène, c'est-à-dire l'eau, a été formé. La réaction se figure :

$$CuO + H^2 = H^2O + Cu.$$

Comment expliquer cette double action ? Par la quantité de chaleur qui peut se dégager quand l'hydrogène passe sur l'oxyde. La chaleur communiquée au tube à oxyde a fait commencer l'action de l'hydrogène sur l'oxyde, et cette action a continué parce que l'hydrogène, en se combinant avec l'oxygène, dégage plus de chaleur que le cuivre n'en peut dégager quand il se combine à l'oxygène pour former l'oxyde.

57. La flamme de l'hydrogène peut chanter. — Au-dessus du jet d'hydrogène enflammé, descendons lentement, en guise de cheminée, un large tube ouvert (*fig.* 45). A un moment donné, un son musical se produit, plus aigu ou plus grave, selon qu'on enfonce le tube plus ou moins. Un autre tube plus mince ou plus gros, plus long ou plus court, produit un autre son, et l'on voit la flamme s'effiler, trembloter et quelquefois s'éteindre; en même temps le tube se couvre à l'intérieur de gouttelettes d'eau, ce qui vérifie encore l'une des expériences précédentes. On a donné à cet appareil le nom d'**harmonica chimique.**

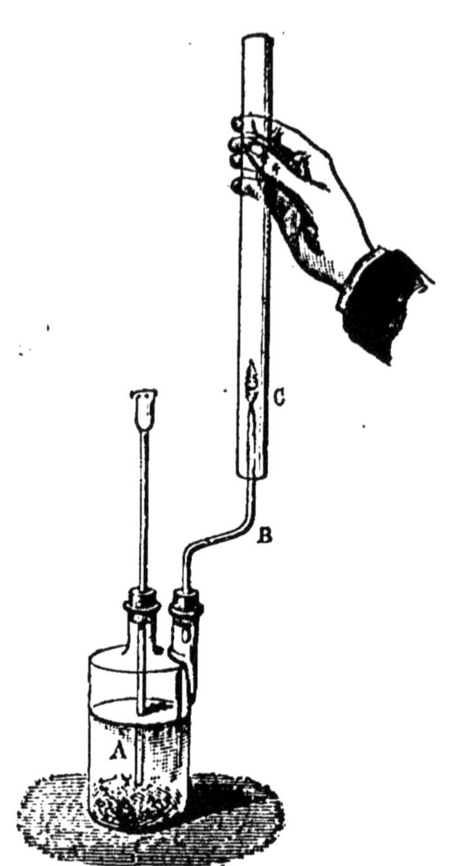

FIG. 45. — La flamme de l'hydrogène peut chanter. A, flacon producteur d'hydrogène ; B, tube effilé où brûle le gaz hydrogène ; C, grand tube ouvert qui fait chanter la flamme.

On peut, en effet, produire plusieurs sons avec des tubes de longueurs et de diamètres différents; mais il faut convenir qu'il ne serait pas bien commode de s'en servir pour jouer un air de musique.

58. La flamme de l'hydrogène est très chaude. — On peut s'en convaincre facilement en y plaçant un fil de fer qui y rougit très promptement et qui peut même y fondre s'il est très fin. Cette flamme devient encore bien plus chaude quand on y insuffle du gaz oxygène : alors elle donne une des plus hautes températures que nous sachions produire. Mais il faut prendre la précaution de ne laisser mélanger les deux gaz que très près de l'endroit où ils brûlent, pour éviter les explosions. On emploie un chalumeau dont la figure 46 donne le détail. On voit que les deux gaz, venant chacun de leur réservoir, arrivent par deux tubes distincts jusqu'au bout de l'appareil. On enflamme d'abord l'hydrogène et on ouvre peu à peu le robinet du tube à oxygène.

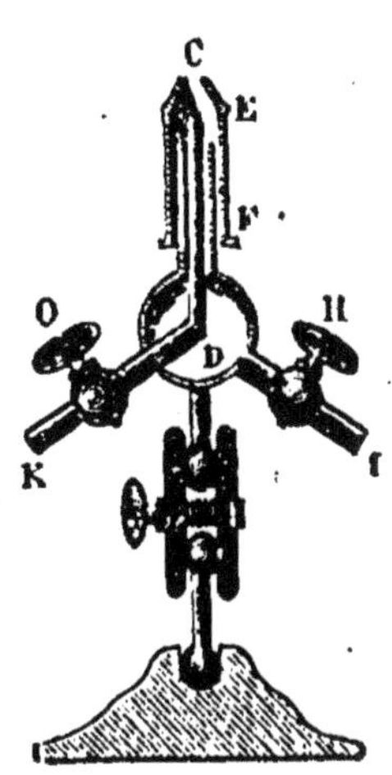

FIG. 46. — Chalumeau. K, tube à oxygène; IDC, tube à hydrogène.

Si on envoie le jet enflammé qui sort de ce chalumeau contre un morceau de chaux, celui-ci devient incandescent au point touché, et il projette une lumière éblouissante. On l'appelle la **lumière de Drummond,** du nom de celui qui l'a le premier produite, ou encore **lumière oxhydrique,** pour rappeler les gaz qui la forment. Elle est employée dans les cours pour les projections, quand le soleil fait défaut.

59. Usages de l'hydrogène. — L'hydrogène est employé à gonfler les ballons quand on veut leur donner une grande force ascensionnelle, soit qu'il s'agisse de s'élever très haut, soit que l'on veuille avoir la possibilité de charger l'aérostat de corps lourds. Comme le gaz traverse facilement les enveloppes, même quand elles sont recouvertes d'un vernis, on lui substitue, pour les ascensions aérostatiques ordinaires, le gaz d'éclairage, un peu plus lourd, mais encore notamment plus léger que l'air.

L'hydrogène est employé dans le chalumeau oxhydrique pour opérer la fusion du platine dans un creuset de chaux (*fig.* 47). Sa flamme, alimentée par de l'air, sert pour souder les métaux directement et sans emploi d'alliages, notamment les feuilles de plomb des chambres où l'on fabrique l'acide sulfurique.

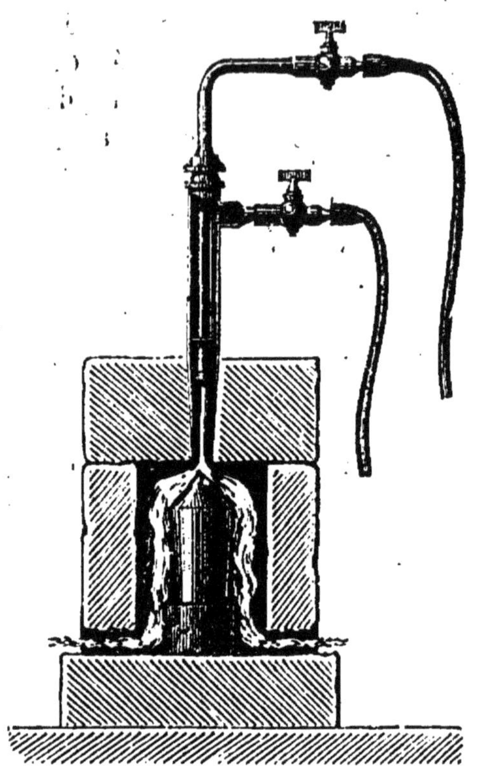

Fig. 47. — Fusion du platine par la flamme du chalumeau dans un creuset de chaux.

60. **Préparation.** — L'hydrogène n'existe pas dans la nature en quantité un peu notable à l'état de gaz libre. Il faut donc le prendre à ses combinaisons.

L'eau est la plus répandue ; c'est donc à l'eau qu'on demande l'hydrogène. Il faut, pour cela, enlever l'oxygène, ce que l'on fait facilement avec un métal qui, en se combinant avec l'oxygène, dégage plus de chaleur que l'hydrogène; on peut employer le sodium, le zinc et un acide étendu ou le fer chauffé.

1° *Avec le sodium.* — Dans une éprouvette pleine de mercure, on envoie un peu d'eau qui va occuper le haut de l'éprouvette. On présente, à l'entrée de l'éprouvette, un petit morceau de sodium bien propre enveloppé dans un papier buvard : il monte en haut de l'éprouvette, parce qu'il est plus léger que le mercure. L'eau imbibe le papier, le sodium s'empare de l'oxygène, et l'hydrogène, mis en liberté sous son état de gaz, déprime le mercure et remplit l'éprouvette (*fig.* 48). Mais ce moyen ne permet pas d'obtenir beaucoup de gaz.

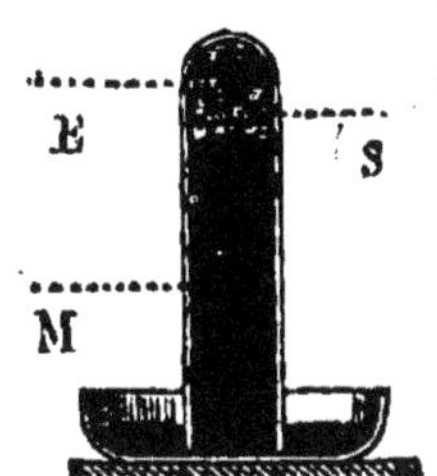

FIG. 48. — Préparation de l'hydrogène par le sodium. E, eau; M, mercure; S, sodium.

2° *Avec le zinc et un acide fort.* — On met du zinc

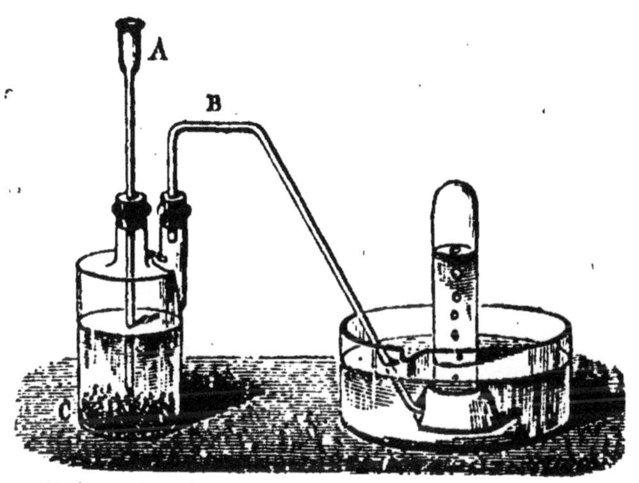

FIG. 49. — Préparation de l'hydrogène par le zinc et l'acide sulfurique. A, tube de sûreté à entonnoir; B, tube à dégagement.

en grenaille et de l'eau dans un flacon à deux tubulures (*fig.* 49), puis on ajoute de l'acide sulfurique par un tube à entonnoir; l'hydrogène se produit très rapidement et en grande quantité. On le recueille sur l'eau. Nous indiquerons plus loin la théorie de cette préparation.

3° *Appareil continu de Deville.* — Lorsqu'on veut monter un appareil continu pour la production de l'hydrogène, on prend deux flacons à tubulure inférieure et on les réunit par un gros tube de caoutchouc fortement ficelé à chacun d'eux.

Dans l'un, B, on met une couche de 5 ou 6 centimètres de verre concassé et, par dessus, du zinc en lames ou du zinc grenaillé; on bouche le flacon d'un bouchon solidement retenu portant un robinet.

Dans l'autre, A, on met de l'acide chlorhydrique étendu de son volume d'eau.

Lorsque le robinet C est ouvert, que le flacon A est un peu relevé (*fig.* 50), l'acide vient baigner le zinc;

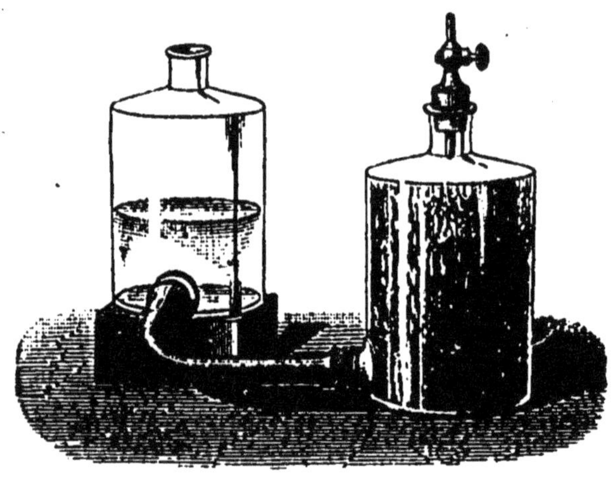

FIG. 50. — Appareil continu pour la préparation de l'hydrogène.

l'hydrogène se produit et se dégage. Si l'on ferme le robinet, le gaz qui continue à se dégager presse sur le liquide et le fait refluer en A.

Le vase B reste plein de gaz hydrogène et peut en donner aussitôt qu'on ouvrira à nouveau le robinet.

61. Historique. — L'hydrogène était connu des alchimistes, qui le produisaient en attaquant de la limaille de fer par l'huile de vitriol (acide sulfurique). Mais ses propriétés ont été signalées, en 1766, par Cavendish, qui appela d'abord l'hydrogène air inflammable, à cause de sa propriété de brûler à l'air.

Résumé. — L'hydrogène est un gaz incolore et inodore. Il est très léger et pèse 14 fois moins que l'air; le poids du litre n'est que de 89 milligrammes. On prouve facilement cette grande légèreté, notamment en gonflant d'hydrogène des bulles de savon qui s'élèvent comme de petits ballons.

L'hydrogène est très peu soluble dans l'eau. On n'a pu le liquéfier que par l'action combinée d'un froid de 220° au-dessous de zéro et d'une pression de plus de 500 atmosphères.

Il passe facilement au travers des corps poreux, même des métaux chauffés et des enveloppes organiques vernies dans lesquelles on le contient.

C'est le seul gaz qui soit bon conducteur de la chaleur et de l'électricité; cette propriété le fait ranger parmi les métaux malgré son état de gaz; il leur ressemble d'ailleurs par presque tous ses caractères.

L'hydrogène est combustible et brûle à l'air. Il se combine à l'oxygène pour engendrer de l'eau, voilà l'une de ses principales propriétés chimiques.

On réalise la combinaison de l'hydrogène avec l'oxygène libre en la provoquant en un point du mélange des deux gaz par une flamme, ou une étincelle électrique : elle a lieu alors avec une forte détonation qui atteint son maximum quand les deux gaz sont mélangés dans la proportion de 2 volumes d'hydrogène pour 1 d'oxygène.

On fait combiner l'hydrogène avec l'oxygène de l'air en allumant un jet d'hydrogène qui sort dans l'air par un tube effilé. Sa flamme est petite et peu éclairante. Il y a production d'eau en vapeur, que l'on peut recueillir en la condensant sur les parois froides d'un grand verre ou d'une cloche.

La chaleur dégagée est considérable : 1 gramme d'hydrogène, en brûlant, produit 34 calories Kg-degré.

L'hydrogène peut enlever l'oxygène à certains oxydes, et laisser le métal en produisant de l'eau. On fait l'expérience sur l'oxyde de cuivre. On dit que l'hydrogène est un réducteur, qu'il réduit l'oxyde; il serait plus exact de dire qu'il s'est formé de l'oxyde d'hydrogène ou eau aux dépens de l'oxyde métallique sur lequel on a opéré.

La flamme de l'hydrogène peut chanter quand on la surmonte d'un tube ouvert.

Cette flamme est très chaude. Elle le devient plus encore quand on y insuffle de l'air ou de l'oxygène. Dans ce dernier cas, on emploie le chalumeau à deux tubes concentriques où les deux gaz ne se mélangent qu'à l'extrémité; et on dispose avec cet appareil d'une très haute température.

Quand on envoie le jet enflammé du chalumeau contre un morceau de chaux, celui-ci devient incandescent et produit la lumière Drummond, dite encore lumière oxhydrique.

On prépare l'hydrogène en attaquant du zinc par l'eau acidulée d'acide sulfurique, ou par de l'acide chlorhydrique. On emploie d'ordinaire un flacon à deux tubulures avec un tube à entonnoir, ou encore un appareil continu formé de deux flacons réunis par la base, l'un contenant le zinc et l'autre l'acide.

On se sert de l'hydrogène pour gonfler les ballons, pour alimenter le chalumeau oxhydrique et produire de la lumière Drummond ou une flamme très chaude pour la fusion de certains métaux ou pour la soudure des lames de plomb sans intermédiaire.

CHAPITRE VII

ACIDE CHLORHYDRIQUE

Symbole : HCl. — Poids moléculaire : 36,5

62. Propriétés physiques. — L'acide chlorhydrique, que l'on appelait autrefois **esprit-de-sel, acide muriatique,** existe à l'état de gaz au moment de sa production; dans les laboratoires, c'est un liquide formé par la dissolution du gaz dans l'eau.

Le gaz chlorhydrique est incolore quand il est sec, d'une odeur et d'une saveur forte et piquante. Il pèse un peu plus que l'air; sa densité rapportée à l'air est 1,27.

L'expérience montre qu'il est formé de volumes égaux de chlore et d'hydrogène.

$$\begin{array}{l} 1 \text{ litre H pèse } 1 \times 0{,}0895\,; \\ 1 \text{ litre Cl pèse } 35{,}5 \times 0{,}0895\,; \\ \hline 2 \text{ litres HCl pèsent } (35{,}5 + 1)0{,}0895\,; \end{array}$$

1 litre HCl pèse :

$$\frac{35{,}5 + 1}{2} \times 0{,}0895.$$

Il pèse donc 18,25 fois plus que l'hydrogène. Le poids du litre est :

$$18{,}25 \times 0{,}0895 = 1^{gr},63.$$

Il est extrêmement soluble dans l'eau, qui, à 0°, peut en prendre 480 fois son volume. On montre cette grande solubilité en apportant dans une terrine d'eau, sur une soucoupe contenant du mercure, une éprouvette remplie de gaz chlorhydrique. Sitôt qu'on met le gaz en contact avec l'eau en soulevant l'éprouvette, l'eau se précipite avec violence dans l'éprouvette quand le gaz est pur ; le choc est moins fort quand le gaz est mêlé d'un peu d'air.

Fig. 51. — Éprouvette pleine d'acide chlorhydrique pour montrer la solubilité du gaz dans l'eau.

Le gaz acide chlorhydrique, en se dissolvant dans l'eau, dégage une notable quantité de chaleur; il y a dans ce cas non seulement dissolution, mais aussi combinaison.

Le gaz absorbe la vapeur d'eau de l'air, forme avec elle des hydrates qui se condensent en fumées blanches.

C'est sous sa forme de solution aqueuse que l'acide chlorhydrique sert dans les laboratoires; elle est fortement acide, et incolore quand elle est pure.

63. Propriétés chimiques. — Le gaz ne brûle pas ; il éteint les corps en combustion.

Le liquide, c'est-à-dire la dissolution du gaz dans l'eau, attaque les métaux, donne des **chlorures** et dégage de l'hydrogène.

Quand on prend de l'acide chlorhydrique dissous, la décomposition par un métal a lieu toutes les fois que le chlorure métallique dissous produit plus de chaleur par sa formation et sa dissolution que n'en a produit l'acide chlorhydrique.

Fig. 52. — Attaque du zinc par l'acide chlorhydrique.

On fait l'expérience avec le zinc en mettant quelques fragments de zinc dans un verre avec de l'acide chlorhydrique, on voit immédiatement l'attaque commencer; l'hydrogène se dégage en bulles gazeuses qui viennent crever à la surface du liquide et qui produisent de légères détonations quand on les enflamme.

Le métal se dissout, mais c'est une dissolution **chimique;** l'évaporation du liquide donne le **chlorure de zinc** et non le métal disparu.

C'est cette réaction que l'on utilise pour la préparation de l'hydrogène dans l'appareil continu de Deville :

$$\mathrm{Zn} + \begin{matrix}\mathrm{HCl}\\ \mathrm{HCl}\end{matrix} = \mathrm{Zn}\begin{matrix}\mathrm{Cl}\\ \mathrm{Cl}\end{matrix} + \mathrm{H}^2;$$

66 grammes 2 grammes

64. Action sur les oxydes. — Beaucoup d'oxydes métalliques décomposent l'acide chlorhydrique en produisant un chlorure et de l'eau. Là encore l'hydrogène change de place avec un métal.

$$\underset{\textit{Oxyde}}{\mathrm{MO}} + 2\mathrm{HCl} = \underset{\textit{Chlorure}}{\mathrm{MCl}^2} + \mathrm{H}^2\mathrm{O}.$$

I. On peut montrer facilement que l'acide chlorhydrique attaque l'oxyde noir de cuivre; on obtient en effet un liquide vert qui est le chlorure de cuivre dissous.

II. Si on fait l'expérience avec l'alcali, qui fonctionne comme oxyde et qui est volatil comme l'acide chlorhydrique, les deux corps en vapeurs se rencontreront avant que les liquides ne soient mélangés; leur combinaison s'accusera par un *nuage blanc*.

De là un moyen de reconnaître l'acide chlorhydrique; on y trempe une baguette de verre que l'on présente au-dessus d'un verre contenant de l'alcali (ammoniaque); la baguette s'entoure d'un nuage blanc.

Fig. 53. — Combinaison des vapeurs d'acide chlorhydrique avec les vapeurs d'ammoniaque.

III. On fait agir l'acide chlorhydrique sur l'oxyde d'argent :

$$Ag^2O + 2HCl = 2AgCl + H^2O,$$

ou mieux encore sur un sel soluble d'argent. Le chlorure formé est insoluble; il se dépose sous forme d'un précipité blanc caillebotté.

65. Essai des chlorures. — On a dans cette réaction le moyen de reconnaître l'acide chlorhydrique et les chlorures dissous.

Le sel de cuisine est un chlorure (**chlorure de sodium**, — autrefois de **natrium**, — NaCl).

Si on jette une goutte de la solution de ce sel dans le sel soluble d'argent, le précipité blanc caractéristique apparaît :

$$NaCl + AzO^3Ag = AzO^3Na + AgCl.$$

La même réaction se produira avec le chlorure de zinc formé précédemment.

Essai d'une eau. — Si dans une eau on jette quelques

gouttes du sel soluble d'argent, et qu'il se produise un précipité, c'est que l'eau contient des chlorures dissous; s'il n'y a qu'un louche bleuâtre, c'est que l'eau n'en contient que des traces; l'eau distillée ne subit aucun changement.

66. **Usages.** — L'acide chlorhydrique sert surtout à préparer le chlore et quelques autres acides, aussi l'hydrogène. — Il sert aux soudeurs à faire le chlorure de zinc qu'ils emploient. Avec lui, on peut décaper les métaux comme le zinc et le fer. On l'utilise pour extraire la gélatine des os.

Il n'est pas employé à l'état de gaz.

67. **Etat naturel.** — L'acide chlorhydrique fait partie des substances rejetées dans les éruptions volcaniques; on le trouve en solution dans l'eau de certaines fissures, sur les flancs des cratères et dans quelques rivières d'Amérique qui prennent leur source dans les montagnes volcaniques.

68. **Préparation.** — Dans les laboratoires, pour l'obtenir, on met dans un ballon du sel marin fondu (le sel ordinaire se boursoufle trop) et de l'acide sulfurique; on chauffe légèrement et on recueille le gaz sur le mercure.

La réaction est facile à comprendre; l'acide sulfurique échange une partie de son hydrogène contre le sodium pour donner du *bisulfate* de sodium qui reste dans le ballon.

$$\mathrm{NaCl} + \mathrm{SO^4}{}^{\mathrm{H}}_{\mathrm{H}} = \mathrm{HCl} + \mathrm{SO^4}{}^{\mathrm{H}}_{\mathrm{Na}}.$$

Chlorure de sodium	*Acide sulfurique*	*Acide chlorhydrique*	*Bisulfate de sodium*

Pour l'obtenir en dissolution, on fait réagir les mêmes produits : on munit le ballon d'un tube de sûreté, on le fait suivre d'un flacon laveur contenant peu d'eau et de deux ou trois flacons de Woolf à trois tubulures remplis à moitié ou aux deux tiers d'eau. Les tubes abducteurs doivent plonger très peu dans l'eau, car la disso-

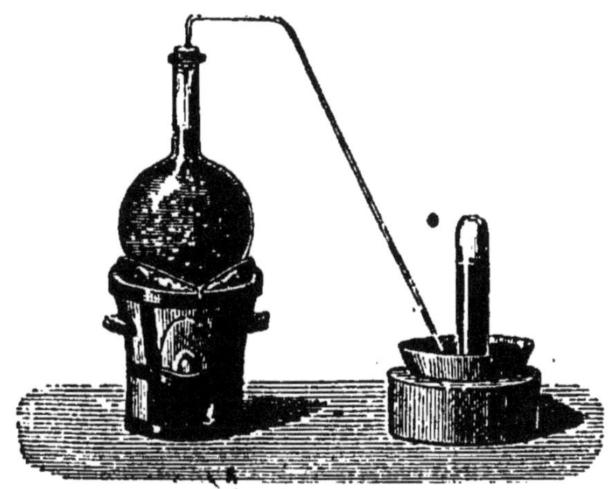

FIG. 54. — Préparation de l'acide chlorhydrique gazeux recueilli sur la cuve à mercure.

lution d'acide est plus lourde que l'eau et tombe au fond du vase à mesure qu'elle se forme; de cette manière, le gaz rencontre toujours l'eau la moins saturée.

Dans l'industrie, on fait réagir le sel marin et l'acide sulfurique en vue d'obtenir le sulfate de sodium, et on recueille l'acide chlorhydrique dans de grandes bonbonnes en grès où il se dissout dans l'eau. Les bonbonnes sont disposées les unes à la suite des autres, comme l'indique la figure 57, de manière à permettre une condensation complète du gaz et une grande facilité de recueillir le liquide saturé d'acide.

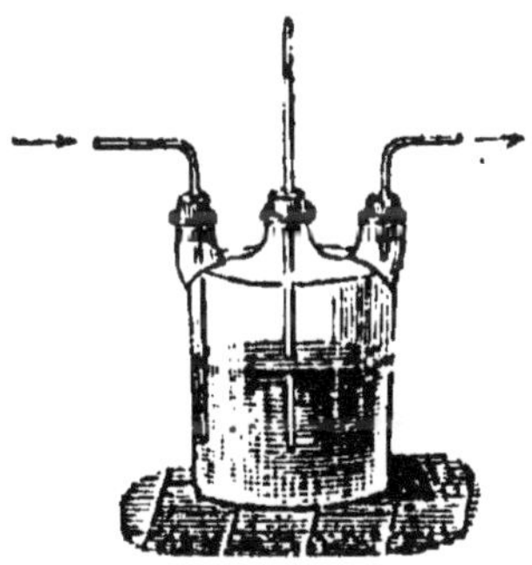

FIG. 55. — Flacon à trois tubulures pour la dissolution d'un gaz dans l'eau.

La réaction est complète; mais elle a lieu en deux

phases successives dans les deux compartiments du four. Le bisulfate formé dans le premier compartiment se transforme en sulfate dans le second, et la réaction totale peut se figurer ainsi :

$$(NaCl)^2 + SO^4H^2 = SO^4Na^2 + 2(HCl).$$

L'acide du commerce est coloré en jaune par un peu

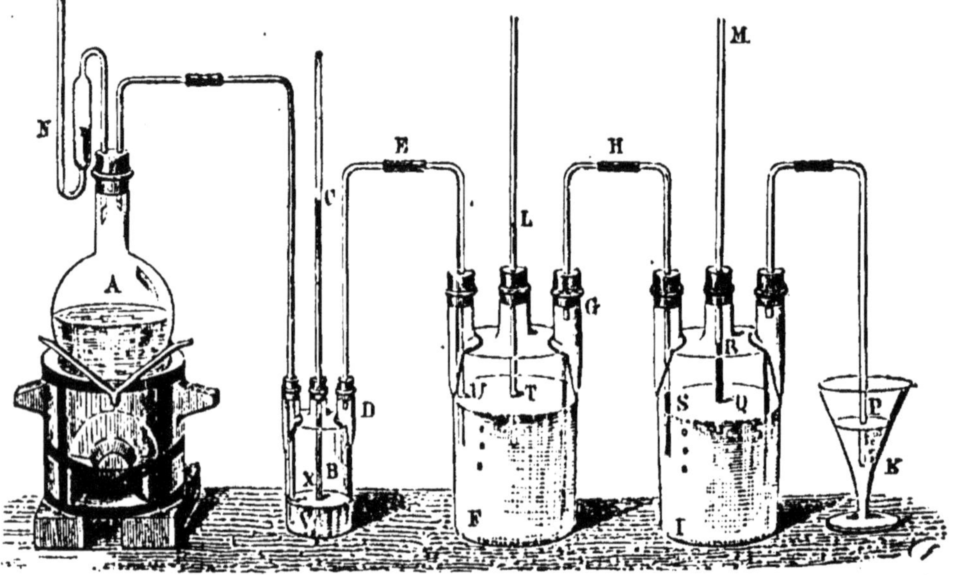

FIG. 56. — Appareil pour préparer la dissolution du gaz chlorhydrique dans l'eau. — A, ballon ; — NO, tube de sûreté ; — CB, tube de sûreté du flacon laveur ; — DE, tube à dégagement ; — LT, tube de sûreté du 2ᵉ flacon ; — GH, tube à dégagement ; — RM, tube de sûreté du 3ᵉ flacon ; — PK, dernier tube à dégagement.

de chlorure de fer formé dans le four en fonte et qui s'est dissous dans l'eau avec le gaz.

69. Historique. — L'acide chlorhydrique était connu des anciens alchimistes, qui l'appelaient **esprit-de-sel ;** plus tard, on l'appela acide **muriatique** (on lui donne encore parfois ces deux noms). Berthollet, qui découvrit les propriétés du chlore, croyait que ce gaz était de l'acide muriatique oxygéné. C'est **Davy** qui a établi que le chlore est un corps simple et l'acide chlorhydrique son composé hydrogéné.

FIG. 57. — Bonbonnes à demi pleines d'eau pour recueillir le gaz chlorhydrique produit dans les appareils industriels. — Le gaz marche suivant les flèches supérieures. L'eau coule d'une bonbonne à l'autre suivant les flèches inférieures.

Résumé. — L'acide chlorhydrique, appelé encore *esprit-de-sel* ou acide muriatique, se présente en gaz ou en liquide formé par la dissolution du gaz dans l'eau. Le gaz est plus lourd que l'air; il pèse 18,25 fois plus que l'hydrogène. Il est très soluble dans l'eau, qui en prend près de 500 fois son volume; cette dissolution dégage de la chaleur; c'est une combinaison de l'acide avec l'eau.

L'acide chlorhydrique liquide attaque les métaux et donne les chlorures en dégageant de l'hydrogène; c'est la réaction qu'on utilise pour produire l'hydrogène dans l'appareil continu de Deville. Cette formation des chlorures a lieu avec presque tous les métaux, parce que le chlorure métallique dissous produit plus de chaleur par sa formation et sa dissolution que n'en a produit l'acide chlorhydrique.

L'acide chlorhydrique est de même décomposé par les oxydes métalliques; il y a formation d'un chlorure métallique et d'eau avec dégagement de chaleur. On fait l'expérience sur l'oxyde noir de cuivre, qui se transforme en chlorure vert. On la fait aussi sur l'ammoniaque, qui fonctionne comme un oxyde; et les deux corps se combinent aussitôt que les vapeurs se rencontrent. On a, dans le nuage formé, un moyen de reconnaître l'un par l'autre l'ammoniaque et l'acide chlorhydrique.

Les chlorures ressemblent à l'acide chlorhydrique, où l'hydrogène est remplacé par un métal; ce sont des **sels**; il en est de même des autres sels qui procèdent tous d'un acide hydrogéné.

Le sel soluble d'argent sert à caractériser l'acide chlorhydrique et les chlorures dissous, parce qu'il donne avec eux un précipité de chlorure d'argent insoluble.

On prépare l'acide chlorhydrique en attaquant le sel marin ou chlorure de sodium par l'acide sulfurique. Dans les laboratoires, on recueille le gaz sur le mercure, si on veut l'avoir dans cet état; on le fait dissoudre dans des flacons de Woolf si on veut l'avoir en dissolution. Dans l'industrie, on provoque la même réaction, mais c'est en vue d'obtenir le sulfate de soude ou de sodium. On chauffe dans de grands fours le mélange de sel et d'acide sulfurique, en deux temps, pour dégager tout l'acide. Le gaz est envoyé dans des bonbonnes à demi pleines d'eau, où il se dissout peu à peu au contact du liquide. L'acide du commerce est souvent coloré en jaune par un peu de chlorure de fer.

CHAPITRE VIII

CHLORE ET CHLORURES DÉCOLORANTS

Chlore, symbole : Cl. — Poids atomique : 35,5

70. Propriétés physiques. — Le chlore est un gaz jaune verdâtre, doué d'une odeur forte et irritante; respiré en petite quantité, il produit une vive impression, une toux violente et même le crachement de sang. Il est très lourd ; il pèse 35,5 fois plus que l'hydrogène (sa densité rapportée à l'air est 2,44). Le poids du litre est :

$$35,5 \times 0,0895 = 3^{gr},17.$$

On profite de cette propriété pour le recueillir par déplacement de l'air d'un flacon bien sec. On fait plonger jusqu'au fond du flacon le tube par lequel le gaz se dégage de l'appareil qui le produit (*fig.* 58). Le chlore qui arrive reste d'abord dans le fond du flacon, comme on le constate par la coloration verte qui appa-

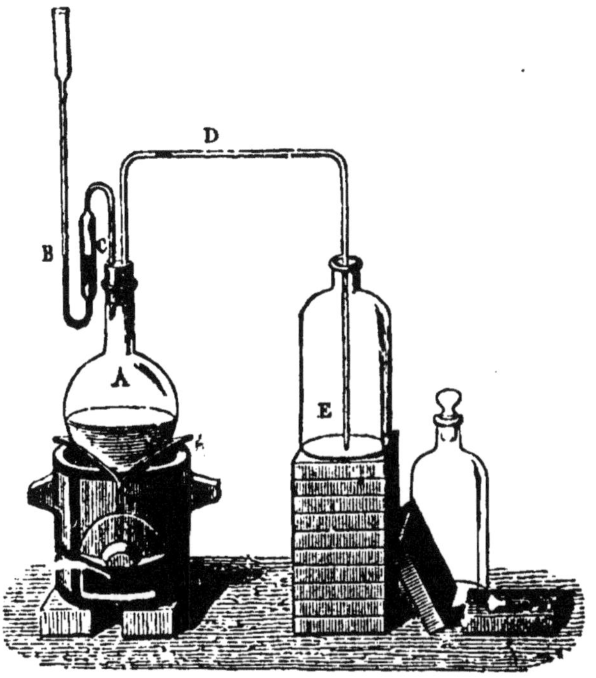

FIG. 58. — Appareil à produire le chlore et à le recueillir par déplacement d'air. — A, ballon chauffé ; — BC, tube de sûreté ; — DE, tube abducteur plongeant jusqu'au fond du flacon

raît, puis le gaz, continuant d'arriver, monte peu à peu en chassant l'air ; le flacon est bientôt plein ; on le bouche et on le remplace par un autre. En peu de temps, on en remplit ainsi quatre ou cinq pour les expériences.

On peut aussi le recueillir sur l'eau comme les autres gaz que nous avons étudiés précédemment ; mais l'eau retient une partie du gaz, se colore en jaune et dégage l'odeur irritante du chlore. Le gaz est en effet soluble dans l'eau, qui en dissout trois fois son volume. Si on refroidit à 0° cette solution, elle dépose des cristaux qui sont une combinaison de chlore et d'eau.

On peut obtenir le chlore liquide à l'aide de ces cristaux. On les met dans un tube en verre fort et coudé, puis on ferme ce tube. Si alors on chauffe l'extrémité qui contient les cristaux et qu'on refroidisse l'autre, le chlore qui se dégage de la première branche fait pression et se rassemble en liquide dans l'autre branche (*fig.* 59).

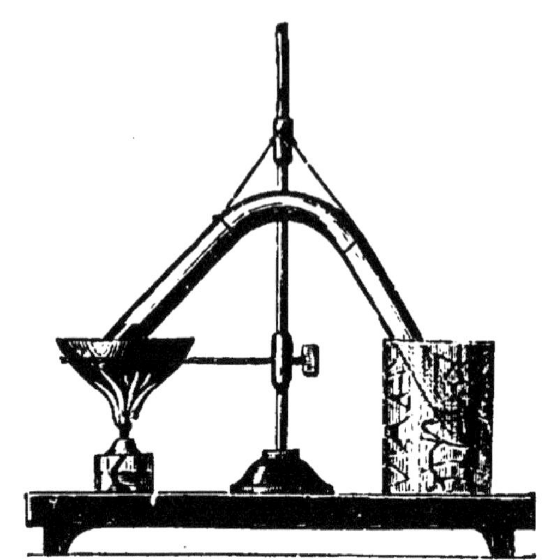

Fig. 59. — Tube coudé pour liquéfier le chlore.

71. Propriétés chimiques du chlore. — Le chlore se combine vivement avec beaucoup de corps simples en dégageant de la chaleur, parfois de la lumière. On peut dire qu'il brûle les même corps que l'oxygène, à l'exception du charbon, sur lequel il n'a aucune action. Parmi les corps combustibles, le phosphore n'a pas besoin d'être allumé pour s'unir vivement au chlore. Si on descend dans un flacon de chlore un petit godet de terre portant un morceau de phosphore, celui-ci s'enflamme et dégage des vapeurs qui résultent de sa combinaison avec le chlore et qu'on appelle le *chlorure de phosphore*.

Le chlore dégage beaucoup de chaleur en se combinant avec un grand nombre de corps simples. *Sa propriété saillante, c'est de se combiner vivement avec les métaux et avec l'hydrogène.*

72. Le chlore et les métaux. — La plupart des métaux s'unissent au chlore ; quelques-uns y peuvent brûler. Voici quelques exemples parmi les plus frappants.

Jetons dans un flacon de gaz chlore de la poudre d'antimoine : nous la voyons tomber sous forme d'une pluie de feu (*fig.* 60); le métal brûle dans le gaz en produisant d'abondantes vapeurs blanches. La combinaison du chlore et de l'antimoine a donc eu lieu avec un vif dégagement de chaleur et de lumière, et les vapeurs blanches sont la forme nouvelle sous laquelle les deux corps sont unis; ce nouveau corps est le **chlorure d'antimoine.**

Fig. 60. — Combustion de l'antimoine en poudre dans le gaz chlore.

Chauffons jusqu'à la rougir une spirale de fil de fer ou de cuivre A et plongeons-la dans un flacon de gaz chlore B (*fig.* 61); la spirale, qui a cessé un court instant d'être incandescente, le redevient vivement au contact du gaz ; elle s'enveloppe de vapeurs qui déposent une poudre fine sur les parois du flacon ; elle se ronge en partie. Ici encore il y a eu combinaison vive du gaz avec le métal ; et le produit formé est le **chlorure de fer** ou le **chlorure de cuivre,** suivant le métal employé.

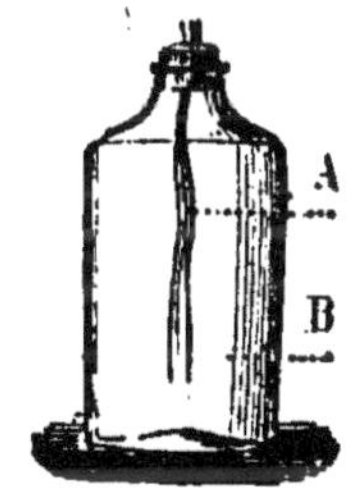

Fig. 61. — Combinaison du cuivre et du chlore.

Nous connaissons le mercure ou vif-argent ; nous savons comme il coule sur le verre sans s'y attacher. Versons-en quelques gouttes dans un flacon de chlore et promenons-les sur les parois : voilà ce métal qui se colle au verre et qui y reste bien fixé sous forme d'un enduit miroitant ; c'est que le mercure s'est combiné au chlore, et, au lieu du métal si mobile, il n'y a plus dans le flacon que du **chlorure de mercure** qui adhère au verre. Cette expérience fait comprendre suffisamment pourquoi on ne peut recueillir le gaz chlore sur la cuve à mercure.

Ainsi donc, nous nous souviendrons que le chlore s'unit aux métaux et engendre avec eux des *chlorures*. Le plus répandu de ces chlorures est le **sel marin** ou **chlorure de sodium,** qui sert journellement dans l'alimentation et qui existe en dissolution dans l'eau de mer.

73. Le chlore et l'hydrogène. — Le chlore se combine avec l'hydrogène aussi bien qu'avec les métaux. Pour réaliser cette combinaison, nous remplissons à moitié de chlore gazeux une large éprouvette renversée sur l'eau; nous achevons de la remplir avec du gaz hydrogène, puis nous approchons son ouverture d'une flamme ; le mélange des deux gaz détone assez fortement et l'éprouvette se remplit de vapeurs blanches. Y verse-t-on de la teinture de tournesol, elle rougit. Ces vapeurs blanches, formées de la combinaison du chlore et de l'hydrogène, sont donc un corps acide. Le produit formé est acide. On devrait logiquement l'appeler **chlorure d'hydrogène** ; on lui donne habituellement le nom d'acide **chlorhydrique,** qui rappelle sa composition.

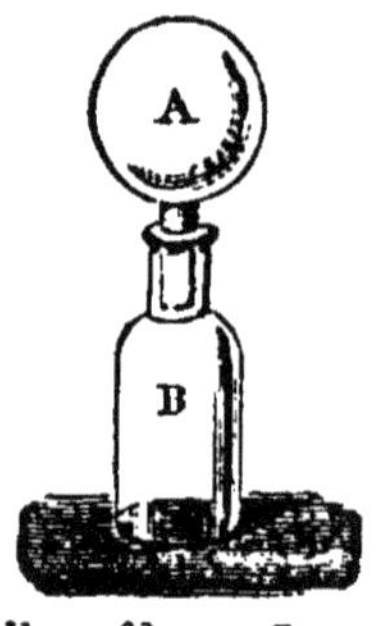

Fig. 62. — Combinaison lente du chlore et de l'hydrogène. — A, chlore : — B, hydrogène.

A la lumière solaire, la combinaison du chlore et de l'hydrogène est si vive que le flacon vole en éclats. Quand on veut faire l'expérience sans danger, on bouche le flacon où l'on a fait le mélange et on le porte à l'ombre ; puis, à distance, on y projette les rayons solaires à l'aide d'un miroir : la combinaison est instantanée.

A la lumière diffuse, la combinaison des deux gaz est lente ; la couleur du chlore disparaît peu à peu ; mais l'acide chlorhydrique se forme complètement. Et, si on transporte sur le mercure l'éprouvette où il s'est formé, on reconnaît qu'il occupe *tout* le volume qu'occupaient les deux gaz. On peut donc écrire :

	1 volume d'hydrogène ou	H,
et	1 — de chlore ou	Cl
forment	2 volumes d'acide chlorhydrique ou	HCl.

On tire facilement de là, par un calcul, le poids atomique du chlore.

Un litre de Cl qui pèse $3^{gr},17$ se combine avec 1 litre H pesant $0^{gr},0895$.

Le poids du chlore qui se combine avec 1 gramme d'hydrogène est :

$$\frac{3,17}{0,0895} = 35,5.$$

Cette formation de l'acide chlorhydrique par synthèse est un exemple d'une des lois de Gay-Lussac ; les volumes qui se combinent étant égaux, il n'y a pas de condensation ; le volume du composé est la somme des volumes qui l'ont formé.

74. Combinaison du chlore avec l'hydrogène combiné. — Le chlore prend l'hydrogène même aux corps composés qui renferment ce gaz.

Ainsi le chlore prend l'hydrogène à l'eau. On peut, en effet, décomposer l'eau par un courant de chlore en la faisant passer avec ce gaz dans un tube chauffé ; on recueille de l'oxygène et de l'acide chlorhydrique.

L'action du chlore sur l'eau a lieu même à la température ordinaire : il suffit d'exposer à la lumière une solution de chlore dans l'eau pour qu'elle se décolore au bout de peu de temps et qu'elle ne contienne bientôt plus que de l'acide chlorhydrique. Cette réaction peut dégager de la chaleur :

$$H^2O + 2Cl = 2ClH + O.$$

Eau de chlore. — On ne peut conserver l'eau de chlore que dans des flacons en verre noir ; sous l'influence de la lumière, le chlore prend à l'eau son hydrogène, dégage de l'oxygène, et il ne reste bientôt plus qu'une dissolution étendue d'acide chlorhydrique.

Le chlore agit vivement sur l'essence de térébenthine. Un papier imbibé de cette essence et plongé dans un flacon de chlore y prend feu, brûle avec une flamme rougeâtre et beaucoup de fumée. L'essence est composée de carbone et d'hydrogène ; le chlore se combine à l'hydrogène, et cette combinaison dégage assez de chaleur pour mettre le feu au papier.

75. Le chlore est décolorant. — Le chlore est décolorant, probablement parce qu'il enlève l'hydrogène aux matières colorées, ou qu'il provoque leur oxydation et qu'il les détruit ainsi. On prouve cette propriété en versant de l'eau de chlore fraîche dans une solution d'indigo qui perd sa belle coloration bleue, ou en trempant dans l'eau de chlore un papier écrit dont l'écriture disparaît de suite, ou encore en plongeant dans un flacon de chlore gazeux un papier écrit et mouillé que l'on retire blanc.

76. Usages du chlore. — Le chlore libre n'est guère employé ; on n'emploie pas beaucoup non plus l'eau de chlore à cause de sa facile décomposition ; mais le chlore, sous forme de composé solide, capable de dégager facilement le gaz, est très employé comme désinfectant et comme décolorant.

On s'en sert pour combattre les émanations putrides, pour assainir les habitations en temps d'épidémie; on pense que le chlore attaque les microbes de l'air et qu'il les rend inoffensifs.

C'est avec le chlore qu'on réalise aujourd'hui le blanchiment de toutes les matières végétales, toiles et pâte à papier. On ne peut pas l'employer pour les matières animales, la laine et la soie ; il les détruirait.

77. Préparation. — Le chlore n'existe nulle part à l'état libre ; il faut donc le prendre à un de ses composés, à un chlorure ou à l'acide chlorhydrique. C'est généralement celui-ci que l'on emploie ou bien ses générateurs, l'acide sulfurique et le sel marin.

Fig. 63. — Terrine et éprouvette sur têt à gaz pour recueillir le chlore sur l'eau.

On met dans un ballon du bioxyde de manganèse en menus morceaux ; on y ajoute de l'acide chlorhydrique et on chauffe légèrement ; le gaz commence déjà à se dégager à froid. Si on le recueille sur l'eau d'une terrine, on prend de l'eau salée qui dissout moins de chlore que l'eau ordinaire.

La réaction est très facile à comprendre. On emploie 4 molécules d'acide chlorhydrique dont l'hydrogène prendra l'oxygène du bioxyde. Le manganèse se combine au chlore, et il se dégage la moitié du chlore de l'acide employé :

$$Mn\begin{matrix}O\\O\end{matrix} + \begin{matrix}2HCl\\2HCl\end{matrix} = \begin{matrix}H^2O\\H^2O\end{matrix} + MnCl^2 + Cl^2.$$

En posant les poids atomiques au-dessous de l'égalité,

$$\underset{\underset{87}{55+32}}{MnO^2} + \underset{\underset{146}{4\times 36{,}5}}{4(HCl)} = 2H^2O + MnCl^2 + \underset{71}{Cl^2},$$

on remarque que 87 grammes de MnO^2 et 146 grammes d'acide HCl dégagent 71 grammes de chlore; on peut alors résoudre tous les problèmes de cette fabrication.

Dans les laboratoires, on monte un appareil où l'on produit l'eau de chlore, la dissolution de chlore dans la potasse et le chlorure de chaux en même temps qu'on prépare le chlore gazeux. La figure 64 représente le dispositif. Le premier ballon, que l'on chauffe légèrement, contient le bioxyde de manganèse et l'acide chlorhydrique. Le chlore gazeux qui s'en dégage vient d'abord remplir un flacon vide, puis il passe dans un tube contenant de la chaux éteinte, puis dans un flacon contenant une solution de potasse, et enfin dans un verre d'eau. On a ainsi en peu de temps toutes les formes sous lesquelles le chlore est habituellement employé.

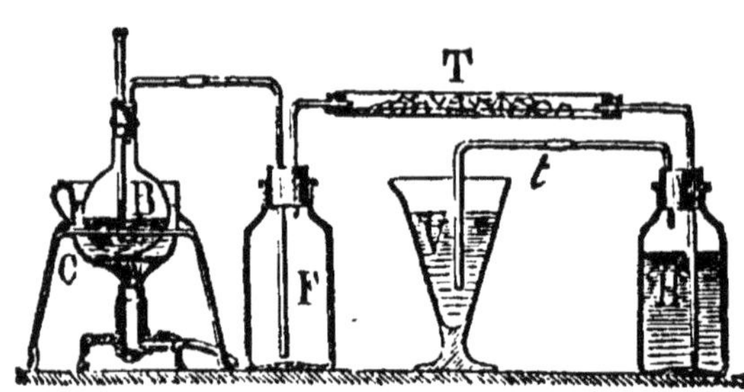

FIG. 64. — Appareil à produire le chlore, le chlorure de chaux, l'eau de Javel et l'eau de chlore. — C, bain-marie; — B, ballon à chlore; — F, flacon vide; — T, tube contenant de la chaux éteinte; — H, solution de potasse; — V, eau.

Dans l'industrie, les appareils producteurs de chlore sont nombreux, et leurs formes variées; ils sont le plus souvent en grès, volumineux, destinés à être chauffés à feu nu ou par un courant de vapeur. On a longtemps employé de grandes bonbonnes, comme celle de la figure 65, où le bioxyde de manganèse était placé en morceaux dans un tube percillé plongeant à moitié dans l'acide. On chauffait ces bonbonnes au bain

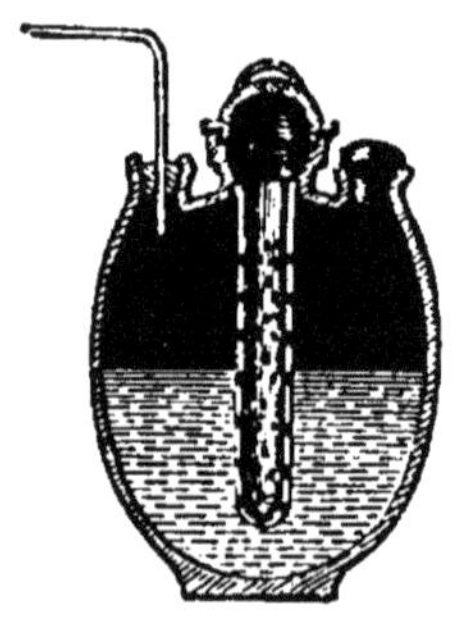
FIG. 65. — Bonbonne à produire le chlore.

de sable, mais il fallait renouveler le bioxyde de manganèse à chaque opération.

Aujourd'hui, dans le procédé Weldon, le même bioxyde de manganèse sert indéfiniment ; le chlorure formé dans la première opération est, par l'action de la chaux et de l'air, retransformé en oxyde capable de donner à nouveau du chlore avec une nouvelle quantité d'acide chlorhydrique.

78. Historique. — Le chlore a été découvert en 1774 par **Scheele,** en essayant de dissoudre le bioxyde de manganèse dans l'acide chlorhydrique. Il n'a pas été d'abord considéré comme un corps simple, et **Berthollet,** en étudiant et en appliquant ses propriétés décolorantes, l'appelait acide muriatique oxygéné. C'est Gay-Lussac et Davy qui ont démontré que le chlore est un corps simple et lui ont donné le nom qu'il porte, à cause de sa couleur.

79. Composés du chlore et de l'oxygène. — Le chlore ne se combine pas directement avec l'oxygène ; on lui connaît cependant plusieurs composés oxygénés dont voici les noms et les symboles :

Anhydride hypochloreux	Cl^2O ;	*Acide hypochloreux*	$ClOH$;
— *chloreux*	Cl^2O^3 ;	— *chloreux*	ClO^2H ;
Peroxyde de chlore	ClO^2 ;		
		— *chlorique*	ClO^3H ;
		— *perchlorique*	ClO^4H .

Le chlore se combine atome par atome avec l'hydrogène. 1 de Cl se combine à 1 d'hydrogène ; mais, pour 1 d'oxygène, il faut 2 d'hydrogène. Il est vraisemblable de supposer que, pour 1 d'oxygène, il faut aussi 2 de chlore, et que le plus simple des composés sera Cl^2O ; c'est **l'anhydride hypochloreux,** qui donne l'acide du même nom en prenant de l'eau :

$$\underset{\text{Anhydride}}{Cl^2O} + \underset{\text{Eau}}{H^2O} = \underset{\text{Acide hypochloreux}}{2(ClOH)}.$$

Tous les acides qui contiennent 1 atome d'hydrogène peuvent l'échanger contre un métal : l'acide hypochloreux donnera les **hypochlorites** et l'acide chlorique donnera les **chlorates.**

Le point de départ de l'obtention de tous ces dérivés est l'action du chlore sur les oxydes. Si l'on fait passer un courant lent de chlore dans une solution étendue de potasse, il y a formation d'un chlorure et d'un hypochlorite :

$$\begin{matrix} Cl \\ Cl \end{matrix} + \underset{\textit{Potasse}}{\begin{matrix} KOH \\ KOH \end{matrix}} = \underset{\textit{Chlorure}}{KCl} + \underset{\textit{Hypochlorite de potassium}}{ClOK} + H^2O.$$

L'hypochlorite à son tour, chauffé en solution bouillante, peut se transformer en chlorate.

$$3\,(ClOK) = \underset{\textit{Chlorate}}{ClO^3K} + 2KCl.$$

80. Hypochlorites et chlorures décolorants. — Les **hypochlorites** ne sont pas préparés pour eux-mêmes ; on ne les a pas isolés à l'état de pureté, sauf celui de chaux ; ils sont contenus dans les produits industriels désignés sous le nom de **chlorures décolorants** et qu'on prépare par l'action du chlore sur les oxydes hydratés des métaux alcalins et alcalino-terreux. On prépare trois chlorures pour le blanchiment en faisant agir le chlore sur une solution de potasse, une solution de soude, ou sur la chaux éteinte :

L'eau de Javel,	$ClOK,KCl$,
La liqueur de Labarraque,	$ClONa,NaCl$,
Le chlorure de chaux,	$(ClO)^2Ca,CaCl^2$.

Leur propriété commune est de dégager du chlore plus ou moins rapidement par l'action d'un acide, et d'être par suite de puissants agents de décoloration. On s'en assure facilement en versant de l'eau de Javel dans une solution bleue d'indigo : la solution est décolorée.

C'est le **chlorure de chaux** qui est le plus employé ; on le prépare en grand dans l'industrie en faisant passer un courant de chlore sur de la chaux éteinte pulvérisée exposée sur des cloisons dans une chambre où le gaz chlore séjourne quelque temps (*fig.* 66). Le

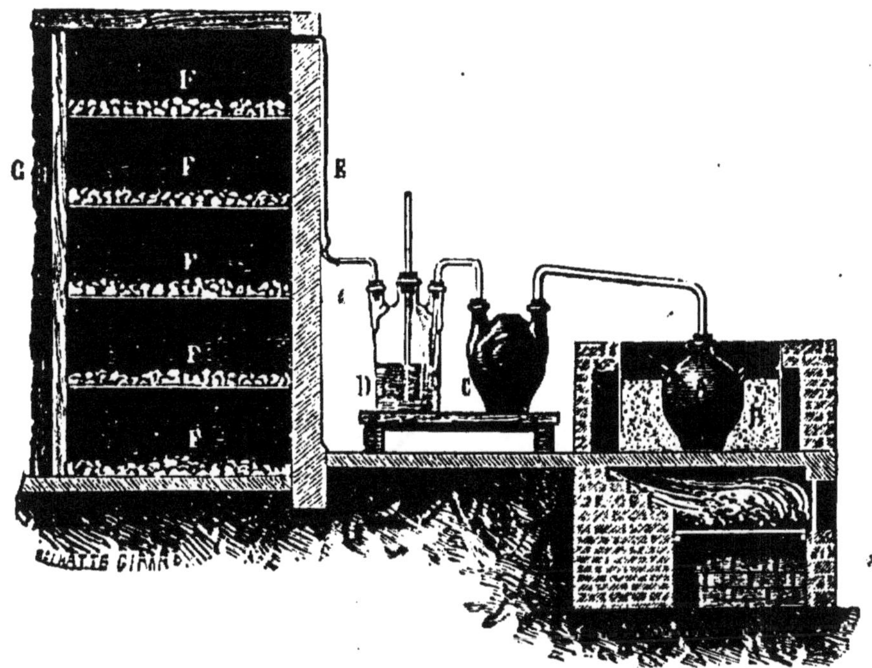

Fig. 66. — Appareil à préparer le chlorure de chaux. — A, bonbonne à chlore ; — B, bain de sable chauffé ; — C, premier laveur ; — D, second laveur témoin ; — E, tube conduisant le gaz ; — F, compartiments chargés de chaux en poudre.

chlorure de chaux est une poudre blanche que l'on ne peut garder que dans un lieu sec ; l'air et l'humidité lui font perdre peu à peu son chlore.

81. Blanchiment. — Le blanchiment par le chlore a été établi par Berthollet et substitué au blanchiment *sur le pré;* on l'opère aujourd'hui par l'eau de Javel pour les tissus légers et par la solution du chlorure de chaux pour toutes les matières végétales. Dans le premier cas, on trempe le tissu dans l'eau de Javel, ou l'expose quelques minutes à l'air et on le lave. Dans le second cas, surtout pour les matières difficiles à décolorer, on imprègne les substances ou les tissus de chlorure de chaux en les faisant passer dans une solution de ce produit. Puis, quand cette imbibition est suffisante, on passe la substance dans un bain d'acide faible; alors le chlore se dégage, attaque la matière colorante. Un lavage à grande eau achève le blanchiment.

82. Acide chlorique et chlorates. — L'acide chlorique est très instable et se décompose facilement en dégageant de l'oxygène. Les chlorates partagent cette propriété.

Le plus important est le **chlorate de potassium.**

Fig. 67. — Décomposition du chlorate de potassium par la chaleur.

C'est un sel blanc cristallisé, soluble dans l'eau; il fuse sur des charbons ardents et produit une flamme d'un rouge violacé; c'est qu'il se décompose et dégage son oxygène, qui active puissamment la combustion.

On montre la décomposition du chlorate en chauffant quelques grammes de ce sel dans un tube à essais; le sel fond et bouillonne; il s'échappe de l'oxygène, comme on le constate en présentant à l'entrée du tube une allumette qui n'a plus qu'un point rouge et qui se rallume aussitôt.

Le sel peut perdre tout l'oxygène qu'il contient; il laisse comme résidu du chlorure de potassium. On utilise cette réaction dans les cours pour avoir l'oxygène :

$$\underset{\substack{35,5+48+39 \\ 122,5}}{ClO^3K} = KCl + \underset{48}{O^3}.$$

C'est un oxydant énergique. Si on le mélange, en poudre fine, avec du soufre en fleur, qu'on fasse de petits paquets de ce mélange, on les fait détoner en les frappant avec un marteau sur une enclume de fer. Si on mélange du chlorate de potassium avec du benjoin en poudre et qu'on verse de l'acide sulfurique goutte à goutte, le mélange prend feu.

Fig. 68. — Mortier et pilon.

Quand on pulvérise du chlorate de potasse bien sec dans un mortier bien sec, il faut que ce dernier soit bien propre et ne contienne aucune trace de corps combustible comme le soufre. Pour montrer l'action des combustibles, on met *quelques grains* de poussière de soufre et de chlorate dans le mortier et on manœuvre avec le pilon; on produit ainsi une succession de détonations.

Le chlorate de potassium sert à faire les capsules fulminantes.

83. **Préparation.** — On peut l'obtenir en faisant dégager un rapide courant de chlore dans une solution concentrée d'oxyde de potassium (potasse) ; il se dépose

dans la liqueur des cristaux de chlorure de potassium; quand ce dépôt est abondant, on arrête l'opération; on décante le liquide dans un verre et on y fait repasser du chlore. Il faut, pour cette opération, terminer par un tube large le tube qui amène le gaz. Les cristaux de chlorate sont recueillis pour être ensuite égouttés et desséchés.

C'est un exemple frappant de la production d'un sel cristallisé par la réaction d'un gaz sur un liquide.

Fig. 69. — Tube abducteur large amenant le gaz chlore dans une solution de potasse.

Résumé. — Le chlore est un gaz jaune verdâtre, d'une odeur suffocante. Il pèse 2,5 fois plus que l'air et 35,5 fois plus que l'hydrogène. Le poids du litre est de 3gr,17.

On profite de cette circonstance pour le recueillir par déplacement d'air en faisant venir jusqu'au fond du flacon que l'on veut remplir le tube qui amène le gaz.

Il est soluble dans l'eau, mais seulement dans la proportion de 10 grammes de gaz environ par litre d'eau; aussi peut-on le recueillir sur l'eau d'une terrine, comme les autres gaz.

Le chlore se combine vivement avec la plupart des corps simples, des métalloïdes comme le phosphore et l'arsenic, et des métaux comme l'antimoine, le cuivre, le fer, le mercure et l'hydrogène; il brûle les mêmes corps que l'oxygène, à l'exception du charbon, et il dégage beaucoup de chaleur dans ses combinaisons.

On combine au chlore le phosphore qui y prend feu, l'arsenic en poudre qui s'y enflamme, l'antimoine qu'on y projette en poudre, le cuivre chauffé qui y devient incandescent en s'y combinant.

Les produits formés, que l'on nomme **chlorures**, prennent naissance avec dégagement de chaleur, parfois même avec production de lumière.

Le chlore se combine à l'hydrogène instantanément et avec détonation à la lumière solaire ou à l'approche d'une flamme, lentement à la lumière diffuse. Le **chlorure d'hydrogène** formé prend le nom d'**acide chlorhydrique.**

Cette combinaison est un frappant exemple des **lois de Gay-Lussac** sur les composés gazeux.

Un volume de chlore et 1 volume d'hydrogène donnent 2 volumes d'acide chlorhydrique.

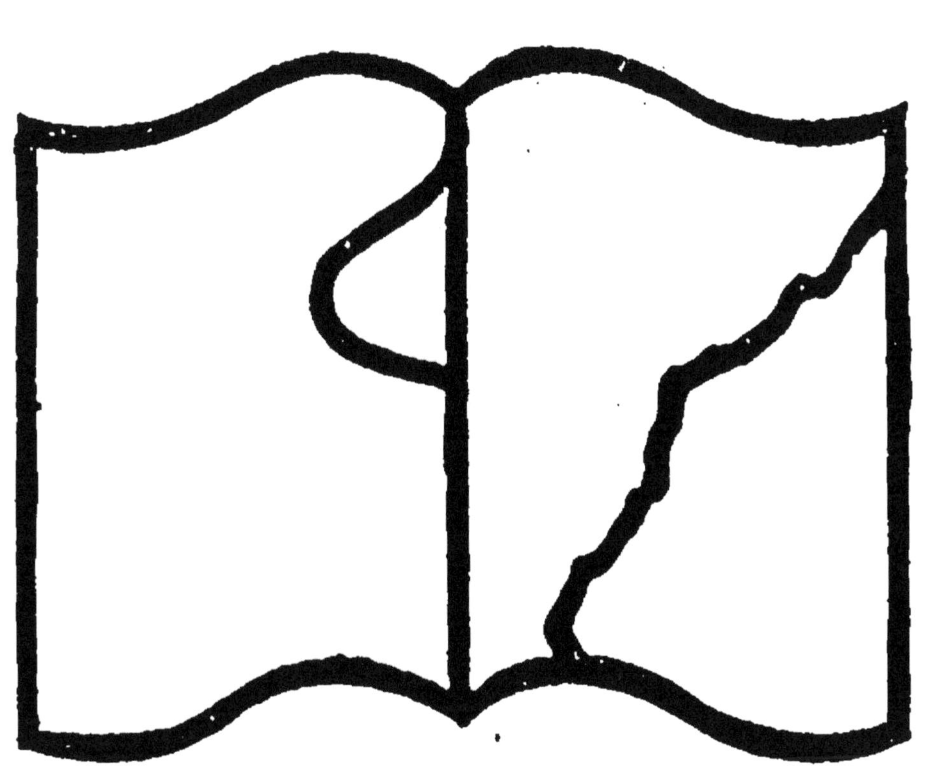

Texte détérioré — reliure défectueuse
NF Z 43-120-11

Le chlore peut prendre l'hydrogène aux corps composés : ainsi il prend l'hydrogène à l'eau ; c'est pourquoi l'eau de chlore ne se conserve que dans des flacons en verre noir ; à la lumière, elle se transforme en une dissolution d'acide chlorhydrique.

Le chlore est considéré comme un oxydant en présence de l'eau, parce qu'en prenant à celle-ci l'hydrogène, il rend libre l'oxygène.

Le chlore est décolorant et désinfectant, probablement parce qu'il détruit les matières organiques en leur enlevant l'hydrogène ou en provoquant leur oxydation.

On produit le chlore en attaquant l'acide chlorhydrique par le bioxyde de manganèse ; c'est la réaction des laboratoires : c'est aussi celle de l'industrie. Quand on produit le gaz chlore en grand pour le faire entrer dans des composés liquides ou solides qui en rendent le maniement plus facile, comme le chlorure de chaux, on applique le *procédé Weldon*, où la même quantité de bioxyde de manganèse peut être indéfiniment régénérée, et où la dépense ne consiste que dans l'acide chlorhydrique et dans la chaux qui sert à la régénération de l'oxyde.

Le chlore ne se combine pas directement avec l'oxygène ; mais on lui connaît plusieurs composés oxygénés, des acides, qui ont, outre le chlore et l'oxygène, de l'hydrogène à échanger contre les métaux pour donner des sels : ce sont les acides **chloreux** ClO^2H et **hypochloreux** $ClOH$, et les acides **chlorique** ClO^3H et **perchlorique** ClO^4H. Le deuxième et le troisième sont les plus importants.

L'acide hypochloreux peut être obtenu dans l'action du chlore sur la bouillie d'oxyde de mercure avec l'eau. En dissolution, il est facilement décomposable. C'est un puissant décolorant ; son pouvoir de décoloration est double de celui du chlore qu'il renferme.

Les hypochlorites que cet acide donne avec les métaux ne sont pas isolés ; on les laisse mélangés avec des chlorures qui se sont formés avec eux dans les produits industriels appelés **chlorures décolorants.**

Les chlorures décolorants sont obtenus par l'action du chlore sur les oxydes alcalins hydratés ; on en prépare trois que l'on considère comme des mélanges de chlorures et d'hypochlorites ; celui de potasse, appelé eau de Javel, celui de soude, dont le nom est liqueur de Labarraque, et celui de chaux, appelé improprement chlorure de chaux.

Leur propriété commune, c'est de dégager du chlore, lentement à l'air, rapidement par l'action d'un acide ; c'est ce qui les fait employer au blanchiment.

L'acide chlorique est très instable ; les **chlorates** se forment par l'action de la chaleur sur les hypochlorites, ou encore par l'action d'un courant rapide de chlore dans une solution concentrée d'un oxyde.

Le chlorate de potassium est le seul intéressant. Il se décompose par la chaleur et dégage de l'oxygène ; c'est la raison qui le fait employer pour préparer ce gaz. Il donne des composés détonants avec les combustibles, comme le soufre. Il entre dans la constitution des corps qui fusent quand on les allume.

CHAPITRE IX

ÉLECTROLYSE DU CHLORURE DE SODIUM. SODIUM SOUDE CAUSTIQUE

84. Electrolyse du chlorure de sodium. — L'électrolyse est la décomposition par le passage du courant électrique d'un sel fondu ou dissous.

Dans le cas du sel marin fondu, le métal sodium se porte à la cathode, c'est-à-dire au pôle négatif, tandis que le chlore se dégage le long de l'anode ou pôle positif.

$$- \text{ cathode } \underset{\longleftarrow}{Na} \quad \underset{\longrightarrow}{Cl} \text{ anode } +$$

Dans le cas d'une dissolution, le sel est décomposé par le courant de la même façon : le chlore se dégage à l'anode et peut y être recueilli ; mais le sodium, trouvant de l'eau à la cathode, y est transformé en *soude caustique* par la réaction :

$$Na + H^2O = \underset{\text{Soude}}{NaHO} + H.$$

Théoriquement, rien ne paraît donc plus simple que cette décomposition du sel marin par le courant : dans les deux cas, on recueille du chlore ; dans le premier prépare le métal *sodium*, et dans le second la *soude caustique*. Mais, dans la pratique, on a rencontré plus d'une difficulté pour séparer l'un de l'autre les produits de l'électrolyse et les obtenir intégralement.

Tout d'abord, il faut remarquer que le chlore a une action destructive sur les anodes. En second lieu, le métal sodium est très oxydable à l'air, et il faut le soustraire au contact de ce gaz si l'on veut l'obtenir à l'état pur.

Et enfin, quand on veut obtenir de la soude, il faut réaliser la séparation du compartiment négatif d'avec le compartiment positif, pour éviter la production des hypochlorites par la rencontre du chlore avec la soude que le courant a séparés.

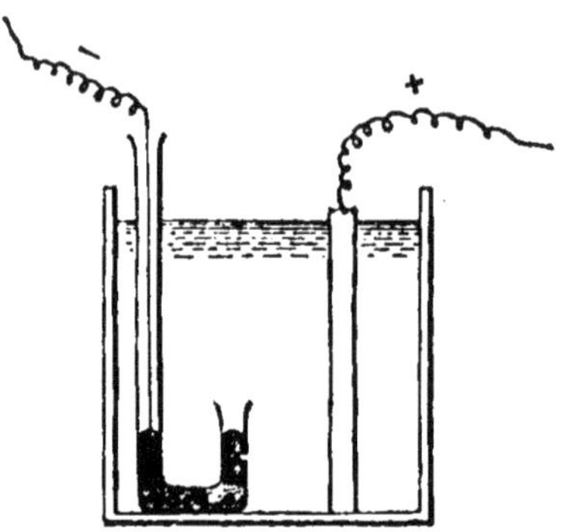

FIG. 70. — Electrolyse du sel marin dissous avec cathode de mercure.

L'électrolyse du sel marin peut donc donner, suivant le dispositif adopté, du sodium ou de la soude et du chlore ou encore des hypochlorites ou des chlorates.

On a proposé d'amalgamer le sodium en prenant le mercure pour cathode. L'appareil des laboratoires représenté par la figure 70 est simple. Le chlore se dégage le long de l'anode en charbon. Le sodium s'amalgame avec le mercure à mesure que le courant le met en liberté. Mais les appareils industriels sont beaucoup plus complexes, car il faut pouvoir enlever l'amalgame avant qu'il ne soit devenu solide. La distillation de l'amalgame obtenu donne le sodium et permet de régénérer le mercure.

85. Sodium. — L'électrolyse de sel marin fondu donne directement le métal. On la réalise dans un creuset chauffé où plongent des anodes de charbon en rapport avec le pôle positif de la source électrique. Une cloche de porcelaine sépare les deux compartiments ; elle contient une cathode de fer. Le métal alcalin, plus léger que le liquide du bain, se rassemble à la partie supérieure de la cloche et se rend par un tube dans un récipient voisin, où il tombe dans du pétrole, sans avoir pu subir aucune action oxydante. Le chlore se dégage

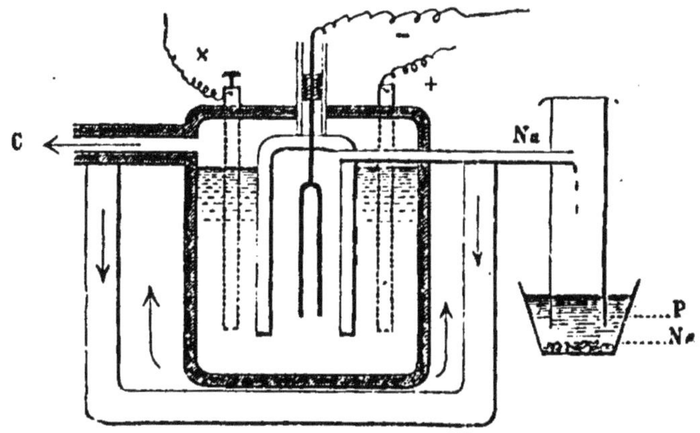

Fig. 71. — Préparation du sodium par l'électrolyse du sel marin fondu. Le gaz chlore se dégage par le tube C.

par un tube attenant à la partie supérieure du creuset. La figure 71 est un schéma destiné à donner une idée du dispositif.

86. Soude caustique. — La soude caustique s'obtient par l'électrolyse du chlorure de sodium en dissolution ; le métal sodium, mis en liberté par le courant, réagit sur l'eau, à mesure de sa production, et le compartiment négatif s'enrichit en soude.

La figure 72 est le schéma d'un des appareils employés. Un récipient en tôle émaillée contient la dissolution de sel marin à décomposer ; les cathodes sont en fer, les anodes en charbon. Celles-ci sont dans des tubes poreux qui forment comme autant de récipients recevant le chlore dégagé et le conduisant à un tube évacuateur.

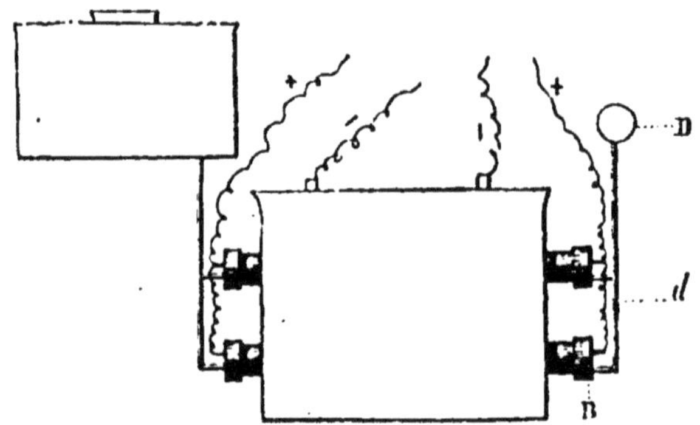

Fig. 72. — Appareil à préparer la soude par électrolyse du sel marin.

La soude est obtenue à un prix moindre que par les anciens procédés chimiques, et cette industrie de l'électrolyse prend de jour en jour plus de développement.

CHAPITRE X

SEL AMMONIAC. — AMMONIAQUE

87. Sel ammoniac. — Le sel ammoniac est un solide en masse blanche ou grise, à cassure fibreuse, difficile à pulvériser. Il est sans odeur, soluble dans l'eau froide, plus soluble dans l'eau chaude. Il se volatilise sans fondre et sans se décomposer ; aussi peut-on le sublimer.

Il nous venait autrefois de l'Egypte, où il était préparé en sublimant dans de grands matras la suie blanchâtre formée par la combustion de la fiente desséchée des chameaux. Aujourd'hui l'industrie le prépare en faisant agir l'acide chlorhydrique sur les eaux ammoniacales du lavage du gaz d'éclairage ou des urines putréfiées ou de la distillation des os et autres matières animales.

La chaux en poudre agit sur lui déjà à la température ordinaire et par simple contact en dégageant le **gaz ammoniac.** Si, en effet, dans une soucoupe (*fig.* 73), on met, sans les mêler d'abord, d'un côté de la chaux, de l'autre du sel ammoniac en poudre, rien ne se produit. Mais, si l'on mélange les deux poudres, il se dégage immédiatement un gaz qui provoque les larmes, qui a une odeur urineuse et qui donne des vapeurs blanches avec l'acide chlorhydrique : ce gaz, c'est l'ammoniaque, la base de tous les sels ammoniacaux.

Fig. 73. — A, sel ammoniac ; — B, chaux ; — C, soucoupe où les deux produits sont mêlés.

88. Ammoniaque. — Propriétés physiques. — L'ammoniaque est, à la température ordinaire, un gaz incolore, d'une odeur vive, saisissante, qui provoque les larmes d'une saveur âcre et urineuse.

Sa densité est de 0,59 par rapport à l'air, et 8,5 par rapport à l'hydrogène.

Le poids du litre est donc :

$$8,5 \times 0,0895 = 0^{gr},76.$$

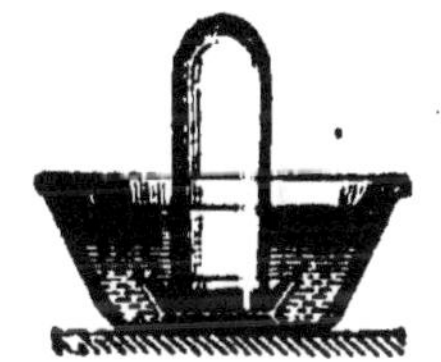

Fig. 74. — Preuve de la solubilité de l'ammoniaque. Éprouvette pleine de gaz, reposant sur une soucoupe couverte de mercure au fond d'une terrine d'eau.

Ce gaz est très soluble dans l'eau ; 1 litre d'eau dissout 700 à 800 litres de gaz ammoniac. On prouve cette solubilité par deux expériences.

Première expérience. — On recueille une éprouvette d'ammoniaque sur le mercure et on l'apporte sur une soucoupe dans une terrine d'eau ; quand on soulève un peu l'éprouvette, l'eau s'y précipite avec une telle force que l'éprouvette serait vivement projetée si on ne la retenait fortement.

Deuxième expérience. — On recueille l'ammoniaque dans un flacon renversé, en envoyant jusqu'à la partie supérieure du flacon le tube qui amène le gaz; quand il est plein de gaz, on le bouche avec un bouchon traversé d'un tube effilé à une de ses extrémités. On dispose le flacon sur un support au-dessus d'un vase d'eau, comme l'indique la figure 75; on brise l'extrémité du tube; l'eau monte vivement, sous forme de jet d'eau, dans le flacon. Au lieu d'eau, on emploie souvent du tournesol étendu teint en rouge par quelques gouttes d'acide. En montant dans le flacon de gaz ammoniac sous forme de jet, il devient bleu, ce qui indique que l'ammoniaque est une base.

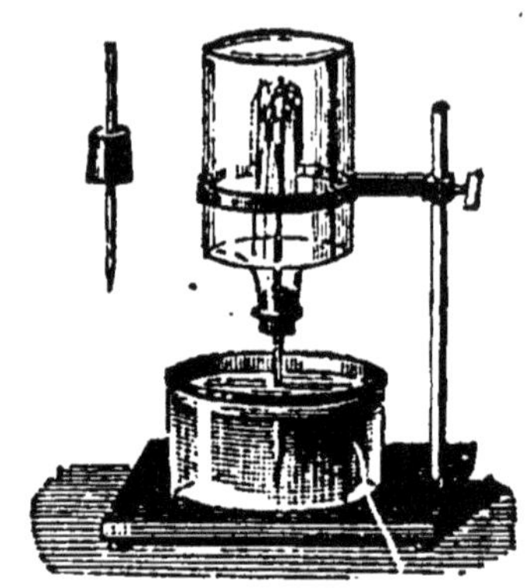

Fig. 75. — Ascension de l'eau ou du tournesol rougi dans un flacon plein de gaz ammoniac.

La dissolution d'ammoniaque porte le nom d'*alcali volatil;* abandonnée à l'air ou chauffée, elle perd peu à peu le gaz qu'elle contient. Elle est constamment employée à la place du gaz, car elle est d'un maniement bien plus facile.

Le gaz ammoniac, en se dissolvant dans l'eau, dégage de la chaleur.

On a en effet :

$$Az + H^3 = AzH^3 \textit{ gaz} + 12{,}2 \textit{ calories},$$

et :

$$Az + H^3 = AzH^3 \textit{ dissous} + 21 \textit{ calories}.$$

La dissolution dégage donc 21 — 12,2 ou 8,8 *calories.* On en a une preuve frappante quand on introduit dans une éprouvette pleine de gaz et placée sur le mercure un morceau de glace; celle-ci fond rapidement en dissolvant le gaz, et le mercure monte dans l'éprouvette.

On a pu liquéfier l'ammoniaque par l'action du froid et de la pression. Le gaz se liquéfie à — 40° sous la pression atmosphérique ou à 10° sous la pression de 6 atmosphères. On fait passer du gaz ammoniac sur du chlorure de calcium qui l'absorbe, on introduit le produit solide dans un tube, comme celui de la figure 76, que l'on ferme ensuite à la lampe. On chauffe l'une des

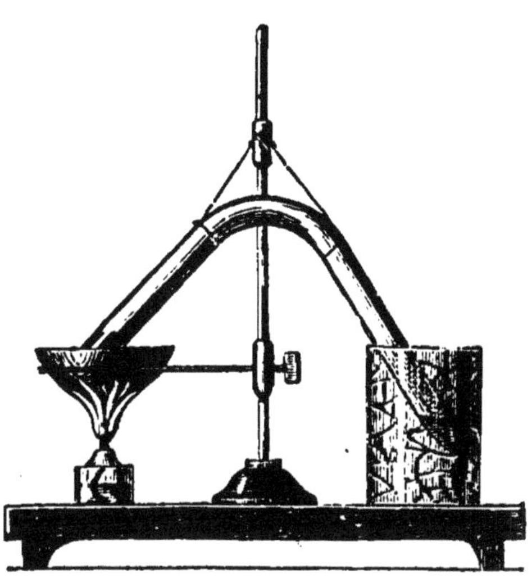

Fig. 76. — Tube à obtenir l'ammoniaque liquide.

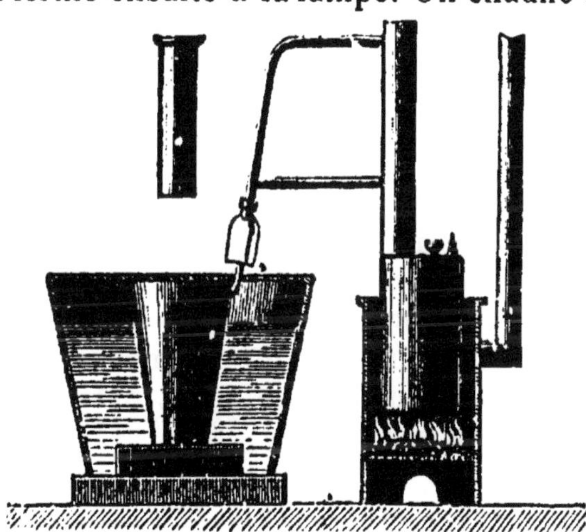

Fig. 77. — Appareil Carré pour produire la glace par la liquéfaction de l'ammoniaque.

branches et l'on refroidit l'autre. Le gaz liquéfié se rassemble dans cette dernière.

On a utilisé l'ammoniaque liquide comme moyen de refroidissement dans l'appareil Carré à fabriquer artificiellement la glace. Cet appareil se compose de deux vases reliés par un tube (*fig.* 77). Dans le premier est une solution d'ammoniaque. Si on chauffe ce dernier vase, le gaz ammoniac se dégage et se rend dans le second vase. Celui-ci est refroidi par de l'eau pour absorber la chaleur que le gaz apporte et dégage en se condensant à l'état liquide. Quand tout le gaz est devenu liquide, on cesse de chauffer le premier vase. L'ammoniaque liquide s'évapore rapidement et absorbe beaucoup de chaleur, et si, pendant cette évaporation, le second vase est entouré d'eau, cette eau se congèle.

89. **Action de la chaleur.** — La chaleur sépare les deux gaz qui forment l'ammoniaque et double leur volume. Ils s'étaient donc contractés pour former le composé :

Az ou 1 vol. d'azote,
H^3 ou 3 vol. d'hydrogène,

donnent 2 volumes d'ammoniaque en se combinant.

L'étincelle électrique produit le même effet que la chaleur.

90. **Propriétés chimiques.** — Quand on plonge une bougie allumée dans une éprouvette d'ammoniaque, elle s'éteint sans enflammer le gaz. Mais ce gaz brûle en présence de l'oxygène. On mélange parties égales d'oxygène et d'ammoniaque dans une éprouvette sur le mercure ; si on approche une allumette de l'orifice de l'éprouvette, il y a inflammation et détonation ; il se forme de l'azote et de l'eau :

$$2(AzH^3) + 3O = 2Az + 3H^2O.$$

On peut donner une autre forme à cette expérience.

On a préparé, d'une part, un ballon contenant du chlorate de potasse et un peu d'oxyde de manganèse, que l'on a chauffé de manière qu'il soit prêt à donner de l'oxygène. On a, d'autre part, un ballon qui donne du gaz ammoniac se dégageant par un tube courbé avec une branche descendante. On apporte le ballon produisant de l'oxygène à l'extrémité de ce tube. On allume le gaz ammoniac, qui brûle avec de petites détonations.

On rend la combustion complète en faisant passer un courant d'oxygène dans l'ammoniaque concentrée et ensuite dans un tube contenant de la mousse de platine chauffée (*fig.* 78); il sort du tube de l'acide

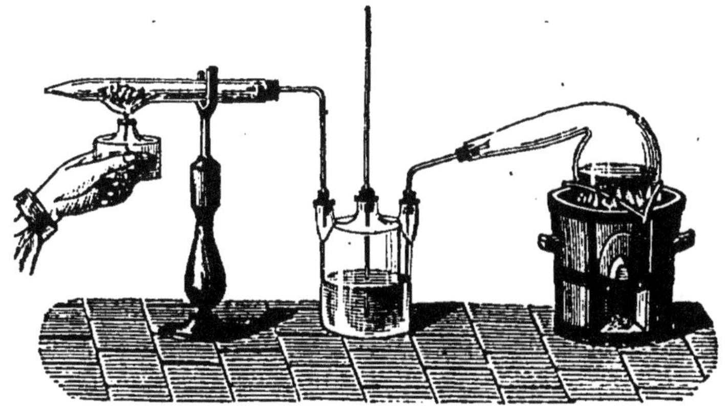

FIG. 78. — Oxydation de l'ammoniaque. L'oxygène produit dans la cornue barbote dans de l'ammoniaque. Les deux gaz passent sur de la mousse de platine chauffée dans un tube.

azotique, comme on le constate en présentant au jet de gaz un papier bleu de tournesol : le papier rougit :

$$AzH^3 + 4O = AzO^3H + H^2O.$$

Au contact des corps poreux ou des corps qui condensent les gaz, comme le platine, l'oxydation de l'ammoniaque s'effectue encore à froid et donne un sel, l'azotite d'ammonium :

$$2(AzH^3) + O^3 = AzO^2,AzH^4 + H^2O.$$

On suppose que les azotates du sol, et en particulier le salpêtre, sont dus à des réactions analogues.

91. Action des acides sur la dissolution d'ammoniaque. — L'ammoniaque est une base forte; elle bleuit fortement le tournesol rouge.

Elle neutralise les acides et donne des sels que l'on peut obtenir cristallisés. On fait l'expérience en versant peu à peu de l'ammoniaque dans de l'acide azotique; on arrive rapidement à la saturation.

Si on verse de l'acide sulfurique dans de l'ammoniaque, la réaction est très vive, la chaleur dégagée très grande; il s'échappe des vapeurs, et une partie du liquide est projetée. Si on étend d'eau l'acide et la base, la réaction est calme; le sel se forme et on le fait cristalliser par évaporation.

Fig. 79. — Combinaison de l'acide chlorhydrique et de l'ammoniaque.

L'action de l'ammoniaque sur l'acide chlorhydrique donne lieu à une expérience dont on tire parti pour constater la présence d'un de ces deux corps au moyen de l'autre. Les deux liquides sont volatils; si donc on les approche sans les mélanger, mais de manière que leurs vapeurs puissent se mêler, la combinaison des deux vapeurs aura lieu et s'accusera sous forme d'un nuage blanc.

Pour faire l'expérience, on met quelques gouttes d'ammoniaque dans un flacon. On mouille, avec de l'acide chlorhydrique, les parois intérieures d'une éprouvette qui peut entrer dans le flacon. Tant que les deux vases restent loin l'un de l'autre, les vapeurs n'y sont pas visibles. Mais, si l'on renverse l'éprouvette dans le flacon, le tout se remplit d'un nuage blanc révélant la combinaison : il s'est formé du chlorhydrate d'ammoniaque, autrement dit du chlorure d'ammonium (*fig.* 79).

Dans ses combinaisons avec les acides, le gaz ammoniac s'unit d'abord à une molécule d'eau H^2O ; il forme alors le composé AzH^3,H^2O, qui joue le rôle de base ; on l'écrit souvent AzH^4OH, et sous cette forme ce composé se comporte dans toutes les circonstances comme l'oxyde d'un métal AzH^4 auquel on donne le nom d'*ammonium*. Ainsi représentée, l'ammoniaque offre, dans ses réactions avec les acides, la plus grande analogie avec la potasse KOH. Celle-ci donne avec l'acide chlorhydrique :

$$KOH + HCl = H^2O + KCl \text{ (\textit{chlorure de potassium})} ;$$

avec l'acide sulfurique :

$$\begin{matrix} KOH \\ KOH \end{matrix} + SO^4 \begin{matrix} H \\ H \end{matrix} = 2\left(\begin{matrix} H \\ H \end{matrix} O\right) + SO^4 \begin{matrix} K \\ K \end{matrix} \text{ (\textit{sulfate de potassium})}.$$

L'ammoniaque donne de même :

$$AzH^4OH + HCl = H^2O + AzH^4Cl \text{ (\textit{chlorure d'ammonium})} ;$$

$$\begin{matrix} AzH^4OH \\ AzH^4OH \end{matrix} + SO^4 \begin{matrix} H \\ H \end{matrix} = 2H^2O + SO^4 \begin{matrix} AzH^4 \\ AzH^4 \end{matrix} \text{ (\textit{sulfate d'ammonium})}.$$

92. Usages. — La solution d'ammoniaque est employée en médecine comme caustique contre les piqûres de mouches. Quelques gouttes prises à l'intérieur dans un verre d'eau constituent un moyen de combattre l'ivresse ; on en fait avaler aux animaux atteints de météorisme ; elle agit alors en absorbant les gaz accumulés dans le tube intestinal. Injectée dans une enceinte contenant de l'acide carbonique, elle absorbe le gaz et rend abordable l'accès de cet espace plein de gaz nuisible.

L'industrie l'utilise dans la préparation de quelques

couleurs de cochenille et dans l'apprêt des perles fausses.

C'est un réactif fréquent employé dans les laboratoires.

93. État naturel. — L'ammoniaque se forme à l'état de sels dans la décomposition des matières azotées, que cette décomposition se produise lentement à froid, comme dans la putréfaction des urines, ou qu'elle ait lieu par l'action de la chaleur, comme dans la distillation des houilles pour obtenir le gaz d'éclairage ou comme dans la calcination de la fiente des chameaux, qui était autrefois la seule source du chlorure d'ammonium.

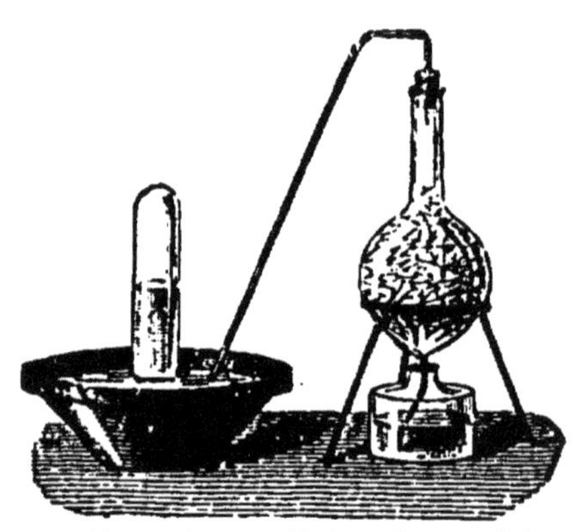

Fig. 80. — Appareil à préparer le gaz ammoniac.
Un ballon producteur contenant le sel ammoniac et la chaux est chauffé ; le gaz se rend dans une petite cuve à mercure.

L'ammoniaque peut donc être retirée des eaux d'épuration, du gaz d'éclairage et des eaux de vidange des fosses d'aisances. Elle existe dans l'air en petite quantité après un orage ; elle se dissout dans la pluie qui la ramène au sol où elle sert d'aliment aux plantes.

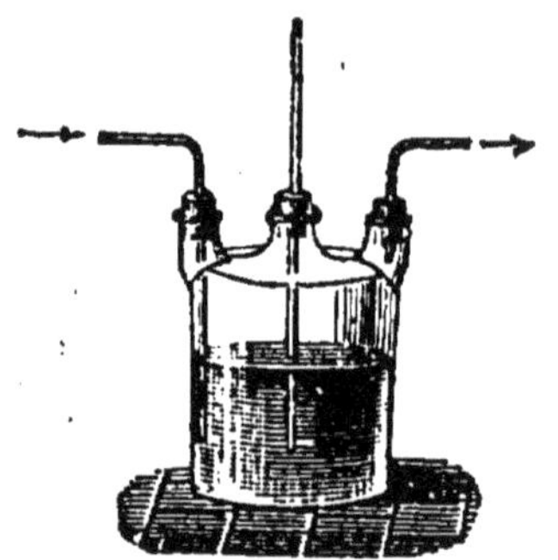

Fig. 81. — Flacon à trois tubulures monté pour la dissolution d'un gaz soluble.

94. Préparation. — Pour avoir l'ammoniaque à l'état de gaz ou en dissolution, dans les laboratoires ou dans l'industrie, on chauffe un sel ammoniacal, ordinairement le chlorure, avec de la chaux; cette dernière base déplace l'ammoniaque; celle-ci est volatile, elle se dégage et on la recueille.

La réaction est la suivante :

$$2(AzH^4Cl) + CaO = CaCl^2 + H^2O + 2AzH^3;$$

il reste dans le ballon du chlorure de calcium et de l'eau.

1° *On veut avoir l'ammoniaque à l'état de gaz.* — On chauffe dans un petit ballon un mélange de 1 partie de sel ammoniac en poudre et de 2 parties de chaux vive; on ajoute une couche de chaux pour arrêter l'eau que le gaz entraîne, et on recueille sur le mercure ou par déplacement d'air.

2° *En solution.* — On remplace la chaux vive par un lait de chaux. Le ballon est mis en communication avec

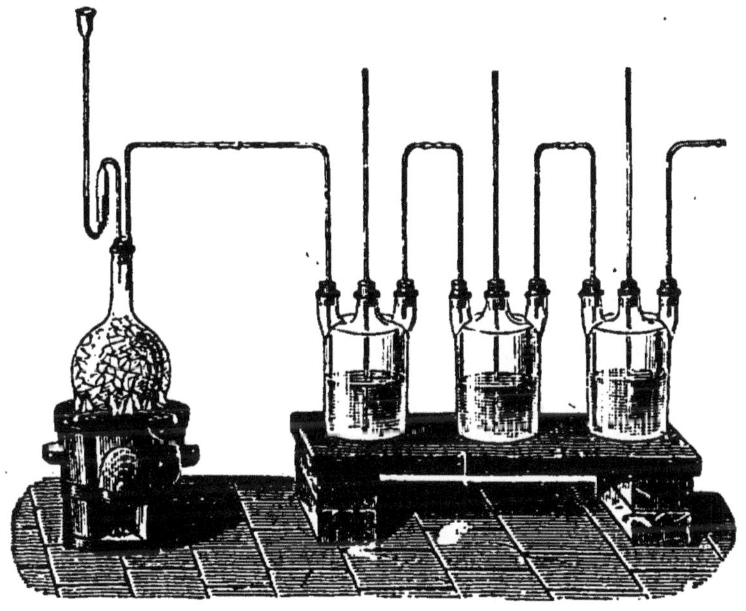

FIG. 82. — Appareil à préparer la dissolution d'ammoniaque. Ballon producteur du gaz et flacons de Woolf.

une série de flacons à trois tubulures dont le premier est destiné à laver le gaz et contient peu d'eau. Les autres sont aux deux tiers pleins d'eau et au besoin refroidis. Les tubes qui amènent le gaz dans chacun doivent plonger jusqu'au fond des flacons, parce que la solution d'ammoniaque est plus légère que l'eau : de cette manière, le gaz est toujours en contact avec les parties les moins saturées.

3° *Dans l'industrie.* — On emploie les eaux de condensation des usines à gaz, les urines putréfiées, les eaux vannes des dépôts de vidange. On les distille avec de la chaux dans une série de chaudières disposées de manière que le produit gazeux qui se dégage de la première aille se condenser dans la seconde. Le gaz passe ensuite dans une série de serpentins, puis finalement dans l'eau si l'on veut avoir de l'ammoniaque, ou dans des acides étendus si l'on veut faire directement des sels ammoniacaux.

L'ammoniaque caustique du commerce, appelée *alcali volatil*, est parfois colorée en jaune. Pour la purifier, on la distille avec de la chaux dans l'un des appareils décrits ci-dessus.

Résumé. — L'ammoniaque est un composé de l'azote et de l'hydrogène. C'est un gaz incolore, d'une odeur vive qui provoque les larmes.

Ce gaz est très soluble dans l'eau; 1 litre d'eau peut dissoudre 7 à 800 litres de gaz. On montre facilement cette grande solubilité en plongeant dans l'eau l'ouverture d'un flacon plein de gaz ammoniac.

La dissolution du gaz ammoniac porte le nom d'**alcali volatil** : c'est la forme sous laquelle ce corps est habituellement employé.

On a pu liquéfier le gaz ammoniac à la température ordinaire en le comprimant à une pression de quelques atmosphères. Le liquide obtenu tend à repasser à l'état de gaz, et, dans sa vaporisation rapide, il absorbe beaucoup de chaleur. Il a été employé comme moyen de refroidissement dans l'appareil Carré à produire la glace.

La chaleur et l'électricité décomposent l'ammoniaque et doublent son volume ; le mélange formé de 1 d'azote et de 3 d'hydrogène se condense donc en 2 volumes quand les gaz se combinent.

L'ammoniaque ne brûle pas; mais ce corps peut prendre de l'oxygène et, dans la combinaison qu'il réalise ainsi, il brûle comme un corps combustible. Le plus souvent, il se forme un composé oxygéné de l'azote, tel que l'acide azotique.

L'ammoniaque est une base forte qui bleuit le tournesol et qui se combine aux acides avec dégagement de chaleur et production de sels qui peuvent cristalliser. On réalise par simple mélange la combinaison de l'ammoniaque avec l'acide azotique ou avec l'acide sulfurique; l'évaporation des dissolutions mélangées donne des sels. La combinaison avec l'acide chlorhydrique a déjà lieu entre les deux corps gazeux; elle donne un moyen de les caractériser l'un par l'autre.

Quand l'ammoniaque se combine aux acides, elle a déjà pris une molécule d'eau; ce n'est pas le corps AzH^3, c'est un composé AzH^4OH comparable à la potasse KOH et dans lequel un corps composé AzH^4 joue le même rôle qu'un métal comme le potassium. A ce composé, on a donné le nom d'*ammonium*.

L'ammoniaque existe en petites quantités dans l'air. Elle se forme dans la putréfaction des matières organiques et dans leur décomposition lente ou rapide. Les urines putréfiées en dégagent les vidanges et les fumiers en produisent.

Pour l'obtenir, on chauffe un sel ammoniacal avec de la chaux, l'ammoniaque mise en liberté se dégage à l'état de gaz.

On recueille ce gaz sur le mercure; ou bien on l'envoie se dissoudre dans l'eau pour donner l'*alcali volatil* ordinaire.

Dans les laboratoires, c'est le chlorhydrate d'ammoniaque ou chlorure d'ammonium qu'on distille avec la chaux. Dans l'industrie, c'est le liquide des vidanges ou l'eau d'épuration du gaz d'éclairage que l'on emploie.

L'ammoniaque en solution sert de réactif; l'industrie l'utilise dans la préparation de certaines couleurs. Elle est employée pour absorber l'acide carbonique et pour cautériser les piqûres légèrement venimeuses.

CHAPITRE XI

LOIS DES COMBINAISONS

95. Caractères de la combinaison chimique. — Nous avons défini la combinaison chimique : l'union intime de deux ou plusieurs corps qui en donnent un nouveau différent par ses propriétés de ceux qui l'ont produit; et cette formation d'un corps est accompagnée d'un dégagement de chaleur et elle se fait entre des poids déterminés. Rappelons la combinaison du soufre et du cuivre, l'un jaune, l'autre rouge, donnant le sulfure de cuivre noir, avec incandescence du métal dans le soufre fondu; rappelons aussi la combinaison du carbone avec l'oxygène de l'air ou le gaz oxygène pur engendrant un gaz invisible, l'anhydride carbonique; aussi la combustion de l'hydrogène avec l'oxygène, deux gaz, engendrant l'eau, et produisant beaucoup de chaleur.

Toute combinaison est donc caractérisée par :

Un changement de propriétés des corps réagissants;

Une relation numérique entre leurs poids;

Un phénomène calorifique plus ou moins sensible.

Il importe de préciser les deux derniers de ces caractères.

96. Loi des poids ou de Lavoisier. — *Le poids d'un composé est égal à la somme des poids de ses composants.*

Quand on combine :

2 litres d'hydrogène dont le *poids est* 0gr,179
avec 1 litre d'oxygène dont le *poids est* 1gr,437,

on obtient exactement :

un *poids d'eau* de $0,179 + 1,437 = 1^{gr},616$.

C'est en pesant les corps qui entrent en réaction et le composé formé que Lavoisier a été conduit à formuler cette loi fondamentale : *rien ne se perd et rien ne se crée, tout se transforme.* Nous n'observons que des changements de propriétés; il n'y a ni destruction ni création de matière. Lorsque du charbon brûle dans l'oxygène, il semble disparaître; mais, si l'on pesait le gaz carbonique produit, on y retrouverait intégralement le poids du carbone et le poids de l'oxygène.

97. Loi des proportions définies ou de Proust. — *Pour former un même composé, deux corps s'unissent toujours dans des proportions invariables.*

Pour former l'eau, *un* gramme d'hydrogène s'unit toujours à *huit* grammes d'oxygène. Quel que soit le poids de l'hydrogène que l'on brûle, il prend toujours un poids d'oxygène huit fois plus grand que le sien.

Quand le mercure chauffé se combine à l'oxygène, on trouve toujours que les deux corps se sont combinés dans la proportion de 200 grammes de mercure avec 16 grammes d'oxygène pour donner la poudre rouge d'oxyde de mercure.

98. Loi des proportions multiples ou de Dalton. — *Quand deux corps peuvent former plusieurs composés, les poids de l'un d'eux qui s'unissent à un même poids de l'autre sont entre eux dans des rapports simples.*

Ainsi le charbon, en brûlant, donne deux composés, l'oxyde de carbone et l'anhydride carbonique; pour un même poids de carbone, 12 grammes, il y a des poids différents d'oxygène, 16 grammes pour le premier composé et 32 grammes pour le second. On peut donc dire que les proportions d'oxygène qui se combinent avec un même poids de carbone sont multiples l'une de l'autre.

Que l'on chauffe du plomb à l'air, il se combine à l'oxygène et peut donner deux corps différents d'aspect et de composition : l'un, le massicot en poudre jaune; l'autre, le minium en poudre rouge. Pour un même poids de plomb, 618 grammes, il y a des poids d'oxygène qui sont de 48 grammes pour le premier et de 64 grammes pour le second; les deux poids d'oxygène qui se combinent avec un même poids de plomb sont entre eux dans le rapport simple de 3 à 4.

Les composés de l'azote avec l'oxygène présentent un des plus remarquables exemples des proportions multiples :

28 grammes	d'azote	s'unissent à 16	grammes d'oxygène
—	—	à 2 × 16	—
—	—	à 3 × 16	—
—	—	à 4 × 16	—
—	—	à 5 × 16	—
—	—	à 6 × 16	—

Donc, pour un même poids d'azote, les poids d'oxygène donnant les divers composés sont des multiples simples de l'un d'entre eux.

99. Nombres proportionnels. — Un corps composé bien défini renferme toujours les mêmes composants, unis dans les mêmes proportions pondérables. L'eau est toujours formée de 8 grammes d'oxygène pour 1 d'hydrogène ; l'oxyde de carbone, de 12 grammes de carbone pour 16 grammes d'oxygène ; l'anhydride carbonique, de 12 grammes de carbone pour 32 grammes d'oxygène.

Supposons que l'on nous donne les analyses en poids des divers composés, nous pourrons dresser une table avec les proportions suivant lesquelles les divers corps simples s'unissent à un même poids de l'un d'entre eux, par exemple à 100 parties d'oxygène. Dans une pareille table, chaque élément devra être représenté autant de fois qu'il forme de combinaisons avec l'oxygène. Ainsi le carbone devrait y entrer deux fois, l'azote y entrerait six fois. Mais, si l'on tient compte de la loi des proportions multiples, il suffira d'inscrire un seul nombre pour l'azote, le plus petit, en notant que les autres sont des multiples de celui-là par 2, 3, 4, 5, 6.

Ainsi, pour nous en tenir aux corps simples dont nous avons parlé, nous pourrons écrire :

100 parties d'oxygène s'unissent à :

12,50	d'hydrogène
75	de carbone
175	d'azote
1250	de mercure
1300	de plomb

ou à un multiple de ces nombres.

Recommençons le même travail en rapportant les divers éléments à un autre corps simple, au carbone par exemple : seulement, au lieu d'inscrire les poids des différents corps simples qui se combinent à 100 de carbone, comme nous les avons rapportés à 100 d'oxygène, inscrivons les poids des corps simples qui se combinent à 75 de carbone, c'est-à-dire au poids de carbone qui peut s'unir à 100 d'oxygène. Le second tableau contiendra, pour chaque élément, le même nombre que le premier tableau, ou bien un multiple simple de ce dernier nombre.

Si nous dressons une troisième, une quatrième liste, par rapport à tout autre élément que l'oxygène ou le carbone, il en sera encore de même.

Nous pouvons donc formuler la loi suivante :

Les quantités pondérales suivant lesquelles les corps s'unissent à un même poids d'une même substance représentent aussi les rapports suivant lesquels ces corps s'unissent entre eux ou sont des multiples simples de ces rapports.

Admettons, pour un instant, que deux corps simples quelconques ne puissent s'unir l'un à l'autre qu'en une seule proportion ; la loi précédente nous permettra de dresser, sans aucune hésitation, un tableau où chaque élément sera accompagné d'un nombre caractéristique indiquant la proportion suivant laquelle cet élément s'unit aux divers poids des autres éléments. C'est à ces nombres que l'on donne les noms d'*équivalents chimiques* ou de *nombres proportionnels*. Le mot équivalent a longtemps prévalu dans l'usage. Il convient bien quand il s'applique à des éléments qui ont des fonctions chimiques analogues, qui peuvent réellement se remplacer dans les combinaisons. Il n'est plus aussi exact quand il s'applique à des corps qui ont des fonctions chimiques opposées et dont le remplacement de l'un par l'autre semble impossible à première vue. Mais on évite toute difficulté d'interprétation si l'on convient de ne voir dans les nombres équivalents que les proportions suivant lesquelles les corps peuvent s'unir. On appelle donc *nombres proportionnels* en chimie les rapports suivant lesquels les corps se combinent.

Berzélius avait choisi l'oxygène comme terme de comparaison, tant à cause de la facilité avec laquelle il s'unit aux autres corps simples qu'en raison de l'importance attribuée depuis Lavoisier à cet élément. Les premières tables ont été dressées par rapport à 100 d'oxygène; l'hydrogène s'y trouvait représenté par le nombre 12,50.

Depuis lors, c'est l'hydrogène, représenté par 1, qui sert de point de départ, et les nouvelles tables diffèrent de celles de Berzélius en ce que tous les nombres de celles-ci y ont été divisés par 12,50.

100. Loi des combinaisons en volumes de gaz ou loi de Gay-Lussac. — Les rapports des poids suivant lesquels les corps se combinent ne sont pas tous simples; ainsi 1 gramme d'hydrogène, qui prend 8 grammes d'oxygène, se combine avec 35,5 de chlore. Si on compare les volumes gazeux des corps qui se combinent au lieu de comparer leur poids, on trouve, au contraire, toujours des rapports très simples. Ainsi, dans l'eau, c'est 1 volume d'oxygène avec 2 volumes d'hydrogène; et, dans la combinaison du gaz chlore avec le gaz hydrogène, c'est 1 volume de l'un pour 1 volume de l'autre. Gay-Lussac a, le premier, étudié ces faits, et il a formulé la *loi des combinaisons gazeuses*, une des plus belles lois de la chimie, que l'on désigne toujours sous le nom de Gay-Lussac. En voici l'énoncé :

Lorsque deux gaz se combinent, les volumes des composants sont entre eux dans un rapport simple ;

Le volume du composé formé, mesuré à l'état gazeux, est dans un rapport simple avec les volumes des composants.

L'exemple le plus frappant est celui de la combinaison du gaz chlore avec l'hydrogène qui donne le gaz chlorhydrique :

Un volume de chlore et 1 volume d'hydrogène donnent 2 volumes de gaz chlorhydrique.

Le second exemple est celui de l'eau :

Un volume d'oxygène et 2 volumes d'hydrogène donnent 2 volumes de vapeur d'eau.

Un troisième exemple nous est fourni par le gaz ammoniac :

Un volume d'azote et 3 volumes d'hydrogène donnent 2 volumes de gaz ammoniac.

Ces trois exemples justifient les deux parties de la loi : les rapports entre les composants sont 1 à 1, 1 à 2 et 1 à 3.

Et les rapports du composé formé avec les composants sont de 1 à 2, de 2 à 2, de 2 à 3.

Une première conséquence à tirer de cette loi si remarquable, c'est que, *si deux gaz se combinent à volumes égaux, le composé a pour volume la somme des volumes des composants*. Et que, *si les volumes qui se combinent sont inégaux, il y a une condensation*, le volume formé est plus petit que la somme des volumes de ses composants.

Nous aurons souvent occasion d'appliquer cette loi, et les rapports de volumes gazeux que nous rencontrerons le plus souvent seront ceux des trois exemples qui précédent et que l'on peut mettre sous la forme simpl suivante :

1 volume + 1 volume = 2 volumes.
1 volume + 2 volumes = 2 volumes.
1 volume + 3 volumes = 2 volumes.

101. Relations entre les volumes et les poids des gaz. — On peut concevoir que l'on ait déterminé exactement par l'expérience les poids d'un même volume de tous les gaz simples ou composés.

Quand on les rapporte à l'air, on donne pour chacun la *densité*, c'est-à-dire le nombre qui exprime le rapport du poids du gaz au poids du même volume d'air.

En chimie, il est beaucoup plus simple de rapporter les gaz à l'hydrogène; *la densité par rapport à l'hydrogène* est alors le nombre qui exprime combien le gaz pèse plus que l'hydrogène sous le même volume.

On a ainsi pour les gaz simples, *hydrogène*, *chlore*, *oxygène*, *azote*, et pour les composés gazeux, *gaz chlorhydrique*, *eau* et *gaz ammoniac*, le double tableau suivant :

	DENSITÉ PAR RAPPORT	
Gaz	*à l'air*	*à l'hydrogène*
Hydrogène...........	0,0692	1
Chlore...............	2,44	35,5
Oxygène..............	1,1056	16
Azote................	0,968	14
Gaz chlorhydrique....	1,263	18,25
— ammoniac........	0,588	8,5
— eau.............	0,622	9

Le poids du litre d'un gaz donné se calcule aussi aisément avec l'une ou l'autre densité. Ainsi, pour l'azote :

Le poids du litre est... $0,968 \times 1,293$
Ou bien.............. $14 \times 0,0895$;

il suffit de connaître le poids du litre d'air, 1,293, ou le poids du litre d'hydrogène, 0,0895.

Mais les densités rapportées à l'hydrogène sont pour les gaz simples des *nombres proportionnels*.

En effet :

Un litre de chlore se combine à 1 litre d'hydrogène ; le rapport des deux poids est :

$$\frac{35,5 \times 0,0895}{1 \times 0,0895} \quad \text{ou} \quad \frac{35,5}{1}.$$

Un litre d'oxygène se combine à 2 litres d'hydrogène pour donner l'eau ; le rapport des deux poids est :

$$\frac{16 \times 0,0895}{2 \times 0,0895} = \frac{16}{2} = \frac{8}{1};$$

c'est bien la proportion en poids trouvée pour l'eau.

Les densités des gaz composés rapportées à l'hydrogène sont la moitié de leurs poids moléculaires. Ainsi le poids moléculaire de l'eau est la somme du poids de ses composants, soit :

1 litre d'oxygène + 2 litres d'hydrogène,

ou

$$16 \times 0,0895 + 2 \times 0,0895,$$

ou

$$(16 + 2) \times 0,0895,$$

c'est-à-dire 18 fois le poids d'un égal volume d'hydrogène ; or la vapeur d'eau pèse à volume égal 9 fois ce que pèse l'hydrogène ; le poids moléculaire du composé est donc bien le double de sa densité.

102. Phénomènes calorifiques. — La plupart des combinaisons dégagent de la chaleur, souvent en si grande quantité que les corps s'échauffent jusqu'à devenir incandescents. Ce dégagement de chaleur est un des caractères essentiels des phénomènes chimiques, au même titre que les changements de propriétés ou que les lois des poids et des volumes. Il faut donc l'étudier aussi bien que ceux-ci.

L'élévation de température d'un corps qui s'échauffe s'estime avec le thermomètre. Mais la quantité de chaleur qu'il possède ou qu'il dégage se mesure par des méthodes que l'on étudie en physique sous le nom de *méthodes calorimétriques*. L'unité est la *calorie*, c'est-à-dire la quantité de chaleur nécessaire pour élever de 1 degré 1 kilogramme d'eau ; on l'appelle *calorie Kg-degré* ou encore *grande calorie*, car on emploie aussi sous le nom de *petite calorie* une unité mille fois plus petite, la quantité de chaleur qui élève 1 gramme d'eau de 1 degré.

Le dégagement des quantités de chaleur dans les phénomènes chimiques a été étudié de notre temps avec grand soin par plusieurs savants et notamment par M. Berthelot. C'est une science nouvelle qui a reçu le nom de *thermochimie* et même celui de *mécanique chimique*, parce qu'on y exprime les différents travaux que l'énergie chimique peut accomplir et dont la chaleur est une des manifestations.

On a donc déterminé la chaleur dégagée dans un grand nombre de phénomènes ; mais, comme cette quantité varie avec les changements d'état physique, de pression, de milieu, il faut définir toutes les conditions pour chacun des corps mis en expérience. Ainsi, quand on fait la synthèse de l'eau par la combinaison de l'hydrogène et de l'oxygène, la quantité de chaleur dégagée diffère suivant que l'eau formée reste en gaz ou bien devient liquide, ou bien encore si on fait solidifier l'eau produite. En indiquant cette chaleur, et pour qu'elle caractérise bien le phénomène, il faut donc indiquer l'état des corps réagissants et celui du corps produit.

A toute réaction qui dégage de la chaleur correspond une réaction inverse qui en absorbe une quantité rigoureusement égale : ainsi l'hydrogène et l'oxygène s'unissent sous certaines influences pour donner de l'eau en dégageant un certain nombre n de calories; on conçoit que, sous d'autres influences, l'eau sera décomposée en ses éléments gazeux, et cette dernière réaction absorbera une quantité de chaleur de n calories précisément égale à la première.

Résumé. — La combinaison est un phénomène chimique qui donne lieu à un corps nouveau, différent de ses composants; elle dégage d'ordinaire de la chaleur et elle ne peut se faire qu'entre des proportions déterminées des corps réagissants.

La première loi suivant laquelle se font les combinaisons, c'est la *loi des poids* appelée encore *loi de Lavoisier* : le poids d'un composé est toujours égal à la somme des poids des éléments qui y entrent. Cette loi est très générale. Lavoisier l'a formulée en disant : *rien ne se perd, rien ne se crée, tout se transforme.*

La deuxième loi est dite *loi des proportions définies* ou *de Proust : deux ou plusieurs corps, pour former un même composé, se combinent toujours dans les mêmes proportions.* Quelle que soit la quantité d'oxygène que l'on mette en présence d'un poids donné d'hydrogène, les deux corps se combineront toujours dans la proportion de 8 du premier pour 1 du second.

La troisième loi est dite *loi des proportions multiples* ou *de Dalton.* Un même corps peut donner avec un autre plusieurs combinaisons différentes, et *les poids de l'un qui se combinent à un même poids de l'autre sont entre eux dans des rapports simples* ou, *autrement dit, ces poids sont multiples simples de l'un d'entre eux.* L'un des exemples les plus complets est celui de l'azote et de l'oxygène, qui offre six combinaisons : un même poids d'azote (28 grammes) se combine avec 1 fois, 2, 3, 4, 5 et 6 fois 16 grammes d'oxygène : ou bien les poids d'oxygène qui se combinent avec un même poids d'azote sont entre eux comme 1, 2, 3, 4, 5 et 6.

Si l'on dresse la liste des poids suivant lesquels les corps se combinent avec l'un d'entre eux, comme l'oxygène, par exemple, puis la liste des poids indiquant les combinaisons avec un autre corps, comme le chlore, on remarque qu'il y a les mêmes rapports entre les nombres de la première liste et les nombres correspondants de la seconde. On peut donc n'en faire qu'une seule et dire que les nombres exprimant les proportions suivant lesquelles les corps se combinent avec l'un d'eux expriment aussi les rapports suivant lesquels les corps peuvent se combiner l'un avec l'autre. Ces rapports de poids, suivant lesquels ont lieu les combinaisons, ont reçu le nom de *nombres proportionnels*, et même le nom moins général d'*équivalents*.

A ces lois des poids vient s'ajouter la *loi des combinaisons gazeuses en volumes*, appelée aussi *loi de Gay-Lussac*, et dont voici l'énoncé : les *volumes de deux gaz qui se combinent sont entre eux dans un rapport simple* et *le volume du composé est dans un rapport simple avec les volumes des composants*. Cette loi est fort importante et elle donne le moyen simple de formuler les combinaisons des gaz. 1 volume d'hydrogène avec 1 volume de chlore donnent 2 volumes de gaz chlorhydrique. 2 volumes d'hydrogène avec 1 volume d'oxygène donnent 2 volumes d'eau en gaz. 3 volumes d'hydrogène avec 1 volume d'azote donnent 2 volumes de gaz ammoniac. Tels sont les exemples les plus saillants des combinaisons gazeuses et auxquels se rapportent presque tous les autres.

Deux volumes égaux de gaz sont proportionnels aux densités rapportées à l'air ou rapportées à l'hydrogène ; les densités des gaz forment donc un système de nombres proportionnels et peuvent représenter les poids suivant lesquels les gaz se combinent les uns aux autres.

Le dégagement ou l'absorption de chaleur, autrement dit les *phénomènes thermiques* qui accompagnent les combinaisons, sont fort importants à étudier, parce qu'on y considère la chaleur comme représentant un travail effectué entre les molécules des corps. On a donné à cette partie de la chimie le nom de *mécanique chimique* ou encore celui de *thermochimie*. Elle a été développée, en France, par les beaux travaux de M. Berthelot.

CHAPITRE XII

SYMBOLES ET NOTATIONS

103. Symboles. — On représente d'ordinaire les corps par des symboles qui abrègent l'écriture et facilitent l'énoncé des réactions et les calculs auxquels elles donnent lieu.

Pour les corps simples, le symbole, abréviation du nom du corps, est formé le plus souvent de la première lettre du nom, ou des deux premières (une seule restant majuscule) lorsque plusieurs noms de corps simples commencent par la même lettre. C'est ainsi que l'*hydrogène* est représenté par H, l'*oxygène* par O, l'*azote* par Az, le *carbone* par C, le *cuivre* par Cu, l'*argent* par Ag, et ainsi des autres.

Mais le symbole n'indique pas seulement la présence du corps, mais celle d'*un poids déterminé* de ce corps.

Et ces poids figurés sous les symboles sont les *poids proportionnels* suivant lesquels les combinaisons s'effectuent : le symbole H ne représente donc pas seulement l'hydrogène, mais un poids donné d'hydrogène ; le symbole O, un poids donné d'oxygène proportionnel au premier.

Comme, d'après la première loi des combinaisons, le poids d'un composé est égal à la somme des poids de ses composants, il en résulte qu'on représente symboliquement les corps composés en écrivant les uns à la suite des autres les symboles des corps simples qui les forment. Ainsi le gaz chlorhydrique, formé de chlore Cl et d'hydrogène H, s'écrit HCl, et le gaz oxyde de carbone, formé de carbone C et d'oxygène O, a pour symbole CO.

104. Choix des poids proportionnels. — Comme les poids proportionnels suivant lesquels les corps se combinent ne sont que des rapports, ils dépendent du choix que l'on a fait de celui d'entre eux qui doit être le point de départ ; ils dépendent aussi et surtout des lois des combinaisons que l'on a invoquées pour les établir. Ainsi Berzélius avait proposé de rapporter les poids proportionnels à 100 d'oxygène ; le symbole O valait 100, le symbole H valait 12,50, le symbole C valait 75.

Dumas proposa ensuite de prendre pour terme de comparaison l'hydrogène valant 1, et pour base la composition de l'eau en poids ; alors H valait 1 gramme, O valait 8 grammes et C valait 6 grammes. Le symbole de l'eau s'écrivait OH (1 gramme d'hydrogène uni à

8 grammes d'oxygène et formant ensemble 9 grammes d'eau).

Avec les progrès des connaissances chimiques, on est arrivé à donner à la loi de Gay-Lussac sur les combinaisons gazeuses l'importance que lui valent sa simplicité et sa généralité. Pour fixer la valeur d'un symbole, au lieu de se préoccuper seulement de satisfaire à la loi des poids, on veut que les symboles des gaz simples représentent non seulement un poids déterminé de l'élément, mais aussi un volume de cet élément mesuré à l'état gazeux ; les nombres exprimés sous les symboles doivent donc satisfaire aux relations qui lient le poids et le volume dans les gaz.

Que l'on prenne un égal volume des gaz *hydrogène*, *oxygène*, *azote*, *chlore*, on trouve que leurs poids sont entre eux comme

1 16 14 35,5.

Ces poids proportionnels sont appelés *les poids atomiques* de ces éléments ; ce sont les poids d'un égal volume des gaz simples. On les rapporte à 1 *gramme d'hydrogène occupant le volume* 1.

En réalité, 1 gramme d'hydrogène mesuré à 0° et sous la pression 760 millimètres occuperait $11^{lit},14$; mais 16 grammes d'oxygène, 14 grammes d'azote et 35,5 de chlore occuperaient, eux aussi, ce même volume de $11^{lit},14$. Si donc on convient de prendre 1 pour le volume représenté par 1 gramme d'hydrogène, ce même volume 1 représentera aussi celui de 16 grammes d'oxygène, 14 grammes d'azote et 35,5 de chlore.

Ces nombres sont précisément les densités de ces gaz rapportées à l'hydrogène. Si donc tous les corps simples étaient gazeux, on déterminerait leur poids atomique en cherchant la densité par rapport à l'hydrogène. Mais beaucoup sont solides et il faut recourir à d'autres considérations.

105. Molécules. — Poids et volume moléculaires. — On appelle *molécule* la plus petite quantité d'un corps composé qui puisse exister, et on étend même ce nom aux corps simples pour désigner la plus petite quantité du corps qui existe à l'état libre.

Comme des volumes égaux de gaz ou de vapeurs se conduisent identiquement l'un comme l'autre sous les actions physiques, qu'ils subissent la même dilatation par la chaleur et les mêmes effets sous une variation de la pression, on admet que des *volumes égaux des deux gaz renferment le même nombre de molécules* et qu'ils ne diffèrent que par le poids de la molécule, autrement dit par le *poids moléculaire*.

C'est donc le poids moléculaire des composés gazeux qui va servir de point de départ pour la fixation de la valeur numérique des symboles.

Parmi les composés gazeux, un des exemples les plus faciles à réaliser expérimentalement est celui de la combinaison du chlore avec l'hydrogène.

Un litre d'hydrogène et 1 litre de chlore donnent 2 litres de gaz chlorhydrique, ou 1 gramme d'hydrogène et 35,5 de chlore donnent 36gr,5 de gaz chlorhydrique.

La molécule du gaz chlorhydrique est donc formée d'un atome de chlore et d'un atome d'hydrogène, et elle occupe 2 volumes quand l'atome d'hydrogène en occupe 1. Son poids moléculaire est de 36,5 et sa densité par rapport à l'hydrogène est 18,25.

La densité du composé rapportée à l'hydrogène est donc la moitié de son poids moléculaire.

L'exemple de la vapeur d'eau est tout aussi caractéristique :

Un litre d'oxygène et 2 litres d'hydrogène donnent 2 litres de vapeur d'eau ; ou, en général, 1 volume d'oxygène avec 2 volumes d'hydrogène donnent 2 volumes d'eau en gaz.

Or, si l'on représente 1 volume d'hydrogène par 1 gramme, le volume d'oxygène l'est par 16 grammes, et la molécule d'eau sous 2 volumes a pour poids moléculaire :

16 + 2 ou 18 grammes.

Sa densité, rapportée à l'hydrogène, est donc encore la moitié de son poids moléculaire.

Il en est de même des autres composés gazeux : le volume de la molécule est 2 ; le poids moléculaire est le double de la densité rapportée à l'hydrogène. Ainsi le gaz ammoniac est formé par 1 volume d'azote uni à 3 volumes d'hydrogène et condensés en 2 volumes.

Le poids moléculaire est formé de :

Azote.......	14 gr.	ou 17 grammes.
Hydrogène..	3	

Sa densité, rapportée à l'hydrogène, est $\frac{17}{2}$ ou 8,5.

En admettant que la molécule de tout gaz composé occupe 2 volumes, on a un moyen de trouver le poids moléculaire de tous les composés gazeux, et, si l'on connaît, par l'analyse et la synthèse, la manière dont est formé le corps, on en déduit le poids atomique de ses éléments, alors même que l'un de ceux-ci ne pourrait pas être obtenu à l'état de gaz.

Le poids moléculaire est le double de la densité rapportée à l'hydrogène, tel est le principe général que l'on applique. On cherche donc la densité du gaz composé pour en déduire le poids moléculaire. Ainsi le carbone donne avec l'oxygène deux composés :

L'oxyde de carbone, dont la densité est	14 ;
L'anhydride carbonique.............	22.
Le poids moléculaire du premier est donc	28 ;
Et celui du second....................	44.

Or, si l'on brûle du charbon dans 2 litres d'oxygène, on obtient exactement 2 litres d'anhydride carbonique ;

la molécule de ce gaz sous 2 volumes, avec 44 pour poids moléculaire, contient donc 2 volumes d'oxygène pesant 2 × 16 ou 32 ; il reste pour le poids du carbone 44 — 32 ou 12 ; on dit que le poids atomique du carbone est 12.

106. Base des symboles chimiques. — La base adoptée pour les symboles chimiques est d'écrire pour un corps composé les symboles des corps simples qui y entrent et de manière que la formule du composé représente sa molécule sous un volume égal à 2.

Le symbole de chaque corps simple gazeux représente l'élément sous un volume ; il a pour valeur numérique la densité de l'élément par rapport à l'hydrogène ; on l'appelle le *poids atomique* de l'élément.

On prend comme point de départ

1 gramme d'hydrogène occupant le volume 1.

C'est ainsi que les symboles :

H O Cl Az

représentent non seulement l'hydrogène, l'oxygène, le chlore et l'azote, mais 1 volume de chacun de ces corps pesant :

1 gr. 16 gr. 35,5 gr. 14 gr.

Lorsque le corps simple entre dans le composé, non plus sous 1 volume, mais sous 2 ou 3 ou 4 volumes, on le représente par son même symbole en affectant celui-ci d'un exposant qui indique le nombre de volumes de l'élément.

Ainsi les composés gazeux que nous avons précédemment cités vont s'écrire :

le gaz chlorhydrique	HCl	(1^v d'hydrogène et 1^v de chlore),
l'eau	H^2O	(2^v d'hydrogène et 1^v d'oxygène),
le gaz ammoniac	H^3Az	(3^v d'hydrogène et 1^v d'azote),
l'oxyde de carbone	CO	(1^v de carbone et 1^v d'oxygène),
l'anhydride carbonique	CO^2	(1^v de carbone et 2^v d'oxygène).

En s'appuyant sur les notions qui précèdent, on a pu déterminer le *poids moléculaire* de tous les composés gazeux et le *poids atomique* de chacun de leurs éléments. Pour les composés non gazeux, on a fait intervenir d'autres considérations, comme la chaleur spécifique ou l'isomorphisme, dont nous trouverons des exemples au courant du cours.

Voici la liste des principaux corps simples avec leurs symboles et le poids atomique que chacun représente.

Métalloïdes

Hydrogène............. H = 1

Fluor	F...	19	Azote	Az..	14
Chlore	Cl..	35,5	Phosphore	Ph..	31
Brome	Br..	80	Arsenic	As..	75
Iode	I...	126	Carbone	C...	12
Oxygène	O...	16	Silicium	Si...	28
Soufre	S...	32	Bore	Bo..	11

Métaux

Lithium	Li..	7	Nickel	Ni...	58
Sodium (Natrium)	Na..	23	Cobalt	Co..	58
Potassium (Kalium)	K...	39	Zirconium	Zr...	90
Calcium	Ca..	40	Étain (Stannum)	Sn..	117
Baryum	Ba..	137	Bismuth	Bi...	207
Strontium	St...	87	Antimoine (Stibium)	Sb..	120
Magnésium	Mg..	24	Cuivre	Cu..	63
Zinc	Zn..	65	Plomb	Pb..	206
Cadmium	Cd..	112	Argent	Ag..	108
Aluminium	Al...	27	Mercure (Hydrargyrum)	Hg..	200
Chrome	Cr...	52	Or (Aurum)	Au..	196
Manganèse	Mn..	55	Palladium	Pd..	106
Fer	Fe..	56	Platine	Pt...	194

Résumé. — En chimie, on représente les corps simples et les corps composés par des symboles qui facilitent l'écriture et qui figurent plus commodément les réactions. Les *symboles des corps simples* sont le plus souvent formés de la première lettre du nom du corps : O (oxygène), H (hydrogène), ou des deux premières lettres, dont la seconde minuscule, quand plusieurs corps commencent par la même : C (carbone), Cl (chlore), Pb (plomb), Pt (platine), Az (azote), Ag (argent).

Les *symboles des corps composés* sont formés des symboles des éléments qui y entrent écrits à la suite l'un de l'autre.

Pour que ces symboles représentent non pas seulement le corps qu'ils désignent, mais un poids déterminé de ce corps, le poids qui entre dans les combinaisons, il faut faire choix d'un système de *nombres* ou de *poids proportionnels.*

Berzélius avait choisi 100 grammes pour le symbole O de l'oxygène; alors l'hydrogène H valait 12,5; le carbone C, 75, etc.

Dumas prenait H = 1 ; alors O valait 8 et C valait 6. On ne s'était préoccupé alors que de donner satisfaction à la loi des poids proportionnels.

Avec les progrès de la chimie, on a donné plus d'importance à la loi de Gay-Lussac sur les combinaisons gazeuses, et l'on a trouvé plus avantageux de faire exprimer aux symboles non seulement des poids proportionnels, mais encore des volumes déterminés.

Si l'on appelle *molécule* la plus petite quantité d'un corps composé qui puisse exister; si l'on remarque que la combinaison la plus simple est faite de 1 volume de chacun des deux éléments qui y entrent et qu'elle occupe 2 volumes, alors que la plus petite quantité de chaque corps simple en occupe 1, on est conduit à admettre *pour le volume de la molécule* le nombre 2. L'exemple du chlore et de l'hydrogène est particulièrement net : 1 litre d'hydrogène se combine à 1 litre de chlore en donnant 2 litres de gaz chlorhydrique. Et, comme le poids du composé est égal à la somme des poids de ses composants, que si 1 volume d'hydrogène pèse 1, 1 volume égal de chlore pèse 35,5, 1 volume égal de gaz chlorhydrique pèse 36,5, on conclut que le *poids moléculaire* ou poids de la molécule de gaz chlorhydrique est deux fois la densité du gaz rapportée à l'hydrogène.

Volumes égaux de gaz simples ou composés subissent les mêmes actions de la part de la chaleur; on en conclut qu'ils ont même nombre de molécules et que ces molécules diffèrent les unes des autres, non pas par le volume, que l'on suppose être 2 dans toutes, mais par le *poids moléculaire.*

C'est donc le *poids moléculaire qui devient la base du système des poids proportionnels conduisant à la valeur des symboles.*

On trouve le poids moléculaire d'un composé gazeux en cherchant sa densité par rapport à l'hydrogène et en la doublant; et ce poids moléculaire est la somme des poids des éléments qui forment la molécule; ces poids des éléments ont reçu le nom de *poids atomiques.*

Le symbole d'un corps simple représente donc ce corps sous 1 volume s'il est gazeux et avec son *poids atomique* dont la valeur numérique est celle de sa densité rapportée à l'hydrogène.

Le terme de comparaison est 1 gramme d'hydrogène occupant 1 volume. En réalité, 1 gramme d'hydrogène occuperait $11^{lit},14$; mais 16 grammes d'oxygène, 14 grammes d'azote occuperaient ce même volume. Si donc le point de départ est $H = 1$ gramme sous 1 volume, $O = 16$ grammes sous 1 volume; $Az = 14$ grammes sous 1 volume, et ainsi des autres corps; 16 est le poids atomique de l'oxygène, 14 celui de l'azote.

Les symboles des corps composés sont formés de ceux des corps simples qui y entrent, et, si un corps simple y entre en plusieurs proportions, on le munit d'un exposant qui l'indique. C'est ainsi que le symbole de l'eau, H^2O, révèle que 2 volumes d'hydrogène se sont unis à 1 volume d'oxygène.

CHAPITRE XIII

NOMENCLATURE

107. Jusqu'en 1787, les chimistes désignaient les divers corps par des noms absolument arbitraires et qui variaient d'un pays à l'autre. Il en résultait une extrême confusion qui s'augmentait avec les progrès de la chimie. C'est à l'instigation de Guyton de Morveau que les savants de la fin du XVIIIe siècle établirent les bases d'une classification systématique et d'une nomenclature rationnelle qui fut publiée par Lavoisier et universellement adoptée.

108. Corps simples. — Aucune règle fixe n'a présidé et ne préside encore au choix du nom d'un corps simple. On a conservé les noms sous lesquels les corps étaient anciennement connus : *or*, *argent*, *mercure*... Ceux qui ont été découverts depuis 1787 ont le plus fréquemment reçu un nom qui rappelle une de leurs propriétés essentielles : tels sont les mots *hydrogène* (engendre l'eau), *oxygène* (engendre les acides), *azote* (privatif de vie), *chlore* (gaz verdâtre), *iode* (vapeur violette), *brome* (odeur fétide), *potassium*, *sodium*, *magnésium*, *aluminium* (métaux existant dans la potasse, la soude, la magnésie, l'alumine).

109. Corps composés. — S'il n'est pas absolument indispensable d'avoir une règle fixe pour donner des noms aux corps simples, parce que leur nombre n'est pas très grand, il y a une absolue nécessité à avoir des règles nettes et précises pour les corps composés, dont le nombre est pour ainsi dire indéfini.

Le principe, c'est que le nom du corps rappelle sa composition, c'est-à-dire la manière dont il est formé, et sa *fonction*, c'est-à-dire l'ensemble des propriétés communes à tout le groupe dont il fait partie.

Il y a lieu de séparer les composés binaires, les composés oxygénés et les composés ternaires.

110. Composés binaires. — Un composé résultant de l'union de deux corps simples peut être formé d'un métalloïde et d'un métal, ou de deux métaux, ou de deux métalloïdes.

Dans le premier cas, on fait précéder le nom du métal du nom du métalloïde en terminant celui-ci par *ure*; une combinaison de *chlore* et de *plomb* s'appelle *chlorure de plomb*.

Si le métalloïde et le métal donnent plusieurs composés, on se sert pour les distinguer des préfixes *proto*, *sesqui*, *bi*, *tri*, *penta*. Ainsi on connaît un protosulfure, un sesquisulfure et un bisulfure de fer.

Pour écrire les symboles de ces composés, on place d'abord le symbole du métal et, après lui, celui du métalloïde, avec un exposant si c'est nécessaire :

Le *proto*sulfure de fer, 56 grammes de fer et 32 de soufre, s'écrit FeS.

Le *sesqui*sulfure, 56 grammes de fer et $1,5 \times 32$ de

soufre, ou 2 fois 56 de fer pour 3 fois 32 de soufre, s'écrit Fe^2S^3.

Le *bi*sulfure, 56 grammes de fer et 2 × 32 de soufre, s'écrit FeS^2.

Pour dénommer les combinaisons de deux métalloïdes, on suit les mêmes règles, et, si l'on place les métalloïdes dans l'ordre indiqué page 334, en mettant l'hydrogène le dernier, on nomme en premier, en le terminant en *ure*, le nom du métalloïde qui occupe la première place dans le tableau ; c'est ainsi que l'on dit :

Sulfure de carbone, *chlorure de soufre*, *chlorure de phosphore*.

On a cependant fait une catégorie à part pour les composés oxygénés et une autre pour les composés hydrogénés.

111. Composés binaires oxygénés. — Les composés binaires oxygénés sont de deux ordres :

1° Les **oxydes,** formés le plus ordinairement d'un métal et de l'oxygène, comme l'*oxyde de zinc*, ZnO, et l'*oxyde de cuivre*, CuO, mais pouvant être formés aussi d'un métalloïde et de l'oxygène, comme l'oxyde de carbone, CO ;

2° Les **anhydrides,** formés d'un métalloïde et d'oxygène et pouvant, en s'unissant à l'eau, donner des **acides,** comme les anhydrides *phosphorique*, *azotique*, *carbonique*.

Un anhydride a pour nom celui du métalloïde avec l'une des terminaisons *ique* ou *eux*.

Anhydride	carbon*ique*.....	CO^2
—	sulfur*eux*......	SO^2
—	sulfur*ique*......	SO^3

S'il y a plus de deux anhydrides, on nomme les autres terminés en *ique* s'ils sont les plus oxygénés, en *eux* pour les moins oxygénés, en faisant précéder leur nom des particules *hypo*, *hyper* ou *per*.

Le chlore et l'oxygène peuvent théoriquement donner les anhydrides :

*Hypo*chloreux	Cl^2O
chloreux	Cl^2O^3
*Hypo*chlorique......	Cl^2O^4
chlorique......	Cl^2O^5
*Per*chlorique	Cl^2O^7

Les **oxydes** sont appelés *basiques* quand, en s'unissant à l'eau, ils donnent des **bases** capables d'engendrer des sels avec les acides. S'il y en a plusieurs, ils sont distingués par les préfixes *proto*, *sesqui*, *bi*...

*Prot*oxyde	de manganèse	MnO	ou de fer	FeO ;
*Sesqui*oxyde	—	Mn^2O^3	ou de fer	Fe^2O^3 ;
*Bi*oxyde	—	MnO^2.		

Il serait plus logique de leur donner, comme aux anhydrides, les terminaisons *eux* et *ique* et de dire :

L'oxyde ferreux	FeO ;
L'oxyde ferrique	Fe^2O^3 ;

ou encore dans les composés de l'azote :

Oxyde azoteux	Az^2O	au lieu de	protoxyde d'azote ;
— azotique	Az^2O^2	—	bioxyde d'azote.

Quelques oxydes ont conservé les noms anciens qu'ils avaient avant la nomenclature, tels sont :

L'eau	H^2O	
La chaux	CaO	(protoxyde de calcium)
La baryte	BaO	(— de baryum)
La magnésie	MgO	(— de magnésium)

112. Composés binaires hydrogénés. — D'après la règle du paragraphe **110**, on doit dire :

Chlorure d'hydrogène,
Sulfure d'hydrogène,
Phosphure d'hydrogène,
Carbures d'hydrogène,
Azoture d'hydrogène,

pour désigner les combinaisons, avec l'hydrogène, du chlore, du soufre, du phosphore, du carbone, de l'azote.

Au dernier, l'azoture d'hydrogène AzH^3, on a gardé son ancien nom d'*ammoniaque*.

Quand la combinaison est *acide*, qu'elle rougit le tournesol et qu'elle engendre des sels par échange avec les métaux, on ajoute au mot *acide* le nom du métalloïde avec la terminaison *hydrique*. Ainsi l'on dit :

Acide *chlorhydrique* HCl au lieu de *chlorure d'hydrogène ;*
Acide *sulfhydrique* H^2S — *sulfure d'hydrogène.*

113. Composés ternaires. — Les composés formés de trois corps simples comprennent trois groupes : les *acides*, les *bases* et les *sels*.

Acides. — Tous les acides renferment de l'hydrogène échangeable contre un métal, soit que cet hydrogène appartienne à un composé binaire, comme l'acide chlorhydrique et, en général, les *hydracides*, soit que cet hydrogène ait été incorporé à un anhydride par l'action de l'eau pour former un *oxacide*. Pour ces derniers, on les dénomme comme leurs anhydrides générateurs.

Ainsi l'anhydride azotique Az^2O^5, réagissant sur l'eau, donne l'*acide azotique* $Az^2O^5 + H^2O$, qu'on écrit $2(AzO^3H)$ pour que la formule AzO^3H représente une molécule de volume 2 et non de volume 4.

L'anhydride azoteux Az^2O^3 forme de même avec l'eau, H^2O, l'*acide azoteux* qu'on écrit AzO^2H.

A l'*anhydride sulfureux* SO^2 correspond l'*acide sulfureux* SO^2H^2O ou SO^3H^2.

A l'*anhydride sulfurique* SO^3 correspond l'*acide sulfurique* SO^3H^2O ou SO^4H^2.

A l'*anhydride carbonique* CO^2 doit correspondre de même l'*acide carbonique* CO^2H^2O ou CO^3H^2.

Cette manière d'envisager les acides est particulièrement commode pour expliquer la génération des sels.

Bases. — Les bases sont des composés ternaires formés par l'action de l'eau sur les oxydes; on les a aussi appelées des hydrates métalliques.

Ainsi la chaux CaO fixe les éléments de l'eau pour donner la chaux hydratée ou l'*hydrate calcique :*

$$CaO + H^2O = CaO^2H^2 \quad \text{ou encore} \quad Ca(OH)^2.$$

L'oxyde de potassium K^2O donne l'*hydrate de potassium* auquel on a conservé son ancien nom de *potasse :*

$$K^2O + H^2O = KHO + KHO.$$

Cette potasse KHO et la soude NaHO ressemblent à 1 molécule d'eau H^2O dont un H est remplacé par le métal K ou le métal Na.

Sels. — Pour dénommer un sel, c'est le nom de l'acide que l'on énonce en premier lieu et que l'on modifie.

1° Si l'acide est un *hydracide*, son action sur une base engendre un corps binaire où il n'y a qu'un métalloïde et un métal ; et, pour donner un nom à celui-ci, on suit la règle générale du numéro 110.

Ainsi l'acide chlorhydrique HCl, en agissant sur les métaux comme le zinc ou le fer, engendre un *chlorure* de zinc ou de fer.

De même l'acide sulfhydrique engendre des *sulfures*. Dans le premier cas, au lieu du chlorure d'hydrogène, on a un chlorure métallique, et dans le second un sulfure métallique au lieu de sulfure d'hydrogène.

2° Si l'acide est un *oxacide*, on remplace la terminaison *ique* par *ate* ou la terminaison *eux* par *ite* et l'on fait suivre du nom du métal.

C'est ainsi que :

A l'acide azotique AzO^3H correspond l'azot*ate* de potassium AzO^3K.

A l'acide azoteux AzO^2H correspond l'azot*ite* de potassium AzO^2K.

A l'acide sulfureux SO^3H^2 correspond le sulf*ite* de potassium SO^3K^2.

A l'acide sulfurique SO^4H^2 correspond le sulf*ate* de sodium SO^4Na^2.

A l'acide carbonique CO^3H^2 correspond le carbon*ate* de plomb CO^3Pb.

En général, les sels ressemblent aux acides où l'hydrogène a été remplacé par un métal. Les métaux dont 1 atome remplace 1 atome de H sont le potassium K, le sodium Na et l'argent Ag ; pour la plupart des autres, 1 atome du métal remplace 2 atomes de H.

On avait autrefois voulu nommer les sels d'hydracides comme les sels d'oxacides, et l'on avait le *chlorhydrate d'ammoniaque* formé par l'acide chlorhydrique et l'ammoniaque, aussi le *sulfhydrate* formé par l'acide sulfhydrique. Mais on a peu à peu abandonné ces dénominations ; il vaut, en effet, mieux rester dans la règle donnée plus haut.

114. Réactions chimiques. — La figuration des corps par des symboles permet d'écrire très facilement la formule d'un composé. Comme chaque symbole représente un poids, que, d'autre part, d'après la loi de Lavoisier, le poids des corps produits est intégralement la somme des poids des corps qui ont réagi les uns sur les autres, on peut représenter les réactions chimiques par des égalités auxquelles on donne une forme algébrique.

On peut, en effet, écrire que le poids existant *avant* la réaction doit se retrouver intégralement *après*, si l'on a bien recueilli et pesé tous les corps qui se sont formés.

Ainsi, dans l'expérience de Dumas, la synthèse de l'eau à l'aide de l'oxyde de cuivre, on a :

avant l'expérience :

H	+	CuO
Hydrogène		*Oxyde noir de cuivre*

et *après l'expérience :*

Cu	+	H^2O.
Cuivre métallique		*Eau*

La première partie indique que, pour 1 gramme H, il a fallu avoir :

$$63 + 16 \text{ ou } 79 \text{ pour CuO.}$$

La seconde partie indique que, pour Cu = 63 gr. mis en liberté, il a dû se produire H^2O ou 18 grammes d'eau.

On écrit donc l'égalité :

$$H + CuO = Cu + H^2O;$$

et l'on peut, par un calcul simple, déterminer l'un des quatre termes quand les trois autres sont connus. Il en est de même dans toutes les combinaisons, il suffit d'en bien analyser les résultats. Les formules des corps représentent donc bien les rapports des poids qui entrent dans les réactions.

On prépare l'hydrogène en faisant réagir dans de l'eau de l'acide sulfurique sur le zinc ; le zinc disparaît et l'acide sulfurique aussi; l'eau reste avec le même poids. Si donc on fait, au point de vue du poids, abstraction de l'eau, on écrit que l'on avait :

avant l'expérience :

Zn	+	SO^4H^2
Zinc		*Acide sulfurique*
65 grammes	+	98 grammes

et *après l'expérience :*

H^2	+	SO^4Zn
Hydrogène		*Sulfate de zinc*
2 grammes		161 grammes

L'égalité chimique prend la forme :

$$Zn + SO^4H^2 = H^2 + SO^4Zn ;$$

elle peut permettre de trouver le poids de H qui sera produit par un poids p de zinc, avec un léger excès d'acide sulfurique, ou encore la dépense d'acide sulfurique soit pour un poids donné de zinc, soit pour un poids déterminé d'hydrogène à obtenir.

Exemple : On veut avoir 10 mètres cubes de gaz H; quel poids de zinc et d'acide faudra-t-il?

10 mètres cubes ou 10.000 litres d'hydrogène pèsent :
$$10.000 \times 0,0895 = 895 \text{ grammes.}$$

Pour 2 grammes H, il faut 65 grammes de Zn et 98 grammes d'acide.

Pour 895 gr., il faudra $\frac{65 \times 895}{2}$ ou 28587 grammes de zinc et $\frac{98 \times 895}{2}$ ou 43855 grammes d'acide.

La préparation de l'oxyde de carbone à l'aide de l'acide oxalique est un problème analogue. L'acide sulfurique employé s'y retrouve entièrement ; il n'y a que l'acide oxalique qui se transforme en eau, anhydride carbonique et oxyde de carbone. On écrit donc :

avant l'expérience :		*après l'expérience :*				
$C^2H^2O^4$	=	H^2O	+	CO^2	+	CO.
Acide oxalique		*Eau*		*Anh. carb.*		*Oxyde de carbone*
90 gr.		18 gr.		44 gr.		28 gr.

On en tire que, pour obtenir 28 grammes d'oxyde de carbone, il faut décomposer 90 grammes d'acide oxalique et mettre dans le laveur assez de potasse pour retenir 44 grammes d'anhydride carbonique.

La préparation de l'anhydride carbonique donne également un problème analogue. On a :

avant l'expérience :				*après l'expérience :*				
CO^3Ca	+	2 (HCl)	=	H^2O	+	$CaCl^2$	+	CO^2.
Carbonate de calcium		*Acide chlorhydrique*		*Eau*		*Chlorure de calcium*		*Anhydride carbonique*
100 gr.		73 gr.		18 gr.		111 gr.		44 gr.

Pour obtenir 44 grammes d'anhydride carbonique, soit environ 22 à 23 litres, il faut 100 grammes de carbonate de chaux pur.

Quand la réaction a lieu entre des gaz ou des corps qui peuvent prendre l'état de gaz, la notation aujourd'hui adoptée permet de trouver aussi bien les volumes que les poids. Nous en rencontrerons de nombreux exemples dans les leçons qui vont suivre.

Résumé. — La nomenclature chimique est l'ensemble des règles que l'on suit pour donner aux corps des noms qui rappellent leur composition ou leurs propriétés. Elle a été établie, à la fin du siècle dernier, sur l'initiative de Guyton de Morveau, et elle n'a subi depuis que les modifications rendues nécessaires par les progrès de la chimie.

On n'a pas suivi de règle fixe pour nommer les corps simples ; mais on en a établi de très précises pour un grand nombre de corps composés.

On examine d'abord les corps *binaires* formés de deux éléments. Pour un métalloïde et un métal, le premier nom est celui du métalloïde terminé en *ure* et suivi du nom du métal ; exemple : *chlorure* de plomb, *sulfure* de fer.

Et quand il y a plusieurs composés, ils sont désignés par le même nom avec les préfixes *proto*, *sesqui*, *bi*, *tri*, *penta*, etc.

Pour deux métalloïdes, l'un est terminé en *ure*, et c'est celui du métalloïde qui se trouve avant l'autre dans le tableau de ces corps par famille.

Les *composés binaires oxygénés* forment à part une classe très nombreuse et très importante ; on y trouve les *anhydrides* et les *oxydes*.

Un *anhydride* procède ordinairement de la combinaison d'un métalloïde avec l'oxygène ; il peut donner un acide en prenant de l'eau. Pour le dénommer, on termine en *ique* ou en *eux* le nom du métalloïde précédé du mot anhydride : c'est ainsi que l'on a avec le soufre l'*anhydride sulfureux* et l'*anhydride sulfurique*, avec le carbone l'*anhydride carbonique*, etc. Et ces deux formes de noms peuvent être précédées des particules *hypo* ou *hyper* ou *per*.

Les *oxydes* sont formés des métaux et de l'oxygène et ont pour nom le mot oxyde suivi du nom du métal : *oxyde de fer*, *oxyde de cuivre*, etc. Peut-être vaudrait-il mieux leur appliquer les mêmes terminaisons qu'aux anhydrides et dire *oxyde ferreux* et *oxyde ferrique* au lieu de dire protoxyde et sesquioxyde de fer.

Les *composés binaires hydrogénés* ne sont pas tous nommés d'après la règle générale : ceux qui sont acides ont au nom du métalloïde la terminaison *hydrique*, tels sont les *acides chlorhydrique*, *sulfhydrique*, *iodhydrique*.

Les *composés ternaires* formés de trois corps comprennent trois groupes : les acides, les bases et les sels.

Les **acides** sont des anhydrides sur lesquels l'eau a agi et qui ont, par suite, de l'hydrogène dans leur molécule. Ils ont les mêmes noms que les anhydrides avec des symboles un peu différents ; ainsi l'*anhydride azotique* est figuré Az^2O^5 et l'*acide* AzO^3H.

Les **bases** sont des oxydes ayant pris de l'eau, comme la chaux hydratée $CaOH^2O$, qui diffère de la chaux vive dont le symbole est CaO.

Les **sels** ressemblent aux acides hydrogénés dont l'hydrogène a été remplacé par un métal. Leur nom se compose du nom de l'acide avec *ate* au lieu de *ique* et *ite* au lieu de *eux*, puis le nom du métal ou quelquefois le nom de son oxyde basique ; tels sont l'*azotite de potassium*, l'*azotate de sodium*, le *sulfite* et le *sulfate de potassium*.

Les formules des corps représentent les poids ou les volumes qui se combinent. Comme rien ne se perd, on peut écrire qu'il y a égalité entre les corps réagissants avec leurs poids et les corps produits tous recueillis et pesés. On écrit donc une égalité chimique sous laquelle on lit que les poids d'avant l'expérience doivent égaler les poids divers trouvés après l'expérience faite. Et ces égalités, qui figurent les réactions chimiques, permettent de résoudre tous les problèmes numériques concernant la préparation des corps.

CHAPITRE XIV

SOUFRE

Symbole : S. — Poids atomique : 32

115. Propriétés physiques. — Le soufre est un corps solide d'une couleur jaune, à peu près inodore, d'une densité de 2,2.

Il se présente sous la forme de cylindres un peu coniques que l'on appelle des *canons*, ou encore en une poussière très fine qui est appelée *fleur de soufre*.

Il est mauvais conducteur de la chaleur et de l'électricité; quand on le tient à la main, il fait entendre des craquements qui sont dus à l'inégale propagation de la chaleur; les parties extérieures et chaudes du bâton se dilatent plus vite que les portions intérieures; il en résulte des ruptures partielles, indiquées par les craquements, et souvent même le bâton se brise. Quand on le frotte avec un morceau de laine, il s'électrise fortement et attire les corps légers en répandant l'odeur particulière que l'ozone donne aux corps électrisés.

116. Action de la chaleur. — Quand on chauffe le soufre dans un ballon ou dans un creuset, il fond vers 110°; c'est alors un liquide transparent, jaune et fluide comme de l'huile; si on continue à chauffer, ce liquide brunit, s'épaissit, et, à 220°, il est aussi pâteux que du goudron épais; au-dessus de cette température, il redevient peu à peu liquide, mais il reste brun, et, à 440°, il se résout en vapeur d'une très belle couleur rouge orange.

La densité de cette vapeur a été prise à 1.000°; on l'a trouvée égale à 2,2, c'est-à-dire 32 fois celle de l'hydrogène.

117. Refroidissement. — Si on laisse refroidir lentement la vapeur de soufre, ce corps repasse peu à peu par ses différents états et, au-dessous de 110°, redevient le solide jaune que nous connaissons.

La vapeur de soufre, brusquement refroidie, prend l'état solide sous forme d'une poussière jaune très ténue : c'est la **fleur de soufre.**

La fleur de soufre n'est donc pas, comme on pourrait le croire au premier abord, du soufre solide réduit en poudre par le frottement et tamisé ; c'est de la vapeur qui a été subitement refroidie et qui a pris brusquement l'état solide.

Le soufre pâteux coulé dans l'eau froide sous forme d'un mince filet se solidifie brusquement; il garde la forme de fils et il est élastique comme du caoutchouc : c'est le soufre **mou** ou **trempé** ; il ne conserve pas longtemps cet état ; il ne tarde pas à redevenir solide, dur et cassant.

Fig. 83. Cristallisation du soufre par fusion.

Si on laisse refroidir, au-dessous de 110°, le creuset qui contient le soufre liquide, le liquide se solidifie peu à peu; quand il s'est formé une croûte solide à la surface, on l'enlève, on vide ce qui reste de soufre liquide, et on trouve un magnifique lacis d'aiguilles jaunes enchevêtrées tapissant les bords du creuset.

Fig. 84. — Cristallisation du soufre.

Pour obtenir de beaux cristaux, on fond le soufre dans un vase large comme une capsule (*fig.* 84).

On surveille le refroidissement; on enlève la croûte supérieure aussitôt qu'elle se forme et on vide le liquide : c'est le soufre **cristallisé par fusion.**

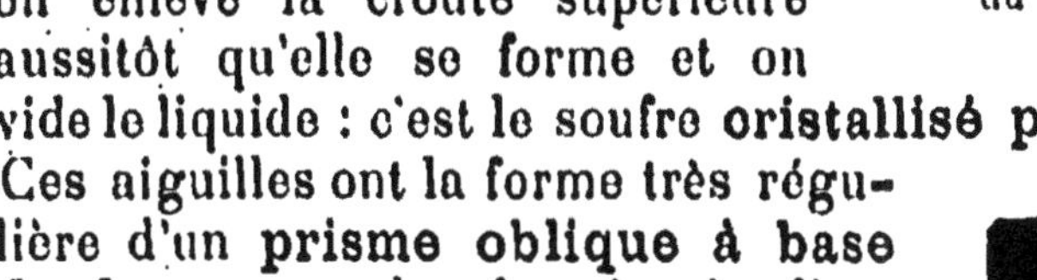

Ces aiguilles ont la forme très régulière d'un **prisme oblique à base de losange;** abandonnées à elles-mêmes, elles perdent leur transparence, et, si on les examine au microscope, on les voit formées de petits cristaux octaédriques en chapelets; elles seraient restées en prismes à une température d'environ 100°.

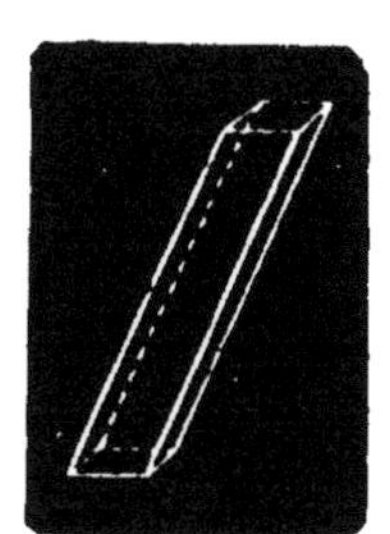

Fig. 85. Aiguille prismatique de soufre.

118. Action des dissolvants. — L'eau ne dissout pas le soufre. L'éther, les essences, les huiles de houille le dissolvent en partie; mais son meilleur dissolvant est le sulfure de carbone. Toutefois le soufre ne disparaît jamais entièrement dans son dissolvant; il reste une partie insoluble qu'on appelle soufre **amorphe,** surtout quand le soufre a subi l'action de la chaleur et une trempe plus ou moins complète. Abandonnée à l'air dans une soucoupe, cette solution perd le dissolvant, qui est très volatil; le soufre **cristallisé par évaporation** se dépose sous forme **d'octaèdres** que l'on rapporte au *prisme droit à base de losange.*

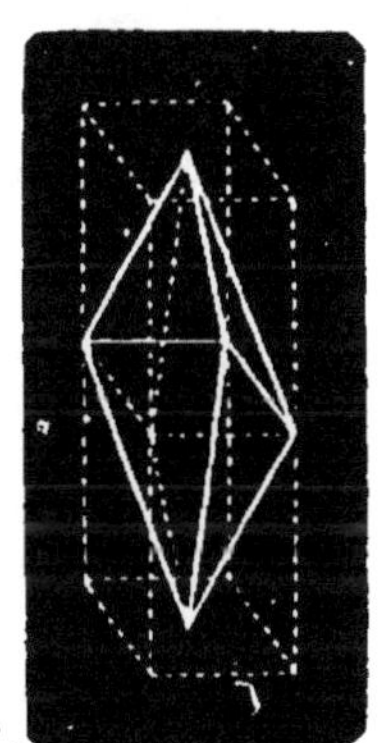

Fig. 86. — Octaèdre de soufre cristallisé par évaporation de la dissolution dans le sulfure de carbone.

119. Dimorphisme. — Le soufre est donc capable de prendre, en cristallisant, deux formes régulières qui sont incompatibles, c'est-à-dire qui se rapportent à deux solides géométriques essentiellement différents; c'est cette propriété qu'on appelle *dimorphisme*.

120. Systèmes cristallins. — Cet exemple nous amène à définir les formes cristallines que l'on reconnait aux corps solides cristallisés.

Les formes qu'affectent les cristaux sont nombreuses; mais, si on rapporte chacune d'elles au solide géomé-

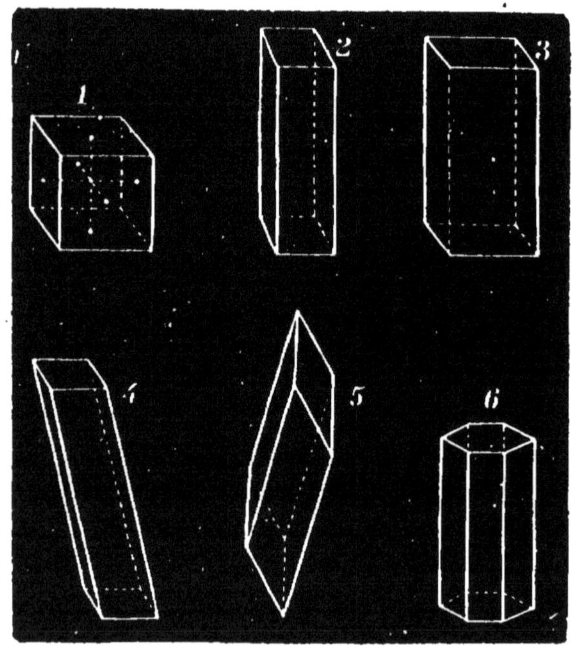

Fig. 87. — Les six types cristallins.

trique le plus simple à l'aide duquel il est possible de la produire, on arrive ainsi à la création de six types fondamentaux que l'on appelle les **six systèmes cris-**

tallins, et qui sont représentés dans la figure 87. Ce sont :

1° Le *cube*, dont dérive l'octaèdre régulier avec ses huit faces égales (1) ;
2° Le *prisme droit à base carrée* (2) ;
3° Le *prisme droit à base de losange* (3) ;
4° Le *prisme oblique à base de losange* (4) ;
5° Le *prisme oblique à base de parallélogramme* (5) ;
6° Le *rhomboèdre ou prisme hexagonal droit* (6).

On caractérise encore ces six types par leurs axes ou leurs lignes de symétrie; pour ne citer que deux exemples, il est facile de voir que le système du cube est caractérisé par ses trois axes égaux et perpendiculaires entre eux, et le système du prisme droit à base carrée par trois axes perpendiculaires, dont deux seulement sont égaux.

121. Propriétés chimiques du soufre. — Le soufre est un combustible; il brûle à l'air avec une petite flamme bleue peu visible, qui devient plus éclatante quand le soufre brûle dans l'oxygène. Le corps solide ne laisse pas de résidu en brûlant ; sa combinaison avec l'oxygène est un gaz, l'**anhydride sulfureux.**

Dans ses autres réactions, le soufre *ressemble à l'oxygène ;* il se combine avec les métaux, pour donner avec eux des **sulfures** qui ont les plus grandes analogies chimiques avec les oxydes, et il donne avec l'hydrogène un sulfure d'hydrogène que l'on appelle aussi acide sulfhydrique et dont la composition est analogue à celle de l'eau.

Ainsi l'oxygène donne, avec l'hydrogène, l'*eau* H^2O ; avec les métaux, les *oxydes* MO.

Le soufre donne de même, avec l'hydrogène, l'*acide sulfhydrique* H^2S ; avec les métaux, les *sulfures* MS.

On prouve cette affinité du soufre pour les métaux

en faisant chauffer les deux corps dans un ballon (*fig.* 88). On prend du cuivre en limaille ou même en tournure et du soufre. Quand le soufre est fondu, que la réaction commence, le cuivre devient incandescent et se trans-

FIG. 88. — Combinaison du soufre et du cuivre.

forme en un sulfure noir. Nous avons déjà d'ailleurs produit cette combinaison du cuivre et du soufre et montré qu'elle dégage beaucoup de chaleur.

Nous avons également combiné le soufre et le fer en humectant d'eau chauffée le mélange de leur poudre. Nous réalisons la même combinaison en plongeant des barres de fer rougies dans un creuset de soufre fondu; elles s'y dissolvent comme un bâton de sucre de pomme dans l'eau, et le composé formé, le **sulfure de fer**, est un solide dur, d'une couleur brun noirâtre.

122. État naturel. — Le soufre se trouve en grande abondance dans la nature, soit à l'état de combinaisons, comme les sulfures métalliques, qui sont très répandus et dont les principaux portent le nom de **pyrites**, soit à l'état natif, en masses cristallisées ou en masses agglomérées avec des terres. Cette dernière forme se rencontre au voisinage des volcans, notamment en Sicile, où l'on en exploite chaque année près de 200.000 tonnes.

123. Extraction. — Le soufre natif n'a besoin que d'être distillé. Cette opération se fait sur les lieux d'extraction, dans une série de pots en terre placés sur deux rangées parallèles dans un long four. Le soufre distillé se condense à l'état liquide dans des pots semblables placés en dehors du four; on fait écouler le liquide dans des baquets pleins d'eau froide. Le soufre **brut** ainsi obtenu contient encore 3 0/0 de matières étrangères.

On le raffine à Marseille en le distillant dans de

FIG. 89. — Raffinage du soufre, production de la fleur de soufre ou du soufre en canons.

grands cylindres d'où il s'écoule liquide sur une plaque de fonte fortement chauffée où il se résout en vapeurs. On envoie ces vapeurs dans de grandes chambres de briques. Si on arrête l'opération avant que la température des chambres de condensation soit arrivée à 110°, on recueille de la **fleur de soufre.** Si on la laisse continuer, les parois du condensateur s'échauffent, le soufre ruisselle liquide, se rassemble dans la partie déclive de la chambre ; on le fait couler dans des moules de bois cylindro-coniques entourés d'eau ; il se solidifie : c'est le **soufre en canons.**

124. Usages du soufre. — Le soufre est employé en grandes quantités pour le soufrage de la vigne, dans le but de détruire l'oïdium, petit champignon qui altérerait la grappe. Il entre dans la composition de la poudre. On s'en sert encore en France pour la préparation des allumettes, quoiqu'on l'ait remplacé avantageusement pour cet usage, en Angleterre et en Allemagne, par la paraffine. Sa fusibilité le fait employer à prendre des empreintes et à faire des scellements. Il est la base de la fabrication de l'acide sulfurique.

La France en consomme annuellement 25 millions de kilogrammes.

Résumé. — Le soufre est un corps solide jaune qui se présente en canons ou en fleur. Il est mauvais conducteur de la chaleur, et il s'électrise par le frottement.

Il fond à 110° en un liquide jaune. A 220°, il s'épaissit et brunit ; à 330°, il redevient liquide en restant brun ; à 440°, il passe en vapeur rouge.

Le refroidissement lent et graduel le fait repasser par tous les états précédents. Si on refroidit brusquement la vapeur, elle se solidifie en une fine poussière qui est la **fleur de soufre.**

Le soufre pâteux coulé dans de l'eau froide se solidifie brusquement et donne le *soufre trempé*, qui est quelque temps mou et élastique.

Le soufre liquide refroidi à 110° se prend en cristaux et, si on le surprend dans son travail d'arrangement, on trouve dans le vase des aiguilles fines et longues qui ont la forme de prismes allongés.

Le soufre n'est pas soluble dans l'eau ; mais il se dissout dans le sulfure de carbone. La dissolution filtrée, versée dans un vase, s'évapore, et le soufre se dépose sous la forme d'octaèdres qui dépendent d'un prisme droit à base de losange.

Le soufre prend donc deux formes différentes dans sa cristallisation, suivant qu'elle a lieu à 110° ou à la température ordinaire.

Le soufre brûle dans l'oxygène et à l'air avec une flamme bleue en produisant un composé gazeux, l'anhydride sulfureux. Dans toutes ses autres réactions, il ressemble à l'oxygène. De même que celui-ci donne avec les métaux des oxydes et avec l'hydrogène l'eau, de même le soufre donne avec les métaux des **sulfures** et avec l'hydrogène le sulfure d'hydrogène, appelé encore **acide sulfhydrique.** On montre facilement la combinaison du soufre avec les métaux et le dégagement de chaleur qu'elle produit en chauffant du soufre et du cuivre, ou du soufre et du fer; les sulfures formés sont noirs.

Le soufre existe en masses mélangées à des terres aux abords des volcans, surtout en Sicile; à l'état de combinaison, il est très répandu, notamment dans les pyrites.

On l'extrait du soufre natif des solfatares. On chauffe la masse pour faire fondre le soufre et le séparer de la terre avec laquelle il est mélangé.

On le raffine en le vaporisant et en l'envoyant en vapeur dans de grandes chambres où il se liquéfie. On le recueille en *fleur* au début de l'opération et en *canons* quand il est liquide.

Il sert surtout pour soufrer les allumettes, pour soufrer la vigne, pour fabriquer la poudre où il entre avec le salpêtre et le charbon.

CHAPITRE XV

COMBINAISON DU SOUFRE AVEC L'HYDROGÈNE ACIDE SULFHYDRIQUE

Symbole : H^2S. — Poids moléculaire : 34

125. Propriétés physiques. — Le sulfure d'hydrogène ou acide sulfhydrique est un gaz incolore qui répand l'odeur infecte des œufs pourris. C'est un poison violent quand il est introduit dans les voies respiratoires; un oiseau périt dans une atmosphère qui contient $\frac{1}{1500}$ de ce gaz. A l'état de dilution dans l'air, il produit un malaise accompagné de vertige; mais sa forte odeur avertit immédiatement de sa présence.

Il est un peu plus lourd que l'air; son poids est dix-sept fois le poids de l'hydrogène. Le litre de ce gaz pèse donc :

$$17 \times 0,0895 = 1,52.$$

Un litre d'eau dissout 3 litres de gaz à la température ordinaire ; aussi le recueille-t-on toujours sur une terrine d'eau et non sur la cuve. On peut le liquéfier.

126. Propriétés chimiques. — L'hydrogène sulfuré est très nettement acide ; il rougit le tournesol ; aussi l'appelle-t-on aussi souvent acide **sulfhydrique** ; il serait plus logique de l'appeler sulfure d'hydrogène.

Il est **combustible**, s'enflamme au contact d'une bougie et brûle avec une flamme bleue. Ce fait pouvait se prévoir, l'hydrogène sulfuré étant formé de deux éléments combustibles.

Quand la *combustion est complète*, il se forme de l'eau et de l'anhydride sulfureux :

$$H^2S + O^3 = H^2O + SO^2.$$

On le démontre en allumant l'hydrogène sulfuré sec à l'extrémité d'un tube effilé par lequel le gaz se dégage dans l'air ; si on place un verre au-dessus du jet, il se couvre de buée d'eau condensée, et un papier bleu de tournesol placé au-dessus de la flamme y rougit immédiatement.

On réalise encore cette combinaison complète en mélangeant 2 volumes de sulfure d'hydrogène avec 3 volumes d'oxygène et en allumant le mélange ; il y a une détonation due à la rentrée de l'air venant occuper la place des gaz formés et condensés.

Combustion incomplète. — Quand la quantité d'oxygène fournie au gaz sulfhydrique est insuffisante pour le brûler complètement, on comprend que c'est le plus combustible de ses deux éléments qui doit brûler ; c'est en effet l'hydrogène qui brûle et le soufre se dépose.

On le démontre en enflammant une éprouvette de gaz sulfhydrique; ses parois se couvrent d'un dépôt de soufre très divisé qui donne à la solution un aspect laiteux :

$$H^2S + O = H^2O + S.$$

C'est pourquoi on emploie l'*eau bouillie* récemment pour faire les dissolutions de ce gaz que l'on veut conserver.

Oxydation en présence des corps poreux. — Si on expose à l'air, sur une grande surface, une dissolution de gaz sulfhydrique (par exemple en étendant un linge trempé dans la dissolution de H^2S), il se produit de l'acide sulfurique :

$$H^2S + O^4 = SO^4H^2.$$

M. Dumas, à qui l'on doit cette expérience, s'en est servi pour expliquer la destruction rapide des rideaux des chambres de bains sulfureux.

127. Action sur les solutions métalliques. — Le gaz sulfhydrique, en agissant sur la plupart des solutions métalliques, trouve à satisfaire ses deux affinités, celle de l'hydrogène qui donne de l'eau et aussi celle du soufre qui forme un sulfure. Son action sur un sel soluble de plomb est intéressante par le sulfure *noir* qu'elle forme instantanément; elle sert à constater la présence du gaz qui noircit un papier trempé dans de l'acétate de plomb.

Le gaz sulfhydrique n'a d'usage que dans les laboratoires, où l'on s'en sert pour précipiter les métaux à l'état de sulfures insolubles et les distinguer les uns des autres par la couleur et l'insolubilité de ces sulfures.

128. État naturel. — Il existe dans certaines eaux minérales, celles de Barèges, qui lui doivent leurs propriétés médicinales. Il s'en forme dans les fosses d'aisances par la décomposition des matières sulfurées; on sait que les émanations qui s'échappent de ces fosses noircissent l'argent et les peintures à base de plomb; on sait aussi que ces gaz ont déterminé parfois des accidents mortels, que les ouvriers qui descendent dans les fosses sans avoir préalablement renouvelé l'air tombent victimes de leur imprudence.

129. Préparation. — Pour l'obtenir, on attaque un sulfure métallique par un acide qui, en échangeant son hydrogène contre le métal, donne naissance au gaz, que l'on recueille sur l'eau.

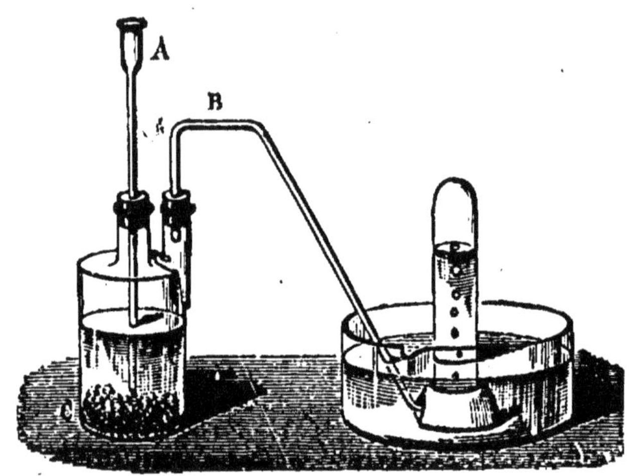

FIG. 90. — Préparation de l'acide sulfhydrique par le sulfure de fer.

On se sert de l'acide sulfurique ou de l'acide chlorhydrique que l'on fait agir sur du sulfure de fer artificiel :

$$FeS + 2\,(HCl) = FeCl^2 + H^2S\,;$$
$$FeS + SO^4H^2 = FeSO^4 + H^2S.$$

On opère à froid, dans un flacon à deux tubulures; mais le gaz ainsi produit est souvent mélangé d'un peu d'hydrogène, parce que le sulfure de fer renferme presque toujours un peu de fer libre; si on veut un gaz plus pur, on opère à chaud dans un ballon, avec le sulfure d'antimoine et l'acide chlorhydrique; dans ce dernier cas, il faut faire suivre l'appareil d'un flacon laveur, comme l'indique la figure 91.

Fig. 91. — Préparation de l'hydrogène sulfuré par le sulfure d'antimoine.

Résumé. — Le soufre forme avec l'hydrogène un sulfure que l'on appelle improprement hydrogène sulfuré et souvent **acide sulfhydrique** pour rappeler sa propriété acide. C'est un gaz incolore dont l'odeur est celle des œufs pourris. Il est un peu soluble dans l'eau.

Il est combustible et brûle avec une flamme bleue quand on l'allume. Si l'air se renouvelle autour du jet gazeux allumé, la combustion est complète, et il y a production d'eau et d'acide sulfureux. Quand l'air est en quantité insuffisante, c'est l'hydrogène qui brûle le premier, et le soufre se dépose.

Cette combustion incomplète a lieu quand le gaz est dissous

dans l'eau, si celle-ci contient de l'air; alors le liquide blanchit par le dépôt de soufre. Les solutions que l'on veut avoir limpides et garder telles doivent être faites dans l'eau bouillie.

En présence des corps poreux, l'acide sulfhydrique s'oxyde très complètement et peut donner de l'acide sulfurique.

Beaucoup de corps simples, métalloïdes ou métaux, décomposent l'acide sulfhydrique : les uns lui prennent l'hydrogène, comme l'iode, et mettent le soufre en liberté ; les autres, comme le plomb ou l'étain, lui prennent le soufre pour donner des sulfures et laissent l'hydrogène. L'argent et le plomb donnent chacun un sulfure noir.

Les dissolutions métalliques des derniers métaux sont attaquées par l'acide sulfhydrique avec production de sulfures : c'est la raison qui fait employer ce gaz dans l'analyse.

L'acide sulfhydrique se forme dans les décompositions des matières organiques animales. On le trouve dans certaines eaux dites sulfureuses, comme celles de Barèges, de Cauterets et d'Uriage.

Pour le préparer dans les laboratoires, on attaque le protosulfure de fer par l'acide sulfurique, ou bien encore le sulfure d'antimoine par l'acide chlorhydrique; dans ce dernier cas, le gaz est plus pur que dans le premier.

CHAPITRE XVI

COMPOSÉS OXYGÉNÉS DU SOUFRE

130. Lorsqu'on brûle du soufre dans l'oxygène ou dans l'air, il se forme un composé gazeux, l'**anhydride sulfureux** SO^2, qui peut être considéré comme le point de départ des composés que le soufre donne avec l'oxygène.

Ces composés forment deux groupes principaux :

1° Les **anhydrides,** qui ne renferment que du soufre et de l'oxygène, qui ne donnent pas de sels, à moins de s'être incorporé d'abord de l'eau H^2O ; les trois principaux sont :

L'anhydride sulfureux, SO^2 ;
L'anhydride sulfurique, SO^3 ;
L'anhydride persulfurique, S^2O^7 ou $\begin{matrix} SO^3 \\ SO^3 \end{matrix} > O$.

2° Les **acides**, qui ont, avec l'oxygène et le soufre, de l'hydrogène échangeable contre des métaux, qui sont de véritables sels d'hydrogène et qui engendrent des sels métalliques ; ce sont :

L'acide hydrosulfureux,			SO^2H^2 ;
L'acide sulfureux,	SO^2H^2O	ou	SO^3H^2 ;
L'acide sulfurique,	SO^3H^2O	ou	SO^4H^2 ;
L'acide hyposulfureux,	SSO^2H^2O	ou	$S^2O^3H^2$.

Anhydride et acide sulfureux

Anhydride, SO^2, Poids moléculaire : 64.
Acide, SO^3H^2, Poids moléculaire : 82.

131. Propriétés physiques. — L'anhydride sulfureux est un gaz incolore d'une odeur piquante et qui provoque la toux ; chacun la connaît, puisque c'est l'odeur du soufre qui brûle.

Ce gaz est très lourd ; il pèse 32 fois plus que l'hydrogène ; le poids du litre est :

$$32 \times 0,0895 = 2^{gr},86.$$

Il est très soluble dans l'eau, comme on peut le démontrer en renversant sur l'eau une éprouvette remplie de ce gaz ; l'eau ne tarde pas à monter dans l'éprouvette.

On le liquéfie en le faisant passer dans un tube qui plonge dans un mélange réfrigérant capable de tenir la température au-dessous de — 10° (1) (*fig.* 92). Le liquide

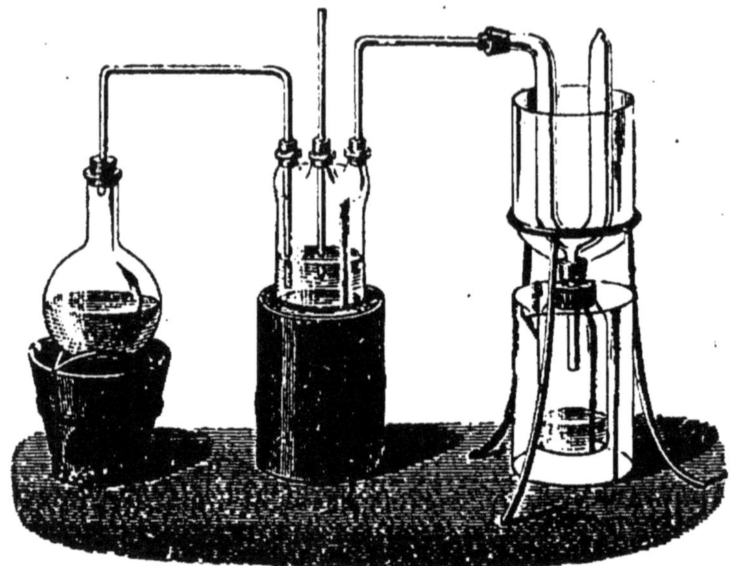

Fig. 92. — Appareil à produire l'acide sulfureux liquide.

obtenu est incolore, très mobile ; il repasse à l'état de gaz à — 10°, aussi faut-il le conserver dans des tubes fermés ; évaporé dans le vide, il produit un abaissement de température de — 68°.

On s'en est servi pour obtenir de très basses températures ; on le fait traverser par un rapide courant d'air, il s'évapore vivement et se refroidit assez pour solidifier une petite quantité de mercure contenu dans un petit tube à essais qu'on place au sein de l'anhydride sulfureux liquide (*fig.* 93).

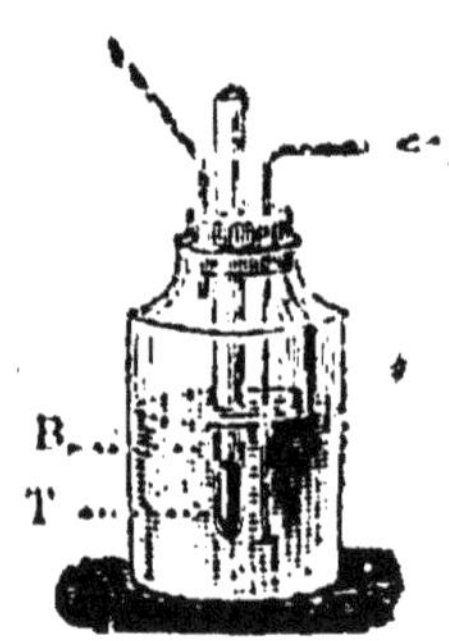

Fig. 93. Congélation du mercure par l'évaporation rapide de l'acide sulfureux. — T, tube contenant le mercure ; — B, flacon contenant l'anhydride sulfureux.

132. Propriétés chimiques. — L'anhydride sulfureux ne brûle pas ; il éteint les corps en combustion, qui

(1) Un mélange de 2 p. de glace pilée avec 1 p. de sel marin.

deviennent alors plus difficiles à rallumer que s'ils avaient été plongés dans un autre gaz incombustible, comme l'azote.

On le prouve en plongeant dans une éprouvette de gaz sulfureux un charbon bien allumé qui s'y éteint rapidement. On utilise cette propriété pour éteindre les feux de cheminée ; on allume du soufre à l'entrée de la cheminée et on bouche l'orifice de celle-ci avec des draps mouillés pour que l'air n'y puisse pas rentrer. Le soufre brûle aux dépens de l'oxygène de l'air contenu dans la cheminée, et celle-ci ne contient bientôt plus que de l'azote avec de l'anhydride sulfureux, et la suie enflammée s'y éteint.

133. Action des corps simples. — Puisque le soufre peut donner un composé plus oxygéné que l'anhydride sulfureux, il est vraisemblable d'admettre *a priori* que celui-ci pourra s'oxyder et donner de l'acide sulfurique. Cette oxydation n'a pas lieu par l'oxygène sec, à moins qu'on ne fasse intervenir la chaleur et un corps poreux, comme la mousse de platine ; mais l'oxygène humide la produit très bien :

$$SO^2 + O + H^2O = SO^4H^2.$$

Aussi ne peut-on faire la dissolution d'acide sulfureux que dans de l'eau privée d'air ; dans de l'eau ordinaire, une portion de l'acide deviendrait de l'acide sulfurique.

L'hydrogène réduit l'anhydride sulfureux, surtout en présence de l'eau, en produisant de l'acide sulfhydrique.

L'anhydride sulfureux enlève l'oxygène à certaines combinaisons qui cèdent facilement ce gaz. Tels sont les composés oxygénés de l'azote, tel est aussi le bioxyde de plomb (appelé oxyde puce, à cause de sa couleur brune) ; projeté dans un flacon de gaz sulfureux, ce corps y blanchit immédiatement en dégageant beaucoup de chaleur ; il se produit du sulfate de plomb :

$$SO^2 + PbO^2 = PbSO^4.$$

134. Solution d'acide sulfureux. — L'acide en solution est bien plus oxydable que le gaz. Il dissout l'iode, en présence d'une grande quantité d'eau, en donnant une solution incolore d'acide iodhydrique et d'acide sulfurique :

$$I^2 + SO^3H^2 + H^2O = SO^4H^2 + 2\,(HI).$$

C'est un **réducteur** puissant ; il décolore le permanganate de potassium. On fait l'expérience en versant la solution colorée en violet dans la solution d'acide sulfureux ; la décoloration est instantanée. L'expérience est plus saisissante encore quand on verse la solution colorée dans un flacon de gaz sulfureux ; elle tombe incolore dans ce flacon, qui paraît vide.

L'acide sulfureux décolore beaucoup de substances végétales : les pétales de violettes, le vin, le jus de fruit, etc. La matière colorante n'est pas détruite ; elle peut reparaître si on traite le corps par un acide fort qui chasse l'acide sulfureux. Sur un bouquet de violettes décolorées, l'ammoniaque produit une coloration vert foncé générale.

135. Usages de l'acide sulfureux. — On utilise sa puissance de décoloration pour le blanchiment de la laine et de la soie, qu'on ne peut blanchir au chlore. On brûle du soufre dans de grandes chambres appelées soufroirs, où l'on a suspendu les fils et les tissus préalablement humectés d'eau. L'anhydride sulfureux se dissout dans cette eau et sa solution agit sur la matière colorante, qu'elle désorganise. L'étoffe est lavée ensuite dans une eau alcaline qui enlève l'acide, puis après à grande eau.

On s'en sert aussi pour enlever les taches de fruits sur les étoffes. On mouille la tache; on la place au-dessus de l'extrémité ouverte d'un petit cône de carton formant cheminée, à l'entrée duquel on allume du soufre ou un paquet d'allumettes. Le gaz produit se dissout dans l'eau qui imbibe la tache et l'enlève. Il ne reste plus qu'à laver le tissu pour enlever toute trace d'acide sulfureux.

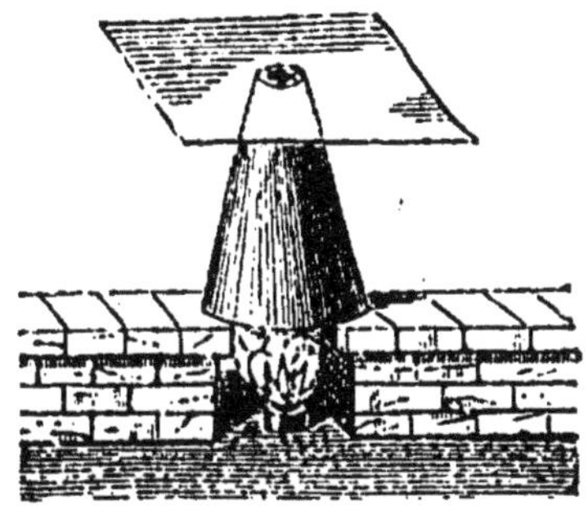

FIG. 94. — Production de gaz sulfureux au-dessous d'un cône de carton, au haut duquel on met une étoffe portant une tache de fruits.

L'anhydride sulfureux est un destructeur des petits animaux qui engendrent la gale, et des germes organiques qui développent les moisissures sur les substances végétales ou l'acidité sur les vins; c'est la raison de son emploi, sous forme de mèches soufrées, pour le soufrage des tonneaux ou en fumigations pour guérir la gale.

136. Préparation. — Le moyen le plus simple de l'obtenir, c'est de brûler du soufre à l'air, et c'est en effet ainsi que procède l'industrie. Dans les laboratoires, il est plus commode de désoxyder l'acide sulfurique par un métal; on emploie le cuivre, ou de préférence le mercure, que l'on chauffe avec de l'acide sulfurique concentré dans un petit ballon; il reste du sulfate de mercure. Quand on em-

FIG. 95. — Préparation du gaz sulfureux recueilli sur le mercure.

ploie le cuivre en tournure, il faut un grand ballon, car la masse boursoufle beaucoup au début de l'opération. Voici la réaction :

$$Cu + 2(SO^4H^2) = SO^4Cu + 2(H^2O) + SO^2.$$

Si l'on veut obtenir une solution, on trouve plus économique d'employer le charbon pour désoxyder l'acide

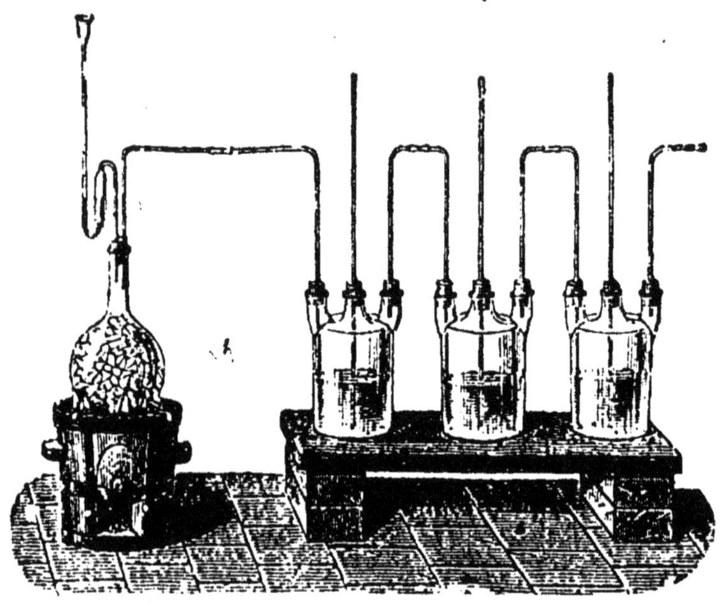

Fig. 96. — Appareil à préparer la dissolution d'acide sulfureux.

sulfurique ; il se dégage un mélange d'anhydride sulfureux et d'anhydride carbonique, que l'on fait arriver dans une série de flacons de Woolf ; le gaz carbonique est peu soluble ; il n'en reste presque pas dans l'eau qui dissout tout le gaz sulfureux :

$$2(SO^4H^2) + C = CO^2 + 2(H^2O) + 2(SO^2).$$

On a aussi employé le soufre au lieu de charbon, pour préparer le gaz sulfureux. C'est ce procédé, proposé par Melsens, qui a été appliqué en grand par M. R. Pictet, pour obtenir beaucoup d'anhydride sulfureux liquide :

$$2(SO^4H^2) + S = 2(H^2O) + 3(SO^2).$$

On introduit le soufre avec l'acide sulfurique concentré dans une cornue en fonte que l'on chauffe jusque vers le point d'ébullition de l'acide sulfurique. Le dégagement du gaz est très régulier.

Résumé. — Lorsqu'on brûle du soufre à l'air, il se produit un gaz qui est l'anhydride sulfureux et qui peut être considéré comme le point de départ des composés oxygénés du soufre.

Ces composés oxygénés comprennent trois anhydrides : **l'anhydride sulfureux** SO^2, **l'anhydride sulfurique** SO^3 et **l'anhydride persulfurique** S^2O^7. Ils comprennent, en outre, plusieurs acides qui ont de l'hydrogène à échanger contre les métaux pour donner des sels : les deux plus importants sont **l'acide sulfureux** SO^3H^2 et **l'acide sulfurique** SO^4H^2.

L'anhydride sulfureux se présente en gaz ou en dissolution. En gaz, c'est l'anhydride SO^2, qui provoque la toux, qui est très soluble dans l'eau, qu'on peut liquéfier à 10° au-dessous de zéro. L'anhydride liquide doit être conservé dans des vases fermés parce qu'il repasse en vapeurs à − 10°. Évaporé rapidement, à l'air ou mieux encore dans le vide, il absorbe beaucoup de chaleur et provoque un fort refroidissement des corps qui le contiennent et l'entourent; on s'en sert pour obtenir de basses températures.

Le gaz sulfureux ne brûle pas; il éteint les corps en combustion. Il peut néanmoins prendre l'oxygène et dégager de la chaleur dans cette combinaison, en donnant l'anhydride sulfurique.

La dissolution du gaz ou l'*acide sulfureux liquide* est un réducteur puissant; il peut enlever l'oxygène à certains oxydes, comme le bioxyde de plomb, et aussi aux composés de l'azote; c'est cette dernière réaction qui est utilisée dans la production de l'acide sulfurique.

On montre le pouvoir réducteur du gaz sulfureux en lui faisant décolorer du permanganate de potasse : la décoloration est instantanée.

On peut aussi faire décolorer des violettes ou enlever des taches de fruits sur les étoffes.

L'anhydride sulfureux est employé au blanchiment de la laine et de la soie. Il détruit les petits êtres et germes organisés qui sont, sur les substances organiques, les agents de la putréfaction.

Pour l'obtenir, on peut brûler du soufre à l'air; mais le gaz reste mélangé d'azote. Ce procédé ne peut pas servir dans les laboratoires, mais l'industrie du blanchiment de la laine l'emploie. On obtient l'anhydride pur en désoxydant l'acide sulfurique; on emploie dans ce but le mercure ou le cuivre.

Pour obtenir le gaz en solution, il faut le faire passer dans de l'eau désaérée contenue dans des flacons de Woolf. On peut alors substituer au cuivre soit le charbon de bois, soit même le soufre, et les chauffer l'un ou l'autre avec l'acide sulfurique.

CHAPITRE XVII

ACIDE SULFURIQUE

137. Différentes formes de l'acide sulfurique. L'acide sulfurique se présente sous trois formes:

L'anhydride sulfurique (acide sulfurique anhydre). — SO^2O ou SO^3.

L'acide sulfurique ordinaire. — $SO^2(OH)^2$ ou SO^4H^2.

L'acide sulfurique fumant, appelé encore *acide anhydrosulfurique* ou disulfurique. — $S^2O^7H^2$.

(Sa formule brute $S^2O^7H^2$ le représente comme formé par la réunion de l'anhydride SO^3 avec l'acide ordinaire SO^4H^2.)

Acide sulfurique ordinaire SO^4H^2

138. Propriétés physiques. — L'acide sulfurique ordinaire est un liquide incolore et inodore, d'apparence huileuse (on l'appelle encore parfois *huile de vitriol;* les alchimistes le retiraient du sulfate de fer ou *vitriol vert*, dès le XIVe siècle).

Il est très lourd, sa densité est de 1,84 à 15°, ce qui donne 1.840 grammes pour le poids du litre.

Il bout à 325° et peut, par conséquent, être distillé. Cette opération exige quelques précautions. Si on chauffait l'acide sulfurique dans une cornue de verre, comme on chauffe l'eau ou tout autre liquide non visqueux, les bulles de vapeurs formées au fond de la cornue, au-dessous d'un liquide lourd, projetteraient violemment le liquide, et celui-ci en retombant pourrait faire briser la cornue. Il faut donc éviter la production de ces soubresauts ; on y arrive en ne chauffant la cornue que par le pourtour, et, pour cela, on la place sur une grille en forme de gouttière circulaire (*fig.* 97) ou bien encore en

FIG. 97. — Grille à chauffer l'acide sulfurique quand on doit le distiller.

mettant avec l'acide dans la cornue des morceaux de pierre ponce ou quelques bouts de fils de platine. Dans tous les cas, il est prudent d'entourer la cornue d'un cylindre ou d'un dôme en tôle qui empêche le refroidissement brusque de la partie supérieure.

139. Propriétés chimiques. — L'acide sulfurique est un acide très énergique ; étendu de mille fois son volume d'eau, il colore encore la teinture de tournesol en un rouge pelure d'oignon intense.

Une température élevée le décompose en eau, anhydride sulfureux et oxygène :

$$SO^4H^2 = SO^2 + H^2O + O.$$

M. Deville a fondé sur cette propriété un procédé économique de préparation de l'oxygène. Il fait tomber goutte à goutte de l'acide sulfurique dans une cornue contenant des fragments de briques et fortement chauffée ; la réaction ci-dessus s'opère ; les trois gaz dégagés passent dans un laveur où les deux premiers se dissolvent, et on peut recueillir l'oxygène dans un gazomètre.

140. Action de l'eau. — L'acide sulfurique se dissout dans l'eau en dégageant beaucoup de chaleur et en développant, par conséquent, une forte élévation de température :

$$SO^4H^2 \textit{ liquide} + \text{eau} = SO^4H^2 \textit{ dissous} + 17 \textit{ calories.}$$

Il se combine avec l'eau en plusieurs proportions pour donner des **hydrates** définis, dont l'un contient l'acide ordinaire SO^4H^2 auquel s'est fixé une molécule d'eau :

$$SO^4H^2 + H^2O.$$

Lorsqu'il y a combinaison de l'acide avec l'eau, il y a dégagement de beaucoup de chaleur. Ainsi, quand on mêle 4 parties d'acide avec 1 partie d'eau, la température du mélange est de plus de 100° ; aussi ne faut-il faire cette expérience qu'avec précaution, et verser l'acide dans l'eau en mince filet, en agitant constamment.

Si on renverse le rapport et qu'on emploie de la glace au lieu d'eau, 1 partie d'acide et 4 parties de glace pilée ou de neige, on produit un notable abaissement de la température, qui peut aller jusqu'à — 25° en employant 3 parties de l'hydrate cristallisé de l'acide avec 8 parties de glace. Dans ce cas, la chaleur développée par l'hydratation de l'acide est beaucoup moindre que celle qui est nécessaire à la fusion de la glace.

L'acide sulfurique attire rapidement l'humidité de l'air et peut, dans un vase ouvert, augmenter notablement de poids en quelques jours; aussi est-il souvent employé comme agent desséchant. On place l'acide dans un vase large; sur un trépied, la substance à dessécher; on couvre le tout d'une cloche rodée reposant sur une plaque polie (*fig.* 98); l'acide dessèche l'air emprisonné et la substance. Quand on veut dépouiller un gaz de l'humidité qu'il contient, par exemple l'air de sa vapeur d'eau, on fait passer le gaz dans un tube en U contenant de la pierre ponce qui a bouilli avec de l'acide sulfurique (*fig.* 99).

FIG. 98. — Appareil à dessécher un corps par l'acide sulfurique dans un espace limité.

L'acide sulfurique **charbonne** le bois parce qu'il lui enlève de l'eau. Il brunit à l'air parce qu'il carbonise les poussières qui y tombent. C'est un caustique violent qui désorganise rapidement les membranes qu'il touche.

FIG. 99. — Tube à ponce sulfurique pour dessécher les gaz.

141. Action des métalloïdes. — Tous les métalloïdes qui s'unissent directement à l'oxygène peuvent décomposer l'acide sulfurique. L'hydrogène réduit l'acide sulfurique en donnant l'anhydride sulfureux et de l'eau :

$$SO^4H^2 + H^2 = 2(H^2O) + SO^2.$$

Le charbon, chauffé avec l'acide sulfurique, produit du gaz sulfureux et du gaz carbonique :

$$2(SO^4H^2) + C = 2(SO^2) + CO^2 + 2(H^2O).$$

Le soufre agit de même, et ces deux réactions sont utilisées pour préparer l'anhydride sulfureux.

142. Action des métaux. — Il faut faire deux groupes des réactions des métaux sur l'acide sulfurique : dans le premier cas se placent des métaux qui dégagent de l'hydrogène; dans le second, ceux qui dégagent de l'anhydride sulfureux; dans l'un comme dans l'autre, il y a formation de sulfate.

Le zinc et le fer, attaqués par l'acide sulfurique étendu, se substituent à l'hydrogène qui se dégage; il reste du sulfate de zinc ou de fer :

$$Fe + SO^4H^2 \textit{ dissous} = SO^4Fe \textit{ dissous} + H^2;$$
$$Zn + SO^4H^2 \textit{ dissous} = SO^4Zn \textit{ dissous} + H^2.$$

La réaction est très peu intense avec l'acide concentré, probablement parce qu'il manque l'eau nécessaire à la dissolution et à l'hydratation du sulfate formé.

C'est la réaction qu'on utilise habituellement pour préparer l'hydrogène; et l'égalité précédente permet de calculer ce qu'un poids donné de zinc nécessite d'acide et d'eau pour un volume déterminé de gaz à obtenir.

Le cuivre, le plomb, le mercure, l'argent attaquent l'acide sulfurique concentré, dégagent de l'anhydride sulfureux et forment des sulfates :

$$Cu + 2(SO^4H^2) = SO^4Cu + 2(H^2O) + SO^2.$$

C'est la réaction qui nous a servi à préparer l'anhydride sulfureux.

143. Action des oxydes. — L'acide sulfurique se combine aux oxydes avec un dégagement de chaleur qui peut aller jusqu'à l'incandescence. Ainsi, quand on le verse sur de l'oxyde de baryum, celui-ci devient rouge.

Il y a production de *sulfate de baryum*, à peu près complètement insoluble.

Le même corps se produit toutes les fois qu'on verse de l'acide sulfurique dans un sel soluble de baryum; c'est un *précipité blanc* qui caractérise l'acide, et qui sert à en reconnaître facilement et très promptement la présence dans un liquide.

Fig. 100. — L'acide sulfurique versé sur de la baryte caustique la rend incandescente.

Si on verse dans la potasse (oxyde de potassium) ou dans de l'ammoniaque colorée en bleu par du tournesol, peu à peu, de l'acide sulfurique, on obtient un liquide qui n'a plus d'action, ni sur le tournesol bleu, ni sur le tournesol rouge : c'est un sulfate; l'acide a saturé et **neutralisé** la base. On met en évidence la combinaison formée en évaporant le liquide; il se dépose un sel cristallisé; et, dans le cas où l'on a opéré avec l'ammoniaque, ce sel solide est le produit de la combinaison de deux corps que l'on pouvait auparavant réduire l'un et l'autre complètement en vapeur.

Les bioxydes, comme celui de manganèse, donnent un sulfate et dégagent de l'oxygène, quand on les traite par l'acide sulfurique :

$$MnO^2 + SO^4H^2 = SO^4Mn + H^2O + O.$$

C'est un des moyens d'obtenir l'oxygène; c'est celui qui fut proposé par Scheele.

144. Action des chlorures et des sulfures. — Les chlorures, bromures et iodures échangent leurs métaux contre l'hydrogène de l'acide sulfurique, et donnent des sulfates, en même temps qu'il y a formation d'acide chlorhydrique, bromhydrique ou iodhydrique.

Avec le chlorure de calcium $CaCl^2$, on a la réaction suivante :

$$CaCl^2 + SO^4H^2 = SO^4Ca + 2(HCl).$$

Avec le chlorure de sodium, on a une réaction en deux phases :

$$NaCl + SO^4H^2 = SO^4NaH + HCl,$$
$$SO^4NaH + NaCl = SO^4Na^2 + HCl.$$

C'est cette réaction qui est utilisée dans l'industrie pour fabriquer le sulfate de sodium, et dans les laboratoires pour obtenir l'acide chlorhydrique.

Si on fait agir à la fois l'acide sulfurique sur un chlorure, bromure, iodure et sur un bioxyde, il y a formation de deux sulfates, de deux molécules d'eau, et le métalloïde est mis en liberté. Ainsi s'explique la préparation du chlore, du brome et de l'iode par la réaction de l'acide sulfurique et du bioxyde de manganèse sur un chlorure, un bromure ou un iodure métallique :

$$Mn\begin{matrix}O\\O\end{matrix} + \begin{matrix}H^2SO^4\\H^2SO^4\end{matrix} + \begin{matrix}NaCl\\NaCl\end{matrix} = SO^4Mn + SO^4\begin{matrix}Na\\Na\end{matrix} + \begin{matrix}H^2O\\H^2O\end{matrix} + 2Cl.$$

Le sulfure de fer est décomposé par l'acide sulfurique avec production de sulfate de fer et de sulfure d'hydrogène :

$$FeS + SO^4H^2 = SO^4Fe + H^2S.$$

Cette réaction s'effectue d'elle-même à la température

ordinaire ; elle donne un moyen commode de préparer l'acide sulfhydrique H^2S.

145. Sulfates. — Les sulfates sont les sels que l'acide sulfurique produit en agissant sur les métaux, les oxydes ou les sels. Ils ressemblent à l'acide sulfurique où l'hydrogène a été remplacé par un métal.

Si le métal est le potassium, le sodium ou l'argent, qu'un atome du métal ne remplace qu'un atome d'hydrogène, il y a deux sulfates possibles.

On a :

$SO^4 \begin{array}{l} H \\ H \end{array}$	$SO^4 \begin{array}{l} K \\ K \end{array}$	$SO^4 \begin{array}{l} H \\ K \end{array}$
Acide sulfurique	*Sulfate de potasse dit neutre*	*Sulfate acide ou bisulfate*

Si le métal, comme c'est le cas le plus général, peut remplacer 2 atomes d'hydrogène, il n'y a qu'une forme de sulfate :

SO^4H^2	SO^4M	SO^4Cu
Acide sulfurique	*Sulfate*	*Sulfate de cuivre*

146. Usages. — Les usages de l'acide sulfurique sont très nombreux. Nous venons de voir qu'il sert à la préparation du chlore, du brome, de l'iode, aussi de l'acide chlorhydrique et de l'hydrogène. Nous lui trouverons beaucoup d'autres emplois, notamment pour préparer les autres acides ; c'est sans contredit celui de tous les composés chimiques qui sert le plus, non pas seulement dans les laboratoires, mais surtout dans l'industrie.

Il nous suffira, pour donner une idée de son importance, d'ajouter que la France en fabrique annuellement 100 millions de kilogrammes, et qu'on en consomme annuellement en Europe plus d'un million de tonnes.

147. État naturel. — Il existe aux environs des volcans, dans certains torrents qui descendent des Cordillères, notamment dans le Rio-Vinagre qui en charrie annuellement plusieurs millions de kilogrammes. Ses combinaisons sont très répandues dans la nature.

148. Préparation. — On ne prépare pas l'acide sulfurique dans les laboratoires, l'industrie le livre à très bon marché, en le produisant sur une grande échelle et d'une manière continue, par un procédé dont les résultats approchent aussi près que possible de ceux qu'indique la théorie.

Le principe est très simple : fournir à l'acide sulfureux de l'oxygène et de l'eau pour qu'il devienne de l'acide sulfurique :

$$SO^2 + O + H^2O = H^2OSO^3 \quad \text{ou} \quad H^2SO^4.$$

Nous avons vu que la solution d'acide sulfureux se transforme peu à peu en acide sulfurique sous l'influence de l'air ; mais cette oxydation est bien trop lente pour qu'on puisse avantageusement l'employer dans la pratique. Il a donc fallu chercher un corps qui cède facilement son oxygène et, de plus, soit capable d'en reprendre à l'air pour se reformer sans cesse, de sorte qu'en fin de compte ce soit l'oxygène de l'air qui serve à oxyder l'acide sulfureux et à le transformer en acide sulfurique. On a trouvé ce transformateur, cet utile

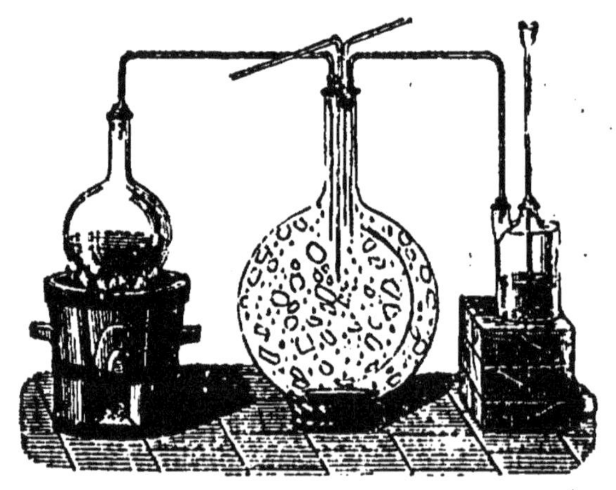

Fig. 101. — Appareil des laboratoires pour préparer de petites quantités d'acide sulfurique.

intermédiaire, dans l'acide azotique et, en général, dans les composés oxygénés de l'azote.

On réalise en petit cette fabrication en envoyant dans un grand ballon de 15 litres, qui contient un peu d'eau légèrement chauffée, de l'anhydride sulfureux, de l'air et un composé de l'azote ; on trouve dans l'eau du ballon de l'acide sulfurique, que l'on constate par le précipité blanc qu'il donne avec un sel soluble de baryum. Mais cet appareil n'a qu'un intérêt de curiosité, et il ne donne aucune idée des grands appareils industriels.

149. Appareils industriels. — Ils comprennent deux parties :

1° Les fours où l'on produit l'anhydride sulfureux, souvent l'acide azotique et la vapeur d'eau ;

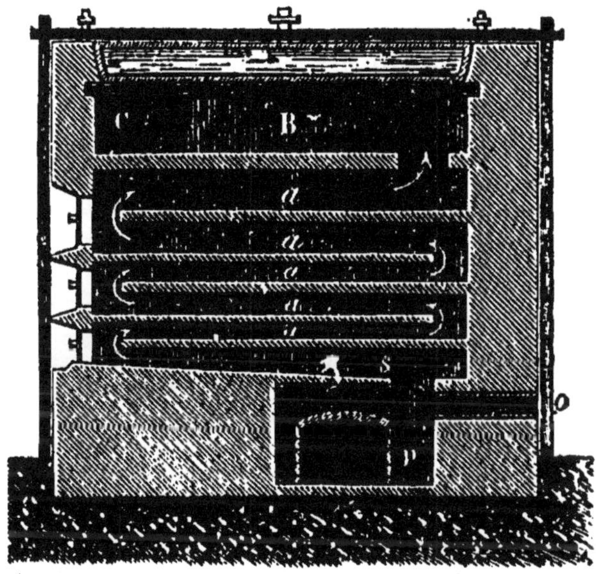

FIG. 102. — Four à griller les pyrites. — O, arrivée de l'air ; — a, tablettes recevant les pyrites ; — B, chambres supérieures ; — C, conduit emmenant le gaz sulfureux ; — S, sole inférieure ; — P, cendrier.

2° Les grandes chambres toutes de plomb où s'accomplit la transformation de l'acide sulfureux en acide sulfurique et qui sont de beaucoup la partie la plus volumineuse des appareils.

150. Fours. — Longtemps on a brûlé du soufre pour obtenir le gaz sulfureux; aujourd'hui on brûle des **pyrites,** pierres et poussière d'un jaune bleuâtre qu'on trouve sous forme de minerai, notamment à Chessy, près de Lyon, et qui, calcinée dans un four spécial que représente la figure 102, sous l'influence d'un courant d'air chaud, donnent beaucoup de gaz sulfureux. Une portion de la chaleur du foyer sert à produire la vapeur d'eau et souvent aussi l'acide azotique, que l'on envoie alors sous forme de gaz dans les chambres.

151. Chambres. — Les chambres se composent d'une charpente supportant les feuilles de plomb soudées les unes aux autres avec du plomb, de manière que les gaz et l'acide formé ne se trouvent en contact qu'avec ce métal. On en montait jusqu'à six autrefois pour constituer un appareil; on n'en fait plus que deux grandes, souvent même une seule séparée en deux par une cloison, et on en trouve qui mesurent jusqu'à 100 mètres de longueur; avec leur largeur de 6 mètres et leur hauteur de 6m,50; elles jaugent donc près de 4.000 mètres cubes. Le fond de la chambre forme cuvette; les parois y tombent en rideau, plongent dans l'acide et réalisent une fermeture hydraulique.

FIG. 103. — Coupe représentant un des coins inférieurs d'une chambre de plomb.

Les gaz qui en sortent contiennent encore des produits oxygénés de l'azote que l'on recueille d'après les conseils de Gay-Lussac. On les fait monter dans une grande colonne en plomb dite tour de Gay-Lussac,

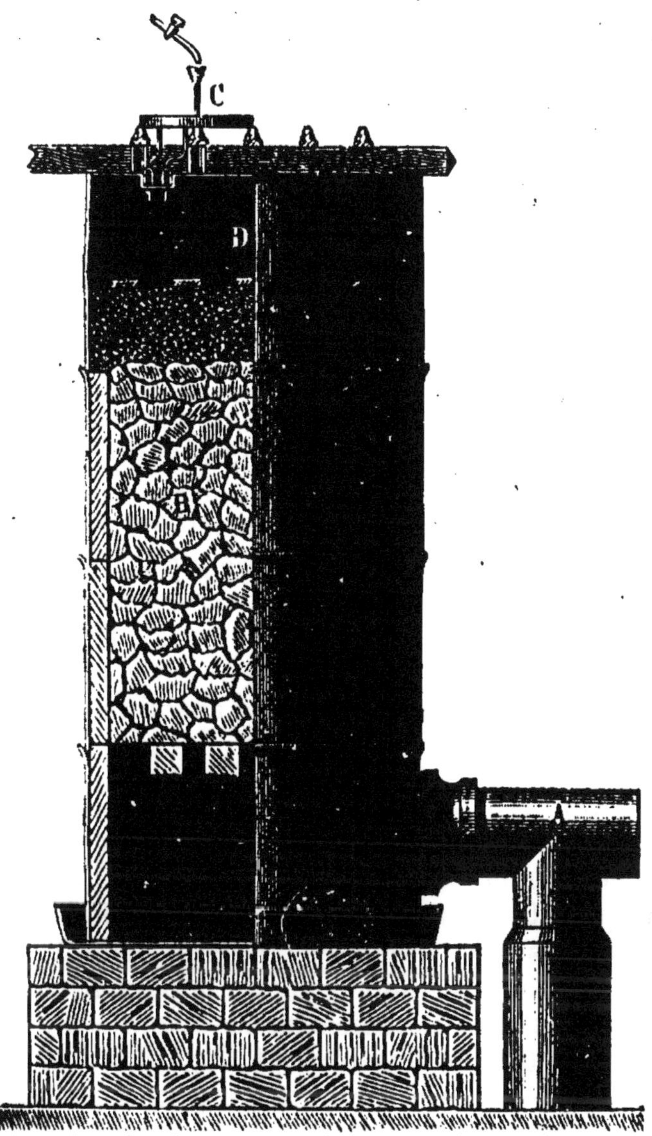

FIG. 104. — Tour de Glover. — A, tube amenant les gaz dans la chambre inférieure ; — B, amas de coke ; — C, mode de distribution réglant la chute des acides liquides qui coulent dans la tour ; — D, tube emmenant les gaz dans les chambres de plomb.

remplie de morceaux de coke sur lesquels coule de

haut en bas de l'acide sulfurique qui dissout les composés de l'azote.

La chambre est précédée d'une tour analogue dite **tour de Glover** (*fig.* 104), où l'on envoie d'abord le gaz sulfureux venant des fours et où l'on fait tomber peu à peu l'acide recueilli au bas de la colonne qui termine l'appareil. De cette manière, le gaz sulfureux, trop chaud pour accomplir son oxydation, se refroidit avant d'entrer dans la chambre; de plus, il enlève à l'acide qui tombe les composés de l'azote dont ce liquide est chargé et en même temps il l'échauffe et le concentre.

Ainsi un appareil moderne comprend une ou deux très grandes chambres, avec une plus petite entre elles; la première est précédée et la dernière est suivie d'une tour ou colonne à condensation; la première tour refroidit les gaz qui vont réagir les uns sur les autres; la dernière est destinée à arrêter au passage et à recueillir les composés de l'azote qui ont échappé à la réaction. L'acide formé peu à peu par la réaction des gaz se rassemble dans le bas des chambres qui forme cuvette.

152. Concentration. — L'acide que l'on retire marque 51° à 52° à l'aréomètre de Baumé. Pour le livrer au commerce, il faut le concentrer et l'amener à marquer 66° Baumé. Cette concentration s'opère d'abord dans des bassines de plomb, jusqu'à ce que l'acide marque 62° Baumé (si on dépassait ce point, l'acide attaquerait notablement le plomb). On achève la concentration le plus souvent dans des cornues en platine. Ces dernières sont d'un prix très élevé et s'usent encore assez promptement; on ne peut songer à employer des cornues de verre, dans la crainte qu'elles ne se cassent.

Résumé. — L'acide sulfurique se présente sous trois formes : l'acide *anhydre* SO^3, l'acide *ordinaire* dit monohydraté SO^4H^2, et l'acide dit de Saxe, *de Nordhausen* ou *fumant*, qui est un mélange des deux premiers.

L'acide anhydre est solide en aiguilles soyeuses; il doit être conservé dans un vase fermé.

L'acide fumant est obtenu par la distillation sèche du vitriol vert ou sulfate de fer desséché et dont le résidu est le colcotar. On l'obtient aussi en produisant de l'acide anhydre qu'on envoie se dissoudre dans l'acide ordinaire. Il sert aujourd'hui à la fabrication des produits organiques nitrés, comme le celluloïd, ou de certaines couleurs, comme l'alizarine.

L'acide sulfurique ordinaire ou monohydraté est un liquide lourd, d'apparence huileuse, appelé parfois huile de vitriol. On ne peut pas le chauffer sans précaution : il produit des soubresauts qui feraient briser le vase de verre qui le contient.

C'est un acide très énergique; il en faut bien peu dans l'eau pour que la solution rougisse le tournesol.

Il se combine à l'eau avec un grand dégagement de chaleur; aussi recommande-t-on de verser toujours l'acide dans l'eau en agitant et jamais l'eau dans l'acide.

Il enlève l'eau au corps, aussi est-il employé comme dessiccateur. Il charbonne le bois et en général les matières organiques. Il brunit parce qu'il carbonise les poussières de l'air qui s'y mélangent.

Les métalloïdes qui peuvent s'unir à l'oxygène le désoxydent en produisant de l'anhydride sulfureux; telle est notamment l'action du charbon et du soufre qui, chauffés avec l'acide sulfurique, font dégager de l'anhydride sulfureux.

Les métaux agissent sur l'acide sulfurique et produisent des sulfates. Avec les uns, comme le fer et le zinc, il faut employer un acide étendu, et il se dégage de l'hydrogène (c'est ainsi qu'on produit ordinairement l'hydrogène en attaquant le zinc par l'acide sulfurique). Avec les autres, comme le plomb, le cuivre, l'argent, c'est l'acide concentré qu'il faut employer, et c'est de l'anhydride sulfureux qui se dégage.

L'acide sulfurique agit sur les oxydes. Avec la baryte, le dégagement de chaleur rend le produit incandescent. Avec les oxydes dissous, comme la potasse ou la soude, il y a une neutralisation et la formation d'un sel qu'on peut faire cristalliser de sa solution.

Avec les chlorures, il y a échange d'un métal contre l'hydrogène, dégagement d'acide chlorhydrique et formation de sulfates.

Les sulfates formés par l'action de l'acide sur les métaux, les oxydes ou les sels sont de deux ordres, suivant que 1 ou 2 atomes d'hydrogène de l'acide sont remplacés par les métaux : on a donc des bisulfates et des sulfates.

L'acide sulfurique peut être formé si l'on fixe de l'oxygène et de l'eau à la molécule de l'anhydride sulfureux. On ne le fait pas dans les laboratoires ; mais l'industrie le fabrique en très grande quantité en utilisant cette réaction.

L'anhydride sulfureux est produit dans des fours et provient du grillage des pyrites de fer. On produit en même temps de l'acide azotique. Les gaz sont envoyés dans des chambres de plomb très spacieuses, avec de la vapeur d'eau et de l'air, et les réactions s'effectuent pour produire l'acide sulfurique.

Le liquide obtenu dans les chambres est concentré d'abord dans des vases de plomb, puis dans des vases de platine, et il est livré au commerce, marquant 66° à l'aréomètre de Baumé.

L'acide sulfurique a de nombreux usages. On en fabrique annuellement en Europe plus d'un million de tonnes.

CHAPITRE XVIII

SALPÊTRE. — ACIDE AZOTIQUE

153. Propriétés du salpêtre. — Le **salpêtre** ou **nitre** ou **azotate de potassium** est un sel blanc cristallisé, d'une saveur fraîche et piquante, que le commerce livre en masses cristallines ou en poudre sableuse. Il se dissout dans l'eau avec abaissement de température, et sa solubilité est beaucoup plus grande à chaud qu'à froid.

100 *grammes d'eau dissolvent*	13	*grammes de nitre à*	0°
—	—	85	—	50°
—	—	246	—	100°
—	—	335	—	116°

Il est très peu soluble dans l'alcool faible, insoluble dans l'alcool absolu. Il s'humecte un peu dans une atmosphère saturée d'humidité.

Soumis à l'action de la chaleur, il fond vers 350°. Il

se décompose au-dessous du rouge en dégageant de l'oxygène et en laissant de l'azotite de potassium :

$$AzO^3K = AzO^2K + O.$$

Projeté sur des charbons ardents, il fond, fuse avec flamme blanche, en activant la combustion, par suite de l'oxygène qu'il dégage.

Fig. 105.

Sa décomposition facile en fait un oxydant énergique. Un mélange intime de 15 parties de nitre et de 5 parties de soufre en poudre, projeté dans un creuset chauffé au rouge, brûle avec une flamme éblouissante. Le mélange de 20 grammes de nitre avec 5 de charbon, projeté dans un creuset au rouge, déflagre avec une grande violence.

Chauffé avec les métaux usuels en limaille, le nitre les convertit en oxydes. Il sert principalement à la fabrication de la poudre et à celle de l'acide azotique.

154. État naturel et préparation. — Le salpêtre est très répandu dans la nature; il existe en faible quantité, dans les eaux pluviales et la neige, sur le sol et dans nos habitations. Aux *Indes*, en *Egypte*, en *Espagne*, il couvre certaines régions d'efflorescences blanches qui ressemblent à une couche de neige. Au *Pérou* se trouvent de grands gisements de nitre, mais c'est du nitrate de sodium, mélangé de sable et d'argile, en couches de 2 à 3 mètres d'épaisseur, sur une grande surface, et dont l'exploitation s'accroît tous les jours. Dans nos contrées tempérées et dans les pays froids, le nitre est moins abondant; ce sont surtout des azotates terreux qui se forment en houppes blanches très délicates, sur les murs humides des rez-de-chaussée, des caves, des bergeries.

On retirait autrefois le salpêtre du lessivage des terres de l'*Inde* et de l'*Egypte* et des plâtras des vieux murs comme des matériaux accumulés pour constituer les nitrières artificielles. Aujourd'hui, presque tout le salpêtre qu'emploie l'industrie provient de la transformation de l'azotate de sodium du Pérou.

On le convertit en azotate de potassium en provoquant une double décomposition à l'aide du chlorure de potassium qui détermine la formation de deux sels inégalement solubles et, par suite, séparables l'un de l'autre :

$$\underset{\text{Azotate de sodium}}{AzO^3Na} + KCl = \underset{\text{Chlorure de sodium}}{NaCl} + \underset{\text{Salpêtre}}{AzO^3K}.$$

On fait deux dissolutions, l'une de nitrate du Pérou, l'autre de chlorure de potassium ; on les mêle à chaud. Le sel marin ou chlorure de sodium, qui se forme par double échange, se dépose en partie, parce qu'il est peu soluble ; l'azotate de potassium, très soluble dans l'eau chaude, reste en solution. On le fait cristalliser par refroidissement. Ainsi obtenu, il contient un peu de sel marin, dont on le débarrassera par le raffinage.

La *poudre* noire ordinaire est un mélange de salpêtre, de soufre et de charbon dans des proportions répondant à la réaction ci-dessous :

$$\underset{202}{2(AzO^3K)} + \underset{32}{S} + \underset{36}{3C} = K^2S + 2Az + 3CO^2.$$

Ce qui donne, pour 100 parties, 75 de salpêtre, 12 de soufre et 13 de charbon.

La combustion de ce mélange dégage un grand volume de gaz qui acquièrent une grande force de projection quand on les fait produire dans un petit espace : 10 grammes de poudre, qui occupent à peine 10 centimètres cubes, dégagent en brûlant près de 4 litres ou 4.000 centimètres cubes de gaz ; et, si l'on admet que leur haute température en les dilatant a plus que doublé leur volume, on arrive à trouver que leur pression atteint le chiffre énorme de 1.000 atmosphères.

155. Acide azotique (AzO^3H). — L'acide azotique, appelé encore acide **nitrique**, parce qu'il provient du *nitre*, ou encore *eau-forte*, parce qu'il sert au graveur sur cuivre, est un liquide qui répand des vapeurs à l'air. Pur, il est incolore; mais souvent il est coloré en jaune par des vapeurs d'anhydride hypoazotique qui lui donnent une odeur particulière.

Il bout à 86°, et cette température suffit déjà à le décomposer; il se produit des vapeurs rutilantes; et l'eau provenant de l'acide décomposé se combine à l'acide restant pour en élever peu à peu le point d'ébullition jusqu'à 123°. A partir de ce point, le thermomètre reste stationnaire, le produit passe à la distillation; c'est alors l'acide que l'on appelait quadrihydraté dans l'ancienne notation et dont la densité et 1,42. Ce même hydrate prend naissance quand on distille de l'acide azotique étendu; il passe d'abord de l'eau plus ou moins acide; le thermomètre monte peu à peu de 100° à 123°, où il reste stationnaire; à ce moment, l'acide qui bout dans la cornue est l'acide ordinaire.

L'acide fumant est aussi décomposé par la lumière, qui le colore en jaune orangé. A la température du rouge blanc, sa vapeur se résout en ses éléments.

On peut le considérer comme provenant de l'anhydride azotique (Az^2O^5), qui s'est combiné à 1 molécule d'eau : $Az^2O^5 + H^2O = 2(AzO^3H)$.

156. Propriétés chimiques. — L'acide azotique étant un corps facile à décomposer cédera de l'oxygène et se comportera, dans beaucoup de circonstances, comme un oxydant énergique. Presque tous les métalloïdes sont attaqués par l'acide azotique concentré, qui leur cède facilement de l'oxygène. Il entretient avec vivacité la combustion d'un charbon allumé qu'on présente à sa surface.

L'hydrogène le décompose, et, après lui avoir pris son oxygène pour former de l'eau, il peut se combiner à l'azote et produire de l'ammoniaque ; la réaction complète est la suivante :

$$AzO^3H + 8H = AzH^3 + 3H^2O.$$

On produit cette transformation en faisant passer de l'hydrogène mélangé de vapeurs d'acide azotique sur de la mousse de platine légèrement chauffée ; un papier rouge de tournesol présenté à l'extrémité du tube prend la couleur bleue que lui donne l'alcali.

Le phosphore est oxydé par l'acide azotique ; la réaction, un peu aidée par la chaleur, est très vive : il se dégage d'abondantes vapeurs rutilantes ; avec l'acide pur, la réaction serait dangereuse. On la réalise avec de l'acide étendu que l'on chauffe légèrement.

Fig. 106. — Attaque d'une lame de cuivre B par l'acide azotique.

L'acide azotique cède de l'oxygène à l'acide sulfureux et le transforme en acide sulfurique, avec dégagement de vapeurs rutilantes :

$$SO^2 + 2(AzO^3H) = \underset{\text{Ac. sulfurique}}{SO^4H^2} + \underset{\text{Vap. nitreuses}}{2(AzO^2)}.$$

On fait l'expérience en versant quelques gouttes d'acide azotique fumant dans une éprouvette de gaz sulfureux ; on voit la production de vapeurs rougeâtres, et on constate la formation d'acide sulfurique par un sel soluble de baryte.

157. Action des métaux. — Tous les métaux, excepté l'or et le platine, décomposent l'acide azotique; les produits formés dépendent du métal et surtout du degré de concentration de l'acide.

L'étain, traité par l'acide azotique, donne une poudre blanche d'oxyde d'étain, et il se dégage des vapeurs rutilantes :

$$\underset{\textit{Stannum}}{Sn} + 4(AzO^3H) = SnO^2 + 4(AzO^2) + 2H^2O.$$

La réaction dégage beaucoup de chaleur; aussi elle commence à froid.

Le cuivre, le plomb, le mercure, l'argent forment des azotates, avec dégagement de vapeurs d'anhydride hypoazotique dans un vase ouvert et de bioxyde d'azote dans un vase fermé. La réaction se représente ainsi :

$$3Cu + 4(Az^2O^6H^2) = 3(CuAz^2O^6) + 4H^2O + Az^2O^2.$$

Le zinc désoxyde plus complètement l'acide azotique, et il se dégage du protoxyde d'azote; la réaction est complexe, il se produit de l'azotate d'ammonium en même temps que de l'azotate de zinc.

Fer passif. — Le fer est attaqué avec énergie par l'acide azotique étendu. Ce métal, bien décapé, plongé dans de l'acide azotique fumant, n'y subit aucune attaque; si alors on le plonge dans l'acide étendu, l'attaque n'a plus lieu; on dit que le fer est devenu **passif**; il cesse de l'être quand on le touche avec du cuivre ou même avec du fer non passif, et il est attaqué alors avec une grande énergie.

158. Eau régale. — L'acide azotique ne dissout pas l'or, ni l'acide chlorhydrique non plus; et un mélange des deux acides dissout parfaitement ce métal.

C'est ce mélange qu'on appelle **eau régale**; on le

composé le plus souvent avec 4 parties d'acide chlorhydrique et 1 partie d'acide azotique. Le liquide, qui au premier moment est incolore, devient peu à peu d'un jaune orange; il s'y forme du chlore et des chlorures d'azote très actifs sur l'or et le platine.

159. Action de l'acide azotique sur les matières organiques. — L'acide azotique attaque presque toutes les matières organiques, quelques-unes même avec violence, ainsi l'essence de térébenthine qu'il enflamme. Il transforme le coton en une substance très inflammable, le **coton-poudre ;** il transforme la glycérine en *nitro-glycérine*, corps très explosif qui est la base de la *dynamite*. Il colore en jaune la laine et la soie; il tache la peau et peut désorganiser les tissus; aussi est-il un poison violent.

Il décolore l'indigo. Cette réaction peut servir à déceler sa présence.

160. Usages. — Il sert à préparer l'acide sulfurique, l'eau régale, les azotates, le coton-poudre, le celluloïd, la nitro-glycérine, les fulminates. On l'emploie pour teindre la soie en jaune. C'est avec lui qu'on grave le cuivre.

Pour réaliser la gravure du cuivre, on couvre la plaque d'un vernis sur lequel on trace les traits du dessin, en mettant le cuivre à nu. On entoure la plaque d'un bourrelet de cire formant rebord et on verse dessus une couche d'acide azotique étendu (eau-forte) qu'on laisse agir jusqu'à ce qu'elle ait suffisamment *mordu*, c'est-à-dire creusé le métal. Il ne reste plus qu'à laver la place pour enlever l'acide, et à faire disparaître le vernis en le chauffant et en le dissolvant dans l'essence de térébenthine.

161. Azotates. — Les azotates sont les composés que l'acide azotique donne en agissant sur les métaux et les sels. Ils ressemblent à l'acide azotique où H est remplacé par un métal. L'acide azotique est monobasique. Les azotates de potassium, de sodium et d'argent correspondent à une seule molécule d'acide azotique et ont pour formule :

AzO^3H	AzO^3K	AzO^3Na	AzO^3Ag
Acide azotique ou azotate d'hydrog.	*Azotate de potassium*	*Azotate de sodium*	*Azotate d'argent*

La plupart des autres azotates dérivent de 2 molécules d'acide azotique :

$\begin{matrix} AzO^3H \\ AzO^3H \end{matrix}$	$(AzO^3)^2Cu$	$(AzO^3)^2Pb$
Acide azotique	*Azotate de cuivre*	*Azotate de plomb*

Tous les azotates sont solubles. Ils sont tous décomposés par la chaleur et par l'acide sulfurique.

162. État naturel. — On ne trouve pas souvent l'acide azotique libre, bien qu'il puisse se former dans l'air par l'union de l'azote et de l'oxygène sous l'influence de l'étincelle électrique, ou par l'oxydation de l'ammoniaque. Mais les azotates sont assez répandus : outre l'azotate de sodium très abondant au Chili, l'azotate de potassium de l'Égypte et de l'Inde, on trouve en tous pays, dans les lieux humides, des azotates en efflorescences blanches qui ont été très probablement produits par l'oxydation lente de l'ammoniaque provenant des matières organiques.

163. Préparation. — On tire l'acide azotique de l'azotate de potassium (salpêtre) ou de l'azotate de sodium, en attaquant le sel par l'acide sulfurique (ce dernier doit être préféré parce qu'il est moins cher et qu'à poids égal il donne plus d'acide que le premier). On introduit le sel dans une cornue ; puis on y verse l'acide sulfurique à l'aide d'un tube à entonnoir pour éviter de mouiller les parois du col de la cornue d'acide sulfurique qui se mêlerait à l'acide azotique distillé. On engage le col de la cornue dans un ballon que l'on dispose de manière à ce qu'il soit facile de le refroidir et on chauffe la cornue. Le commencement de l'opération s'annonce par des vapeurs rutilantes qui remplissent l'appareil ; peu à peu ces vapeurs disparaissent ; l'acide distille en vapeurs incolores qui se condensent dans le ballon refroidi. La fin de l'opération est annoncée par la réapparition des vapeurs rouges et le boursouflement de la masse fondue.

FIG. 107. Cornue et tube à entonnoir disposé pour y verser l'acide sulfurique.

La théorie de l'opération est simple ; l'acide azotique, volatil à la température de 120°, a fait double échange avec l'acide sulfurique et s'est dégagé ; plus simplement l'H de l'acide sulfurique a changé de place avec le métal :

$$AzO^3K + SO^4{}^{H}_{H} = SO^4{}^{K}_{H} + AzO^3H.$$

FIG. 108. — Appareil des laboratoires pour la préparation de l'acide azotique fumant.

Il reste dans la cornue du bisulfate de potasse.

C'est l'acide fumant qu'on obtient ainsi.

Dans l'industrie, la réaction est la même (on emploie toujours l'azotate de sodium). La cornue est remplacée par une grande chaudière de fonte munie d'une tubulure sur laquelle on monte une allonge de verre qui permet de juger quand l'opération est terminée. Les

Fig. 109. — Appareil industriel pour la préparation de l'acide azotique du commerce.

vapeurs acides vont se condenser dans une série de bouteilles de grès mises à la suite les unes des autres et lutées avec de l'argile.

On en consomme en France, annuellement, 5 millions de kilogrammes.

Résumé. — **L'azotate de potassium** porte le nom de *salpêtre* ou encore de *nitre*. Il existe aux Indes, en Egypte, en Espagne, dans les efflorescences blanches des murs humides.

On l'empruntait autrefois à trois sources : le salpêtre naturel d'Egypte, les nitrières artificielles ou les plâtras des murs humides et le nitrate de soude du Chili.

On ne le prépare plus aujourd'hui que par la transformation du nitrate de soude du Chili en nitrate de potasse. On fait cristalliser le salpêtre en farine pour le purifier plus facilement.

Le salpêtre est très soluble, plus à chaud qu'à froid. Il se décompose par la chaleur. Il fait brûler vivement un mélange de soufre et de charbon avec lequel il constitue la *poudre noire à tirer*. Son principal emploi est la fabrication de la poudre.

L'acide azotique ou nitrique est un liquide qui donne des vapeurs à l'air ; aussi l'appelle-t-on *acide fumant*.

On lui donne le nom d'*eau-forte* quand il est plus ou moins étendu d'eau.

Il se décompose facilement en produisant de l'oxygène, aussi est-il considéré comme un oxydant.

Il cède de l'oxygène à l'acide sulfureux pour le transformer en acide sulfurique, en même temps qu'il donne des vapeurs rutilantes.

Il oxyde les métaux. L'hydrogène le décompose et, après lui avoir pris l'oxygène pour former l'eau, il se combine avec l'azote pour donner de l'ammoniaque.

Les autres métaux, à l'exception de l'or, de l'aluminium et du platine, donnent des oxydes et des azotates : l'étain se transforme en oxyde ; le cuivre, le plomb et l'argent se transforment en azotates.

Le fer n'est pas attaqué par l'acide fumant ; mais il l'est vivement par l'acide étendu.

Le mélange d'acide chlorhydrique avec l'acide azotique constitue l'eau régale, qui peut dissoudre l'or par le chlore et les composés d'azote et de chlore qui sont dégagés.

L'acide azotique attaque presque toutes les matières organiques, il enflamme l'essence de térébenthine, il forme le coton-poudre, les produits explosifs comme la nitro-glycérine ; il colore la peau et désorganise les tissus. Il sert à préparer l'acide sulfurique, les azotates, les explosifs, beaucoup de produits organiques colorés ; on emploie l'eau-forte pour graver le cuivre.

On ne le trouve pas souvent libre dans la nature, bien qu'il puisse se former par la combinaison de l'azote avec l'oxygène de l'air ; mais on le trouve à l'état d'azotate, comme le salpêtre de l'Egypte et de l'Inde et le nitre du Chili.

On le tire du salpêtre par l'action de l'acide sulfurique, en chauffant le mélange ; les vapeurs d'acide azotique refroidies se condensent en un liquide fumant.

CHAPITRE XIX

PHOSPHORE

Symbole : Ph. — Poids atomique : 31

164. Propriétés physiques. — Le phosphore est solide à la température ordinaire, incolore ou jaune pâle, prenant une teinte plus foncée à la lumière ; il se laisse rayer par l'ongle. Il possède une légère odeur d'ail.

Il fond à 44° ; on l'obtient facilement fondu en le jetant dans de l'eau chauffée ; il prend l'aspect d'une huile jaune. On peut le réduire en vapeur et, par conséquent, le distiller ; mais il faut opérer dans un appareil privé d'oxygène.

Il est insoluble dans l'eau et dans l'alcool, et cependant l'eau où a séjourné du phosphore luit dans l'obscurité quand on l'agite à l'air ; on pense qu'elle doit cette propriété à des parcelles très fines de phosphore qu'elle tient en suspension.

Le phosphore est soluble dans la benzine et surtout dans le sulfure de carbone.

On peut l'obtenir cristallisé en évaporant doucement sa solution.

165. Propriétés chimiques. — Le phosphore est un corps très inflammable. On peut lui faire prendre feu en le chauffant à 60°, en le touchant en un point avec une tige chauffée, ou encore en le frottant. Il prend feu spontanément à l'air quand il est très divisé, par exemple quand on fait évaporer sa solution dans le sulfure de carbone sur une feuille de papier à filtre. Il s'enflamme dans l'air à 60° en produisant des fumées blanches d'anhydride phosphorique. Le moindre frottement suffit souvent à lui faire prendre feu. Aussi conserve-t-on toujours ce corps dans l'eau et doit-on toujours le manier sous ce liquide. Il serait imprudent de le tenir dans les mains à l'air, surtout en été ; on s'exposerait à des brûlures qui sont dangereuses (1).

La combustion du phosphore se produit avec éclat dans l'oxygène ; on peut même la réaliser facilement sous l'eau. On jette du phosphore dans une éprouvette contenant de l'eau chaude ; il fond et se rassemble au bas de l'éprouvette ; on y fait plonger un tube par lequel on y envoie un courant d'oxygène ; le phosphore, au contact du gaz, brûle avec énergie et se transforme en une masse solide rouge.

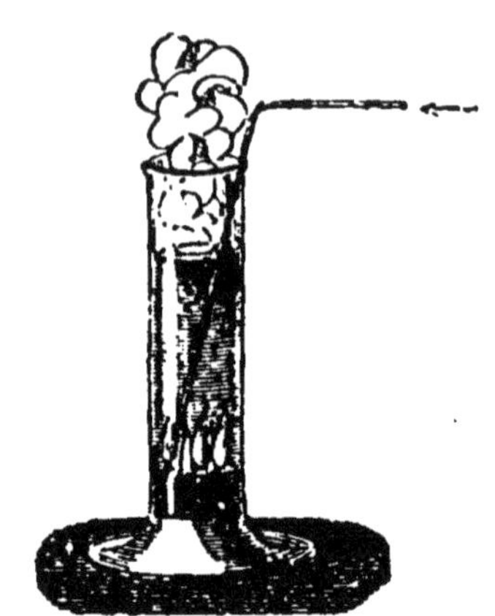

FIG. 110. — Combustion du phosphore dans l'eau. Un courant d'oxygène amené par le tube coudé vient se dégager dans le phosphore tenu liquide au fond de l'éprouvette.

On peut encore produire cette combustion sous l'eau en jetant du phosphore découpé en très petites parcelles au fond d'une éprouvette qui contient déjà du chlorate de potassium. On verse quelques gouttes d'acide sulfurique par un tube à entonnoir, et le phosphore s'enflamme sous la couche d'eau, tandis que des vapeurs blanches couvrent le liquide.

Exposé à l'air humide, le phosphore répand des fumées blanches, lumineuses dans l'obscurité ; c'est cette propriété qui lui a fait donner son nom. Il prend l'oxygène à l'air, et nous avons pu l'employer pour faire l'analyse de ce gaz. On ne connaît pas encore bien la

(1) Si on se brûlait avec du phosphore, il faudrait de suite laver à grande eau la partie brûlée et continuer à laver avec une dissolution étendue d'ammoniaque pour enlever l'acide phosphorique et l'empêcher de produire l'inflammation de la plaie.

cause de la lumière qu'il produit ainsi dans sa combustion lente.

Il s'enflamme quand on le plonge dans un flacon de gaz chlore et produit du chlorure de phosphore.

Il est attaqué avec une grande énergie par l'acide azotique, qui lui cède de l'oxygène et le transforme en acide phosphorique, en même temps qu'il y a dégagement abondant de composés de l'azote.

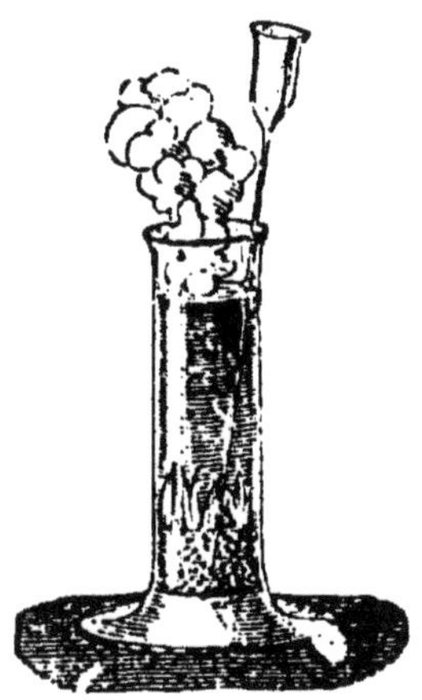

Fig. 111. — Combustion du phosphore dans l'eau par l'oxygène produit par la décomposition du chlorate de potasse.

166. Phosphore rouge. — Sous l'influence de la lumière, les bâtons de phosphore se couvrent d'une pellicule *rouge*. La combustion du phosphore par l'oxygène sous l'eau produit une assez grande quantité de cette matière rouge foncé qui n'est qu'une modification d'aspect du phosphore et qu'on appelle le **phosphore rouge** ou **amorphe.**

Mais c'est en chauffant le phosphore en vase clos, longtemps, à une température soutenue d'environ 250°, qu'on en produit le plus.

Ce phosphore rouge a la même nature que le phosphore blanc, puisqu'il peut le reproduire sans rien absorber ni sans rien dégager ; mais il est différent et dans son aspect et surtout dans ses propriétés.

Il diffère surtout du phosphore blanc par une certaine quantité de chaleur en moins. Ainsi, l'on a pour 31 grammes de phosphore :

$$\text{Ph. blanc} = \text{Ph. rouge} + 19{,}2 \textit{ calories.}$$

Cette perte de cha[illegible]ur ou de force vive intérieure

modifie toutes les propriétés; la densité devient plus grande, elle passe de 1,83 à 2,34; le phosphore rouge n'est pas lumineux dans l'obscurité; il ne s'enflamme qu'à 260°; il s'altère peu à l'air; il n'est que faiblement attaqué par les corps qui agissent avec énergie sur le phosphore blanc.

Il est insoluble dans le sulfure de carbone, qui dissout bien le phosphore ordinaire; aussi se sert-on de ce liquide pour les séparer.

Enfin il n'est pas vénéneux, tandis que le phosphore blanc est un poison violent.

167. Usages du phosphore. — Le phosphore entre dans la préparation des pâtes à empoisonner les rats; mais son principal usage consiste dans la fabrication des allumettes chimiques.

Les allumettes phosphorées sont aujourd'hui très répandues; on en fait une consommation considérable; elles offrent, en effet, le moyen le plus commode et le plus rapide de se procurer du feu.

On en connaît de plusieurs sortes, que l'on peut rassembler en deux groupes :

Les allumettes au phosphore ordinaire, qui prennent feu par le frottement sur toute surface rugueuse;

Et les allumettes au phosphore rouge, qu'on ne peut allumer que sur la boîte qui les contient.

Allumettes au phosphore ordinaire. — Elles sont en bois ou en fils tressés recouverts de cire ou d'acide stéarique (bougies).

On soufre l'extrémité des premières, puis on garnit le bout soufré d'une pâte inflammable obtenue en mélangeant de la colle forte, de l'eau, du sable fin et du phosphore avec un peu de bleu de Prusse ou de vermillon qui colore la pâte; le mélange semi-fluide est étendu sur une table de marbre; on y pose les allumettes que l'on porte ensuite à sécher lentement dans une étuve.

Pour les secondes, on ajoute à la pâte inflammable un peu de chlorate de potassium qui active la combustion du phosphore et lui permet d'enflammer la cire.

Le frottement suffit pour faire prendre feu à ces allumettes; le phosphore enflamme le soufre qui brûle sans résidu et fait brûler le bois. Le gaz acide sulfureux qui se produit est désagréable à respirer; aussi, en Angleterre, remplace-t-on le soufre par la paraffine.

Aujourd'hui ce n'est plus le phosphore qui sert directement à la fabrication des allumettes. C'est un sulfure de phosphore, tout aussi inflammable, mais d'un maniement bien moins dangereux pour la santé des ouvriers.

Allumettes au phosphore amorphe. — Soufrées ou recouvertes de cire, elles portent à l'extrémité un mélange de sulfure d'antimoine, de chlorate de potassium avec de la colle forte. Le phosphore rouge, mélangé d'un peu de sulfure d'antimoine, est fixé sur un carton que porte la boîte. Le frottement sur un objet quelconque ne peut enflammer l'allumette; mais, si on la frotte sur le carton, elle détache une parcelle de phosphore qui s'enflamme et fait brûler l'allumette.

On comprend qu'on évite avec ces allumettes au phosphore amorphe les risques d'incendie si fréquents avec les premières; de plus, comme elles ne portent pas le phosphore, elles sont inoffensives, tandis que les autres ont été souvent la cause d'empoisonnements regrettables.

168. État naturel. — Le phosphore est assez abondant dans la nature, mais à l'état de combinaisons, surtout de phosphate de calcium. On extrait ce phosphate de beaucoup de localités pour le répandre sur les terres arables, où il sert d'aliment aux plantes. Il constitue la majeure partie des os; le cerveau et l'urine des animaux, la laitance des poissons en contiennent une certaine quantité.

169. Préparation. — On tire le phosphore des os de bœuf ou de mouton. Les os sont calcinés dans des fours; la matière organique se détruit; la matière minérale blanche, résidu des os brûlés, est pulvérisée, passée au tamis et amenée à la consistance d'un sable grossier. On la délaye dans l'eau et on ajoute de l'acide sulfurique. Cet acide prend une partie de la chaux du phosphate des os et l'amène à l'état de phosphate acide soluble. On filtre; la liqueur est évaporée jusqu'à consistance de sirop que l'on mélange avec du charbon en poudre. On chauffe au rouge la pâte obtenue, puis on met la matière dans des cornues de grès que l'on chauffe avec précaution jusqu'à une température élevée à laquelle le phosphore se dégage à l'état de vapeur. Les cornues sont

Fig. 112. — Ancien dispositif pour préparer le phosphore.

Fig. 113. — Cornue où l'on chauffe le mélange de phosphate et de charbon. Récipients où les vapeurs de phosphore se condensent dans l'eau.

munies d'allonges en cuivre ou en poterie, bien lutées, allant déboucher dans le bec relevé d'un récipient en cuivre contenant de l'eau, comme l'indique la figure 112.

On n'obtient que la moitié du phosphore contenu dans les os.

170. Purification. — Le phosphore obtenu est impur ; pour le purifier, on le fait filtrer par pression au travers d'une peau de chamois, sous l'eau maintenue à 50° ; ou bien on le fait fondre sous l'eau dans un vase fort dont le fond est une pierre poreuse, et, en envoyant de la vapeur d'eau sous pression dans le vase, on force le phosphore à passer, par les pores de la pierre, dans un second vase contenant de l'eau chauffée, où il reste liquide et où on le reprend pour le mouler.

171. Historique. — Le phosphore a été découvert en 1669 par Brandt, de Hambourg, qui parvint à l'extraire de l'urine. Ce n'est qu'un siècle plus tard que Gahn et Scheele signalèrent la présence du phosphore dans les os et indiquèrent le moyen de l'en extraire ; c'est ce moyen que l'on suit encore aujourd'hui. La découverte de Brandt avait excité au plus haut point la curiosité des chimistes ; le phosphore était le premier corps connu jouissant de la propriété de luire dans l'obscurité.

172. Anhydride phosphorique (Ph^2O^5). — Le principal composé du phosphore avec l'oxygène est l'anhydride phosphorique ; il se forme toutes les fois que le phosphore brûle dans l'oxygène et dans l'air sec. On peut le préparer en petite quantité en brûlant du phosphore sous une cloche sèche remplie d'air et posée sur une assiette ; il se dépose à l'état de flocons neigeux qu'il faut recueillir rapidement. Quand on en veut davantage, on se sert de l'appareil représenté par la figure 114. On introduit le phosphore par le tube large dont la cloche est munie ; on l'enflamme à l'aide d'une tige chauffée, et on entretient la combustion en insufflant, au moyen d'un soufflet, de l'air qui se dessèche dans une éprouvette à ponce sulfurique avant de servir à la combustion du phosphore. L'acide neigeux produit doit être retiré rapidement de la cloche et du flacon qui la suit et enfermé dans des flacons bouchés à l'émeri.

L'anhydride phosphorique est extrêmement avide d'eau ; il fait entendre un sifflement quand on le met en contact avec ce liquide ; on l'utilise en chimie pour dessécher les gaz. Il dégage encore de la chaleur en se dissolvant dans l'eau :

$$Ph^2O^5 + 3(H^2O) = 2(PhO^4H^3) + 36 \textit{ calories.}$$

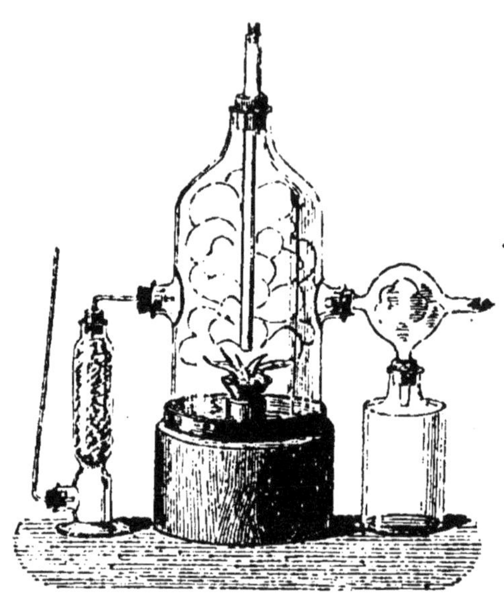

Fig. 114. — Préparation de l'anhydride phosphorique par la combustion du phosphore dans une cloche où l'on envoie de l'air desséché.

Anhydre, il a pour formule Ph^2O^5. Hydraté, il a pris 1, 2 ou 3 molécules d'eau. Alors seulement il peut échanger de l'hydrogène contre les métaux pour donner les différents **phosphates** métalliques.

Il y a trois hydrates de l'anhydride phosphorique, suivant que ce dernier s'est incorporé 1, 2 ou 3 molécules d'eau :

$Ph^2O^5 + H^2O$ ou PhO^3H	*acide*	*métaphosphorique.*
$Ph^2O^5 + 2(H^2O)$ ou $Ph^2O^7H^4$	—	*pyrophosphorique.*
$Ph^2O^5 + 3(H^2O)$ ou PhO^4H^3	—	*orthophosphorique.*

Acide orthophosphorique ou ordinaire. — Orthophosphates. — On obtient facilement l'acide ordinaire en faisant chauffer doucement, dans une cornue emmanchée dans un ballon refroidi, du phosphore avec de l'acide azotique ordinaire, et en évaporant la liqueur dans une capsule de platine, quand le phosphore est dissous. On obtient le corps :

$$PhO^4H^3 \text{ ou } PhO\begin{array}{l}OH\\OH\\OH\end{array}$$

qui peut échanger 3 atomes d'H contre 3 atomes d'un

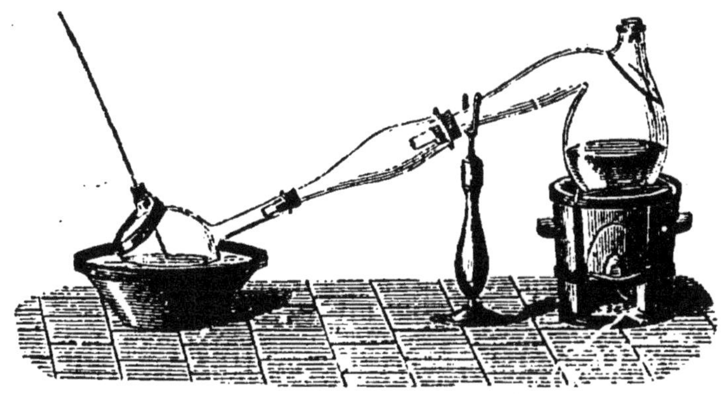

FIG. 115. — Préparation de l'acide phosphorique ordinaire.

métal. Ainsi, versé dans une solution de sel d'argent, il donne un précipité *jaune* dont la composition est :

$$PhO^4Ag^3 \text{ ou } PhO\begin{array}{l}OAg\\OAg\\OAg\end{array}$$

phosphate *tribasique* d'argent, analogue au phosphate *tribasique* de calcium $Ph^2O^8Ca^3$ contenu dans les os.

Il peut n'échanger contre les métaux que **deux** et même **qu'une** molécule d'hydrogène et donner les sels :

$$PhO^4\begin{array}{l}H\\H\\H\end{array} \qquad PhO^4\begin{array}{l}Na\\Na\\H\end{array} \qquad PhO^4\begin{array}{l}Na\\H\\H\end{array}$$

Acide orthophosphorique	*Phosphate de sodium*	*Phosphate acide de sodium*

$$(PhO^4)^2\begin{array}{l}H^2\\H^2\\H^2\end{array} \qquad (PhO^4)^2\begin{array}{l}Ca\\H^2\\H^2\end{array}$$

Acide orthophosphorique	*Phosphate acide de calcium*

Quand on écrit ce dernier sel sous la forme :

$$\begin{matrix} CaO \\ Ph^2O^5H^2O \\ H^2O \end{matrix}$$

l'eau qui reste fonctionne comme un oxyde métallique; elle fait partie **intégrante** de l'acide phosphorique; on l'appelle **eau de constitution.**

L'acide phosphorique est donc **tribasique,** et il peut donner trois séries de **phosphates,** puisqu'il peut échanger contre un métal 1 ou 2 ou 3 atomes d'hydrogène.

Il y a trois phosphates de calcium ou de chaux :

Phosphate tribasique, $Ph^2O^5,3(CaO)$ ou $(PhO^4)^2 3Ca$;
— **dit neutre,** $Ph^2O^5,2CaOH^2O$ ou $(PhO^4)^2 Ca^2H^2$;
— **acide,** $Ph^2O^5CaO,2H^2O$ ou $(PhO^4)^2 CaH^4$.

Le premier et le dernier présentent seuls de l'intérêt.

173. Phosphate des os et des nodules. — Ce corps constitue les 80 centièmes de la partie minérale des os ; la cendre d'os est la matière première d'où l'on retire l'acide phosphorique et le phosphore. Le phosphate tribasique est insoluble dans l'eau; mais il devient soluble en présence de l'acide carbonique, quand il est en poudre. L'acide sulfurique le transforme en phosphate acide soluble, et peut même mettre de l'acide phosphorique en liberté :

$$(PhO^4)^2Ca^3 + 2(SO^4H^2) = (PhO^4)^2CaH^4 + 2(SO^4Ca).$$

C'est cette réaction que l'on utilise pour préparer le phosphate acide dont on retire finalement le phosphore.

Le *phosphate tribasique de chaux* est assez abondamment répandu dans la nature. On l'a trouvé d'abord en nodules ou rognons disséminés au milieu des galets des plages de la Manche. Puis on a constaté sa présence en gisements susceptibles d'exploitation en différentes contrées, dans la *Somme* et dans les *Ardennes*, dans l'étage crétacé que les géologues désignent sous le nom de grès vert; il est surtout abondant en *Espagne* et dans le sud de la *Russie*.

C'est un produit très important depuis qu'on l'emploie comme engrais. Les os, le noir animal qui a servi à la décoloration des jus sucrés et les nodules réduits en poudre peuvent être employés à l'état naturel; répandus sur le sol, ils produisent de bons effets, surtout dans les terrains de défrichement. Le phosphate de chaux qu'ils contiennent devient en partie soluble à la faveur de l'acide carbonique; il peut dès lors être absorbé par les plantes et concourir à leur développement.

On obtient de meilleurs résultats en traitant au préalable les phosphates naturels par de l'acide sulfurique, en les transformant d'abord en ce que l'on appelle des **superphosphates.**

On fait un mélange avec de la poudre de nodules et de la poudre d'os ou des noirs; on l'attaque par une quantité convenable d'acide sulfurique; la masse s'échauffe; on la laisse sécher peu à peu, et, si l'opération a été bien conduite, elle se granule d'elle-même et elle est prête pour l'emploi. La poudre de superphosphates est un mélange de plâtre, de phosphate acide de chaux soluble et souvent d'un phosphate tribasique non attaqué. Elle a d'autant plus de valeur qu'elle indique à l'analyse une plus grande quantité d'acide phosphorique soluble. C'est un engrais très recherché aujourd'hui des agriculteurs, qui ont l'excellente habitude de le mêler au fumier de ferme et de s'en servir surtout pour les céréales.

On a cru longtemps que la poudre d'os n'avait aucune utilité comme engrais; mais de nombreuses expériences ont démontré toute l'importance de l'acide phosphorique comme élément fertilisant; c'est à lui notamment que le guano du Pérou doit ses excellents effets.

Résumé. — Le phosphore est un solide jaune, à l'odeur d'ail, qui se laisse rayer par l'ongle. Il fond à 44° et peut être facilement obtenu liquide quand on le jette dans de l'eau un peu chaude. Il peut être distillé, mais seulement à l'abri de l'oxygène.

Il n'est pas soluble dans l'eau, bien qu'il lui donne la propriété de luire dans l'obscurité. Il se dissout très bien dans le sulfure de carbone, et l'évaporation de la solution le donne en cristaux.

Sa propriété saillante, c'est d'être un corps très inflammable; il prend feu à 60° ou quand on le touche avec un corps chaud, ou encore par le frottement. En mince pellicule, il prend feu spontanément à l'air.

Exposé à l'air, il répand des vapeurs blanches et s'échauffe. Dans l'oxygène, il brûle avec une flamme très vive quand il a été allumé en un point : il donne des vapeurs blanches d'anhydride phosphorique.

On peut le faire brûler sous l'eau quand on lui envoie de l'oxygène, mais il faut qu'il soit très divisé ou qu'on le maintienne fondu dans de l'eau à 50°.

Il se combine au chlore; aussi il s'enflamme quand on le descend dans un flacon de chlore.

Il est vivement attaqué par l'acide azotique, qui le transforme en acide phosphorique en dégageant d'abondantes vapeurs rutilantes.

Il luit dans l'obscurité, probablement parce qu'il se combine à l'oxygène de l'air; on a remarqué, en effet, que la phosphorescence n'a pas lieu dans les gaz qui ne contiennent pas d'oxygène libre.

Le phosphore blanc n'est pas la seule variété : il y a aussi le *phosphore rouge*, qui diffère du premier non pas seulement par la couleur, mais aussi par toutes les propriétés. Le phosphore rouge ne peut pas cristalliser; de là son nom de **phosphore amorphe**; il est moins fusible, moins attaquable par l'acide azotique, et il n'est pas vénéneux.

Le phosphore entre dans la préparation des pâtes à empoisonner les rats; mais son principal usage, c'est la fabrication des **allumettes.**

Celles-ci sont de deux sortes, suivant que le phosphore est ordinaire ou amorphe.

Les *allumettes au phosphore ordinaire* sont des bouts de bois secs garnis de soufre et, par-dessus, d'une pâte gommée contenant du phosphore et colorée. Le frottement contre une surface rugueuse suffit à les enflammer ; le phosphore prend feu, allume le soufre, qui allume à son tour le bois.

A vrai dire, les allumettes sont aujourd'hui au sulfure de phosphore.

Les *allumettes au phosphore amorphe* portent une pâte formée de corps facilement combustibles ; c'est le couvercle de la boîte qui porte la pâte phosphorée, et il faut frotter l'allumette contre la surface garnie de cette pâte pour en détacher une parcelle de phosphore qui s'enflamme par frottement et qui met le feu au soufre ou à la paraffine et ensuite au bois.

Le phosphore existe à l'état de *phosphate* dans certains terrains, dans les os, le cerveau, l'urine de l'homme et des animaux, dans la laitance des poissons. C'est de la cendre d'os calcinés qu'on l'extrait : on le fait dégager en vapeurs que l'on condense dans l'eau sans qu'elles aient eu le contact de l'air. On le purifie par une filtration mécanique, et on le moule en le tenant fondu sous l'eau avant de le laisser refroidir.

C'est *Brandt* qui a découvert le phosphore en calcinant l'extrait sec de l'urine. C'est *Gahn* et *Scheele* qui ont les premiers signalé sa présence dans les os et qui ont indiqué le mode d'extraction qui est encore suivi.

Le phosphore donne, avec l'oxygène, plusieurs composés : le principal est **l'anhydride phosphorique,** qui se produit en vapeurs blanches et se dépose en poudre blanche quand on brûle du phosphore dans l'oxygène ou dans l'air sec. Ce corps se forme avec dégagement de chaleur ; il dégage aussi de la chaleur quand il se dissout dans l'eau.

Il forme avec l'eau plusieurs hydrates, dont le plus important est **l'acide phosphorique** *ordinaire.*

On prépare directement cet acide phosphorique ordinaire en chauffant le phosphore dans de l'acide azotique étendu. Le liquide obtenu est fortement acide.

Cet acide phosphorique a 3 atomes d'hydrogène à échanger contre les métaux : il donne trois séries de **phosphates** qui, tous comme lui, précipitent en jaune une solution d'un sel d'argent neutralisée, et en blanc une solution d'un sel de baryum. Les uns ont 3 atomes de métal et portent le nom de **phosphates tribasiques** ; d'autres n'en ont que deux, comme le phosphate de sodium ordinaire ; d'autres enfin n'en ont qu'un, comme le phosphate acide de calcium.

Il y a trois phosphates de calcium, appelés encore phosphates de chaux. Mais les deux plus importants sont le phosphate tricalcique et le phosphate acide ; l'un est insoluble, mais le second est soluble.

Le **phosphate de chaux** se rencontre sous deux états, en nodules dans certaines contrées, puis provenant de la cendre d'os. Il est insoluble et ne peut, sous cette forme, servir d'engrais absolument rapide dans son action.

Mais, quand on fait agir sur lui l'acide sulfurique, il devient en partie soluble; le mélange qui contient du phosphate acide et du plâtre prend le nom de superphosphate et constitue un engrais très actif.

CHAPITRE XX

CARBONE. — COMBUSTIBLES

174. Charbons et carbone. — Nous appellerons **charbons** bien des corps très différents d'aspect, qui contiennent tous en plus ou moins grande quantité un même corps simple, qui, à l'état de pureté, a reçu des chimistes le nom de **carbone.**

La combustion du bois nous donne l'exemple le plus commun du charbon. Nous voyons journellement brûler le bois dans nos foyers; et, si nous le laissons se consumer en entier, il n'en reste rien qu'un peu de cendres; il a disparu peu à peu en produisant une flamme brillante et de la fumée que la cheminée a entraînée au dehors. Mais, si nous couvrons d'une épaisse couche de cendre la bûche de bois bien enflammée, elle ne donne plus de flamme; elle reste encore longtemps rouge; le lendemain, nous la retrouvons en charbon noir.

Le boulanger chauffe son four avec des bûchettes de bois; mais il ne les laisse pas se réduire en cendres; quand elles ne donnent plus de flamme, qu'elles n'échaufferaient plus assez rapidement le dôme du four, il en retire les fragments incandescents pour les enfermer dans une grande boîte de tôle et les y refroidir à l'abri de l'air. Il obtient ainsi la braise, ce charbon noir en menus morceaux, si facile à rallumer.

Le bois contient donc du carbone associé à d'autres éléments, que la chaleur fait dégager sous forme de gaz inflammables ou de fumée, et à quelques matières minérales qui forment la cendre lorsque la combustion est complète. Et, quand on limite la combustion du bois, le charbon reste comme résidu.

Toutes les matières qui proviennent des végétaux ou des animaux contiennent, comme le bois, du carbone dans leur composition, et, si on les brûle incomplètement en limitant l'accès de l'air, elles laissent aussi du charbon noir pour résidu.

Le *carbone pur* se présente sous trois états qui diffèrent autant par la densité que par l'aspect et qui semblent correspondre à trois degrés de condensation :

1° Le *carbone amorphe*, dont la densité est de 1,4 et dont le type est le noir de fumée ;

2° Le *graphite*, de densité 2,1 ;

3° Le *diamant* cristallisé, de densité 3,5.

Quels que soient son état et la différence de ses propriétés extérieures, le carbone est toujours insoluble et infusible, et le produit de sa combustion complète est toujours l'*anhydride carbonique*.

Le carbone est très répandu dans la nature ; pour passer en revue ses principales variétés, on les divise en deux catégories :

1° Les *charbons naturels* : le diamant, le graphite et les charbons minéraux, que l'on trouve les uns en filons et les autres en couches plus ou moins puissantes dans le sein de la terre, dans les terrains anciens et notamment dans le terrain *carbonifère* ;

2° Les *charbons artificiels*, que l'on tire de la combustion incomplète de presque tous les produits organiques, animaux ou végétaux : le charbon de bois, le charbon de cornue, le coke, le noir de fumée, le noir animal.

Charbons naturels

175. Diamant. — Le diamant est du carbone pur et cristallisé; ses cristaux dérivent du cube. Il est ordinairement incolore et transparent, mais il présente parfois aussi des nuances colorées; on en trouve même de complètement noir. Brut, il ressemble à un caillou; il n'acquiert son éclat que lorsqu'il est poli. C'est le plus dur de tous les corps connus; il les raye tous, et il faut faire usage de sa propre poussière pour le tailler. La taille s'opère en usant le diamant, déjà dégrossi, sur des meules d'acier recouvertes de poudre de diamants noirs délayée dans l'huile; on produit ainsi des facettes polies, qui dispersent puissamment la lumière et donnent au diamant toute sa valeur pour la parure.

Fig. 116. — Diamant taillé en rose, vu en élévation.

On taille les diamants en *roses* ou en *brillants*. La *rose* a le dessous plat et le dessus en un dôme taillé à facettes (*fig.* 116). Le *brillant* se compose de deux parties, une inférieure taillée en pointe à trente-deux facettes en triangles ou en losanges, et une supérieure ou couronne terminée par une large face octogonale (*fig.* 117).

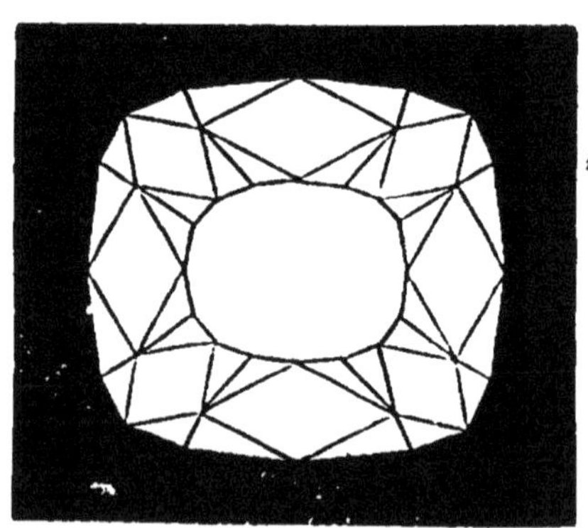

Fig. 117. — Diamant taillé en brillant, vu de face.

Prix du diamant. — Le prix du diamant est très élevé ; il varie de 20 à 40 francs le carat pour les diamants bruts et de 50 à 100 francs pour les diamants taillés (le carat pèse $0^{gr},212$). De plus, le prix augmente comme le carré du nombre des carats; ainsi un diamant ordinaire taillé du poids de 3 carats coûterait :

$$3 \times 3 \times 50 = 450 \text{ francs.}$$

Au-dessus de 20 carats, le prix ne dépend plus que de la beauté.

Ainsi le *Régent* de la couronne de France, l'un des plus beaux diamants connus, qui pèse 137 carats (il en pesait 410 avant la taille), est estimé à environ 6 millions de francs.

Le plus gros des diamants connus est celui du rajah de Bornéo ; il pèse 300 carats.

Nature du diamant. — On a longtemps cru que le diamant n'était qu'une variété très pure du cristal de roche. C'est Lavoisier qui a le premier démontré l'existence du charbon dans le diamant, en le faisant brûler dans un ballon d'oxygène à l'aide de la chaleur solaire concentrée par de fortes lentilles. Davy a mis hors de doute la nature du diamant en démontrant qu'il produit de l'anhydride carbonique comme le carbone pur.

Une température élevée transforme le diamant en une matière noire, onctueuse au toucher, analogue à la mine de plomb des crayons.

Etat naturel et usages. — Le diamant se trouve disséminé dans des sables d'alluvions provenant de roches anciennes qu'on n'a trouvés jusqu'ici que dans l'Inde, à Bornéo, au Brésil et en Afrique dans la région du Cap. Sa densité, 3,5, est supérieure à celle des sables; on le retire par des lavages et triages répétés. Le Brésil fournit 4 à 5 kilogrammes de diamants bruts par an.

Les beaux diamants incolores sont taillés en roses ou en brillants pour être employés à la parure. Les petits de toutes couleurs servent à couper le verre, à faire des pointes de burin pour graver les pierres dures et des pivots pour certaines pièces d'horlogerie. Le diamant noir, qui est le plus dur, peut être employé pour forer les roches porphyriques; on en a fait un grand usage dans le percement des tunnels des Alpes.

Reproduction artificielle du diamant. — M. Moissan a réalisé, au commencement de 1893, la reproduction artificielle du diamant, qu'un grand nombre de chimistes avaient cherchée avant lui sans succès. Il s'est servi, pour obtenir le carbone fondu, de la haute température produite par l'arc électrique d'un courant très intense. On savait que la fonte de fer en fusion peut dissoudre du carbone et qu'elle l'abandonne par refroidissement à l'état de graphite moins dense que le diamant. M. Moissan a pensé que, si on réussissait à provoquer une forte pression sur le carbone fondu, il pourrait prendre en refroidissant sa forme dense et donner des cristaux de diamant. Il a donc fondu au four électrique de la fonte de fer contenant du carbone; il a refroidi brusquement la masse en la jetant dans l'eau; elle s'est solidifiée à la surface; et la fonte en fusion restée à l'intérieur, gênée dans sa dilatation par la carcasse extérieure, ne pouvant pas augmenter de volume, a fait sur le carbone une très forte pression. Et, quand toute la masse a été solidifiée et refroidie, qu'on l'a attaquée par un acide, il est resté finalement des petits cristaux de carbone très dense, très dur, ayant toutes les propriétés du diamant naturel.

176. Graphite ou plombagine. — Le graphite, que l'on trouve abondamment en Sibérie, se présente sous forme de paillettes brillantes, noirâtres, onctueuses au toucher, tachant les doigts et le papier. Il est peu combustible; il ne peut brûler que dans l'oxygène quand il est fortement chauffé. Son infusibilité le fait employer dans les laboratoires à la confection de creusets qui résistent aux températures élevées.

La fonte de fer en fusion, qui a dissous du charbon, l'abandonne, en se refroidissant, sous forme de paillettes hexagonales de graphite.

Le graphite est bon conducteur de l'électricité; aussi s'en sert-on, à l'état de poudre impalpable, pour enduire les moules que l'on veut recouvrir d'une couche métallique par la galvanoplastie.

La poudre de graphite, mélangée à l'huile, donne une matière onctueuse que l'on emploie à graisser les engrenages et à recouvrir la fonte d'un enduit préservateur et brillant.

On l'utilise pour la fabrication des crayons; on l'appelle improprement **plombagine** ou **mine de plomb.**

177. Combustibles minéraux. — On trouve dans la terre des charbons plus ou moins impurs, généralement d'un noir brillant, qui brûlent avec flamme parce qu'ils contiennent, outre le carbone, un peu d'hydrogène, et qui laissent des matières minérales sous forme de cendres quand la matière charbonneuse a brûlé dans un excès d'air; ce sont: l'*anthracite*, la *houille*, les *lignites*, auxquels on peut ajouter la *tourbe*.

178. Anthracite. — L'**anthracite** est un charbon dur que l'on rencontre dans les terrains anciens, notamment aux Etats-Unis, en Angleterre et en France, près d'Angers. Il ne peut brûler qu'à une temperature élevée et en grandes masses; mais, comme il est très riche en carbone (il en renferme 92 0/0), si on entretient sa combustion par un vif courant d'air, il donne une forte chaleur; il est apprécié dans l'industrie.

179. Houille. — **La houille** ou charbon de terre est le charbon minéral le plus employé; elle est d'un noir brillant moins compact que l'anthracite, souvent formée de feuillets superposés; elle ne renferme que 70 à 75 0/0 de carbone.

Soumise à la chaleur, elle devient pâteuse, se boursoufle plus ou moins, dégage des gaz qui forment la flamme et laisse un résidu riche en charbon appelé *coke*.

Elle présente diverses variétés que l'on distingue d'après leur apparence extérieure, la manière dont elles se conduisent au feu et la nature du coke qu'elles laissent.

Le premier groupe comprend les *houilles bitumineuses*, *grasses*, *à longue flamme*, que l'on subdivise:

1° En *houilles grasses maréchales*, se ramollissant beaucoup au feu, donnant un coke poreux et convenant particulièrement au chauffage des forges et à la fabrication du gaz; telles sont les houilles de Mons et de Newcastle;

2° En *houilles sèches et dures*, qui ne gonflent pas, donnent un coke dense et sont particulièrement réservées au chauffage des foyers à grilles; telles sont les houilles de Blanzy, en France.

Le deuxième groupe comprend les *houilles maigres* ou *anthraciteuses*, qui se réduisent en petits fragments et ne donnent pas une température très élevée.

Toutes les variétés sont plus ou moins mélangées de pyrite de fer, qui peut nuire à leur qualité.

La houille se trouve en lits superposés dans les terrains houillers ou carbonifères. Elle provient d'une altération lente de grands végétaux de l'époque primaire, comme le prouvent les nombreux débris ou les empreintes de feuilles, de tiges et de fruits que l'on y trouve.

C'est le principal combustible de l'industrie. Elle sert, en outre, à faire le gaz d'éclairage. On utilise même aujourd'hui sa poussière sous forme de briquettes et sous le nom d'agglomérés.

180. Lignites. — Les **lignites** proviennent de bois altérés dont ils rappellent encore la forme ; certaines variétés présentent beaucoup de dureté et constituent le **jais**, susceptible d'un beau poli. Les lignites brûlent avec une flamme fumeuse, en répandant une odeur désagréable ; ils sont bien moins riches en carbone que la houille.

181. Tourbe. — La **tourbe**, qui se produit autour de nous dans les marais desséchés et dans certains terrains humides, est aussi un combustible fumeux, plus impur que les précédents, mais cependant susceptible d'emploi.

C'est une substance brunâtre, d'aspect terreux, que l'on extrait des tourbières comme celles de la Somme, que l'on découpe en briques peu épaisses et que l'on fait sécher pour pouvoir les brûler. Elle ne sert que pour le chauffage à bon marché.

Charbons artificiels

182. Coke. — Quand on brûle la houille à l'air, elle produit une flamme brillante et ne laisse pour résidu que des cendres. Si on la brûle en vase clos, soit en grands tas couverts, soit dans des cylindres fermés, elle laisse un résidu poreux, généralement léger : c'est le **coke**. Le coke est formé de charbon et de cendres ; il brûle sans flamme et sans fumée, mais en produisant beaucoup de chaleur ; aussi est-il recherché par le chauffage domestique. Les grands fourneaux de l'industrie des métaux en consomment beaucoup, tellement même que, pour cet usage, on convertit en coke des masses énormes de houille.

183. Charbon de cornue. — Dans la distillation de la houille en cylindres pour obtenir le gaz d'éclairage, on trouve, sur les parois du cylindre, un dépôt de charbon très cohérent, très dense, d'un grain très serré, si dur qu'il est difficile à entamer : c'est le **charbon de cornue.** On le travaille en prismes et en cylindres pour les piles électriques, car il conduit bien l'électricité. On en fait même des creusets. Il brûle très difficilement ; mais, à une température suffisamment élevée, il constituerait un excellent combustible, puisqu'il ne contient presque pas de cendres.

184. Charbon de bois. — Le bois contient environ 38 0/0 de son poids de carbone uni à de l'hydrogène et à de l'oxygène, et à quelques matières minérales qui forment la cendre quand on le brûle. Si on le calcine en vase clos, les gaz se dégagent sous forme d'eau et d'hydrogène carboné ; la plus grande partie du charbon qui n'a pu se combiner ni se détruire reste, en conservant la forme du végétal dont il provient : c'est le **charbon de bois.**

On emploie deux procédés pour l'obtenir : 1° le procédé des meules ou des forêts ; 2° la distillation en vase clos.

185. Procédé des meules. — Pour construire la meule, on dispose sur une surface plane, autour de quelques branches plantées verticalement au centre de l'aire, de petites bûchettes de 30 à 40 centimètres de long, serrées les unes contre les autres et placées debout ; on constitue ainsi un premier lit sur lequel on en met un second, puis un troisième, en donnant à l'ensemble la forme d'un cône arrondi à la partie supérieure. On recouvre le tout de mousse, de feuilles, de gazon, de terre, en ménageant des évents à la partie inférieure.

On retire les bûches verticales du centre et on

obtient une cheminée centrale dans laquelle on jette des broussailles sèches et des charbons allumés. La combustion commence; quand elle est suffisamment avancée au centre, ce dont on juge par l'aspect de la

Fig. 118. — Préparation du charbon de bois par le procédé des meules. Meule entière et coupe verticale.

fumée, on bouche la cheminée et on ouvre des évents latéraux, successivement du haut en bas. L'opération terminée, on bouche toutes les ouvertures et on laisse refroidir la masse le temps convenable. On enlève ensuite la terre, on sépare le charbon des parties mal carbonisées; le charbon cuit est dur, compact, sonore, à cassure brillante. On en obtient environ 17 0/0 du poids du bois.

186. Distillation en vases clos. — On introduit le bois dans de grands cylindres qui peuvent en contenir un demi-stère et que l'on fait communiquer avec des récipients refroidis où l'on recueillera les produits de la distillation. On chauffe sept ou huit heures les cylindres, avec du bois ou de la houille; les produits gazeux passent dans des tubes refroidis par un courant

Fig. 119. — Distillation du bois en vases clos.

d'eau ; une partie se condense à l'état liquide, et la portion qui reste à l'état de gaz est ramenée sous le foyer pour y être brûlée (*fig.* 119). On laisse refroidir le temps convenable, et on défourne le charbon. On obtient environ 27 0/0 du poids du bois employé. De plus, les produits liquides, condensés, sont utilisés dans l'industrie ; on en retire le vinaigre de bois et l'alcool de bois, dont les usages sont nombreux. Ce procédé est donc beaucoup plus économique que le premier, bien qu'il exige des appareils plus coûteux ; aussi s'est-il beaucoup répandu depuis quelque temps.

187. Noir de fumée. — Le noir de fumée, charbon très divisé, sous forme de poussière noire très légère, s'obtient en brûlant incomplètement à l'air des matières résineuses. On envoie la fumée épaisse que donnent ces corps dans de grandes chambres dont les parois sont recouvertes de toiles sur lesquelles le noir se dépose. On fait tomber le noir sur le sol de la chambre en faisant descendre un cône qui racle les parois. Le noir de fumée est du carbone à peu près pur; il ne peut pas contenir de cendres; sa seule impureté est une matière goudronneuse qui imprègne les particules de charbon et dont on le débarrasse en le calcinant à l'abri de l'air. Il sert à la fabrication des encres de Chine et d'imprimerie.

Fig. 120. — Préparation du noir de fumée.

188. Noir animal. — Quand on calcine les os en vase ouvert, la matière organique (qui en forme 30 0/0) brûle et disparaît en flamme et fumée. Si on les calcine en vase clos, on obtient une masse noire, très poreuse : c'est le **charbon d'os, noir d'ivoire, noir animal.** — Il contient environ 10 0/0 de son poids de charbon disséminé dans le reste de la masse, qui est formée par la matière minérale des os. Il n'est pas utilisé comme combustible; mais il possède à un haut degré la propriété de **décolorer** les matières organiques. Si on l'agite en grains avec du vin et qu'on filtre, la liqueur passe incolore (*fig.* 121). On l'emploie journellement pour décolorer les jus sucrés.

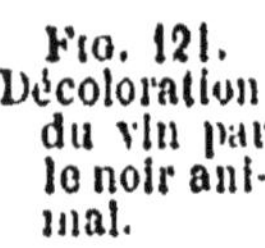

Fig. 121. Décoloration du vin par le noir animal.

Quand il a servi quelque temps à la décoloration, il perd ses propriétés. On les lui rend par une nouvelle calcination qui détruit les matières organiques dont il était imprégné ; on dit qu'il a été **revivifié.**

Cette revivification ne peut guère s'opérer que deux ou trois fois, après quoi le noir est employé en agriculture, comme un excellent engrais.

189. Charbon de Paris et agglomérés. — Ce charbon moulé, qui brûle lentement et qui est souvent employé dans l'économie domestique, est produit en calcinant en vases clos des débris de branches de bruyères, des menus de houille, et en agglomérant le charbon obtenu avec du goudron ou du brai liquide qui en fait une matière plastique capable d'être moulée en cylindres. On agglomère également avec du brai de goudron le poussier de houille et le poussier de coke qui tombe pendant la manipulation de ces deux produits; on moule en *briquettes* et on utilise ces briquettes sous le nom d'agglomérés, comme combustible.

190. Propriétés du charbon. — Les charbons préparés à haute température sont conducteurs de la chaleur et de l'électricité : ainsi le charbon de cornue, ainsi la braise de boulanger fortement calcinée, qui sert à mettre la tige des paratonnerres en communication avec le sol. Les charbons préparés à basse température sont, au contraire, mauvais conducteurs de la chaleur : tel est le charbon de bois.

Combustibilité. — Les meilleurs combustibles sont les charbons mauvais conducteurs, préparés à basse température ; tel est le charbon de bois, surtout quand il provient d'un bois léger, comme le peuplier ou le bois de bourdaine.

Le charbon qu'on obtient en brûlant lentement et incomplètement du linge est si combustible que l'étincelle d'un briquet suffit à l'enflammer.

Absorption des gaz. — Le charbon de bois récemment calciné possède la propriété d'absorber rapidement les gaz très solubles. On fait l'expérience sur l'ammoniaque. On chauffe au rouge un morceau de charbon ; on le refroidit en le plongeant dans le mercure et on l'introduit dans une éprouvette de gaz ammoniac; le mercure monte rapidement et remplit l'éprouvette, et le charbon retiré exhale l'odeur du gaz.

Cette propriété explique l'emploi du charbon comme désinfectant, l'usage des filtres à charbon où l'on fait passer l'eau de citerne ou l'eau de rivière avant de la boire et dont l'emploi doit être recommandé partout où l'on manque d'eau de source ; elle explique aussi l'habitude que l'on a de carboniser l'intérieur des tonneaux à conserver l'eau pour les longs voyages.

191. Propriétés chimiques. — La propriété chimique la plus saillante du carbone, c'est de se combiner à l'oxygène en dégageant beaucoup de chaleur et en produisant de l'*anhydride* carbonique.

Le carbone prend souvent l'oxygène à des composés, aux oxydes notamment, par exemple à l'oxyde de cuivre ; on dit alors qu'il *réduit* l'oxyde.

Il se combine directement au soufre pour donner le *sulfure de carbone;* il peut se combiner à l'hydrogène quand il est porté à la haute température de l'arc voltaïque pour donner l'*acétylène;* mais il ne se combine qu'indirectement avec les autres métalloïdes.

Résumé. — Les charbons sont des corps différents d'aspect, presque toujours noirs, qui brûlent à l'air en produisant de l'anhydride carbonique ; ce sont des variétés plus ou moins impures d'un corps simple, le *carbone*. On peut trouver le carbone sous trois états : *amorphe*, comme dans le noir de fumée; *graphitoïde*, comme dans la plombagine, ou *cristallisé*, comme le diamant.

On fait deux groupes de charbons : ceux que l'on trouve dans la terre et que l'on nomme **charbons naturels**, comme le diamant, le graphite et les charbons minéraux; ceux que l'on tire de la combustion incomplète des matières organiques, que l'on nomme **charbons artificiels** et dont les principaux sont le coke et le charbon de bois.

Le *diamant* est du carbone pur et cristallisé. Il est très dur ; on ne peut le tailler ou l'user qu'en le frottant avec sa poudre. Lorsqu'il est taillé, en rose ou en brillant, il renvoie la lumière par toutes ses facettes; il prend ainsi une grande valeur. Chauffé, il se ramollit : il prend l'oxygène de l'air et produit de l'anhydride carbonique.

Le *graphite*, abondant en Sibérie, est noir, en lamelles brillantes, onctueux au toucher, tachant les doigts et le papier. Il est peu combustible et bon conducteur de l'électricité. Sous le nom de *plombagine* ou de mine de plomb, il sert surtout à lustrer la fonte et à faire l'âme des crayons.

Les *combustibles minéraux* se trouvent dans la terre; ce sont l'anthracite, la houille, les lignites et la tourbe.

L'*anthracite* est dur, d'aspect pierreux, riche en charbon, difficile à brûler, mais donnant beaucoup de chaleur quand on le brûle dans un fourneau à vent alimenté par un fort courant d'air.

La *houille* ou charbon de terre est le charbon minéral le plus employé. Elle présente plusieurs variétés qui se distinguent d'après la manière dont elles se conduisent au feu ; les *houilles grasses* brûlent avec une longue flamme, les *houilles sèches ou maigres* donnent un coke poreux. La houille sert comme combustible : elle sert aussi pour faire le gaz d'éclairage.

Les *lignites* gardent la forme des bois qui les ont produits par une combustion lente : ils brûlent avec une flamme fumeuse; les plus beaux morceaux d'un noir brillant, susceptibles d'un beau poli, forment le jais ou jayet.

La *tourbe* se produit dans les marais desséchés; elle brûle avec une flamme très fumeuse.

Les **charbons artificiels** sont le coke et le charbon de cornue, le charbon de bois, le noir de fumée et le noir animal.

Le *coke* est le résidu que laisse la distillation de la houille en vases clos; c'est un charbon poreux, qui brûle sans fumée en produisant beaucoup de chaleur. On le prépare pour les besoins de l'industrie des métaux.

Le *charbon de cornue* est très dur, difficilement combustible, bon conducteur d'électricité ; il sert dans les piles électriques.

Le *charbon de bois* provient de la combustion incomplète du bois. On le produit par le procédé des meules, qui en donne environ 17 0/0 du poids du bois, mais qui laisse perdre les produits contenus dans la fumée ; ou bien par le procédé des cylindres, qui recueille l'acide pyroligneux contenu dans la fumée et condensé par refroidissement.

Le *noir de fumée* est un charbon très divisé en poussière noire très légère, obtenu par la combustion des matières résineuses qui donnent beaucoup de fumée. Il est la base de l'encre d'imprimerie.

Le *noir d'os* ou *noir animal* est le résidu de la calcination des os en vases clos. C'est un charbon très poreux qui possède à un haut degré la propriété d'absorber les couleurs. On l'emploie à la décoloration des liquides colorés et notamment des jus sucrés. Quand il a servi quelque temps, on lui rend ses propriétés par une calcination.

Le *charbon de Paris* et les *agglomérés* en briquettes sont deux des formes sous lesquelles on utilise la poussière de charbon de bois, de houille et même de coke.

Le charbon est *combustible*, voilà sa principale propriété ; il l'est d'autant plus qu'il a été produit à plus basse température. Il *absorbe les gaz*, surtout les gaz solubles, et cette propriété explique son usage comme désinfectant dans les filtres à eau.

Le charbon se combine à l'oxygène pour donner l'anhydride carbonique ; il peut réduire un certain nombre d'oxydes. Il peut se combiner à l'hydrogène et au soufre à haute température : il ne se combine qu'indirectement aux autres métalloïdes.

CHAPITRE XXI

ANHYDRIDE CARBONIQUE

192. La combustion du charbon. — Quand on brûle du charbon dans un flacon d'oxygène sec, on produit un gaz invisible qui est formé de la combinaison du carbone avec l'oxygène et qu'on nomme l'**anhydride carbonique.**

Si on brûle le charbon à l'air, ce même gaz se forme; mais, s'il y a au-dessus du charbon allumé une couche de morceaux de charbon non encore allumés, mais seulement échauffés par ceux qui brûlent, on constate une petite flamme bleue au-dessus du foyer; il s'est produit un second gaz formé de carbone et d'oxygène, qui est invisible comme l'anhydride carbonique, mais qui brûle avec une flamme bleue; on l'appelle **l'oxyde de carbone.**

On conclut donc que le charbon, en brûlant, peut donner deux gaz, autrement dit que le carbone, en se combinant à l'oxygène, donne deux composés gazeux : l'*anhydride carbonique* et l'*oxyde de carbone.*

193. Anhydride carbonique. — Le gaz anhydride carbonique est incolore et inodore, d'une saveur aigrelette quand il est dissous.

Il est lourd, soluble dans l'eau; il a pu être liquéfié et même solidifié : telles sont ses propriétés physiques caractéristiques. Pour les mettre en évidence, on invoque l'une de ses propriétés chimiques, celle d'*éteindre les corps en combustion.*

L'*anhydride carbonique est un gaz lourd.* Il pèse une fois et demie ce que pèse l'air, environ 2 grammes par litre. Il doit donc tomber dans l'air.

Pour vérifier ce fait, on descend dans une large éprouvette une bougie allumée qui continue à y brûler, puis on verse dans cette éprouvette le contenu gazeux d'une éprouvette pleine d'anhydride carbonique, comme on ferait si cette dernière contenait un liquide. On ne voit rien tomber; mais la bougie s'éteint. Si on la retire, qu'on la rallume et qu'on la replonge, elle s'éteint aussitôt; l'éprouvette contient l'anhydride carbonique tombé de la première; la bougie allumée, plongée un instant dans celle-ci, ne n'éteint pas (Voir *fig.* 122).

On fait encore une autre expérience. On fait dégager pendant quelques instants seulement de l'anhydride carbonique dans un grand bocal posé sur la table; ce gaz va occuper le fond du bocal, tandis que l'air occupe le dessus ; on ne voit pas la séparation des deux couches de gaz, puisque toutes deux sont invisibles. Mais, si on laisse tomber dans le bocal des bulles de savon, ces bulles descendent dans la couche d'air et, arrivées à la couche d'anhydride carbonique, elles rebondissent sur le gaz lourd. Descend-on une bougie allumée, elle brûle dans le haut du bocal et elle s'éteint dans le bas. A une certaine hauteur, la flamme pâlit ; elle se ravive si on la remonte, elle s'éteint si on la descend. C'est là que se trouve la séparation de l'air et du gaz carbonique ; au-dessus la combustion est possible, au-dessous elle ne peut avoir lieu.

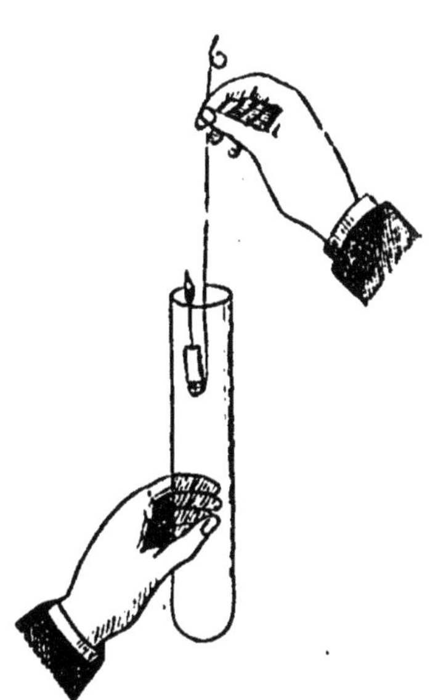

FIG. 122. — Une bougie allumée s'éteint dans l'anhydride carbonique.

Cette expérience est très saisissante ; elle fait bien comprendre ce qui se passe dans la grotte de Pouzzoles, près de Naples, appelée la *Grotte-du-Chien*, à cause du triste rôle qu'on y fait remplir au chien pour intéresser les visiteurs. Cette grotte célèbre est une excavation naturelle dont la partie basse est remplie d'anhydride carbonique dégagé des fissures du sol, tandis que le reste est plein d'air. Un homme debout n'y court aucun danger, parce que sa tête est dans l'air, tandis qu'un chien y périt, parce qu'il est tout entier dans la couche asphyxiante.

L'*anhydride carbonique est soluble dans l'eau*, et ce liquide dissout son propre volume du gaz, c'est-à-dire qu'un litre d'eau peut dissoudre un litre de gaz sous la pression où est ce gaz. A la pression ordinaire, il n'y aura donc que 2 grammes d'anhydride carbonique par litre d'eau. Mais, si le gaz est d'abord porté à une pression de 6 ou 8 atmosphères, chaque litre d'eau en tiendra 6 ou 8 fois plus. C'est sur cette propriété qu'est fondée la fabrication de l'eau de Seltz artificielle et des liquides mousseux en général.

L'*anhydride carbonique a été liquéfié* par Faraday et par Thilorier. A la température ordinaire, au-dessous de 31°, il suffit de le comprimer à 50 atmosphères pour l'amener à l'état liquide.

Si l'on ouvre à l'air le récipient qui contient cet anhydride liquide, la vaporisation rapide qui se produit absorbe tant de chaleur qu'une partie de l'anhydride se solidifie sous forme de neige blanche dans la boîte en disque spiralé où l'on a fait tournoyer le gaz sorti du premier récipient.

Cette neige, comprimée entre les doigts, produit une sensation très douloureuse. Le mélange de cette neige avec l'éther constitue une puissante source de froid. Quand on mélange la neige d'anhydride carbonique avec de l'éther pour lui faire mouiller les corps, et qu'on plonge dans cette pâte un corps à refroidir, on amène la température à — 80°. En y plongeant un tube fermé qui contient de l'anhydride carbonique liquide, celui-ci se prend en beaux cristaux transparents ; on s'en est servi pour liquéfier les autres gaz.

194. Propriétés chimiques. — Le gaz carbonique n'entretient pas la combustion; une bougie allumée, plongée dans une éprouvette de ce gaz, s'éteint aussitôt (*fig.* 122).

On rend l'expérience plus frappante et on prouve en même temps que l'anhydride carbonique est très lourd en versant une éprouvette de gaz au-dessus de la bougie; celle-ci s'éteint immédiatement (*fig.* 123).

L'anhydride carbonique n'entretient pas la respiration; un animal qu'on y plongerait y périrait; le gaz n'est pas vénéneux, mais il asphyxie par privation de l'oxygène.

Quand il a pris de l'eau ou qu'il est dissous, il devient un acide faible; il colore la teinture de tournesol en *rouge vineux*.

Il se combine aux bases pour donner des carbonates. Ainsi un morceau de potasse agité dans une éprouvette d'anhydride carbonique humide l'absorbe complètement; il s'est formé du carbonate de potassium soluble dans l'eau.

L'anhydride carbonique et l'eau de chaux. — L'anhydride carbonique produit un trouble blanc dans l'eau de chaux. Si le gaz passe quelques instants seulement dans le liquide, le trouble blanc se rassemble, se précipite, comme disent les chimistes, au fond du verre; c'est un corps solide analogue à la craie; il est formé d'acide carbonique et de chaux; nous l'appelons *carbonate de chaux*.

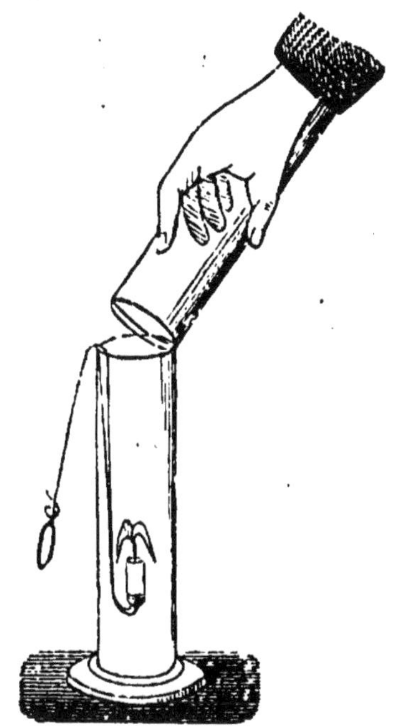

FIG. 123. Transvasement de l'anhydride carbonique et preuve qu'il éteint une bougie allumée.

Mais si, au lieu d'arrêter le dégagement gazeux, nous le laissons continuer quelque temps, les flocons blancs d'abord produits disparaissent peu à peu, et le liquide redevient limpide. Ainsi, sous nos yeux, l'eau chargée d'anhydride carbonique a dissous du carbonate de chaux, autrement dit de la pierre calcaire.

Ce que nous venons de réaliser dans cette simple

expérience, la nature le fait en grand. Les eaux de pluie prennent de l'anhydride carbonique en traversant l'air; elles acquièrent ainsi la propriété de dissoudre un peu du carbonate de chaux sur lequel elles passent en descendant dans les couches du sol; et voilà comment l'eau de source la plus limpide, qui nous paraît absolument pure, contient le plus souvent un peu de calcaire. Et ce calcaire ne nous est pas inutile dans l'eau que nous buvons : c'est lui qui contribue à former une partie de la substance minérale des os.

Continuons cette instructive expérience, elle a encore quelque chose à nous apprendre. Prenons cette eau limpide où du carbonate de chaux est dissous à la faveur de l'anhydride carbonique; laissons-la à l'air dans un ballon : elle perdra peu à peu son gaz, et, en même temps, le carbonate de chaux que le gaz retenait dissous formera un dépôt pierreux sur le vase. Voilà l'origine de ce dépôt terreux que les meilleures eaux de fontaine laissent à la longue sur nos carafes et qui ternit la transparence du verre. Un lavage à l'eau est impuissant à enlever ce dépôt ; mais, à présent que nous connaissons sa nature, il va nous être facile de le dissoudre ; quelques gouttes d'acide ou même simplement un filet de vinaigre vont le décomposer, comme ils décomposent les calcaires, et un lavage à l'eau l'enlèvera entièrement.

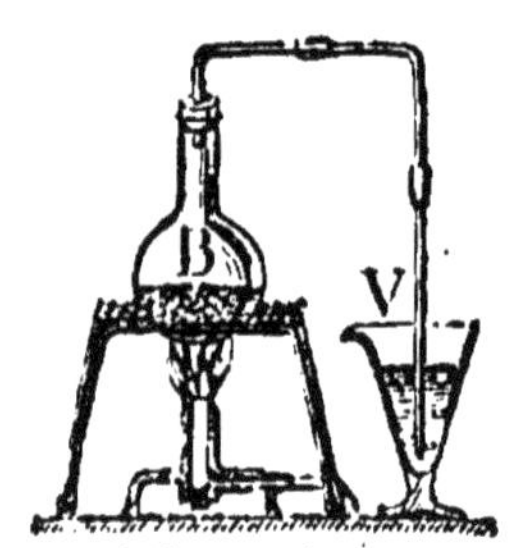

Fig. 124. — L'eau chargée d'anhydride carbonique se trouble par l'ébullition ; elle dégage du gaz carbonique qui trouble l'eau de chaux.

Au lieu de laisser longtemps à l'air l'eau chargée de carbonate de chaux, chauffons-la (*fig.* 124); elle perdra très rapidement son gaz carbonique, elle deviendra trouble, et le dépôt du calcaire se fera promptement sur les parois du ballon. Nous comprendrons ainsi pourquoi l'ébullition trouble certaines eaux qui laissent dans les chaudières un dépôt pierreux très adhérent et très dur.

Nous comprenons également que des eaux, en sortant du sol, déposent un enduit pierreux sur les bords de leur source, ou sur les objets qu'on y plonge, comme le fait la célèbre fontaine de Saint-Allyre, à Clermont-Ferrand.

L'anhydride carbonique est chassé de ses combinaisons, des carbonates, par presque tous les autres acides, même le vinaigre. Une goutte d'acide, mise sur une pierre calcaire ou sur la craie, dégage de l'anhydride carbonique visible à l'effervescence que produit son dégagement.

195. Action du charbon. — L'anhydride carbonique est décomposé par le charbon rouge, qui lui prend la moitié de son oxygène et produit de l'oxyde de carbone.

Cette réaction est indiquée par le symbole :

$$\underset{\text{Anhydride carbonique}}{CO^2} + \underset{\text{Charbon}}{C} = \underset{\text{Oxyde de carbone}}{2CO.}$$

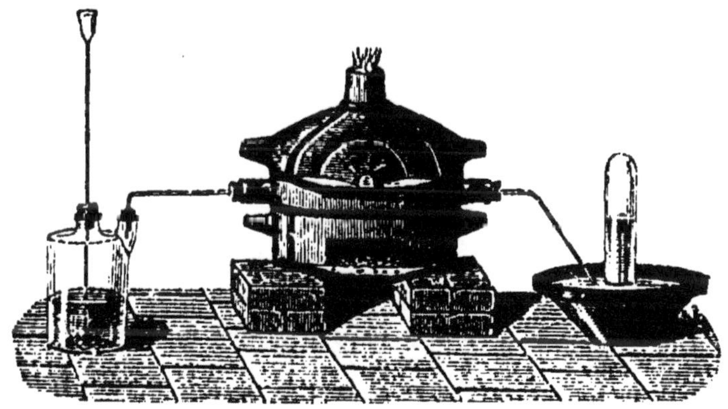

FIG. 125. — Décomposition de l'anhydride carbonique par le charbon.

On réalise cette transformation en faisant passer de l'anhydride carbonique dans un tube de porcelaine rempli de braise et chauffé au rouge ; on recueille un gaz qui brûle avec une flamme bleue quand on l'enflamme.

196. Usages de l'acide carbonique. — Il sert à la fabrication de l'eau de Seltz et en général des eaux gazeuses et des vins mousseux. L'industrie l'emploie à la fabrication de la céruse (carbonate de plomb), du bicarbonate de sodium, et à la purification des jus sucrés, pour précipiter la chaux que l'on avait combinée au sucre. Depuis qu'on le produit commodément à l'état liquide, on l'emploie pour la production des basses températures par l'évaporation de l'anhydride liquide, et même au lieu de l'air comprimé pour exercer de fortes pressions.

197. État naturel. — L'anhydride carbonique se rencontre en abondance dans la nature. Il se dégage des volcans en activité et des fissures du sol pour s'accumuler dans certains lieux dont la *Grotte-du-Chien*, près de Naples, est un exemple.

L'anhydride carbonique se rencontre dans un certain nombre d'eaux minérales, les eaux de Seltz, de Vichy, de Spa.

Il se produit dans la fermentation alcoolique des liquides sucrés, la préparation du cidre, du vin, de la bière, et il s'accumule dans la partie basse des celliers ou des caves.

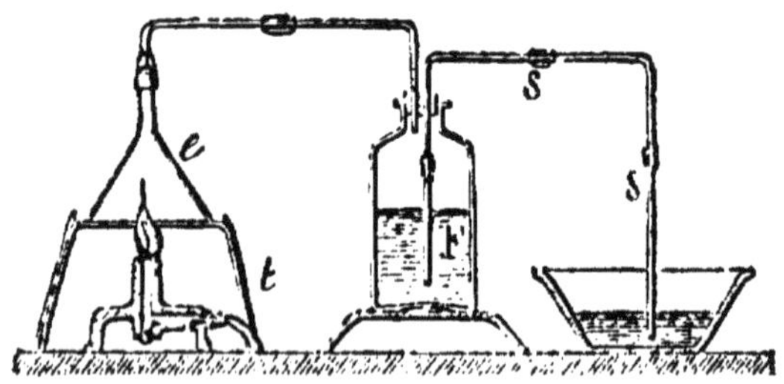

Fig. 126. — Une flamme ou un foyer dégage de l'anhydride carbonique.

C'est le résultat constant de la combustion du bois et des matières qui servent à l'éclairage. Il est facile de prouver que la combustion du charbon dans nos foyers, celle de nos bougies et de nos lampes, développent aussi de l'anhydride carbonique; on recueille dans un flacon les produits gazeux qui s'échappent d'un bec de gaz ou d'une bougie. La figure 126 indique le dispositif à monter pour cette expérience. Le bec de gaz est surmonté d'un entonnoir relié à un flacon plein d'eau qui est muni d'un siphon. On allume le bec de gaz et on amorce le siphon; le liquide du flacon s'écoule lentement en appelant les gaz de la combustion. Quand le flacon est vide d'eau, il est plein de ces gaz, et on y constate facilement la présence de l'acide carbonique par le tournesol et par l'eau de chaux.

FIG. 127. — On trouble l'eau limpide de chaux en soufflant dedans.

La respiration des animaux en donne également; on le prouve facilement en soufflant dans un tube pour faire passer dans de l'eau de chaux l'air qui a servi à la respiration; l'eau se trouble par le dépôt de carbonate de chaux. L'anhydride carbonique s'accumule donc dans une chambre close quand plusieurs personnes s'y trouvent; et il est urgent d'y renouveler l'air, sans quoi la respiration y serait bientôt gênée.

Malgré toutes ces causes de production, la proportion d'anhydride carbonique n'augmente pas dans l'air; il y en a toujours 4 à 6 dix-millièmes seulement. C'est que ce gaz disparaît constamment; il est enlevé par l'eau et par les plantes.

L'eau de pluie en dissout des quantités notables en traversant l'atmosphère et elle devient capable d'enlever au sol sur lequel elle coule différents sels métalliques qui lui donnent ses propriétés fertilisantes.

De leur côté, les végétaux, sous l'influence de la lumière, décomposent l'anhydride carbonique de l'air, fixent le carbone et rejettent l'oxygène. On met ce fait hors de doute en exposant au soleil une plante d'eau, un potamogeton, dans un flacon renversé plein d'une dissolution d'anhydride carbonique. Après quelques heures, on trouve un gaz dans le haut du flacon, et ce gaz, c'est de l'oxygène.

Fig. 128. — Les plantes décomposent l'anhydride carbonique et dégagent de l'oxygène.

L'anhydride carbonique existe aussi à l'état de carbonates en masses considérables dans le sol.

On est prévenu de la présence de l'anhydride carbonique dans une enceinte quand une bougie allumée s'y éteint. Si on y doit pénétrer, il faut renouveler l'air par une ventilation énergique ou bien absorber le gaz carbonique en jetant dans l'enceinte de l'eau ammoniacale ou un lait de chaux.

198. Préparation. — 1° Le moyen qui paraît au premier abord le plus simple pour obtenir l'anhydride carbonique, c'est de brûler du charbon à l'air. On recueille en effet le gaz carbonique, mais il est mélangé à l'azote ; toutefois l'industrie utilise dans quelques cas ce procédé aussi peu coûteux qu'il est simple.

2° On peut encore l'obtenir en décomposant un carbonate par la chaleur, le carbonate de calcium, qui est extrêmement commun, par exemple : la chaux reste comme résidu et l'anhydride gazeux se dégage. Ce n'est pas un procédé de laboratoire ; mais certaines industries s'en servent avec profit.

3° Dans les laboratoires, on décompose le carbonate de calcium par un acide, l'acide chlorhydrique ou l'acide sulfurique; avec ce dernier, il est bon d'agiter la masse, à cause de l'insolubilité dans l'eau du sulfate de calcium formé. L'opération se fait dans un flacon à deux tubulures et on recueille le gaz sur l'eau (*fig.* 129).

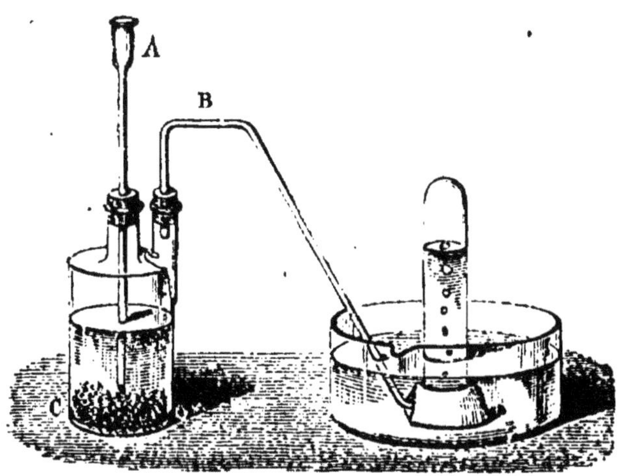

Fig. 129. — Préparation de l'anhydride carbonique.

On emploie aussi très fréquemment dans les laboratoires un appareil continu comme celui de Deville pour l'hydrogène.

C'est en attaquant le carbonate de chaux par l'acide sulfurique qu'on prépare le gaz carbonique pour les **eaux gazeuses**; une pompe refoule l'eau dans un réservoir ainsi que l'anhydride carbonique, sous une pression de 4 à 6 atmosphères; les siphons sont remplis avec ce liquide. Tout le monde sait que, quand on les ouvre, l'acide se dégage avec effervescence.

4° Dans les ménages où l'on prépare soi-même l'eau gazeuse, on emploie un double vase dont les deux parties se vissent fortement l'une sur l'autre (*fig.* 130). La grande est remplie d'eau; on met dans la petite deux poudres, du **bicarbonate de soude** et de **l'acide tartrique** ; on revisse l'appareil et on le retourne. L'eau vient mouiller les poudres, leur réaction s'opère, le gaz carbonique se dégage, il monte par un tube du vase inférieur dans le vase supérieur où il se fait pression à lui-même et se dissout dans l'eau. On tire celle-ci, chargée d'acide, par un robinet.

On emploie souvent aussi un vase à deux compartiments et deux goulots. On met dans l'un une dissolution de bicarbonate de soude, dans l'autre une dissolution d'acide tartrique. Quand on verse les liquides dans un verre, ils se mélangent, réagissent et donnent de suite de l'eau gazeuse chargée d'acide carbonique.

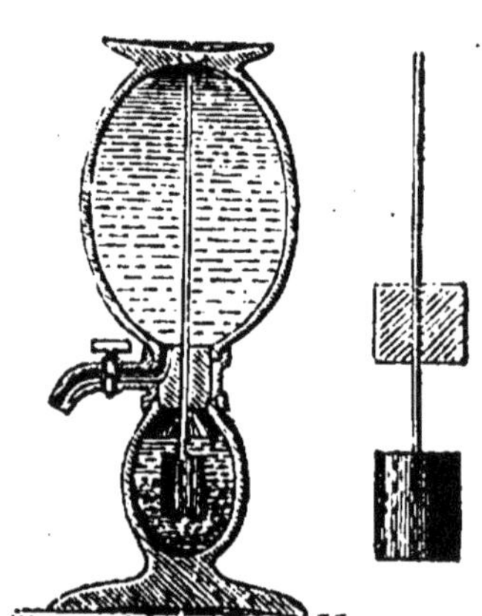

Fig. 130. — Gazogène Briet.

On vend de petites capsules métalliques contenant de l'anhydride carbonique en liquide qui peuvent donner beaucoup de gaz.

Une eau gazeuse que l'on abandonne à l'air cesse d'être fortement aigrelette : elle ne conserve que peu de gaz carbonique en dissolution.

Résumé. — La combustion du charbon dans l'oxygène donne un gaz invisible appelé *anhydride carbonique* et composé de carbone et d'oxygène. Quand on brûle le charbon à l'air, ce premier gaz se produit ; mais il s'en produit encore un autre invisible, qui vient brûler avec une flamme bleue au-dessus du combustible ; ce second gaz est l'*oxyde de carbone*.

Le carbone avec l'oxygène donne donc deux composés : l'anhydride carbonique et l'oxyde de carbone.

L'anhydride carbonique, incolore et inodore, a une saveur aigrelette quand il est dissous. C'est un gaz lourd soluble dans l'eau, qui a pu être liquéfié et même solidifié.

L'anhydride carbonique pèse environ 2 grammes par litre ; on montre facilement qu'il tombe dans l'air; il se rassemble dans les endroits les plus bas des lieux où il se produit, témoin la Grotte-du-Chien de Pouzzoles.

Un litre d'eau dissout 1 litre de gaz carbonique sous la pression où est le gaz; si c'est la pression ordinaire, le gaz dissous représente 2 grammes; si la pression est 6 atmosphères, la quantité du gaz est 6 fois plus grande. Les eaux gazeuses artificielles contiennent le gaz carbonique sous une pression de 6 à 8 atmosphères; elles l'abandonnent presque entièrement à l'air.

On liquéfie l'anhydride carbonique en le comprimant à 50 atmosphères. Quand on ouvre à l'air le récipient contenant l'anhydride liquide, la vaporisation rapide amène un très grand refroidissement, et, si l'on fait dégager le gaz dans un vase spiralé, le gaz se prend en une neige solide qui est très froide, qui ne mouille pas les corps, mais qui, mélangée d'éther, abaisse la température jusqu'à près de 100° au-dessous de zéro.

L'anhydride carbonique n'entretient ni la combustion ni la vie; une bougie allumée s'y éteint. L'air qui contiendrait 20 0/0 de gaz carbonique serait irrespirable, l'homme et les animaux y seraient asphyxiés.

L'anhydride carbonique humide ou dissous prend les propriétés des acides, mais c'est un acide faible qui rougit le tournesol en rouge vineux. Combiné aux bases, il donne les sels appelés **carbonates.** Il est absorbé entièrement par la potasse, avec laquelle il donne le carbonate de potasse. Il trouble l'eau de chaux en produisant du carbonate de chaux qui se dépose.

L'eau chargée d'anhydride carbonique peut dissoudre du carbonate de chaux et devenir ou rester limpide. On trouve des eaux naturelles qui contiennent du carbonate de chaux dissous à la faveur de l'anhydride carbonique.

Ces eaux, bien que limpides, laissent par évaporation lente à l'air un dépôt pierreux sur les vases, ou autour des sources; par ébullition, elles se troublent et abandonnent en dépôt le carbonate de chaux qu'elles contenaient.

L'anhydride carbonique est chassé des carbonates par un acide, même l'acide acétique; il se dégage avec effervescence, et cette réaction donne le moyen de le reconnaître et de distinguer les calcaires des autres pierres.

En passant sur du charbon chauffé, l'anhydride carbonique perd de l'oxygène et se transforme en oxyde de carbone; c'est une réaction qui se passe dans les fours où l'on traite par la chaleur les minerais métalliques.

L'anhydride carbonique sert à la préparation des eaux gazeuses, des vins mousseux, des bicarbonates; on l'emploie dans la défécation des jus sucrés.

Il se dégage de certaines fissures du sol et s'accumule dans les endroits bas, comme la Grotte-du-Chien, de certaines eaux minérales, comme celles de Spa ou de Vichy.

Il se produit dans les fermentations, dans toutes les combustions, dans la respiration de l'homme et des animaux. La quantité n'en augmente pas dans l'air; les végétaux le détruisent; ils le décomposent sous l'influence de la lumière pour fixer le carbone dans leurs tissus et accomplir ainsi la fonction chlorophyllienne.

On peut obtenir l'anhydride carbonique en brûlant du charbon à l'air; mais il n'est pas pur. On le recueille dans la décomposition des carbonates par la chaleur, et il se dégage des fours à chaux où l'on chauffe le carbonate de chaux. C'est surtout en attaquant le marbre par un acide qu'on le prépare. Dans les ménages, on fait l'anhydride carbonique pour les eaux gazeuses avec du bicarbonate de soude et de l'acide tartrique.

CHAPITRE XXII

L'OXYDE DE CARBONE

199. Propriétés physiques. — Le gaz oxyde de carbone est incolore et inodore; il ne se dissout presque pas dans l'eau. Il pèse, comme l'azote, 14 fois plus que l'hydrogène ; le poids du litre est :

$$14 \times 0{,}0895 = 1{,}25.$$

200. Propriétés chimiques. — L'oxyde de carbone est combustible; il brûle avec une flamme bleue en dégageant beaucoup de chaleur et en produisant de l'anhydride carbonique que l'on constate par l'eau de chaux.

Le charbon, en brûlant et en produisant de l'anhydride carbonique, dégage 94 calories pour 12 grammes de charbon.

L'oxyde de carbone, en brûlant, dégage 68,2 calories pour 12 grammes de charbon.

Il en résulte que le premier degré d'oxydation du charbon équivaut à un dégagement de chaleur de 94 — 68,2 ou de 25,8 calories.

L'oxyde de carbone prend l'oxygène aux corps composés, notamment aux oxydes métalliques, dont il dégage les métaux ; c'est le **réducteur** employé dans l'industrie.

Le charbon qu'on mélange aux minerais métalliques est destiné à produire l'oxyde de carbone qui les réduit, en même temps que la chaleur qui fond les métaux. On démontre cette propriété réductrice en faisant passer un courant d'oxyde de carbone sur de l'oxyde de cuivre chauffé au rouge dans un tube, et en dirigeant le gaz qui s'en échappe dans de l'eau de chaux. Il reste dans le tube du cuivre métallique et il se dégage de l'acide carbonique.

201. Action physiologique. — L'oxyde de carbone est un gaz extrêmement vénéneux qui occasionne la mort quand il y en a seulement 1 ou 2 centièmes dans l'air; c'est lui qui produit toutes les asphyxies par le charbon. Il agit sur le globule sanguin pour l'empêcher de prendre l'oxygène et peut s'opposer à l'hématose du sang. Il faut donc éviter avec soin les causes qui peuvent le produire dans les appartements, et proscrire l'emploi des braseros, réchauds allumés que l'on place au milieu des chambres dans les contrées méridionales. Il faut n'allumer du charbon que sous une cheminée à bon tirage ; on voit souvent l'oxyde de carbone se révéler par une flamme bleue au-dessus d'un fourneau allumé; il se produit, en effet, toutes les fois que l'anhydride carbonique traverse une couche de charbon chauffé. Ce gaz vénéneux se dégage donc quand on couvre de charbon noir un réchaud contenant des charbons allumés ou quand on arrête brusquement le tirage d'un fourneau ou d'un poêle chargé de combustible.

Il se produit dans les poêles à combustion lente et à flamme renversée; et, si le tirage de la cheminée n'est pas bon ou s'il s'interrompt, comme si les parois de

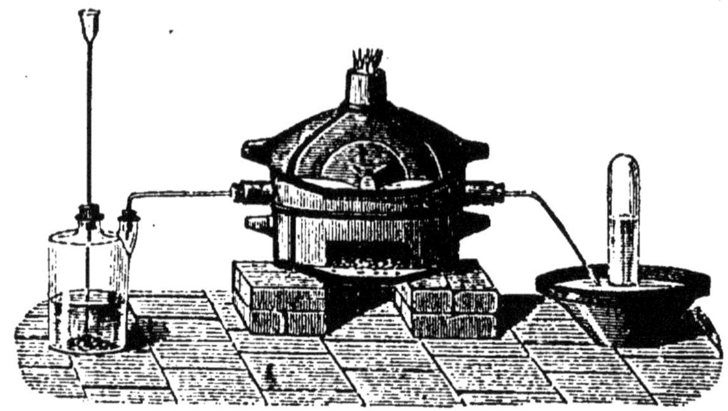

FIG. 131. — Préparation de l'oxyde de carbone par l'anhydride carbonique passant sur du charbon chauffé.

tôle sont trop chauffées et deviennent perméables aux gaz, l'oxyde de carbone peut se répandre dans la salle et rendre l'air irrespirable et vénéneux.

Quand il s'en répand dans un appartement, il cause des maux de tête ou des vertiges; il faut alors établir de suite une ventilation énergique.

202. Usages. — L'oxyde de carbone joue un rôle considérable dans la métallurgie.

C'est lui qui est produit dans les **fours à combustible gazeux** dits aussi à *chaleur régénérée*. Le coke ou la houille est accumulé en couche épaisse sur une grille inclinée qu'on fait traverser par un fort courant d'air; cet air, au contact du combustible allumé, produit de l'anhydride carbonique; mais celui-ci, au contact du charbon, redevient de l'oxyde de carbone qui monte dans la couche épaisse de combustible, qui se dégage au haut du fourneau et qu'on envoie par des conduits dans le four où il doit brûler avec l'air et dégager de la chaleur.

Ces fours à combustible gazeux, où l'oxyde de carbone brûle avec l'air, permettent d'atteindre une température beaucoup plus élevée que celle que l'on pouvait obtenir avec la flamme directe du combustible. Ils sont d'un usage courant dans la métallurgie et dans beaucoup d'industries.

203. Préparation. — On peut l'obtenir, comme nous l'avons vu, en faisant passer de l'anhydride carbonique

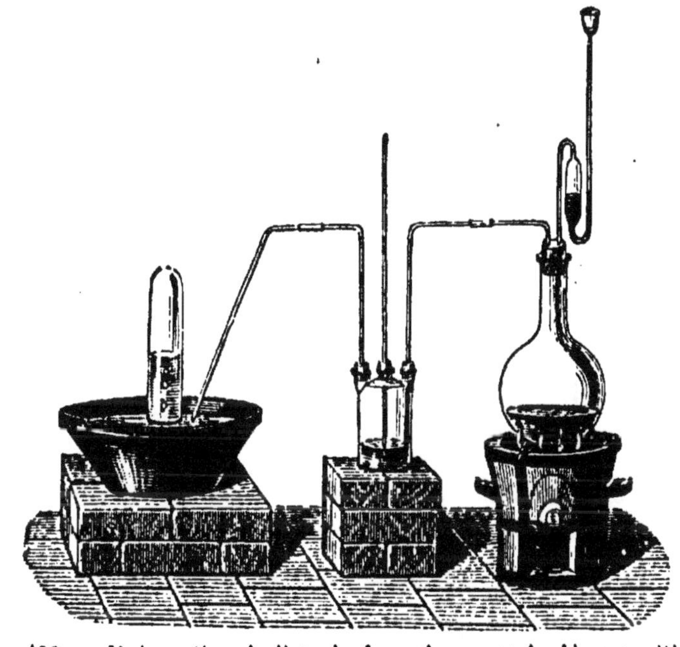

Fig. 132. — Préparation de l'oxyde de carbone par la décomposition de l'acide oxalique.

sur du charbon chauffé au rouge. Mais on préfère attaquer dans un ballon, par l'acide sulfurique, soit l'acide formique, soit l'acide oxalique.

Le premier donne un gaz très pur. L'acide formique

peut, en effet, être considéré comme composé d'eau et d'oxyde de carbone $H^2O + CO$; l'acide sulfurique retient l'eau.

Le second, l'**acide oxalique,** est formé d'**oxyde de carbone** CO, d'eau H^2O et d'anhydride carbonique CO^2. Si donc on chauffe ce produit, et que la chaleur le désorganise et le dissocie, l'acide sulfurique retient l'eau et les deux gaz du carbone se dégagent ensemble. En retenant l'un dans la potasse, on peut recueillir l'autre.

Résumé. — **L'oxyde de carbone,** que le charbon donne en brûlant à l'air en même temps que l'anhydride carbonique, est un gaz incolore et inodore. Il a le même poids que l'azote, 14 fois le poids de l'hydrogène, et rien ne révèle sa présence dans l'air.

Il est combustible.

Il brûle à l'air avec une flamme bleue en donnant de l'anhydride carbonique ; en brûlant, il dégage de la chaleur ; c'est le combustible employé dans les fours dits à chaleur régénérée. Sa propriété de combinaison, c'est de pouvoir prendre encore de l'oxygène ; aussi, quand il peut agir sur des oxydes chauffés, il réduit ces oxydes en leur prenant de l'oxygène, aussi est-il employé dans la métallurgie.

Il est très vénéneux ; il empêche l'hématose du sang en paralysant, pour ainsi dire, la propriété du globule sanguin de pouvoir prendre de l'oxygène. L'air qui en contient seulement 3 centièmes est asphyxiant. Il faut éviter avec un grand soin toutes les causes qui peuvent le produire, proscrire les brasiers dans les appartements, n'allumer du charbon que sous une cheminée à bon tirage, ne jamais tourner la clef placée sur le conduit de fumée d'un poêle, ne pas laisser rougir les parois des poêles à combustion lente.

On obtient l'oxyde de carbone en décomposant par l'acide sulfurique soit l'acide formique, soit l'acide oxalique ; dans ce dernier cas, il faut un laveur contenant de la potasse pour retenir l'anhydride carbonique.

CHAPITRE XXIII

LA SILICE. — L'ACIDE BORIQUE

204. Les silex, la pierre à fusil. — On trouve un peu partout ces cailloux durs de couleur grise, blonde ou noire, dont les morceaux anguleux produisent des étincelles quand on les frappe vivement avec un morceau de fer. Ce sont les **silex,** qui prennent le nom de *meulières* quand ils sont en blocs caverneux sur leur pourtour.

Il y a longtemps que l'on se sert de leurs éclats. Les silex éclatés, tranchants ou pointus, formaient les seules armes de nos arrière-ancêtres, et nous en trouvons encore des spécimens en flèches, en couteaux, en haches, dans les cavernes. A côté de ces instruments primitifs, on en trouve d'autres également en silex, mais en morceaux polis par le frottement et non plus seulement façonnés en éclats : ce sont les armes de la seconde période de l'âge de pierre, c'est-à-dire de l'époque où l'humanité ne connaissait pas encore les métaux. Ces témoins des anciens âges nous révèlent que la dureté du silex a été connue des premiers hommes.

Depuis la découverte des métaux, on se sert des silex pour battre le briquet et obtenir par le frottement des étincelles qui mettent le feu à un corps très facilement combustible, comme l'amadou ; on les employait encore au commencement de ce siècle dans les armes à feu, dans les fusils à pierre.

Le frottement du fer contre le silex détache de petites parcelles de chacun des deux corps frottés, surtout du fer, qui est le moins dur des deux ; et la chaleur dégagée porte à l'incandescence ces petits fragments du métal. Si l'on bat quelque temps le briquet au-dessus d'une feuille de papier et que l'on examine à la loupe les parcelles tombées sur la feuille, on distingue bien celles qui ont été détachées du silex de celles qui sont tombées du fer.

La matière des silex porte en chimie le nom de **silice** ou encore celui d'**acide silicique** ; c'est un composé formé d'oxygène combiné avec un métalloïde appelé *silicium*, comme l'anhydride carbonique est formé de ce même oxygène allié au carbone.

205. Les sables. — Dans le lit des rivières qui roulent leurs eaux sur les terrains granitiques, on trouve un sable fin, blanc ou coloré ; ce sable est de la silice réduite en grains plus ou moins menus par le frottement que le cours d'eau produit. Le sable blanc est de la silice pure ; le sable coloré est de la silice mélangée de matières étrangères qui lui donnent leur coloration.

Comme les eaux arrachent des parcelles sableuses à toutes les roches sur lesquelles elles coulent, les sables sont rarement formés de silice seulement. Mais, si on les lave avec un acide fort comme l'acide chlorhydrique, cet acide attaque et dissout tout ce qui est calcaire et laisse inattaqué ce qui est siliceux. Il est donc très facile d'obtenir la silice d'un sable quelconque. Ainsi, dans l'analyse d'une terre, quand on a par lévigation séparé le sable de l'argile et pesé le sable, on l'attaque par l'acide chlorhydrique; on le lave et on le pèse à nouveau, et l'on connaît alors le poids du sable siliceux.

206. Les autres états de la silice. — Les **agates** sont aussi l'une des formes sous lesquelles nous trouvons la silice à l'état naturel; elles ont une cassure terne et écailleuse comme les silex proprement dits; mais elles sont susceptibles de devenir brillantes et lisses par le frottement. La silice y est ordinairement colorée par des substances diverses qui se trouvent disséminées dans la masse. Il y en a d'un blanc ou d'un gris bleuâtre, d'un jaune brun, d'un rouge souvent très beau, d'un vert pomme, et d'autres qui présentent un mélange agréable de couleurs diverses et que l'on emploie principalement pour la taille des camées.

La nature nous offre en outre la silice pure, d'une parfaite transparence, avec des formes cristallines en prismes à six pans terminés par des pyramides (*fig.* 133); c'est le **cristal de roche** ou le **quartz.** Le quartz est le plus souvent blanc, en grands cristaux, ou même en petits fragments déposés dans des géodes ou dans les cavités des gros cailloux. Il peut être coloré en violet améthyste ou en jaune et même en noir; toujours il est transparent.

Fig. 133. — Cristaux de quartz ou de cristal de roche.

On le distingue de tous les autres cristaux naturels, non seulement par sa forme, mais aussi par sa dureté : une pointe d'acier trempé ne le raye pas.

Il représente l'état cristallisé de la silice naturelle, tandis que les agates et les silex en représentent l'état amorphe. Ce n'est pas le premier exemple que nous rencontrons d'un corps qui nous offre de notables différences dans son aspect, suivant qu'il est cristallisé ou non, et nous devons encore avoir présent à la mémoire le cas bien surprenant du carbone, noir et opaque quand il est amorphe, si limpide et si brillant quand il constitue le diamant.

207. La silice gélatineuse. — Faisons chauffer fortement dans un creuset du sable lavé à l'acide, autrement dit de la silice, avec du carbonate de soude; la masse fond, les deux corps s'unissent. Le contenu du creuset, versé sur une plaque, se prend en une masse qui a l'apparence du verre et qu'on nomme le **verre soluble.** Cette masse vitreuse, qui ne diffère pas, pour l'aspect, du verre ordinaire, peut en effet se dissoudre dans l'eau.

Faisons cette dissolution et versons-y un acide : la silice quitte la soude avec laquelle elle était combinée, et elle se dépose en une masse blanche d'apparence gélatineuse.

Voilà la silice des laboratoires : desséchée, c'est une poudre sableuse capable de rayer, d'user un grand nombre de corps ; fondue, elle prend l'apparence d'un silex incolore.

208. Les silicates naturels. — Nous venons de faire le silicate de soude, nous aurions pu faire également le silicate de potasse. Tous deux sont solubles dans l'eau ; mais ce sont les seuls silicates qui jouissent de cette propriété. Les autres sont des produits insolubles.

Les silicates naturels sont nombreux et leur composition est très complexe; ils constituent des minéraux répandus dont le granit est un des exemples. Le granit est, en effet, formé de grains de quartz avec des paillettes de mica et des cristaux de feldspath, et ces deux dernières substances sont des mélanges de silicates où domine le silicate d'alumine, qui est la base du kaolin ou terre à porcelaine et des terres à briques.

Les silicates ne se désagrègent partiellement que par une action très prolongée de l'eau, aidée de moyens mécaniques, comme le frottement et la pulvérisation. Les argiles ou terres fortes proviennent de cette lente désagrégation.

Soumis à une forte chaleur avec des corps comme la potasse ou la chaux, les sables siliceux donnent le *verre*, ce composé transparent, cassant, mais insoluble, dont nous faisons un si grand usage. Les *argiles* cuites, depuis les briques jusqu'à la porcelaine, et les *verres*, sont les deux formes principales sous lesquelles nous employons la silice que la nature nous offre dans ses sables, ses cailloux et la plupart de ses roches.

L'acide borique BoO^3

209. Propriétés et préparation. — L'acide borique, combinaison du **bore** avec l'oxygène, se présente cristallisé en paillettes nacrées et douces au toucher. Sa solution alcoolique brûle avec une flamme verte caractéristique.

Il sort, avec de la vapeur d'eau, du sol de certaines localités de la Toscane, en jets gazeux appelés **fumerolles** ou **sufflonis**. On l'extrait de ces gaz en les faisant condenser dans l'eau et en évaporant le liquide.

Combiné à la soude, il donne le **borax** (borate de soude), capable, comme l'acide borique lui-même, de fondre en une masse vitreuse et transparente et employé dans la soudure des métaux pour dissoudre les oxydes qui se forment sur les métaux chauffés.

L'acide borique sert à imprégner les mèches des bougies stéariques pour aider à la fusion des cendres de la mèche. La solution d'acide borique dans l'eau sert beaucoup en médecine.

On prépare l'acide borique dans les laboratoires en dissolvant à chaud 100 grammes de borax dans 400 grammes d'eau et en ajoutant à la liqueur de l'acide chlorhydrique jusqu'à réaction acide. L'acide borique cristallise par refroidissement.

Dans l'industrie, on se sert comme matière première du borate de chaux naturel ou *boracite*, que l'on traite par l'acide sulfurique.

Résumé. — Les silex écaillés, tranchants ou pointus, sont très communs dans beaucoup de couches du sol. Ils ont servi de premières armes aux premiers hommes. On s'en sert encore pour battre le briquet.

La matière principale des silex porte, en chimie, le nom d'acide silicique.

Les sables granitiques des torrents ou de la première partie du cours des principaux fleuves contiennent beaucoup de silex.

Les agates sont une autre forme de la silice. Le quartz ou cristal de roche est de la silice pure et cristallisée.

On obtient un silicate soluble en fondant du sable siliceux avec de la soude. Et l'on peut retirer de ce silicate la silice sous une forme gélatineuse quand elle est humide, et sous la forme d'une poussière très dure quand elle est sèche.

Les silicates naturels sont nombreux : ils forment les roches granitiques et les roches volcaniques. Leur décomposition continue et très lente à l'air donne naissance aux argiles et aux terres argileuses.

Toutes les argiles cuites, depuis la brique jusqu'à la porcelaine, sont des silicates multiples. Le verre est aussi formé de silicates.

L'*acide borique*, combinaison du bore et de l'oxygène, est un sel cristallisé en paillettes brillantes. Il est soluble dans l'eau.

Sa solution aqueuse est très employée en médecine; combiné à la soude, il donne le *borax*, qui fond en une masse vitreuse.

On le prépare dans les laboratoires en traitant le borax par l'acide chlorhydrique, et dans l'industrie en attaquant la boracite naturelle (borate de calcium) par l'acide sulfurique.

BIBLIOTHÈQUE NATIONALE (R.F.) IMPRIMÉS

TABLE DES MATIÈRES

PHYSIQUE

CHIMIE

BIBLIOTHÈQUE NATIONALE R.F. IMPRIMÉS

TOURS
IMPRIMERIE DESLIS FRÈRES
6, rue Gambetta, 6

BIBLIOTHÈQUE NATIONALE
R.F.
IMPRIMÉS

www.ingramcontent.com/pod-product-compliance
Ingram Content Group UK Ltd.
Pitfield, Milton Keynes, MK11 3LW, UK
UKHW020608230726
13926UKWH00005B/2278

9 782016 137154